普通高等教育"十一五"国家级规划教材

教育部高等学校电子电气基础课程教学指导分委员会推荐教材

电子信息学科基础课程系列教材

国家工科电工电子教学基地精品教材

信号与线性系统
（第二版）

邢丽冬　潘双来　主编

清华大学出版社

北　京

内 容 简 介

本书是《信号与线性系统》(潘双来、邢丽冬主编,清华大学出版社,2006)的修订版,内容符合教育部高等学校电子电气基础课程教学指导分委员会 2011 年颁布的《信号与系统》和《信号分析与处理》教学基本要求。

全书共分 8 章,主要内容有:信号与系统的基本概念、连续时间系统的时域分析、连续时间信号与系统的频域分析、连续时间信号与系统的复频域分析、离散时间信号与系统的时域分析、离散系统的 z 域分析、离散信号的傅里叶变换及数字滤波器、MATLAB 在信号与系统中的应用。书中配有大量例题、习题和工程应用背景实例,书末配有部分习题答案。

本书可供普通高等学校电气工程及其自动化、自动化、计算机、仪器仪表、电子信息工程、生物医学工程等专业的本科生作为《信号与系统》或《信号分析与处理》课程的教材,也可供相关工程技术人员参考。同时也充分考虑到民办高校等一些新的本科院校的办学需要。

图书在版编目(CIP)数据

信号与线性系统/邢丽冬,潘双来主编. —北京:清华大学出版社,2012.12(2019.7 重印)
(电子信息学科基础课程系列教材)
ISBN 978-7-302-28743-8

Ⅰ. ①信… Ⅱ. ①邢… ②潘… Ⅲ. ①信号理论 ②线性系统 Ⅳ. ①TN911.6

中国版本图书馆 CIP 数据核字(2012)第 089214 号

责任编辑:文 怡
封面设计:常雪影
责任校对:梁 毅
责任印制:刘海龙

出版发行:清华大学出版社
　　　　网　　　址:http://www.tup.com.cn,http://www.wqbook.com
　　　　地　　　址:北京清华大学学研大厦 A 座　　　　邮　　　编:100084
　　　　社 总 机:010-62770175　　　　邮　　　购:010-62786544
　　　　投稿与读者服务:010-62776969,c-service@tup.tsinghua.edu.cn
　　　　质量反馈:010-62772015,zhiliang@tup.tsinghua.edu.cn
　　　　课件下载:http://www.tup.com.cn,010-62795954
印 装 者:北京密云胶印厂
经　　　销:全国新华书店
开　　　本:185mm×260mm　　　　印　　　张:24　　　　字　　　数:587 千字
版　　　次:2012 年 12 月第 2 版　　　　印　　　次:2019 年 7 月第 8 次印刷
定　　　价:38.00 元

产品编号:038048-01

《电子信息学科基础课程系列教材》
丛 书 序

电子信息学科是当今世界上发展最快的学科,作为众多应用技术的理论基础,对人类文明的发展起着重要的作用。它包含诸如电子科学与技术、电子信息工程、通信工程和微波工程等一系列子学科,同时涉及计算机、自动化和生物电子等众多相关学科。对于这样一个庞大的体系,想要在学校将所有知识教给学生已不可能。以专业教育为主要目的的大学教育,必须对自己的学科知识体系进行必要的梳理。本系列丛书就是试图搭建一个电子信息学科的基础知识体系平台。

目前,中国电子信息类学科高等教育的教学中存在着如下问题:

(1) 在课程设置和教学实践中,学科分立,课程分立,缺乏集成和贯通;

(2) 部分知识缺乏前沿性,局部知识过细、过难,缺乏整体性和纲领性;

(3) 教学与实践环节脱节,知识型教学多于研究型教学,所培养的电子信息学科人才不能很好地满足社会的需求。

在新世纪之初,积极总结我国电子信息类学科高等教育的经验,分析发展趋势,研究教学与实践模式,从而制定出一个完整的电子信息学科基础教程体系,是非常有意义的。

根据教育部高教司 2003 年 8 月 28 日发出的[2003]141 号文件,教育部高等学校电子信息与电气信息类基础课程教学指导分委员会(基础课分教指委)在 2004—2005 两年期间制定了"电路分析"、"信号与系统"、"电磁场"、"电子技术"和"电工学"5 个方向电子信息科学与电气信息类基础课程的教学基本要求。然而,这些教学要求基本上是按方向独立开展工作的,没有深入开展整个课程体系的研究,并且提出的是各课程最基本的教学要求,针对的是"2+X+Y"或者"211 工程"和"985 工程"之外的大学。

同一时期,清华大学出版社成立了"电子信息学科基础教程研究组",历时 3 年,组织了各类教学研讨会,以各种方式和渠道对国内外一些大学的 EE(电子电气)专业的课程体系进行收集和研究,并在国内率先推出了关于电子信息学科基础课程的体系研究报告《电子信息学科基础教程 2004》。该成果得到教育部高等学校电子信息与电气学科教学指导委员会的高度评价,认为该成果"适应我国电子信息学科基础教学的需要,有较好的指导意义,达到了国内领先水平","对不同类型院校构建相关学科基础教学平台均有较好的参考价值"。

在此基础上,由我担任主编,筹建了"电子信息学科基础课程系列教材"编委会。编委会多次组织部分高校的教学名师、主讲教师和教育部高等学校教学指导委员会委员,进一步探讨和完善《电子信息学科基础教程 2004》研究成果,并组织编写了这套"电子信息学科基础课程系列教材"。

在教材的编写过程中,我们强调了"基础性、系统性、集成性、可行性"的编写原则,突出了以下特点:

（1）体现科学技术领域已经确立的新知识和新成果。

（2）学习国外先进教学经验,汇集国内最先进的教学成果。

（3）定位于国内重点院校,着重于理工结合。

（4）建立在对教学计划和课程体系的研究基础之上,尽可能覆盖电子信息学科的全部基础。本丛书规划的 14 门课程,覆盖了电气信息类如下全部 7 个本科专业:

- 电子信息工程
- 通信工程
- 信息工程
- 计算机科学与技术
- 自动化
- 电气工程与自动化
- 生物医学工程

（5）课程体系整体设计,各课程知识点合理划分,前后衔接,避免各课程内容之间交叉重复,目标是使各门课程的知识点形成有机的整体,使学生能够在规定的课时数内,掌握必需的知识和技术。各课程之间的知识点关联如下图所示:

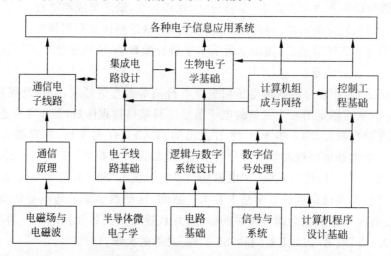

即力争将本科生的课程限定在有限的与精选的一套核心概念上,强调知识的广度。

（6）以主教材为核心,配套出版习题解答、实验指导书、多媒体课件,提供全面的教学解决方案,实现多角度、多层面的人才培养模式。

（7）由国内重点大学的精品课主讲教师、教学名师和教指委委员担任相关课程的设计和教材的编写,力争反映国内最先进的教改成果。

我国高等学校电子信息类专业的办学背景各不相同,教学和科研水平相差较大。本系列教材广泛听取了各方面的意见,汲取了国内优秀的教学成果,希望能为电子信息学科教学提供一份精心配备的搭配科学、营养全面的"套餐",能为国内高等学校教学内容和课程体系的改革发挥积极的作用。

然而,对于高等院校如何培养出既具有扎实的基本功,又富有挑战精神和创造意识的社会栋梁,以满足科学技术发展和国家建设发展的需要,还有许多值得思考和探索的问题。比如,如何为学生营造一个宽松的学习氛围?如何引导学生主动学习,超越自己?如何为学生打下宽厚的知识基础和培养某一领域的研究能力？如何增加工程方法训练，将扎实的基础和宽广的领域才能转化为工程实践中的创造力？如何激发学生深入探索的勇气？这些都需要我们教育工作者进行更深入的研究。

　　提高教学质量，深化教学改革，始终是高等学校的工作重点，需要所有关心我国高等教育事业人士的热心支持。在此，谨向所有参与本系列教材建设工作的同仁致以衷心的感谢！

　　本套教材可能会存在一些不当甚至谬误之处，欢迎广大的使用者提出批评和意见，以促进教材的进一步完善。

2008 年 1 月

第 2 版前言

《信号与系统》课程是电子电气信息类专业本科生的一门重要的基础课程。本书第 1 版于 2006 年出版,此次出版的第 2 版,主要目标是适应面向 21 世纪电工电子课程体系和教学内容的改革以及高等教育"质量工程"的要求。参照教育部高等学校电子电气基础课程教学指导分委员会 2011 年制订的《信号与系统》和《信号分析与处理》课程教学基本要求,瞄准"宽口径、厚基础、强能力、高素质"的培养目标。

新版保持重视基本内容、基本概念和基本分析方法的特点,明确本课程主要任务是为自动控制原理、网络分析综合、数字信号处理、通信理论等后续课程及学生今后学习和工作需要准备必要的基础知识。新版在教材内容上力求保持课程知识体系的完整性和系统性,并适当补充信号分析与处理的应用范例,通过实例分析向学生介绍工程应用中的重要方法,以启发学生的创新思维。另外,与新版配套,已于 2011 年出版了《信号与线性系统学习指导与习题精解(邢丽冬、潘双来主编,清华大学出版社)》,以方便广大学生学习和教师教学参考。

新版在结构体系上作了部分修改,将原分布在各章中的 MATLAB 在信号与系统中的应用,新编成"MATLAB 在信号与系统中的应用"一章,体现计算机辅助教学工具应用的完整性,加强计算机仿真软件的运用,从根本上将学生从单纯的习题计算转移到注重对基本概念、基本原理和基本分析方法的理解和应用,提高学习效率和效果。

新版在内容上作了一定的补充,主要有:增加了冲激函数的复合函数性质;加强了系统的基本概念和描述方法,理想低通滤波器特性,系统方框图描述,单位延时器应用,离散时间系统的复频域分析,MATLAB 软件等知识的应用。

新版保留了第 1 版中的大部分习题,补充了一些设计应用性的习题,使习题内容有所增加。书后给出了部分习题的答案,部分习题分析计算可参考与本书配套使用的《信号与线性系统学习指导与习题精解》。

本书适合作为高等学校电气工程及其自动化、工业自动化、生物医学工程、电子科学与技术、电子信息科学与工程、测试技术与仪器、计算机科学与技术等电气电子信息类专业,以及其他一些非电类专业信号与系统课程的教材和参考书,参考学时为 40~64 学时(不含实验)。同时也充分考虑到民办高校等一些新的本科院校的办学需要。教材内容可依据各高校学时多少和学生水平的不同选择使用。

本教材的修订由邢丽冬、潘双来主持,参加修订工作的有邢丽冬、潘双来、王芸和黄晓晴,全书由邢丽冬、潘双来主编和统稿。编者对使用本书的广大教师、学生和其他读者,以及关心和帮助过本书出版的所有领导、同事和朋友表示衷心的感谢。本书在编写过程中还参阅了国内外大量著作、文献和资料,在此也向这些作者表示诚挚的谢意。

书中不足和错误之处,欢迎读者批评指正,意见请寄南京航空航天大学自动化学院(邮编:210016),也可发送电子邮件至 xldnuaa@nuaa.edu.cn。

编　者
于南京航空航天大学
2012 年 6 月

第1版前言

信号与系统课程是电子信息工程、通信工程等信息类专业和电气工程、工业自动化、自动控制、计算机、仪器仪表等非电子信息类专业的重要技术基础课。它主要研究信号与系统分析的基本理论和方法,在教学计划中起着承前启后的作用。为适应面向新世纪电工电子课程体系改革要求,在建设国家工科电工电子教学基地的过程中,确定了电路、信号与线性系统、自动控制原理课程组成的新的课程体系,并对各门课程的教学内容重新优化精选,在结合多年教学改革与实践成果,参阅国内外最新优秀教材的基础上,编写成本教材。

在教材体系上,改变传统的电路与系统课程体系,建立了电路、信号与系统、自动控制原理新体系。在教材内容结构上,采用先信号分析后系统分析,建立信号分析是系统分析的基础;先连续信号与系统分析后离散信号与系统分析,突出连续信号与系统分析是系统分析的主导;先时域分析后变换域分析,明确时域分析与变换域分析的相互关系和各自的适用范畴。在时域分析中,突出基本信号的数学定义和性质、信号的变换与运算以及系统的描述与时域特性;在变换域分析中,突出傅里叶变换、拉普拉斯变换和Z变换的数学概念、基本性质和工程应用背景,淡化其数学运算和技巧,建立信号频谱与系统函数的概念。

在辅助教学工具上,注重计算机仿真软件的运用,在各章中适当引入计算机辅助教学内容,从过去只注重计算习题转移到注重对基本概念、基本原理和基本方法的理解和应用。本书所提供的程序清单均用MATLAB软件编制并调试通过。MATLAB软件内容丰富、功能强大,学生无需过多地注重计算技巧,只需结合此软件应用所学理论和方法就可掌握所学内容,从而更有效地学习新知识,培养创新素质。

本书适用于电气工程、自动控制、工业自动化、计算机、仪器仪表、电子信息工程、通信工程等专业,其内容是按课内64学时(含实验)而编写的,书中加注"*"的章节内容可供课外选用或自学时参考。由王凤如、王小扬主编的《信号、系统与控制实验教程》与本书配套使用。

全书由潘双来、邢丽冬主编。邢丽冬编写第1、2、5、6、7章,吴旭文编写第3章,王芸编写各章的计算机辅助教学内容,潘双来编写其余章,并负责全书的统稿。本书在编写与出版过程中,得到了清华大学出版社和南京航空航天大学教务处的指导与帮助,在此表示衷心感谢。

本书初稿(讲义)已由南京航空航天大学有关专业学生试用多届,反映效果良好。初稿主要由潘双来、吴旭文、邢丽冬、王芸等编写。

本书由西安电子科技大学郭宝龙教授主审,他对全书作了仔细的审阅,提出许多宝贵意见,在此我们表示最诚挚的谢意。

由于编者水平有限,书中难免有错误和不妥之处,恳请广大同行和读者批评指正。

编　者

于南京航空航天大学

2005 年 12 月

目　　录

第1章

信号与系统的基本概念

1.1 信号的概念

上至天文、下至地理,大到宇宙空间、小到核粒子研究,人类社会各个领域无时无刻不涉及语言、文字、图画、编码、符号、数据等**信息**(information)的传输。一般意义上,也称其为消息(message)。在电被人类认识之后,因其传输信息快速、便捷,用电作为信息载体的电信号的传输得到快速发展。自 1837 年莫尔斯(F. B. Morse)发明电报以来,历经百余年的发展,传输电信号的通信方式得到了广泛运用与迅速发展,现在电话、电报、无线广播、移动通信、电视已成为人们生活中不可缺少的部分,而为适应生产活动全球化的需要,环绕全球的电信号通信已经实现,并正向超越地球的太阳系通信扩展。

1. 信号的定义与描述

信号(signal)是携带信息的、随时间或空间变化的物理量或物理现象,是信息的载体与表现形式,如声信号、光信号、电信号等。在各种信号中,电信号是一种最便于传输、控制与处理的信号;同时,实际运用中的许多非电信号,如压力、温度、流量、速度、转矩、位移等,都可以通过适当的传感器变换成电信号,因而对电信号的研究具有重要的意义。本书研究的主要是电压、电流、电荷、磁链等电信号。

在数学上,信号可以被描述为一个或多个变量的函数,除了可以用解析式描述外,还可以用图形、测量或统计数据表格来描述。电信号通常是时间 t 的函数,其图形表示称为波形或波形图。要注意信号是实际的物理量,一定是单值的;而函数则可以是抽象的数学定义,可以是多值的。但本书凡提到函数,均指信号,如指数函数即指指数信号。

通常,信号的特性可以从时域和频域两方面来描述。信号的时域特性是指信号出现时间的先后、持续时间的长短、随时间变化的快慢和大小、重复周期的大小等,反映了信号中所包含的信息内容,且可以通过波形表示。信号频域特性的内涵将在第 3 章阐述。

2. 信号的分类

根据信号的特点,信号可以按以下四种方式分类。

(1) 确定信号与随机信号

能够表示为确定的时间函数的信号称为**确定信号**(determinate signal)。对于确定信号,给定某一时刻,就能确定一个相应的信号值。正弦信号、周期性信号等都是确定信号。

给定 t 的某一个值时,若信号值并不确定,只能通过大量试验得到此信号在某些时刻取某些值的概率分布,称该信号为**随机信号**(random signal)。空气中的噪音就是一种随机信号。

严格说来,实际传输的信号往往具有不可预知的不确定性,因为对于接收者来说,信号如果是完全确定的,就不可能由它得到任何新的信息,因而也就失去了传输信号的本意。尽管如此,对确定信号的分析仍然是基本和重要的,这不仅因为许多实际信号与确定信号有相近的特性,可以被近似或理想化为确定信号,使问题的分析大大简化,而且对确定信号的分析也是分析随机信号的基础。本书只研究确定信号。

(2) 连续时间信号与离散时间信号

一个信号,如果在某一时间区间内的所有时间值(除了有限个断点之外)都有定义,就称之为**连续时间信号**,简称**连续信号**(continuous signal)。如图 1-1(a)、(b)所示的两个信号均为定义在 $-\infty < t < \infty$ 内的连续信号,其中 $f_2(t)$ 在定义域内具有若干个间断点。

仅在离散时刻上有定义的信号称为**离散时间信号**,简称**离散信号**(discrete signal),如图 1-2 所示。离散时刻的间隔可以是相等的,也可以是不相等的,间隔相等的离散信号也称为**序列**(sequence)。连续时间信号有时也称为模拟信号,而幅度也取离散值的离散时间信号有时也称为数字信号。本书将从第 5 章开始讨论离散信号与系统。

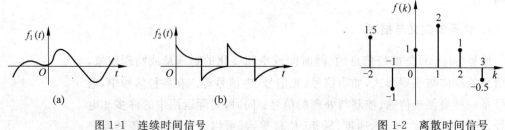

图 1-1   连续时间信号   图 1-2   离散时间信号

(3) 周期信号与非周期信号

一个信号 $f(t)$,若对 $-\infty < t < \infty$,存在一个常数 T,使得

$$f(t - nT) = f(t), \qquad n = 0, \pm 1, \pm 2, \cdots \tag{1-1}$$

则称 $f(t)$ 是以 T 为周期的**周期信号**(periodic signal)。不满足上述条件的信号称为**非周期信号**(non-periodic signal)。两个周期分别为 T_1 和 T_2 的周期信号之和仍为周期信号的条件是 T_1/T_2 为两个(不可约的)整数之比,且其周期为 T_1 和 T_2 的最小公倍数。

例 1-1   设周期信号 $f_1(t) = \cos(3\pi t + 30°)$,$f_2(t) = \cos(5\pi t + 60°)$,$f_3(t) = \cos(7t + 80°)$,试确定其中两个和信号的周期。

解   周期信号的周期分别为

$$T_1 = \frac{2\pi}{3\pi} = \frac{2}{3}$$

$$T_2 = \frac{2\pi}{5\pi} = \frac{2}{5}$$

$$T_3 = \frac{2\pi}{7}$$

因　　$\dfrac{T_1}{T_2} = \dfrac{5}{3}$　为不可约的整数之比

所以，$f_1(t) + f_2(t)$ 的和信号为周期信号，周期为 2。

而　　$\dfrac{T_1}{T_3} = \dfrac{7}{3\pi}$ 不是整数比

故　　　　$f_1(t) + f_3(t)$ 为非周期信号。

同理　　　$f_2(t) + f_3(t)$ 也是非周期信号。

（4）功率信号与能量信号

连续信号 $f(t)$ 的能量定义为

$$E \overset{\text{def}}{=} \lim \int_{-\infty}^{\infty} |f(t)|^2 \mathrm{d}t \tag{1-2}$$

连续信号 $f(t)$ 的平均功率定义为

$$P \overset{\text{def}}{=} \lim_{T \to \infty} \frac{1}{T} \int_{-T/2}^{T/2} |f(t)|^2 \mathrm{d}t \tag{1-3}$$

若信号的平均功率为有限值（此时信号能量 $E = \infty$），则称为**功率信号**（power signal）；若信号能量为有限值（此时信号平均功率 $P = 0$），则称为**能量信号**（energy signal）。

根据定义信号的时间区间，信号可以按以下三种方式分类。

（1）时限信号与非时限信号

若在有限时间区间（$t_1 < t < t_2$，t_1 与 t_2 为实常数）内，信号 $f(t)$ 存在，而在此时间区间之外 $f(t) = 0$，则此信号称为**时限信号**（time signal）；否则称为**非时限信号**（timeless signal）。

（2）有始信号与有终信号

设 t_1 为实常数，若 $t < t_1$，$f(t) = 0$，$t > t_1$ 时，$f(t) \neq 0$，则 $f(t)$ 称为**有始信号**（causal signal），其起始时刻为 t_1。设 t_2 为实常数，若 $t > t_2$ 时，$f(t) = 0$，$t < t_2$ 时，$f(t) \neq 0$，则 $f(t)$ 称为**有终信号**（terminal signal），其终了时刻为 t_2。

（3）因果信号与非因果信号

起始时刻 $t_1 = 0$ 的有始信号称为**因果信号**（causal signal），可用 $f(t)\varepsilon(t)$ 表示，其中 $\varepsilon(t)$ 为单位阶跃信号；终了时刻 $t_2 = 0$ 的有终信号称为**非因果信号**（non-causal signal），可用 $f(t)\varepsilon(-t)$ 表示。

按信号的特点，信号还可以分为正弦信号与非正弦信号、一维信号与二维或多维信号（电视信号是二维信号的例子）等。

1.2　基本的连续信号及其时域特性

所谓**基本信号**（basic signal），是指波形及其时间函数表达式较为简洁，且在工程实际与理论研究中常用的信号，而复杂信号可以由一系列基本信号组合而成。本节仅介绍基本的连续信号，离散信号将在第 5 章介绍。

1. 直流信号

直流信号的定义为

$$f(t) = A, \qquad -\infty < t < \infty \tag{1-4}$$

式中，A 为实常数，其波形如图 1-3 所示。直流信号也称为**常量信号**(constant signal)，它是非时限信号。当 $A=1$ 时，称为单位直流信号。

2. 正弦信号

正弦信号的定义为

$$f(t) = A\cos(\Omega t + \Psi), \qquad -\infty < t < \infty \tag{1-5}$$

式中，A, Ω, Ψ 分别称为正弦信号的**振幅**、**角频率**和**初相角**，三者均为实常数。其波形如图 1-4 所示。本书中正弦信号用 cosine 的形式表示。

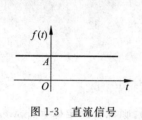

图 1-3　直流信号

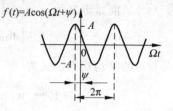

图 1-4　正弦信号

正弦信号有如下性质：

(1) 是无时限的周期信号，其周期 $T = \dfrac{2\pi}{\Omega}$，当 $T \to \infty$ 时就成为非周期的直流信号。

(2) 其导函数仍然是同频率的正弦信号，只是振幅变为 ΩA，相位增加 $\dfrac{\pi}{2}$；式(1-5)的导函数为

$$f'(t) = \frac{\mathrm{d}}{\mathrm{d}t} f(t) = \frac{\mathrm{d}}{\mathrm{d}t}\big[A\cos(\Omega t + \Psi)\big] = \Omega A \cos\left(\Omega t + \Psi + \frac{\pi}{2}\right)$$

(3) 满足如下形式的二阶微分方程

$$\frac{\mathrm{d}^2 f(t)}{\mathrm{d}t^2} + \Omega^2 f(t) = 0$$

3. 单位阶跃信号

单位阶跃信号(unit step signal)定义为

$$\varepsilon(t) = \begin{cases} 0, & t < 0 \\ 1, & t > 0 \end{cases} \tag{1-6}$$

其波形如图 1-5 所示。可见，$\varepsilon(t)$ 在 $t=0$ 时发生了阶跃，从 $\varepsilon(0_-)=0$ 跃变到 $\varepsilon(0_+)=1$，跃变了一个单位。同理，信号 $\varepsilon(t-t_0)$ 发生阶跃的时刻为 $t=t_0$。$\varepsilon(t)$ 是奇异函数，严格数学意义上讲不可微。

无限长 $f(t)$ 乘以 $\varepsilon(t)$ 后就变成因果信号 $f(t)\varepsilon(t)$，有

$$f(t)\varepsilon(t) = \begin{cases} 0, & t < 0 \\ f(t), & t > 0 \end{cases}$$

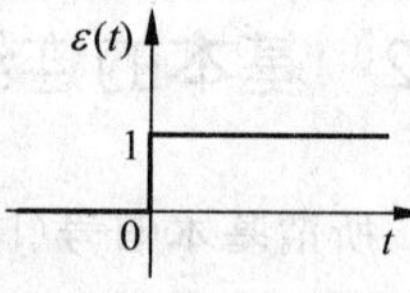

图 1-5　单位阶跃信号

利用阶跃信号可以将分段定义的信号表示为定义在 $(-\infty, \infty)$ 上的**闭形表达式**。例如

$$f(t) = \begin{cases} -2, & t < 0 \\ 5t, & 0 < t < 2 \\ 10, & t > 2 \end{cases}$$

可表示为

$$f(t) = -2[1 - \varepsilon(t)] + 5t[\varepsilon(t) - \varepsilon(t-2)] + 10\varepsilon(t-2)$$
$$= -2 + (5t+2)\varepsilon(t) - 5(t-2)\varepsilon(t-2)$$

其中，$-2, t < 0$ 写成封闭形式为 $[-2 + 2\varepsilon(t)]$。

$\varepsilon(t)$ 与一般意义上表示的 $f(t)$ 不同，它是有确定定义的阶跃函数，且最多再有一个时移表示式 $\varepsilon(t \pm t_0)$，如果有其他形式的阶跃信号，则通过定义式将其化为 $\varepsilon(t)$ 或 $\varepsilon(t \pm t_0)$ 标准形式和其他基本信号的组合。例如

$$\varepsilon(5t) = \begin{cases} 1, & 5t > 0, \quad 即 \ t > 0 \\ 0, & 5t < 0, \quad 即 \ t < 0 \end{cases}$$

所以
$$\varepsilon(5t) = \varepsilon(t)$$

如
$$\varepsilon(3t-3) = \begin{cases} 1, & 3t-3 > 0, \quad 即 \ t > 1 \\ 0, & 3t-3 < 0, \quad 即 \ t < 1 \end{cases}$$

所以
$$\varepsilon(3t-3) = \varepsilon(t-1)$$

如
$$\varepsilon(t^2-1) = \begin{cases} 1, & t^2-1 > 0, \quad 即 \ t > 1 \ 或 \ t < -1 \\ 0, & t^2-1 < 0, \quad 即 \ -1 < t < 0 \end{cases}$$

故
$$\varepsilon(t^2-1) = 1 - \varepsilon(t+1) + \varepsilon(t-1)$$

4. 单位门信号

门宽为 τ、门高为 1 的**单位门信号**(unit gate signal)常用 $G_\tau(t)$ 表示，它定义为

$$G_\tau(t) = \begin{cases} 1, & -\dfrac{\tau}{2} < t < \dfrac{\tau}{2} \\ 0, & t < -\dfrac{\tau}{2}, t > \dfrac{\tau}{2} \end{cases} \tag{1-7}$$

其波形如图 1-6(a)所示，单位门信号可用图 1-6(b)、(c)所示的两个阶跃信号之差表示，即

$$G_\tau(t) = \varepsilon\left(t + \frac{\tau}{2}\right) - \varepsilon\left(t - \frac{\tau}{2}\right) \tag{1-8}$$

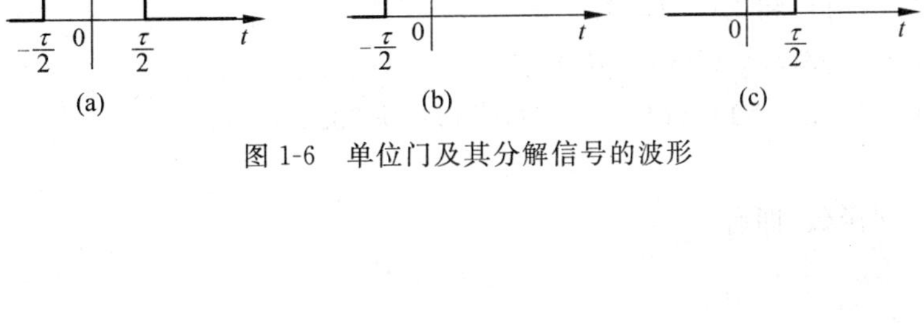

图 1-6　单位门及其分解信号的波形

5. 单位冲激信号

单位冲激信号(unit impulse signal)$\delta(t)$的定义为

$$\delta(t) = \begin{cases} 0, & t \neq 0 \\ \infty, & t = 0 \end{cases} \tag{1-9}$$

其面积为

$$\int_{-\infty}^{\infty} \delta(t)\mathrm{d}t = \int_{0_-}^{0_+} \delta(t)\mathrm{d}t = 1 \tag{1-10}$$

其波形如图 1-7(a)所示。可见 $\delta(t)$ 除原点以外,处处为零,且具有单位面积,此面积称为**冲激强度**(impulse intensity)。单位冲激信号 $\delta(t)$ 可理解为图 1-7(b)所示的宽为 Δ、高为 $1/\Delta$、面积为 1 的门信号 $\frac{1}{\Delta}G_{\Delta}(t)$ 在 $\Delta \to 0$ 时的极限。

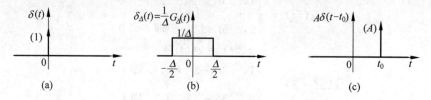

图 1-7 $\delta(t)$、$\delta_{\Delta}(t)$ 和 $A\delta(t-t_0)$ 的波形

显然,信号 $A\delta(t-t_0)$ 发生冲激的时刻为 $t = t_0$,与式(1-10)相对应的有效积分的上、下限分别为 t_{0_+} 和 t_{0_-},其冲激强度为 A,它的波形如图 1-7(c)所示。

冲激信号 $\delta(t)$ 有如下性质:

(1) 与有界函数 $f(t)$ 相乘,设 $f(t)$ 在 $t = 0$ 及 $t = t_0$ 连续,则有

$$f(t)\delta(t) = f(0)\delta(t) \tag{1-11}$$

$$f(t)\delta(t-t_0) = f(t_0)\delta(t-t_0) \tag{1-12}$$

(2) 由式(1-11)、式(1-12)以及冲激强度的概念,可得 $\delta(t)$ 的**抽样性**(**筛分性**)

$$\int_{-\infty}^{\infty} f(t)\delta(t)\mathrm{d}t = f(0) \tag{1-13}$$

$$\int_{-\infty}^{\infty} f(t)\delta(t-t_0)\mathrm{d}t = f(t_0) \tag{1-14}$$

其中,$f(t)$ 称为被抽样的函数,$f(0)$ 或 $f(t_0)$ 称为抽样值。

例 1-2 试简化下列各信号的表达式:

(1) $f_1(t) = (1-\mathrm{e}^{-t})\delta(t)$

(2) $f_2(t) = (1-\mathrm{e}^{-t})\delta(t-1)$

解 根据式(1-11)和式(1-12)有

$f_1(t) = (1-\mathrm{e}^{-t})\delta(t) = (1-\mathrm{e}^0)\delta(t) = 0$

$f_2(t) = (1-\mathrm{e}^{-t})\delta(t-1) = (1-\mathrm{e}^{-1})\delta(t-1) = 0.632\delta(t-1)$

解毕。

(3) $\delta(t)$ 为偶函数,即有

$$\delta(-t) = \delta(t) \tag{1-15}$$

证明　将上式两边乘以 $f(t)$ 并进行积分,左边作变量代换 $t' = -t$,得

$$\int_{-\infty}^{\infty} f(t)\delta(-t)\mathrm{d}t = \int_{\infty}^{-\infty} f(-t')\delta(t')(-\mathrm{d}t') = \int_{-\infty}^{\infty} f(0)\delta(t')\mathrm{d}t' = f(0)$$

而右边

$$\int_{-\infty}^{\infty} f(t)\delta(t)\mathrm{d}t = f(0)$$

即以上两积分相等,而 $f(t)$ 又是任意的,因此式(1-15)成立。

证毕。

(4) 尺度变换。设实常数 $a > 0$,则

$$\delta(at) = \frac{1}{a}\delta(t) \tag{1-16}$$

证明　作变量代换 $t' = at$,并设 $f(t)$ 为在 $t = 0$ 连续的任意函数,则

$$\int_{-\infty}^{\infty} f(t)\delta(at)\mathrm{d}t = \frac{1}{a}\int_{-\infty}^{\infty} f\left(\frac{t'}{a}\right)\delta(t')\mathrm{d}t' = \frac{1}{a}f(0) \tag{1-17}$$

比较上式与式(1-13),并注意到 $f(t)$ 的任意性,可知两被积式有如下关系:

$$f(t)\delta(at) = \frac{1}{a}f(t)\delta(t)$$

因而式(1-16)成立。

证毕。

式(1-16)可推广为

$$\delta(at - t_0) = \delta\left[a\left(t - \frac{t_0}{a}\right)\right] = \frac{1}{a}\delta\left(t - \frac{t_0}{a}\right)$$

$$\int_{-\infty}^{\infty} f(t)\delta(at - t_0)\mathrm{d}t = \frac{1}{a}f\left(\frac{t_0}{a}\right)$$

注意到当实常数 $a < 0$ 时,$\delta(at) = \frac{1}{|a|}\delta(t)$。

(5) $\delta(t)$ 与 $\varepsilon(t)$ 的关系是互为微分与积分的关系,即

$$\left.\begin{array}{l} \varepsilon(t) = \displaystyle\int_{-\infty}^{t} \delta(\tau)\mathrm{d}\tau \\[3mm] \delta(t) = \dfrac{\mathrm{d}\varepsilon(t)}{\mathrm{d}t} \end{array}\right\} \tag{1-18}$$

上式可由这两个奇异函数的定义以及微分、积分的运算得到。

式(1-18)可推广为

$$\left.\begin{array}{l} \varepsilon(t - t_0) = \displaystyle\int_{-\infty}^{t} \delta(\tau - t_0)\mathrm{d}\tau \\[3mm] \delta(t - t_0) = \dfrac{\mathrm{d}\varepsilon(t - t_0)}{\mathrm{d}t} \end{array}\right\} \tag{1-19}$$

(6) $\delta(t)$ 的复合函数 $\delta[f(t)]$ 的性质

$\delta[f(t)]$ 中 $f(t)$ 是普通函数。若 $f(t) = 0$ 有 n 个互不相等的实根 $t_1, t_2, \cdots, t_n$,则有

$$\delta[f(t)] = \sum_{i=1}^{n} \frac{1}{|f'(t_i)|}\delta(t - t_i)$$

其中 $f'(t_i)$ 表示 $f(t)$ 在 $t=t_i$ 处的导数,且 $f'(t_i)\neq 0(i=1,2,\cdots,n)$[①]。

例 1-3 计算下列积分:

(1) $\displaystyle\int_{-\infty}^{\infty}(t+1)^2\delta(-2t)\,\mathrm{d}t$

(2) $\displaystyle\int_{-\infty}^{\infty}(t+1)^2\delta(1-2t)\,\mathrm{d}t$

(3) $\displaystyle\int_{-\infty}^{\infty}\delta(t^2-4)\,\mathrm{d}t$

解

(1) 原式 $=\displaystyle\int_{-\infty}^{\infty}(0+1)^2\cdot\frac{1}{2}\delta(t)\,\mathrm{d}t=\frac{1}{2}$

(2) 原式 $=\displaystyle\int_{-\infty}^{\infty}(t+1)^2\cdot\frac{1}{2}\delta\left(t-\frac{1}{2}\right)\mathrm{d}t=\frac{1}{2}\left(\frac{1}{2}+1\right)^2=\frac{9}{8}$

(3) 原式 $=\displaystyle\int_{-\infty}^{\infty}\frac{1}{4}\delta(t+2)\,\mathrm{d}t+\int_{-\infty}^{\infty}\frac{1}{4}\delta(t-2)\,\mathrm{d}t=\frac{1}{4}+\frac{1}{4}=\frac{1}{2}$

6. 单位冲激偶信号

单位冲激偶信号(unit doublet signal)$\delta'(t)$ 的定义为单位冲激信号 $\delta(t)$ 的一阶导数,即

$$\delta'(t)=\frac{\mathrm{d}}{\mathrm{d}t}[\delta(t)] \tag{1-20}$$

由于单位冲激信号 $\delta(t)$ 为图 1-7(b)所示门信号 $\dfrac{1}{\Delta}G_\Delta(t)$ 在 $\Delta\to 0$ 的极限,对其求导的结果是在 $t=\pm\Delta/2$ 时刻出现冲激强度为 $\mp 1/\Delta$ 的冲激信号,如图 1-8(a)所示。于是单位冲激偶信号 $\delta'(t)$ 是在 $t=0_-,0_+$ 出现冲激强度为 $\pm\infty$ 的冲激信号,如图 1-8(b)所示。

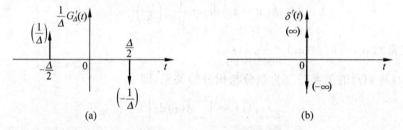

图 1-8 $\delta'_\Delta(t)$ 和 $\delta'(t)$ 的波形

冲激偶信号 $\delta'(t)$ 有如下性质:

(1) $\delta'(t)$ 与函数 $f(t)$ 相乘,设 $f(t)$ 在 $t=0$ 连续,则

$$f(t)\delta'(t)=f(0)\delta'(t)-f'(0)\delta(t) \tag{1-21}$$

证明 由于

$$[f(t)\delta(t)]'=f'(t)\delta(t)+f(t)\delta'(t)$$

有

$$[f(0)\delta(t)]'=f'(0)\delta(t)+f(t)\delta'(t)$$

得

①   证明详见郑君里著《信号与系统》上册 P77。

$$f(0)\delta'(t) = f'(0)\delta(t) + f(t)\delta'(t)$$

移项即得式(1-21)。

证毕。

式(1-21)可推广为

$$f(t)\delta'(t-t_0) = f(t_0)\delta'(t-t_0) - f'(t_0)\delta(t-t_0) \tag{1-22}$$

(2) $\delta'(t)$ 为奇函数,其波形关于原点对称,即有

$$\delta'(-t) = -\delta'(t) \tag{1-23}$$

$$\delta'(t-t_0) = -\delta'(t_0-t) \tag{1-24}$$

(3) 按 $\delta'(t)$ 的定义知

$$\int_{-\infty}^{t} \delta'(\tau)\mathrm{d}\tau = \delta(t) \tag{1-25}$$

$$\int_{-\infty}^{\infty} \delta'(t)\mathrm{d}t = 0 \tag{1-26}$$

式(1-25)及式(1-26)可推广为

$$\int_{-\infty}^{\infty} f(t)\delta'(t)\mathrm{d}t = -f'(0) \tag{1-27}$$

$$\int_{-\infty}^{\infty} f(t)\delta'(t-t_0)\mathrm{d}t = -f'(t_0) \tag{1-28}$$

(4) 尺度变换。设实常数 $a>0$,则

$$\delta'(at) = \frac{1}{a^2}\delta'(t) \tag{1-29}$$

证明　作变量代换 $t'=at$,并设 $f(t)$ 为在 $t=0$ 连续的任意函数,则

$$\int_{-\infty}^{\infty} f(t)\delta'(at)\mathrm{d}t = \frac{1}{a}\int_{-\infty}^{\infty} f\left(\frac{t'}{a}\right)\delta'(t')\mathrm{d}t' = -\frac{1}{a}\frac{\mathrm{d}}{\mathrm{d}t}\left[f\left(\frac{t'}{a}\right)\right]\Big|_{t=0} = -\frac{1}{a^2}f'(0)$$

比较上式与式(1-27),并注意到 $f(t)$ 的任意性,可知两被积式有如下关系:

$$f(t)\delta'(at) = \frac{1}{a^2}f(t)\delta'(t)$$

因而式(1-29)成立。

证毕。

例 1-4　计算下列积分:

(1) $\displaystyle\int_{-\infty}^{\infty} \mathrm{e}^{-2t}\big[\delta(t) + \delta'(t)\big]\mathrm{d}t$

(2) $\displaystyle\int_{-\infty}^{\infty} (t+1)^2\delta'(1-2t)\mathrm{d}t$

解

(1) 原式 $= \displaystyle\int_{-\infty}^{\infty} \mathrm{e}^{-2t}\delta(t)\mathrm{d}t + \int_{-\infty}^{\infty} \mathrm{e}^{-2t}\delta'(t)\mathrm{d}t = 1 - (\mathrm{e}^{-2t})'\big|_{t=0} + \mathrm{e}^{-2t}\delta'(t) = 1 + 2 = 3$

(2) 原式 $= -\displaystyle\int_{-\infty}^{\infty} (t+1)^2\delta'(2t-1)\mathrm{d}t = -\frac{1}{2^2}\int_{-\infty}^{\infty} (t+1)^2\delta'\left(t-\frac{1}{2}\right)\mathrm{d}t$

$\qquad = \dfrac{1}{4}\dfrac{\mathrm{d}}{\mathrm{d}t}\big[(t+1)^2\big]\Big|_{t=\frac{1}{2}} = \dfrac{3}{4}$

7. 单位斜坡信号

单位斜坡信号(unit ramp signal)$r(t)$的定义为

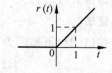

$$r(t) = t\varepsilon(t) = \begin{cases} 0, & t < 0 \\ t, & t \geqslant 0 \end{cases} \qquad (1\text{-}30)$$

图 1-9　单位斜坡信号

其波形如图 1-9 所示。

单位斜坡函数 $r(t)$ 与 $\varepsilon(t)$，$\delta(t)$ 的关系为

$$r(t) = \int_{-\infty}^{t} \varepsilon(\tau)\mathrm{d}\tau = \int_{-\infty}^{t}\int_{-\infty}^{\tau} \delta(\xi)\mathrm{d}\xi\mathrm{d}\tau$$

$$r'(t) = \varepsilon(t)$$

$$r''(t) = \delta(t)$$

单位斜坡函数 $r(t)$ 的一次积分是单边抛物线，即

$$\int_{-\infty}^{t} r(\tau)\mathrm{d}\tau = \frac{1}{2}t^2\varepsilon(t)$$

8. 单边衰减指数信号

单边衰减指数信号(single-sided damping exponential signal)的定义为

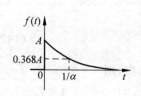

$$f(t) = Ae^{-\alpha t}\varepsilon(t) = \begin{cases} 0, & t < 0 \\ Ae^{-\alpha t}, & t > 0 \end{cases} \qquad (1\text{-}31)$$

图 1-10　单边衰减指数信号

其波形如图 1-10 所示。其中 α 为正的实常数，称为衰减系数。每经过 $1/\alpha$ 的时间，信号会衰减为原来的 $e^{-1} = 0.368$ 倍。注意到此信号是单边的，且信号值从 $t = 0_-$ 时的 0 跃变为 $t = 0_+$ 时的 A。

9. 复指数信号

复指数信号(complex exponential signal)定义为

$$f(t) = Ae^{st}, \quad -\infty < t < \infty \qquad (1\text{-}32)$$

式中，$s = \sigma + j\omega$ 称为复频率；A，σ，ω 均为实常数，σ 的单位为 $1/\mathrm{s}$，ω 的单位为 $\mathrm{rad/s}$。由于

$$f(t) = Ae^{(\sigma + j\omega)t} = Ae^{\sigma t}e^{j\omega t} = Ae^{\sigma t}(\cos\omega t + j\sin\omega t)$$

可见该信号的模 $|A|e^{\sigma t}$ 为实指数信号；辐角为 ωt；实部与虚部均为指数规律 $Ae^{\sigma t}$ 变化且角频率为 ω 的正弦信号。

复指数信号的几种特殊情况如下：

(1) 当 $s = 0$ 时，$f(t) = A$，为直流信号；

(2) 当 $s = \sigma$ 时，$f(t) = Ae^{\sigma t}$，为实指数信号；

(3) 当 $s = j\omega$ 时，$f(t) = Ae^{j\omega t} = A(\cos\omega t + j\sin\omega t)$，其实部与虚部均为角频率为 ω 的等幅正弦信号，因而 $Ae^{j\omega t}$ 也是一个以 $T = 2\pi/\omega$ 为周期的周期性信号。

10. 抽样信号

抽样信号(sampling signal)定义为

$$Sa(t) = \frac{\sin t}{t}, \quad -\infty < t < \infty \tag{1-33}$$

其波形如图 1-11 所示。抽样信号 $Sa(t)$ 有如下性质：

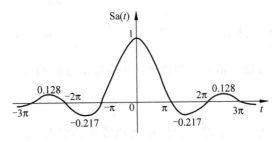

图 1-11　抽样信号

(1) $Sa(t)$ 为实变量 t 的偶函数，即

$$Sa(-t) = Sa(t)$$

(2) $Sa(0) = \lim\limits_{t \to 0} \dfrac{\sin t}{t} = 1$

(3) $Sa(t) = 0, t = \pm\pi, \pm 2\pi, \cdots$

(4) $\displaystyle\int_{-\infty}^{\infty} Sa(t)dt = \int_{-\infty}^{\infty} \frac{\sin t}{t}dt = \pi$

(5) $\lim\limits_{t \to \pm\infty} Sa(t) = 0$

11. 符号函数

符号函数(sign function)定义为

$$sgn(t) = \begin{cases} -1, & t < 0 \\ 1, & t > 0 \end{cases} \tag{1-34}$$

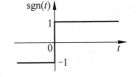

或用闭形表达式写成 $sgn(t) = \varepsilon(t) - \varepsilon(-t) = 2\varepsilon(t) - 1$，其波形如图 1-12 所示。

图 1-12　符号函数

1.3　连续信号的基本运算与时域变换

　　本节将研究信号的相加、相乘、数乘、微分、积分等基本运算以及折叠、时移、展缩、倒相等时域变换。

1.3.1　连续信号的基本运算

　　(1) 相加

　　两个信号相加，其和信号在任意时刻的值等于这两个信号在该时刻的值之和。信号的时域相加运算可用加法器实现，如图 1-13 所示。

　　(2) 相乘

　　两个信号相乘，其积信号在任意时刻的值等于这两个信号在该时刻的值之积。信号的时域相乘运算可用乘法器实现，如图 1-14 所示。

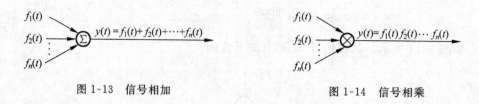

图 1-13　信号相加　　　　　　　　　图 1-14　信号相乘

信号处理系统中常常通过信号相乘的运算来实现信号的抽样与调制,因而乘法器也称为调制器。

(3) 数乘

信号数乘运算是指将信号乘以实常数 a,可用数乘器实现,数乘器也称标量乘法器,如图 1-15 所示。

信号数乘运算相当于将信号放大($a>1$)或缩小($a<1$)到原来的 a 倍。

(4) 微分

信号微分运算是指将信号对 t 求一阶导数,可用微分器实现,如图 1-16 所示。

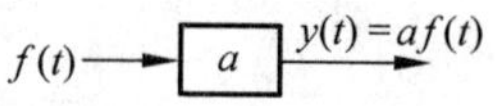

$$f(t) \longrightarrow \boxed{a} \xrightarrow{\ y(t)=af(t)\ }$$

图 1-15　信号数乘

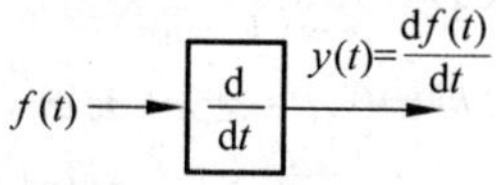

$$f(t) \longrightarrow \boxed{\dfrac{\mathrm{d}}{\mathrm{d}t}} \xrightarrow{\ y(t)=\dfrac{\mathrm{d}f(t)}{\mathrm{d}t}\ }$$

图 1-16　信号微分

进行微分运算时应注意,在常规意义下函数 $f(t)$ 在间断点处的导数 $f'(t)$[①]虽然不存在,但引入冲激函数后,该点的导数可用冲激函数表示,其冲激强度为间断点处 $f(t)$ 跃变的幅度值。尤其值得注意的是,$\delta(t)$ 与 $\varepsilon(t)$ 之间的微积分运算一般按定义来求,而不用隐函数的概念。

(5) 积分

信号 $f(t)$ 的积分运算定义为

$$f(t) \longrightarrow \boxed{\int} \xrightarrow{\ y(t)=\int_{-\infty}^{t}f(\tau)\mathrm{d}\tau\ }$$

$$y(t) = f^{-1}(t)^{②} = \int_{-\infty}^{t} f(\tau)\mathrm{d}\tau \qquad (1\text{-}35)$$

图 1-17　信号积分

积分运算可用积分器实现,如图 1-17 所示。

例 1-5　已知门信号 $f(t)$ 如图 1-18(a)所示。

(1) 求门信号的一阶导数 $f'(t)$;

(2) 求门信号的积分 $f^{-1}(t) = \int_{-\infty}^{t} f(\tau)\mathrm{d}\tau$;

(3) 画出它们的波形。

解　(1) 门信号 $f(t)$ 可表示为

$$f(t) = 2\varepsilon(t+2) - 2\varepsilon(t-2)$$

则其一阶导数为

---

① $f'(t) = \dfrac{\mathrm{d}f(t)}{\mathrm{d}t}$;

② $f^{-1}(t) = \displaystyle\int_{-\infty}^{t} f(\tau)\mathrm{d}\tau$。

$$f'(t) = 2\delta(t+2) - 2\delta(t-2)$$

（2）门信号 $f(t)$ 的积分为

$$f^{-1}(t) = \int_{-\infty}^{t} f(\tau)\mathrm{d}\tau = 2r(t+2) - 2r(t-2)$$

$$= 2(t+2)\varepsilon(t+2) - 2(t-2)\varepsilon(t-2)$$

（3）$f'(t)$ 与 $f^{-1}(t)$ 的波形分别如图 1-18(b)、(c)所示。

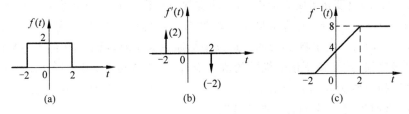

图 1-18　例 1-5 图

1.3.2　连续信号的时域变换

（1）折叠

将信号 $f(t)$ 的自变量 t 换为 $-t$ 而得到另一个信号 $f(-t)$ 的时域变换称为折叠，其几何意义是将 $f(t)$ 的波形以纵轴为轴翻转 180°，如图 1-19 所示。需要注意的是，$f(at+b)$ 的折叠信号是 $f(-at+b)$，而不是 $f[-(at+b)]$。

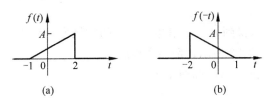

图 1-19　信号的折叠

（2）时移

将信号 $f(t)$ 的自变量 t 换为 $t \pm t_0$（t_0 为正的实常数），得到另一个信号 $f(t \pm t_0)$ 的时域变换称为时移，信号 $f(t-t_0)$ 可由 $f(t)$ 的波形沿 t 轴右移 t_0 得到，信号 $f(t+t_0)$ 可由 $f(t)$ 的波形沿 t 轴左移 t_0 得到，如图 1-20 所示。需要注意的是，$f(2t+4)$ 是将信号 $f(2t)$ 左移了 2，而不是 4。

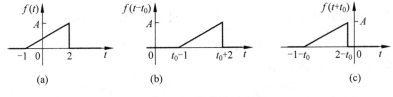

图 1-20　信号的时移

信号的右移可用延时器实现，信号的左移可用预测器实现，如图 1-21 所示。延时器是可以用硬件实现的因果系统（关于因果系统的定义见本书 1.5 节），而预测器则为非因果系统。

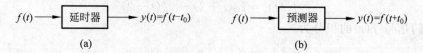

图 1-21　延时器(延时 $t_0 > 0$)和预测器

（3）展缩

将信号 $f(t)$ 的自变量 t 换为 at（a 为正的实常数），得到另一个信号 $f(at)$ 的时域变换称为展缩。当 $0 < a < 1$ 时，$f(at)$ 表示将 $f(t)$ 的波形以坐标原点为中心，沿 t 轴展宽为原来的 $1/a$；当 $a > 1$ 时，$f(at)$ 表示将 $f(t)$ 的波形以坐标原点为中心，沿 t 轴压缩为原来的 $1/a$。展缩也称为尺度变换，此变换下信号纵轴的值不变，由 1.2 节可知，展缩对冲激信号与冲激偶信号的尺度变换分别为 $\delta(at) = (1/a)\delta(t)$ 与 $\delta'(at) = (1/a^2)\delta(t)$。图 1-22 中分别给出了 $a = 1/2$ 和 $a = 2$ 时给定信号 $f(t)$ 的展缩情况。

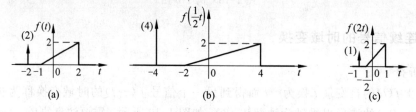

图 1-22　信号的展缩

（4）倒相

将信号 $f(t)$ 乘以 -1，得到另一个信号 $-f(t)$ 的时域变换称为倒相，即倒相信号与原信号的值的正负相反，如图 1-23 所示。倒相也称反相。

信号的倒相可用倒相器实现，如图 1-24 所示。

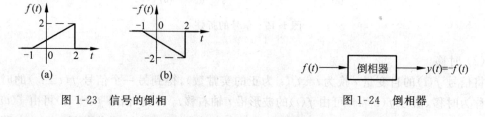

图 1-23　信号的倒相　　　　　　　　　　图 1-24　倒相器

例 1-6　已知信号 $f(t)$ 的波形如图 1-25(a)所示，试画出 $f\left(-\dfrac{t}{3}+2\right)$ 的波形。

解　从信号 $f(t)$ 要得到 $f\left(-\dfrac{t}{3}+2\right)$ 必须经过折叠、时移、展缩这三种变换，变换先后次序的组合共有六种，下面给出其中两种解法：

（1）折叠 → 时移 → 展缩，即

$$f(t) \xrightarrow[\text{图(b)}]{\text{折叠}} f(-t) \xrightarrow[\text{图(c)}]{\text{右移 2}} f[-(t-2)] = f(-t+2) \xrightarrow[\text{图(d)}]{\text{展宽 3 倍}} f\left(-\frac{t}{3}+2\right)$$

（2）折叠 → 展缩 → 平移，即

$$f(t) \xrightarrow[\text{图(b)}]{\text{折叠}} f(-t) \xrightarrow[\text{图(e)}]{\text{展宽 3 倍}} f\left(-\frac{t}{3}\right) \xrightarrow[\text{图(d)}]{\text{右移 6}} f\left[-\frac{(t-6)}{3}\right] = f\left(-\frac{t}{3}+2\right)$$

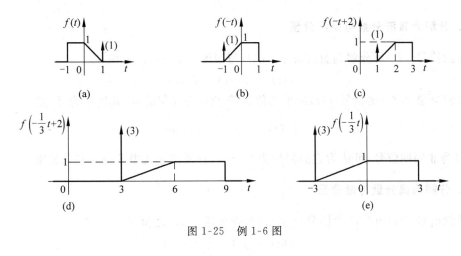

图 1-25　例 1-6 图

可见两种解法结果完全一致。读者可用其余四种解法解之。

例 1-7　已知信号 $f_a(t)$ 的波形如图 1-26(a)所示,试画出下列信号的波形:

(1) $f_b(t) = \dfrac{\mathrm{d}}{\mathrm{d}t}\left[f_a(6-2t)\right]$

(2) $f_c(t) = \displaystyle\int_{-\infty}^{t} f_a(2-\tau)\mathrm{d}\tau$

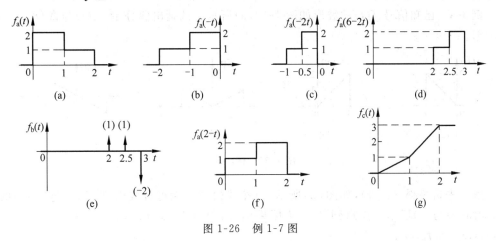

图 1-26　例 1-7 图

解　对于本例题,不必写出 $f_a(t)$ 的函数式,而直接对其波形进行变换和微积分运算,这样可使解题过程变得简单、直观。

(1) 图(a)经折叠得图(b),图(b)经压缩得图(c),图(c)右移得图(d),对图(d)求导得结果如图(e);

(2) 图(b)经右移、积分得结果如图(g)。

1.4　连续信号的时域分解

系统对复杂信号的响应往往难以分析求解,因此有必要将一些复杂的连续信号进行时域分解。

1. 分解为直流分量与交流分量

任意信号 $f(t)$ 可分解为直流分量 $f_\mathrm{D}(t)$ 与交流分量 $f_\mathrm{A}(t)$ 之和,即

$$f(t) = f_\mathrm{D}(t) + f_\mathrm{A}(t) \tag{1-36}$$

其中直流分量 $f_\mathrm{D}(t)$ 是信号 $f(t)$ 的平均值。若 $f(t)$ 为周期信号,其周期为 T,则

$$f_\mathrm{D}(t) = \frac{1}{T} \int_{-T/2}^{T/2} f(t)\,\mathrm{d}t \tag{1-37}$$

若 $f(t)$ 为非周期信号,可认为它的周期为 $T \to \infty$,只需求上式中 $T \to \infty$ 时的极限。

2. 分解为偶分量与奇分量

任意信号 $f(t)$ 可分解为偶分量 $f_\mathrm{e}(t)$ 与奇分量 $f_\mathrm{o}(t)$ 之和,即

$$f(t) = f_\mathrm{e}(t) + f_\mathrm{o}(t) \tag{1-38}$$

式中

$$f_\mathrm{e}(t) = \frac{1}{2}\big[f(t) + f(-t)\big] \tag{1-39a}$$

$$f_\mathrm{o}(t) = \frac{1}{2}\big[f(t) - f(-t)\big] \tag{1-39b}$$

式(1-39)显然满足 $f_\mathrm{e}(t) = f_\mathrm{e}(-t)$ 以及 $f_\mathrm{o}(t) = -f_\mathrm{o}(-t)$,且满足式(1-38)。式(1-39)的运算也可用图解进行。

例 1-8　已知信号 $f(t)$ 的波形如图 1-27(a)所示。试画出偶分量 $f_\mathrm{e}(t)$ 与奇分量 $f_\mathrm{o}(t)$ 的波形。

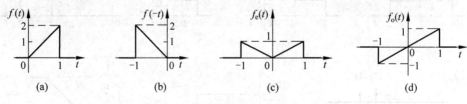

图 1-27　例 1-8 图

解　先折叠得 $f(-t)$,如图(b)所示,再按式(1-39)就可合成得到 $f_\mathrm{e}(t)$ 与 $f_\mathrm{o}(t)$ 的波形,如图(c)与(d)所示。注意到 $f(t)$ 为因果信号,因而当 $t > 0$ 时,$f_\mathrm{e}(t) = f_\mathrm{o}(t)$;当 $t < 0$ 时,$f_\mathrm{e}(t) = -f_\mathrm{o}(t)$。

3. 分解为实部分量与虚部分量

任意信号 $f(t)$ 可分解为实部分量 $f_\mathrm{r}(t)$ 与虚部分量 $f_\mathrm{i}(t)$ 之和,即

$$f(t) = f_\mathrm{r}(t) + \mathrm{j}f_\mathrm{i}(t) \tag{1-40}$$

$f(t)$ 的共轭复数为

$$f^*(t) = f_\mathrm{r}(t) - \mathrm{j}f_\mathrm{i}(t) \tag{1-41}$$

故有

$$f_\mathrm{r}(t) = \frac{1}{2}\big[f(t) + f^*(t)\big] \tag{1-42a}$$

$$f_\mathrm{i}(t) = \frac{1}{2\mathrm{j}}\big[f(t) - f^*(t)\big] \tag{1-42b}$$

且有信号模的平方

$$|f(t)|^2 = f(t) \cdot f^*(t) = f_r^2(t) + f_i^2(t) \tag{1-43}$$

4. 分解为加权的冲激函数无穷级数和

在介绍冲激信号时曾经指出：单位冲激信号 $\delta(t)$ 可理解为图 1-7(b)所示的宽为 Δ、高为 $1/\Delta$、面积为 1 的门信号 $\dfrac{1}{\Delta}G_\Delta(t)$ 在 $\Delta \rightarrow 0$ 的极限。现将任意连续信号 $f(t)$ 用一系列宽度为 $\Delta\tau$ 矩形窄脉冲近似，如图 1-28 所示。每个窄脉冲信号可视为具有 $\Delta\tau$ 宽度的门信号。如第 k 个窄脉冲信号位于 $k\Delta\tau$ 处，该脉冲的面积为 $f(k\Delta\tau)\Delta\tau$，可表示为如下门函数：

$$f(k\Delta\tau)G_{\Delta\tau}(t - k\Delta\tau)$$

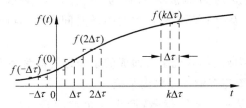

图 1-28　用矩形脉冲逼近 $f(t)$

于是近似 $f(t)$ 的一系列窄脉冲变成以下一系列门信号的和：

$$f(t) \approx \sum_{k=-\infty}^{\infty} f(k\Delta\tau)G_{\Delta\tau}(t - k\Delta\tau) \tag{1-44}$$

式(1-44)表明，任意连续信号 $f(t)$ 可分解为不同时刻出现的受该时刻 $f(t)$ 加权的门信号的无穷级数和。当 $\Delta\tau \rightarrow 0$ 时，就有 $\Delta\tau \rightarrow \mathrm{d}\tau, k\Delta\tau \rightarrow \tau, f(k\Delta\tau) \rightarrow f(\tau), G_{\Delta\tau}(t - k\Delta\tau) \rightarrow \delta(t-\tau)$，上式的级数和就变为下式的积分：

$$f(t) = \lim_{\Delta\tau \rightarrow 0} \sum_{k=-\infty}^{\infty} f(k\Delta\tau)\frac{1}{\Delta\tau}G_{\Delta\tau}(t - k\Delta\tau)\Delta\tau = \int_{-\infty}^{\infty} f(\tau)\delta(t-\tau)\mathrm{d}\tau \tag{1-45}$$

1.5　系统的概念与特性

1. 系统的定义

系统是一个十分广泛的概念，从广义上讲，**系统**(system)是由若干相互依赖、相互作用的事物组合而成的、具有特定功能的整体。系统可以是物理系统，例如通信系统、自动控制系统、导航系统等；也可以是非物理系统，例如生产管理、司法等社会经济与管理方面的系统。相对于信号而言，系统是能够完成对信号传输、处理、存储、运算、变换与再现的集合体，如图 1-29 所示。图中符号 $H[\ ]$ 称为**系统算子**(system operator)，表示将输入信号或激励 $f(t)$ 进行某种变换或运算得到输出信号或响应 $y(t)$，即

$$f(t) \longrightarrow \boxed{\text{系统}H} \longrightarrow y(t)=H[f(t)]$$

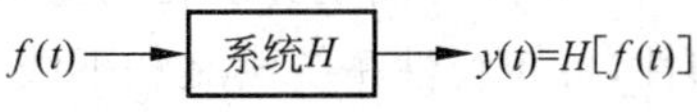

图 1-29　单输入-单输出系统

$$y(t) = H[f(t)] \tag{1-46}$$

此关系亦可记为 $f(t) \Rightarrow y(t)$。在 1.3 节中引入的倒相器、加法器、数乘器、微分器、积分器等都是基本运算系统，因为它们都能够对信号实现一些基本的变换或运算功能。

任何一个大系统(如电力系统等)都可以分解为若干个相互联系、相互作用的子系统，各子系统之间通过信号联系，信号在系统内部及各子系统之间流动。

电路与电网络都是电系统。在一定意义上,电系统与电路、电网络是同义词,只是以系统的观点来研究时更注重于其输入与输出之间的关系或系统的运算功能。

2. 系统的分类与特性

从系统不同的特性来考虑,系统可分为:

1) 连续时间系统与离散时间系统

若系统的激励与响应均为连续时间信号,则称之为**连续时间系统**(continuous-time system),简称**连续系统**,亦称**模拟系统**。由 R、L、C 等元件构成的电路都是连续时间系统。

若系统的激励与响应均为离散时间信号,则称之为**离散时间系统**(discrete-time system),简称**离散系统**。数字计算机是典型的离散时间系统,且因其数字化特性而被称为**数字系统**。

由连续时间系统与离散时间系统组合而成的系统称为**混合系统**(hybrid system)。

2) 单输入单输出系统与多输入多输出系统

如果一个系统只接受一个激励信号,产生一个响应信号,就称之为**单输入单输出系统**。若一个系统可以同时接受一个以上的激励信号,产生一个以上的响应信号,就称之为**多输入多输出系统**,如图 1-30 所示。本书主要讨论单输入单输出系统,其基本概念和分析方法可适用于或推广到多输入多输出系统。

图 1-30　多输入多输出系统

3) 动态系统与非动态系统

若系统在 t_0 时刻的响应 $y(t)$ 不仅与 t_0 时刻作用于系统的激励有关,而且与区间 $(-\infty, t_0)$ 内作用于该系统的激励有关,这样的系统称为**动态系统**(dynamic system),亦称具有记忆的系统(简称**记忆系统**)。凡具有记忆元件(如电感元件、电容元件等)与记忆电路(如延时器等)的系统均为动态系统。

若系统在 t_0 时刻的响应 $y(t)$ 仅与 t_0 时刻作用于系统的激励有关,而且与区间 $(-\infty, t_0)$ 内作用于该系统的所有激励无关,这样的系统称为**非动态系统**或**静态系统**,亦称为**即时系统**或**无记忆系统**。只含电阻元件的电路即非动态系统。

4) 线性系统与非线性系统

给定系统若 $f(t) \Rightarrow y(t)$,有 $\alpha f(t) \Rightarrow \alpha y(t)$,其中 α 为任意常数,则称系统满足**齐次性**(homogeneity)。给定系统若 $f_1(t) \Rightarrow y_1(t)$,$f_2(t) \Rightarrow y_2(t)$,有 $f_1(t) + f_2(t) \Rightarrow y_1(t) + y_2(t)$,则称系统满足**叠加性**(superposition property)。

凡能同时满足**齐次性**与**叠加性**的系统称为**线性系统**(linear system)。综合齐次性与叠加性,可知线性系统满足如下线性性质:

$$\alpha_1 f_1(t) + \alpha_2 f_2(t) \Rightarrow \alpha_1 y_1(t) + \alpha_2 y_2(t) \tag{1-47}$$

式中 α_1 和 α_2 为任意常数。

不能同时满足齐次性与叠加性的系统称为**非线性系统**(nonlinear system)。

例 1-9　判断下列系统是否为线性系统:

(1) $y(t) = H[f(t)] = tf(t)$

(2) $y(t) = H[f(t)] = f(t) + 2$

解　(1) $\alpha f(t) \Rightarrow t\alpha f(t) = \alpha t f(t) = \alpha y(t)$，满足齐次性；

$f_1(t) + f_2(t) \Rightarrow t[f_1(t) + f_2(t)] = tf_1(t) + tf_2(t) = y_1(t) + y_2(t)$，满足叠加性，故此系统为线性系统。

(2) $\alpha f(t) \Rightarrow \alpha f(t) + 2 \neq \alpha[f(t) + 2] = \alpha y(t)$，不满足齐次性，故不是线性系统。

注意到这里的线性性质是按系统输入输出关系来定义的，故上例中由线性方程 $y(t) = f(t) + 2$ 所表示的系统(2)不是线性系统。如果将此 $y(t)$ 分解为 $y_f(t) = f(t)$ 与 $y_0(t) = 2$ 的和，其中 $y_f(t)$ 视为一个松弛(初始状态为零)的线性系统对激励 $f(t)$ 的响应——零状态响应，而 $y_0(t)$ 视为仅与系统初始状态有关的响应——零输入响应，那么可用图 1-31 所示的模型来表示这种具有常数项的线性方程所描述的系统，该模型所描述的系统也称为**增量线性系统**，因为它对两个激励的响应之差是这两个激励之差的线性函数。

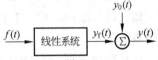

图 1-31　增量线性系统

5) 时不变系统与时变系统

给定系统若 $f(t) \Rightarrow y(t)$，有 $f(t - t_0) \Rightarrow y(t - t_0)$，其中 t_0 为任意正的实常数，则称它满足**时不变性**，如图 1-32 所示，并称该系统为**时不变系统**(time-invariant system)或**定常系统**(fixed system)；否则称为**时变系统**(time varying system)。

图 1-32　时不变系统的特性

例 1-10　判断下列系统是否为时不变系统：

(1) $y(t) = H[f(t)] = tf(t)$

(2) $y(t) = H[f(t)] = \sin[f(t)]$

解　(1) $f(t - t_0) \Rightarrow tf(t - t_0) \neq (t - t_0)f(t - t_0) = y(t - t_0)$，故该系统是时变系统；

(2) $f(t - t_0) \Rightarrow \sin[f(t - t_0)] = y(t - t_0)$，故此系统是时不变系统。

线性时不变连续系统除满足齐次性、叠加性的线性性质和时不变性之外，还满足：

微分性，即若 $f(t) \Rightarrow y(t)$，则有 $\dfrac{\mathrm{d}f(t)}{\mathrm{d}t} \Rightarrow \dfrac{\mathrm{d}y(t)}{\mathrm{d}t}$；

积分性，即若 $f(t) \Rightarrow y(t)$，则有 $\displaystyle\int_{-\infty}^{t} f(\tau)\mathrm{d}\tau \Rightarrow \int_{-\infty}^{t} y(\tau)\mathrm{d}\tau$。

6) 因果系统与非因果系统

激励是响应产生的原因，响应是激励所产生的结果，因而 $t \geqslant t_0$ 时作用于实际物理系统的激励决不会于 $t < t_0$ 时在该系统中产生响应，此性质称为实际物理系统的**因果性**。满足因果性的系统称为**因果系统**(causal system)，否则称为**非因果系统**(non-causal system)。

由于非因果系统上有预测未来激励的能力,因而亦称**可预测系统**,显然它为不可物理实现的系统,但研究它的数学模型却有助于对因果系统的分析。

在信号与线性系统分析中,常以 $t=0$ 作为初始观察时刻,因而将 $t=0$ 开始的有始信号专门定义为因果信号。显然,在因果信号激励下,因果系统的响应必然是因果信号,这也是判断系统因果性常用的方法。

例 1-11 判断下列系统是否为因果系统:

(1) $y(t)=H[f(t)]=f(t-2)$

(2) $y(t)=H[f(t)]=a^{f(t)}$

解 (1) 若 $t<0$ 时,$f(t)=0$,则当 $t<0$ 时有 $t-2<0$,因而 $y(t)=f(t-2)=0$,故此为因果系统。

(2) 若 $t<0$ 时,$f(t)=0$,则当 $t<0$ 时,$y(t)=a^{f(t)}=a^0=1\neq0$,故此为非因果系统。

7) 稳定系统与不稳定系统

一个系统,如果它对任何有界的激励 $f(t)$ 所产生的零状态响应 $y_f(t)$ 亦为有界时,就称该系统为**有界输入/有界输出**(bound-input/bound-output)**稳定**,简称 **BIBO 稳定**,有时也称系统是**零状态稳定**的。

一个系统,如果它的零输入响应 $y_x(t)$ 随变量 t 的增大而无限增大,就称该系统为**零输入不稳定**的;若 $y_x(t)$ 总是有界的,则称系统是**临界稳定**的;若 $y_x(t)$ 随变量 t 的增大而衰减为零,则称系统是渐近稳定的。

除了以上分类之外,还可从其他角度将系统分类为**集总参数系统**(lumped-parameter system)与**非集总参数系统**(如分布参数系统)、**确定性系统与随机系统、可逆系统与不可逆系统**等。本书仅限于研究在确定信号激励下的集总参数、线性、时不变系统(此后这种线性时不变系统将简记为 **LTI 系统**),包括连续时间系统与离散时间系统。

1.6 　信号与系统分析概述

信号与系统是完成某一特定功能而相互作用、不可分割的统一整体。为了有效地利用系统传输和处理信息,就必须对信号、系统自身的特性以及二者特性之间的相互匹配等问题进行深入研究。本节概要介绍信号与线性系统的分析方法,以便读者对其分析思路和方法有一初步了解。

1. 信号分析

信号分析通过研究信号的描述、运算、特性以及信号发生某些变化时其特性相应的变化,来揭示信号自身的时域特性、频域特性等。信号分析的主要途径是研究信号的分解,即将信号分解为某些基本信号的线性组合,通过对这些基本信号单元在时域和频域特性的分析来达到了解信号特性的目的。信号的分解可以在时域、频域或变换域中进行,分别用到信号分析的时域方法、频域方法和变换域方法。

信号的**时域分析**(time domain analysis)是将连续时间信号表示为单位冲激信号 $\delta(t)$ 的加权积分,将离散时间信号表示为单位脉冲信号 $\delta(k)$ 的加权和,从而产生了时域中的卷积积分运算与卷积和运算。

信号的**频域分析**(frequency domain analysis)是将连续时间(或离散时间)信号表示为

复指数信号 $e^{jn\Omega t}$ (或 $e^{jn\Omega k}$)的加权积分(或加权和),产生了傅里叶分析的理论和方法,同时产生了信号频谱的概念。

信号的**变换域分析**(transform domain analysis)则是将连续时间(或离散时间)信号表示为复指数信号 $e^{st}(s=\sigma+j\omega)$ 或 $z^n(z=re^{j\theta})$ 的加权积分(或加权和),产生了拉普拉斯变换与 Z 变换的理论和方法。

2. 系统分析

系统分析的主要任务是分析系统对指定激励所产生的响应。其分析过程主要包括建立系统模型,根据模型建立系统的方程,求解出系统的响应,必要时对解得的结果给出物理解释。系统分析是系统综合与系统诊断的基础。本书仅限于对 LTI 系统分析的研究。

从系统模型所关心的变量上可将 LTI 系统的分析方法分为输入输出法与状态变量法两大类;而从信号分解的角度又可将 LTI 系统的分析方法分为时域分析(卷积积分、卷积和与算子法)、频域分析(傅里叶分析)与变换域分析(拉普拉斯变换法、Z 变换法)等。

LTI 系统各种分析方法的理论基础是信号的分解特性与系统的线性、时不变特性,其出发点是:激励信号可以分解为若干基本信号单元的线性组合;系统对激励所产生的零状态响应是系统对各基本信号单元分别激励下响应的叠加。

本书将按先时域法后频域法与变换域法,先连续时间系统后离散时间系统,先信号分析后系统分析的顺序,并结合电路、电子与控制系统中的一般问题,较全面地介绍信号与线性系统的基本分析方法。通过本书的学习,辅以一定数量的习题巩固,帮助读者在信号与线性系统分析方面打下坚实的基础。

习题

1-1　画出下列各信号的波形:

(1) $f_1(t)=r(t-1)=(t-1)\varepsilon(t-1)$　　　(2) $f_2(t)=(t-1)\varepsilon(t)$

(3) $f_3(t)=\varepsilon(t^2-4)$　　　(4) $f_4(t)=(t-2)[\varepsilon(t-2)-\varepsilon(t-3)]$

1-2　画出下列各信号的波形:

(1) $f_1(t)=(1+\cos\pi t)[\varepsilon(t)-\varepsilon(t-2)]$　　　(2) $f_2(t)=\varepsilon(\cos t)$

(3) $f_3(t)=\delta(t^2-4)$　　　(4) $f_4(t)=\delta(\sin 2\pi t)$

(5) $f_5(t)=\dfrac{\sin\pi(t-2)}{t-2}$　　　(6) $f_6(t)=\dfrac{\mathrm{d}}{\mathrm{d}t}[e^{-t}\sin t\varepsilon(t)]$

1-3　写出题图 1-1 所示各信号的闭形函数表达式。

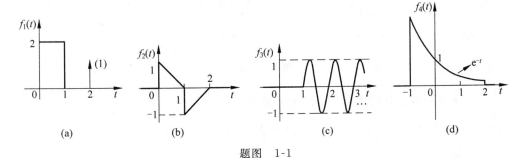

题图　1-1

1-4 试判断下列信号 $f(t)$ 是否为周期信号？若是，其周期 T 为多大？

(1) $f(t)=2\cos(5\pi t+30°)$ 　　　　(2) $f(t)=\cos 3t+\sin 5t$

(3) $f(t)=\cos 3t+2\sin 3\pi t$ 　　　　(4) $f(t)=1+\sin 5t$

(5) $f(t)=4\mathrm{e}^{-6t}\cos(3t+60°)$ 　　　　(6) $f(t)=10\sin 5t\varepsilon(t)$

1-5 已知信号 $f(t)=\sin t[\varepsilon(t)-\varepsilon(t-\pi)]$，求：

(1) $f_1(t)=\dfrac{\mathrm{d}^2}{\mathrm{d}t^2}[f(t)]+f(t)$ 　　　　(2) $f_2(t)=\displaystyle\int_{-\infty}^{t}f(\tau)\mathrm{d}\tau$

1-6 求下列各信号的微分：

(1) $f_1(t)=|t|$ 　　　　(2) $f_2(t)=\mathrm{e}^{|t|}$

(3) $f_3(t)=\sin|t|$ 　　　　(4) $f_4(t)=\mathrm{e}^{|t|}\sin|t|$

(5) $f_5(t)=\varepsilon(\sin\pi t)$

1-7 应用冲激信号的抽样特性计算下列各积分：

(1) $\displaystyle\int_{-\infty}^{\infty}\sin\left(t-\dfrac{\pi}{4}\right)\delta\left(t-\dfrac{\pi}{2}\right)\mathrm{d}t$ 　　　　(2) $\displaystyle\int_{-3}^{1}\delta(t^2-4)\mathrm{d}t$

(3) $\displaystyle\int_{-\infty}^{\infty}\varepsilon\left(t-\dfrac{t_0}{2}\right)\delta(t-t_0)\mathrm{d}t$ 　　　　(4) $\displaystyle\int_{-\infty}^{\infty}\dfrac{\sin 6t}{t}\delta(t)\mathrm{d}t$

1-8 试画出下列各信号的波形：

(1) $f_1(t)=\delta(2t+4)$ 　　　　(2) $f_2(t)=\delta(2t-4)$

(3) $f_3(t)=\delta(-2t+4)$ 　　　　(4) $f_4(t)=\delta(-2t-4)$

(5) $f_5(t)=\delta(4t^2-16)$ 　　　　(6) $f_6(t)=\mathrm{e}^{-|t|}\displaystyle\sum_{n=-\infty}^{\infty}\delta(t-n)$

1-9 设 $f(t)$ 的波形如题图 1-2 所示，试画出下列各信号的波形：

(1) $f_1(t)=f(2t-4)$ 　　(2) $f_2(t)=f(2t+4)$

(3) $f_3(t)=f(-2t-4)$ 　　(4) $f_4(t)=f\left(\dfrac{1}{2}t-\dfrac{1}{4}\right)$

(5) $f_5(t)=f\left(\dfrac{1}{2}t+\dfrac{1}{4}\right)$ 　　(6) $f_6(t)=f\left(-\dfrac{1}{2}t-\dfrac{1}{4}\right)$

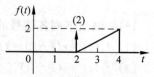

题图 1-2

1-10 画出题图 1-3 所示各信号奇分量 $f_{\circ}(t)$ 与偶分量 $f_{\mathrm{e}}(t)$ 的波形。

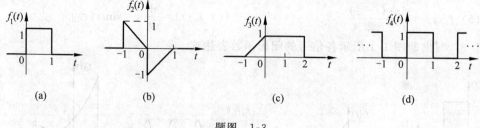

题图 1-3

1-11 求下列各信号的实部、虚部、模和辐角：

(1) $f_1(t)=\mathrm{e}^{\mathrm{j}\omega t}$ 　　　　(2) $f_2(t)=\dfrac{\mathrm{d}}{\mathrm{d}t}[f_1(t)]$

1-12　求下列各信号的直流分量：

(1) $f(t)=|\sin\omega t|$　　　　　(2) $f(t)=(\cos\omega t)^2$

(3) $f(t)=2\sin\omega t+\cos2\omega t$　　(4) $f(t)=1+2\cos\omega t$

1-13　(1) 已知 $f(t)=2\delta(t-3)$，求 $\displaystyle\int_{0_-}^{\infty}f(5-2t)\mathrm{d}t$；

(2) 已知 $f(5-2t)=2\delta(t-3)$，求 $\displaystyle\int_{0_-}^{\infty}f(t)\mathrm{d}t$。

1-14　已知 $f(5-2t)$ 的波形如题图 1-4 所示，画出 $f(t)$ 的波形。

1-15　设系统的激励为 $f(t)$，全响应为 $y(t)$，试判断下列系统的性质(线性/非线性,时变/非时变,因果/非因果,稳定/不稳定)：

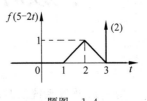

题图　1-4

(1) $y(t)=5f(t-1)$　　　　　　(2) $y(t)=\mathrm{e}^{f(t)}$

(3) $y(t)=\dfrac{\mathrm{d}}{\mathrm{d}t}[f(t)]+\displaystyle\int_0^t f(\tau)\mathrm{d}\tau$　　(4) $y(t)=\sin[f(t)]+f(t-2)$

(5) $y(t)=f(t-1)-f(1-t)$　　(6) $y(t)=f(2t)+f(t+1)$

1-16　已知某线性时不变系统对题图 1-5(a)所示激励信号 $f_1(t)$ 的响应是如题图 1-5(b)所示的 $y_1(t)$。试分别画出该系统对题图 1-5(c)、(d)所示激励信号 $f_2(t)$ 和 $f_3(t)$ 的响应 $y_2(t)$ 和 $y_3(t)$ 的波形图。

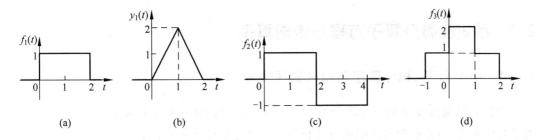

题图　1-5

连续时间系统的时域分析

对 LTI 连续系统的时域分析是指其整个分析过程都是在连续时间域进行。本章通过引入微分算子,将 LTI 连续系统的微分方程表示为算子形式,从而可使 LTI 连续系统的时域分析过程与后面几章讨论的变换域分析相一致,以形成规范统一的信号与线性系统的分析方法。

本章在建立了 LTI 连续系统微分算子方程后,用经典解法求得系统的零输入响应,并利用系统传输算子 $H(p)$ 求得系统的冲激响应 $h(t)$,再通过计算系统激励 $f(t)$ 与冲激响应 $h(t)$ 的卷积积分求得系统的零状态响应,最后把零输入响应与零状态响应相加,即得系统的全响应。

2.1 系统的微分算子方程与传输算子

2.1.1 微分算子、积分算子与微分算子方程

描述 LTI 连续系统响应与激励关系的方程是微(积)分方程或方程组。为了简便起见,将方程中出现的微分和积分运算符号用如下算子表示:

$$p \stackrel{\text{def}}{=\!=} \frac{\mathrm{d}}{\mathrm{d}t} \tag{2-1}$$

$$\frac{1}{p} \stackrel{\text{def}}{=\!=} p^{-1} = \int_{-\infty}^{t} (\ )\mathrm{d}\tau \tag{2-2}$$

式中,p 称为**微分算子**,$1/p$ 称为**积分算子**。它们可用来简化表示微分和积分运算,例如

$$pf(t) = f'(t) = \frac{\mathrm{d}}{\mathrm{d}t}f(t)$$

$$p^n f(t) = f^{(n)}(t) = \frac{\mathrm{d}^n}{\mathrm{d}t^n}f(t)$$

$$\frac{1}{p}f(t) = p^{-1}f(t) = \int_{-\infty}^{t} f(\tau)\mathrm{d}\tau$$

对于微分方程

$$\frac{\mathrm{d}^2 y(t)}{\mathrm{d}t^2} + 5\frac{\mathrm{d}y(t)}{\mathrm{d}t} + 6y(t) = \frac{\mathrm{d}f(t)}{\mathrm{d}t} + 4f(t)$$

则可简化表示为

$$p^2 y(t) + 5py(t) + 6y(t) = pf(t) + 4f(t)$$

或写为

$$(p^2 + 5p + 6)y(t) = (p + 4)f(t) \tag{2-3}$$

这种含微分算子的方程称为**微分算子方程**(differential operator equation),它仅仅是微分方程的一种表示,其含义是在等式两边分别对变量 $y(t)$ 和 $f(t)$ 进行相应的微分运算。这种形式上与代数方程类似的表示方法可用来在时域中建立与变换域相一致的分析方法。

下面介绍有关微分算子的几个运算性质。

性质 1 以 p 的正幂多项式出现的运算式,在形式上可以像代数多项式那样进行展开和因式分解。例如式(2-3)可表示为

$$(p + 2)(p + 3)y(t) = (p + 4)f(t)$$

性质 2 设 $A(p)$ 和 $B(p)$ 是 p 的正幂多项式,则

$$A(p)B(p)f(t) = B(p)A(p)f(t) \tag{2-4}$$

性质 3 微分算子方程等号两边 p 的公因式不能随便消去。

例如方程 $py(t) = pf(t)$ 的正确解应为 $y(t) = f(t) + c$,而不是约去 p 后的结果 $y(t) = f(t)$;同样,方程 $(p+a)y(t) = (p+a)f(t)$ 的正确解应为 $y(t) = f(t) + ce^{-at}$(c 为常数),而不是约去 p 后的结果 $y(t) = f(t)$。

性质 4 设 $A(p)$、$B(p)$ 和 $D(p)$ 都是 p 的正幂多项式,则

$$D(p) \cdot \frac{A(p)}{D(p)B(p)} f(t) = \frac{A(p)}{B(p)} f(t) \tag{2-5}$$

但是

$$\frac{A(p)}{D(p)B(p)} \cdot D(p)f(t) \neq \frac{A(p)}{B(p)} f(t) \tag{2-6}$$

例如

$$p \cdot \frac{1}{p} f(t) = \frac{\mathrm{d}}{\mathrm{d}t} \int_{-\infty}^{t} f(\tau)\mathrm{d}\tau = f(t)$$

而

$$\frac{1}{p} \cdot pf(t) = \int_{-\infty}^{t} \left[\frac{\mathrm{d}}{\mathrm{d}\tau} f(\tau) \right] \mathrm{d}\tau = f(t) - f(-\infty) \neq f(t)$$

可见,非因果函数乘、除算子 p 的顺序不能随意颠倒,且只有对函数进行"先除后乘"算子 p 的运算时,分式的分子与分母中公共 p 算子(或 p 算式)才允许消去。

2.1.2 LTI 连续系统的微分算子方程与系统的传输算子

对于不同领域内的系统,微分方程的建立可以根据该领域内特有的规则和定律来进行。例如电路系统可以从电路模型入手,根据 KCL(基尔霍夫电流定律)、KVL(基尔霍夫电压定律)及其电路元件的电压电流关系等就可以建立其微分方程。

将电路系统中各基本元件(R、L、C)上的伏安关系(VAR)用微分算子形式表示,可得到相应的算子模型,如表 2-1 所示。表中 pL 和 $\dfrac{1}{pC}$ 分别称为**算子感抗**和**算子容抗**。

表 2-1　电路元件的算子模型

元件名称	电路符号	$u\text{-}i$ 关系（VAR）	VAR 的算子形式	算子模型
电阻	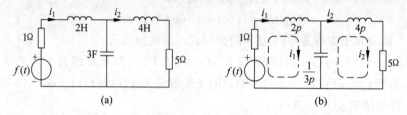	$u(t)=Ri(t)$	$u(t)=Ri(t)$	
电感		$u(t)=L\dfrac{\mathrm{d}i(t)}{\mathrm{d}t}$	$u(t)=pLi(t)$	
电容		$u(t)=\dfrac{1}{C}\displaystyle\int_{-\infty}^{t}i(\tau)\mathrm{d}\tau$	$u(t)=\dfrac{1}{pC}i(t)$	

下面举例说明电路系统微分算子方程的建立方法。

例 2-1　电路如图 2-1(a)所示，激励为 $f(t)$，响应为 $i_2(t)$。试列写其微分算子方程。

图 2-1　例 2-1 图

解　画出其算子模型电路如图 2-1(b)所示。由回路法可列出方程为

$$\begin{cases}\left(1+2p+\dfrac{1}{3p}\right)i_1(t)-\dfrac{1}{3p}i_2(t)=f(t)\\[2mm]-\dfrac{1}{3p}i_1(t)+\left(\dfrac{1}{3p}+4p+5\right)i_2(t)=0\end{cases}$$

为了化成微分方程组，按前述性质 4，可在两边同时左乘 $3p$，但这样处理会增加微分方程的阶数，而且方程两端可能会出现相同的因子 p，造成消去公共因子的疑虑。解决的一种办法是将 $\dfrac{1}{p}i_1(t)$ 和 $\dfrac{1}{p}i_2(t)$ 作为新的求解变量，此时原方程可化为

$$\begin{bmatrix}6p^2+3p+1 & -1\\ -1 & 12p^2+15p+1\end{bmatrix}\begin{bmatrix}\dfrac{1}{p}i_1(t)\\[2mm]\dfrac{1}{p}i_2(t)\end{bmatrix}=\begin{bmatrix}3f(t)\\ 0\end{bmatrix}$$

于是得

$$\frac{1}{p}i_2(t)=\frac{\begin{vmatrix}6p^2+3p+1 & 3f(t)\\ -1 & 0\end{vmatrix}}{\begin{vmatrix}6p^2+3p+1 & -1\\ -1 & 12p^2+15p+1\end{vmatrix}}=\frac{\dfrac{1}{3}}{p(8p^3+14p^2+7p+2)}f(t)$$

根据前述性质 4，在上式两边同时左乘 p，可得

$$i_2(t)=\frac{\dfrac{1}{3}}{8p^3+14p^2+7p+2}f(t)$$

因此所求微分算子方程为

$$(8p^3 + 14p^2 + 7p + 2)i_2(t) = \frac{1}{3}f(t)$$

可以推断,对于激励为 $f(t)$,响应为 $y(t)$ 的 n 阶 LTI 连续系统,则其微分算子方程为

$$(p^n + a_{n-1}p^{n-1} + \cdots + a_1p + a_0)y(t) = (b_mp^m + b_{m-1}p^{m-1} + \cdots + b_1p + b_0)f(t)$$

$$(2\text{-}7)$$

将其形式改写为

$$y(t) = \frac{b_mp^m + b_{m-1}p^{m-1} + \cdots + b_1p + b_0}{p^n + a_{n-1}p^{n-1} + \cdots + a_1p + a_0}f(t) = H(p)f(t) \qquad (2\text{-}8)$$

式中

$$H(p) = \frac{y(t)}{f(t)} = \frac{b_mp^m + b_{m-1}p^{m-1} + \cdots + b_1p + b_0}{p^n + a_{n-1}p^{n-1} + \cdots + a_1p + a_0} = \frac{N(p)}{D(p)} \qquad (2\text{-}9)$$

它代表了系统将激励转变为响应的作用,或系统对输入的传输作用,故将 $H(p)$ 称为响应 $y(t)$ 对激励 $f(t)$ 的**传输算子**(transfer operator)或系统的**传输算子**。如例 2-1 中响应 $i_2(t)$ 对激励 $f(t)$ 的传输算子为

$$H(p) = \frac{\dfrac{1}{3}}{8p^3 + 14p^2 + 7p + 2}$$

注意到式(2-9)所表示的系统传输算子与式(2-7)的系统微分算子方程是对系统的等价表示。

例 2-2 图 2-2 所示电路,求 $u_C(t)$ 对 $f(t)$ 的传输算子 $H(p)$。

解 由基尔霍夫定律列出方程

$$i_L = \frac{f(t) - u_C(t)}{1} - C\frac{\mathrm{d}u_C(t)}{\mathrm{d}t} \qquad ①$$

$$i_L = \frac{u_C(t) - L\dfrac{\mathrm{d}i_L(t)}{\mathrm{d}t}}{1} \qquad ②$$

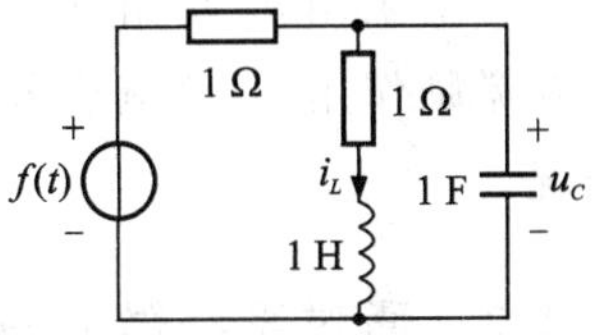

图 2-2 例 2-2 图

式①代入式②整理得微分方程

$$LC\frac{\mathrm{d}^2u_C(t)}{\mathrm{d}t^2} + (L+C)\frac{\mathrm{d}u_C(t)}{\mathrm{d}t} + 2u_C(t) = L\frac{\mathrm{d}f(t)}{\mathrm{d}t} + f(t)$$

代入元件 L、C 的值得

$$\frac{\mathrm{d}^2u_C(t)}{\mathrm{d}t^2} + 2\frac{\mathrm{d}u_C(t)}{\mathrm{d}t} + 2u_C(t) = \frac{\mathrm{d}f(t)}{\mathrm{d}t} + f(t)$$

由上述微分方程得到对应的微分算子方程为

$$(p^2 + 2p + 2)u_C(t) = (p+1)f(t)$$

故得传输算子

$$H(p) = \frac{p+1}{p^2 + 2p + 2}$$

评注 传输算子 $H(p)$ 可从微分方程直接得到,也可从微分算子电路中得到,此法由读者自行练习。

2.2　LTI 连续系统的零输入响应

根据线性系统的分解性,LTI 连续系统的全响应 $y(t)$ 可以分解为零输入响应 $y_x(t)$ 和零状态响应 $y_f(t)$,即

$$y(t) = y_x(t) + y_f(t) \tag{2-10}$$

下面将按照现代系统理论的观点来研究 LTI 连续系统的零输入响应和零状态响应的求解问题。本节先讨论 LTI 连续系统的零输入响应。

2.2.1　系统初始条件

当系统为零输入的情况,外部注入的信号源(激励源)为零,分析的系统若为因果系统,信号源 $f(t)$ 注入系统认为从 $t=0$ 开始,即 $f(t)$ 为因果信号 $f(t)\varepsilon(t)$。若系统的参数与结构都不变时,零状态下则有 $y_x(0_+) = y_x(0_-)$,由电路中的换路定律可知状态变量的初始值,即 $u_C(0_+) = u_C(0_-)$,$i_L(0_+) = i_L(0_-)$,将初始条件 $y_x(0_-)$ 作为 0_+ 时刻的激励源,求得其他电气量的值也为 0_+ 值,因为系统中没有开关换路以及结构和参数的改变,据此可推得 $y_x(t)$ 的各阶导数也满足

$$y_x^{(j)}(0_+) = y_x^{(j)}(0_-) \quad j = 0,1,2,\cdots,n-1 \tag{2-11}$$

同理可推得响应 $y(t)$ 的各阶导数也满足

$$y^{(j)}(0_-) = y_x^{(j)}(0_-) \quad j = 0,1,2,\cdots,n-1 \tag{2-12}$$

本书采用 0_- 初始条件(initial condition)来确定系统的初始条件,这就充分考虑到系统在激励作用下,全响应 $y(t)$ 及其各阶导数在 $t=0$ 处可能发生跳变或出现冲激信号的情况。

2.2.2　通过系统微分算子方程求零输入响应

将 $f(t)=0$ 代入式(2-7),可得零输入 LTI 连续系统的微分算子方程为

$$(p^n + a_{n-1}p^{n-1} + \cdots + a_1 p + a_0)y_x(t) = 0, \quad t \geq 0 \tag{2-13}$$

式中 $y_x(t)$ 前的算子多项式就是传输算子 $H(p)$ 的分母多项式 $D(p)$。要使上式成立,需满足 $D(p)=0$,此方程称之为系统的**特征方程**(characteristic equation),其根称为系统的**特征根**(characteristic root)。下面针对两种情况来求 $y_x(t)$。

(1) 特征根为 n 个单根

当特征根为 n 个单根(不论是实根,还是共轭的复根或虚根)$p_1, p_2, \cdots, p_n$ 时,零输入响应 $y_x(t)$ 的通解表达式为

$$y_x(t) = A_1 e^{p_1 t} + A_2 e^{p_2 t} + \cdots + A_n e^{p_n t}, \quad t \geq 0 \tag{2-14}$$

当特征根为共轭的复根或虚根时,零输入响应 $y_x(t)$ 最终表达式中相应的两项可通过欧拉公式 $\cos\omega t = 0.5(e^{j\omega t} + e^{-j\omega t})$ 及 $\sin\omega t = j0.5(e^{-j\omega t} - e^{j\omega t})$ 化简为三角实函数。

(2) 特征根含有重根

不妨设特征根 p_1 为 r 重根,其余特征根为单根 $p_{r+1}, p_{r+2}, \cdots, p_n$(更复杂的情况以此类

推），则零输入响应 $y_x(t)$ 的通解表达式为

$$y_x(t) = (A_1 + A_2 t + A_3 t^2 + \cdots + A_r t^{r-1})e^{p_1 t} + A_{r+1}e^{p_{r+1}t} + \cdots + A_n e^{p_n t}, \qquad t \geqslant 0$$

$$(2-15)$$

上两式中的 $A_1, A_2, \cdots, A_n$ 称为积分常数，可通过将系统的 0_- 初始条件代入上两式及其直至 $n-1$ 阶导函数表达式来确定。

（3）求解零输入响应 $y_x(t)$ 的基本步骤

① 求系统零输入时的微分算子方程，或求系统某一响应对某个激励传输算子的分母多项式 $D(p)$，进而求出系统的特征根；

② 写出 $y_x(t)$ 的通解表达式，如式(2-14)或式(2-15)所示；

③ 由系统的 0_- 状态值与 0_- 瞬时的零输入系统求出零输入系统的 0_- 初始条件 $y_x^{(j)}(0_-)$，$j=0,1,2,\cdots,n-1$；

④ 将 0_- 初始条件代入 $y_x(t)$ 的通解表达式，求得积分常数 $A_1, A_2, \cdots, A_n$；

⑤ 写出所得的解 $y_x(t)$，必要时画出 $y_x(t)$ 的波形。

例 2-3　电路如图 2-3(a)所示，已知 $u_C(0_-)=1$ V，$i_L(0_-)=-1$ A，求 $t \geqslant 0$ 时的零输入响应 $u_{Cx}(t)$。

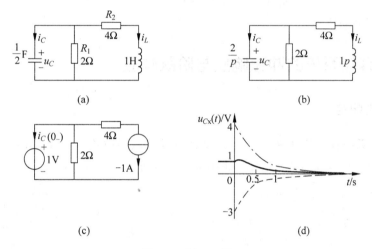

图 2-3　例 2-3 图

解　画出其算子模型电路如图 2-3(b)所示。由节点法可列出方程为

$$\left(0.5p + 0.5 + \frac{1}{4+p}\right)u_{Cx}(t) = 0$$

左乘 $2(4+p)$ 并化简可得

$$(p^2 + 5p + 6)u_{Cx}(t) = 0$$

由其特征方程 $p^2+5p+6=0$ 可解得特征根为

$$p_1 = -2, \qquad p_2 = -3$$

故得

$$u_{Cx}(t) = A_1 e^{-2t} + A_2 e^{-3t}, \qquad t \geqslant 0 \qquad (2-16)$$

对上式求一阶导数得

$$u'_{Cx}(t) = -2A_1 e^{-2t} - 3A_2 e^{-3t} \qquad (2\text{-}17)$$

为确定上式中的积分常数,需先求出 0_- 初始条件,其中 $u_C(0_-)=1$V 已经给定,而 $u'_C(0_-)$ 要通过图 2-3(c)所示的 0_- 瞬时的等效电路以及电容元件的 VAR(伏安关系)求得

$$i_{Cx}(0_-) = -\frac{1}{2} - (-1) = \frac{1}{2}$$

$$u'_{Cx}(0_-) = \frac{1}{C} i_{Cx}(0_-) = \frac{1}{0.5} i_{Cx}(0_-) = 1\text{V/s}$$

将结果代入式(2-16)及式(2-17)得

$$\begin{cases} 1 = A_1 + A_2 \\ 1 = -2A_1 - 3A_2 \end{cases}$$

解得

$$\begin{cases} A_1 = 4 \\ A_2 = -3 \end{cases}$$

故

$$u_{Cx}(t) = 4e^{-2t} - 3e^{-3t} \text{ V}, \qquad t \geqslant 0$$

其波形如图 2-3(d)所示。

2.3　LTI 连续系统的冲激响应与阶跃响应

2.3.1　冲激响应

　　LTI 连续系统在单位冲激信号 $\delta(t)$ 激励下的零状态响应称为**单位冲激响应**(impulse response),记为 $h(t)$,如图 2-4 所示。此时系统的微分算子方程式(2-8)变为

$$h(t) = H(p)\delta(t) = \frac{N(p)}{D(p)}\delta(t)$$

$$= \frac{b_m p^m + b_{m-1} p^{m-1} + \cdots + b_1 p + b_0}{p^n + a_{n-1} p^{n-1} + \cdots + a_1 p + a_0}\delta(t) \quad (2\text{-}18)$$

图 2-4　冲激响应的定义

根据代数理论,当 $m \geqslant n$ 时,有理假分式 $H(p)$ 总可以利用

多项式长除法表示为一个 p 的 $(m-n)$ 次多项式与另一个有理真分式之和,例如

$$H(p) = \frac{2p^4 + 7p^3 + 9p^2 + 9p + 7}{p^2 + 3p + 2} = (2p^2 + p + 2) + \frac{p+3}{p^2 + 3p + 2} \qquad (2\text{-}19)$$

而有理真分式可以通过部分分式展开表示成若干个最简分式之和,所以式(2-18)的冲激响应问题就转变为各分式所对应最简子系统的冲激响应之和,当 $m \geqslant n$ 时还要加上 p 的 $(m-n)$ 次多项式所对应的冲激响应。下面就特征根有无重根等几种情况研究有理真分式的部分分式分解。

　　1) 当 $m < n$ 且特征根为 n 个单根时

　　若这 n 个单根(不论是实根,还是共轭的复根或虚根)分别为 $p_1, p_2, \cdots, p_n$ 时,有理真分式 $H(p)$ 可展开为如下部分分式:

$$H(p) = \frac{N(p)}{D(p)} = \frac{N(p)}{(p-p_1)(p-p_2)\cdots(p-p_n)}$$

$$= \frac{K_1}{p-p_1} + \frac{K_2}{p-p_2} + \cdots + \frac{K_j}{p-p_j} + \cdots + \frac{K_n}{p-p_n} \quad (2-20)$$

式中 $K_j (j=1,2,\cdots,n)$ 为待定系数。为了推导出其计算公式,上式两端同左乘 $(p-p_j)$,得

$$(p-p_j)H(p) = \frac{K_1(p-p_j)}{p-p_1} + \frac{K_2(p-p_j)}{p-p_2} + \cdots + K_j + \cdots + \frac{K_n(p-p_j)}{\cdot\ p-p_n} \quad (2-21)$$

由于各单根值互不相等,故在令 $p=p_j$ 时,式(2-21)右端除了 K_j 项之外均为零,于是

$$K_j = (p-p_j)H(p)\big|_{p=p_j}, \qquad j=1,2,\cdots,n \quad (2-22)$$

因此式(2-18)可写为

$$h(t) = \frac{K_1}{p-p_1}\delta(t) + \frac{K_2}{p-p_2}\delta(t) + \cdots + \frac{K_j}{p-p_j}\delta(t) + \cdots + \frac{K_n}{p-p_n}\delta(t) \quad (2-23)$$

其中令第 j 项为

$$h_j(t) = \frac{K_j}{p-p_j}\delta(t)$$

相应的算子方程为

$$(p-p_j)h_j(t) = K_j\delta(t)$$

即

$$h_j'(t) - p_j h_j(t) = K_j\delta(t)$$

上式两端乘以 $\mathrm{e}^{-p_j t}$,经整理为

$$\frac{\mathrm{d}}{\mathrm{d}t}[h_j(t)\mathrm{e}^{-p_j t}] = K_j\delta(t)\mathrm{e}^{-p_j t}$$

再在区间 $(-\infty, t)$ 上取积分,代入 $h_j(-\infty) = 0$,即

$$\int_{-\infty}^{t} \frac{\mathrm{d}}{\mathrm{d}t}[h_j(t)\mathrm{e}^{-p_j t}]\mathrm{d}t = \int_{-\infty}^{t} K_j\delta(t)\mathrm{e}^{-p_j t}\,\mathrm{d}t$$

$$h_j(t)\mathrm{e}^{-p_j t} = K_j$$

故

$$h_j(t) = K_j\mathrm{e}^{p_j t}\varepsilon(t), \qquad j=1,2,3,\cdots,n$$

同理可求式(2-23)等号右端其余各项。故得

$$h(t) = K_1\mathrm{e}^{p_1 t}\varepsilon(t) + K_2\mathrm{e}^{p_2 t}\varepsilon(t) + \cdots + K_j\mathrm{e}^{p_j t}\varepsilon(t) + \cdots + K_n\mathrm{e}^{p_n t}\varepsilon(t) \quad (2-24)$$

例 2-4 已知某系统的传输算子为 $H(p) = \dfrac{p+3}{p^2+3p+2}$,求其冲激响应 $h(t)$。

解 $H(p) = \dfrac{p+3}{p^2+3p+2} = \dfrac{p+3}{(p+1)(p+2)} = \dfrac{K_1}{p+1} + \dfrac{K_2}{p+2}$

由式(2-22)得

$$K_1 = (p+1)\frac{p+3}{(p+1)(p+2)}\bigg|_{p=-1} = \frac{p+3}{p+2}\bigg|_{p=-1} = 2$$

$$K_2 = (p+2)\frac{p+3}{(p+1)(p+2)}\bigg|_{p=-2} = \frac{p+3}{p+1}\bigg|_{p=-2} = -1$$

故按式(2-24)得

$$h(t) = 2\mathrm{e}^{-t}\varepsilon(t) - \mathrm{e}^{-2t}\varepsilon(t) = (2\mathrm{e}^{-t} - \mathrm{e}^{-2t})\varepsilon(t)$$

例 2-5 已知某系统的传输算子为 $H(p) = \dfrac{2p+10}{p^2+4p+13}$，求其冲激响应 $h(t)$。

解 $H(p) = \dfrac{2p+10}{(p+2)^2+3^2} = \dfrac{K_1}{p+2-\mathrm{j}3} + \dfrac{K_2}{p+2+\mathrm{j}3}$

由于 $H(p)$ 为实系数的有理真分式，故上展开式中的 $K_2 = K_1^*$，由式(2-22)得

$$K_1 = (p+2-\mathrm{j}3)H(p)\Big|_{p=-2+\mathrm{j}3} = \dfrac{2p+10}{p+2+\mathrm{j}3}\Big|_{p=-2+\mathrm{j}3} = 1-\mathrm{j} = \sqrt{2}\ \underline{/-45°}$$

$$K_2 = K_1^* = 1+\mathrm{j} = \sqrt{2}\ \underline{/45°}$$

$$H(p) = \dfrac{\sqrt{2}\ \underline{/-45°}}{p+2-\mathrm{j}3} + \dfrac{\sqrt{2}\ \underline{/45°}}{p+2+\mathrm{j}3}$$

则

$$h(t) = \sqrt{2}\,\mathrm{e}^{-\mathrm{j}45°}\mathrm{e}^{(-2+\mathrm{j}3)t}\varepsilon(t) + \sqrt{2}\,\mathrm{e}^{\mathrm{j}45°}\mathrm{e}^{(-2-\mathrm{j}3)t}\varepsilon(t)$$

$$= 2\sqrt{2}\,\mathrm{e}^{-2t}\,\dfrac{\mathrm{e}^{\mathrm{j}(3t-45°)} + \mathrm{e}^{-\mathrm{j}(3t-45°)}}{2}\varepsilon(t)$$

$$= 2\sqrt{2}\,\mathrm{e}^{-2t}\cos(3t-45°)\varepsilon(t)$$

可见，针对共轭复数极点有如下结论：

若

$$H(p) = \dfrac{|K_1|\ \underline{/\theta}}{p+\alpha-\mathrm{j}\omega} + \dfrac{|K_1|\ \underline{/-\theta}}{p+\alpha+\mathrm{j}\omega}$$

则

$$h(t) = 2\,|K_1|\,\mathrm{e}^{-\alpha t}\cos(\omega t+\theta)\varepsilon(t) \tag{2-25}$$

推论：

(1) 若

$$H(p) = \dfrac{0.5}{p+\alpha-\mathrm{j}\omega} + \dfrac{0.5}{p+\alpha+\mathrm{j}\omega} = \dfrac{p+\alpha}{(p+\alpha)^2+\omega^2}$$

则

$$h(t) = \mathrm{e}^{-\alpha t}\cos\omega t\,\varepsilon(t)$$

(2) 若

$$H(p) = \dfrac{-0.5\mathrm{j}}{p+\alpha-\mathrm{j}\omega} + \dfrac{0.5\mathrm{j}}{p+\alpha+\mathrm{j}\omega} = \dfrac{\omega}{(p+\alpha)^2+\omega^2}$$

则

$$h(t) = \mathrm{e}^{-\alpha t}\cos(\omega t-90°)\varepsilon(t) = \mathrm{e}^{-\alpha t}\sin\omega t\,\varepsilon(t)$$

(3) 若

$$H(p) = \dfrac{p}{p^2+\omega^2}$$

则

$$h(t) = \cos\omega t\,\varepsilon(t)$$

(4) 若

$$H(p) = \dfrac{\omega}{p^2+\omega^2}$$

则

$$h(t) = \sin\omega t\, \varepsilon(t)$$

利用以上结论,例 2-5 就可以采用如下解法:

$$H(p) = \frac{2p+10}{(p+2)^2 + 3^2} = \frac{2(p+2) + 2\times 3}{(p+2)^2 + 3^2}$$

则有

$$h(t) = 2\mathrm{e}^{-2t}(\cos 3t + \sin 3t)\varepsilon(t)$$

注意到正弦函数比余弦函数滞后 $90°$,且 $2-\mathrm{j}2 = 2\sqrt{2}\,\underline{/-45°}$,故两种解法的结果是一致的。

2) 当 $m<n$ 且特征根有重根时

不妨设特征根 p_1 为 r 重根,其余 $n-r$ 个特征根为单根 $p_j(j=r+1, r+2, \cdots, n)$,则有理真分式 $H(p)$ 可展开为

$$
\begin{aligned}
H(p) = \frac{N(p)}{D(p)} &= \frac{N(p)}{(p-p_1)^r(p-p_{r+1})\cdots(p-p_n)}\\
&= \frac{K_{11}}{(p-p_1)^r} + \frac{K_{12}}{(p-p_1)^{r-1}} + \cdots + \frac{K_{1r}}{p-p_1} + \frac{K_{r+1}}{p-p_{r+1}} + \cdots + \frac{K_n}{p-p_n}
\end{aligned} \tag{2-26}
$$

上式两端同左乘 $(p-p_1)^r$,并令 $p=p_1$,可得到 K_{11} 的计算式为

$$K_{11} = (p-p_1)^r H(p)\big|_{p=p_1}$$

式(2-26)两端同左乘 $(p-p_1)^r$ 后再对 p 求一次导数,并令 $p=p_1$,可得到 K_{12} 的计算式为

$$K_{12} = \frac{\mathrm{d}}{\mathrm{d}p}[(p-p_1)^r H(p)]\big|_{p=p_1}$$

同理可得到 $K_{1m}(m=1,2,\cdots,r)$ 的计算式为

$$K_{1m} = \frac{1}{(m-1)!}\frac{\mathrm{d}^{(m-1)}}{\mathrm{d}p^{(m-1)}}[(p-p_1)^r H(p)]\big|_{p=p_1} \tag{2-27}$$

可以证明,与重根相关的部分分式项的冲激响应满足如下关系:

$$\frac{K_j}{(p-p_1)^j}\delta(t) = \frac{K_j}{(j-1)!}t^{j-1}\mathrm{e}^{p_1 t}\varepsilon(t), \qquad j=1,2,\cdots,r \tag{2-28}$$

例 2-6　已知某系统传输算子为 $H(p) = \dfrac{4p^3 + 16p^2 + 23p + 13}{(p+1)^3(p+2)}$,求冲激响应 $h(t)$。

解　$H(p) = \dfrac{K_{11}}{(p+1)^3} + \dfrac{K_{12}}{(p+1)^2} + \dfrac{K_{13}}{p+1} + \dfrac{K_2}{p+2}$

由式(2-27)和式(2-22)得

$$K_{11} = (p+1)^3 H(p)\bigg|_{p=-1} = \frac{4p^3 + 16p^2 + 23p + 13}{p+2}\bigg|_{p=-1} = 2$$

$$K_{12} = \frac{\mathrm{d}}{\mathrm{d}p}\left[\frac{4p^3 + 16p^2 + 23p + 13}{p+2}\right]\bigg|_{p=-1} = 1$$

$$K_{13} = \frac{1}{2}\frac{\mathrm{d}^2}{\mathrm{d}p^2}\left[\frac{4p^3 + 16p^2 + 23p + 13}{p+2}\right]\bigg|_{p=-1} = 3$$

$$K_2 = (p+2)H(p)\bigg|_{p=-2} = \frac{4p^3 + 16p^2 + 23p + 13}{(p+1)^3}\bigg|_{p=-2} = 1$$

故按式(2-24)和式(2-28)得

$$h(t) = \frac{2}{(3-1)!}t^{3-1}e^{-t}\varepsilon(t) + \frac{1}{(2-1)!}t^{2-1}e^{-t}\varepsilon(t) + 3e^{-t}\varepsilon(t) + e^{-2t}\varepsilon(t)$$

$$= [(t^2 + t + 3)e^{-t} + e^{-2t}]\varepsilon(t)$$

3) 当 $m \geqslant n$ 时

按式(2-19)，此时应在上述有理真分式部分冲激响应的基础上加上 p 的 $(m-n)$ 次多项式所对应的冲激响应，因而包含了冲激信号的一些导数项 $\delta^{(j)}(t)$，$j = 0, 1, \cdots, m-n$。

例 2-7 求式(2-19)所对应的冲激响应 $h(t)$。

解
$$H(p) = (2p^2 + p + 2) + \frac{p+3}{p^2 + 3p + 2}$$

$$H_1(p) = 2p^2 + p + 2$$

得
$$h_1(t) = (2p^2 + p + 2)\delta(t) = 2\delta''(t) + \delta'(t) + 2\delta(t)$$

$$H_2(p) = \frac{p+3}{p^2 + 3p + 2}$$

按式(2-24)
$$h_2(t) = (2e^{-t} - e^{-2t})\varepsilon(t)$$

所以
$$h(t) = h_1(t) + h_2(t) = 2\delta''(t) + \delta'(t) + 2\delta(t) + (2e^{-t} - e^{-2t})\varepsilon(t)$$

表 2-2 给出了各种基本的传输算子 $H(p)$ 与冲激响应 $h(t)$ 的对应关系。

表 2-2 $H(p)$ 与 $h(t)$ 的对应表

$H(p)$	$h(t)$
K	$K\delta(t)$
p	$\delta'(t)$
$\dfrac{K}{p+\alpha}$	$Ke^{-\alpha t}\varepsilon(t)$
$\dfrac{K}{(p+\alpha)^r}$，r 为正整数	$\dfrac{K}{(r-1)!}t^{r-1}e^{-\alpha t}\varepsilon(t)$
$\dfrac{\|K_1\|\underline{/\theta}}{p+\alpha-j\omega} + \dfrac{\|K_1\|\underline{/-\theta}}{p+\alpha+j\omega}$	$2\|K_1\|e^{-\alpha t}\cos(\omega t + \theta)\varepsilon(t)$
$\dfrac{p}{p^2+\omega^2}$	$\cos(\omega t)\varepsilon(t)$
$\dfrac{\omega}{p^2+\omega^2}$	$\sin(\omega t)\varepsilon(t)$
$\dfrac{p+\alpha}{(p+\alpha)^2+\omega^2}$	$e^{-\alpha t}\cos(\omega t)\varepsilon(t)$
$\dfrac{\omega}{(p+\alpha)^2+\omega^2}$	$e^{-\alpha t}\sin(\omega t)\varepsilon(t)$

2.3.2 阶跃响应

LTI 连续系统在单位阶跃信号 $\varepsilon(t)$ 激励下的零状态响应称为**阶跃响应**(step response)，记为 $g(t)$，如图 2-5 所示。

阶跃响应 $g(t)$ 的求解方法之一是根据 LTI 系统的积

图 2-5 阶跃响应的定义

分性,通过对冲激响应 $h(t)$ 进行积分而求得,即

$$g(t) = \int_{0_-}^{t} h(\tau)\mathrm{d}\tau$$

例如在例 2-7 中求得的冲激响应

$$h(t) = 2\delta''(t) + \delta'(t) + 2\delta(t) + (2\mathrm{e}^{-t} - \mathrm{e}^{-2t})\varepsilon(t)$$

故得该系统的阶跃响应为

$$g(t) = \int_{0_-}^{t} h(\tau)\mathrm{d}\tau = 2\delta'(t) + \delta(t) + 2\varepsilon(t) + \int_{0_-}^{t} (2\mathrm{e}^{-\tau} - \mathrm{e}^{-2\tau})\varepsilon(\tau)\mathrm{d}\tau$$

$$= 2\delta'(t) + \delta(t) + (3.5 - 2\mathrm{e}^{-t} + 0.5\mathrm{e}^{-2t})\varepsilon(t)$$

2.4　卷积积分

在连续信号与系统的时域分析中,一个重要的数学工具是一种特殊的积分运算,称之为卷积积分,简称卷积。

2.4.1　卷积的定义

设 $f_1(t)$ 和 $f_2(t)$ 是定义在 $(-\infty, \infty)$ 区间上的两个连续时间信号,我们将积分

$$\int_{-\infty}^{\infty} f_1(\tau)f_2(t-\tau)\mathrm{d}\tau \tag{2-29}$$

定义为 $f_1(t)$ 和 $f_2(t)$ 的卷积(convolution),用符号" $*$ "表示,简记为

$$f_1(t) * f_2(t)$$

即

$$f_1(t) * f_2(t) \xequal{\text{def}} \int_{-\infty}^{\infty} f_1(\tau)f_2(t-\tau)\mathrm{d}\tau \tag{2-30}$$

式中,τ 为虚设积分变量,t 为参变量,积分的结果为另一个新的连续时间信号。

2.4.2　零状态响应与冲激响应的关系

由 1.4 的讨论得知,任一连续信号 $f(t)$ 可以分解为不同时刻出现的经该时刻 $f(t)$ 加权的冲激信号的无穷级数和,即

$$f(t) = \lim_{\Delta\tau \to 0} \sum_{k=-\infty}^{\infty} f(k\Delta\tau)\delta(t-k\Delta\tau)\Delta\tau = \int_{-\infty}^{\infty} f(\tau)\delta(t-\tau)\mathrm{d}\tau \tag{2-31}$$

故由 LTI 连续系统的性质知,它在 $f(t)$ 激励下的零状态响应为

$$y_{\mathrm{f}}(t) = \int_{-\infty}^{\infty} f(\tau)h(t-\tau)\mathrm{d}\tau \xequal{\text{def}} f(t) * h(t) \tag{2-32}$$

上式的运算称为激励 $f(t)$ 与系统冲激响应 $h(t)$ 的**卷积积分**。显然,当 $h(t)$ 为因果信号而 $f(t)$ 为无时限信号时,卷积的上限可变为 t;而当 $h(t)$ 为无时限信号而 $f(t)$ 为因果信号时,卷积的下限可变为 0_-;当 $h(t)$ 和 $f(t)$ 均为因果信号时,卷积的上、下限可变为 t 与 0_-。式(2-32)给出了 LTI 连续系统计算在任意激励 $f(t)$ 激励下的零状态响应。

2.4.3　卷积的图解法

用图解形式描述卷积的运算过程将有助于理解卷积的概念,也可直观地确定对时限信

号卷积各时间段非零积分的上、下限。根据卷积定义式(2-30)，信号 $f_1(t)$ 与 $f_2(t)$ 的卷积运算可通过以下几个步骤来完成：

(1) 画出 $f_1(\tau)$ 和 $f_2(\tau)$ 波形，只要将波形图中的 t 轴换为 τ 轴。

(2) 将 $f_2(\tau)$ 的波形沿纵轴折叠，得到折叠信号 $f_2(-\tau)$ 的波形。

(3) 给定一个 t 值，将 $f_2(-\tau)$ 波形沿 τ 轴平移 t 后，得到 $f_2(t-\tau)$ 的波形。在 $t<0$ 时，波形往左移；在 $t>0$ 时，波形往右移。

(4) 将 $f_1(\tau)$ 和 $f_2(t-\tau)$ 相乘，得到相乘后的信号 $f_1(\tau)f_2(t-\tau)$，以此作为卷积积分式中的被积函数。

(5) 计算乘积信号 $f_1(\tau)f_2(t-\tau)$ 波形与 τ 轴平移 t 后两波形相乘所包含的净面积，便是式(2-30)卷积在 t 时刻的值。变量 t 在区间 $(-\infty,\infty)$ 范围内变化，就得到不同 t 值范围的卷积积分 $f_1(t)*f_2(t)$，它是时间变量 t 的函数。

例 2-8 给定信号

$$f_1(t) = 2\varepsilon(t) - 2\varepsilon(t-1)$$
$$f_2(t) = t[\varepsilon(t) - \varepsilon(t-2)]$$

用图解法求 $y(t) = f_1(t)*f_2(t)$。

解 $f_1(t)$ 和 $f_2(t)$ 波形如图 2-6(a)、(b)所示。其卷积图解法的步骤如下：

将波形图中的 t 轴换为 τ 轴，画出 $f_1(\tau)$ 和 $f_2(\tau)$ 的波形如图 2-6(a)、(b)所示。

将 $f_2(\tau)$ 的波形沿纵轴折叠，得到折叠信号 $f_2(-\tau)$ 的波形如图 2-6(c)所示，它也就是 $f_2(t-\tau)$ 在 $t=0$ 时刻的波形。对于不同时刻的 t，即将 $f_2(-\tau)$ 沿 τ 轴平移（$t<0$ 时左移，$t>0$ 时右移）一个时间 $|t|$，得到 $f_2(t-\tau)$ 的波形，如图 2-6(d)所示。再将乘积信号 $f_1(\tau)f_2(t-\tau)$ 沿 τ 轴积分，得到 t 时刻的卷积值。随变量 t 从 $-\infty$ 到 $+\infty$ 变化，就可得到不同时刻 t 的卷积值 $y(t)$。下面给出具体的计算过程。

(1) 当 $t<0$ 时，$f_1(\tau)f_2(t-\tau)$ 波形如图 2-6(e)所示，显然，乘积 $f_1(\tau)f_2(t-\tau)$ 恒为零，故卷积 $y(t)=0$。

(2) 当 $0 \leqslant t < 1$ 时，此时 $f_2(t-\tau)$ 波形如图 2-6(f)所示，t 时刻的卷积值就是 $f_1(\tau)f_2(t-\tau)$ 波形与 τ 轴在 $(0,t)$ 区间所包含的净面积，即

$$y(t) = f_1(t)*f_2(t) = \int_0^t 2(t-\tau)\mathrm{d}\tau = t^2$$

(3) 当 $1 \leqslant t < 2$ 时，此时 $f_2(t-\tau)$ 波形如图 2-6(g)所示，仅在 $0<\tau<1$ 范围内，乘积 $f_1(\tau)f_2(t-\tau)$ 不为零，即

$$y(t) = f_1(t)*f_2(t) = \int_0^1 2(t-\tau)\mathrm{d}\tau = 2t-1$$

(4) 当 $2 \leqslant t < 3$ 时，$f_2(t-\tau)$ 波形如图 2-6(h)所示，此时仅在 $(t-2,1)$ 范围内，乘积 $f_1(\tau)f_2(t-\tau)$ 不为零，故有

$$y(t) = f_1(t)*f_2(t) = \int_{t-2}^1 2(t-\tau)\mathrm{d}\tau = -t^2+2t+3$$

(5) 当 $t \geqslant 3$ 时，$f_2(t-\tau)$ 波形移至如图 2-6(i)所示，显然，乘积 $f_1(\tau)f_2(t-\tau)$ 恒为零，故 $y(t)=0$。

综合上述分段计算值，有

$$y(t) = \int_{-\infty}^{\infty} f_1(\tau) f_2(t-\tau) \mathrm{d}\tau = \begin{cases} 0, & t < 0 \\ t^2, & 0 \leqslant t < 1 \\ 2t - 1, & 1 \leqslant t < 2 \\ -t^2 + 2t + 3, & 2 \leqslant t < 3 \\ 0, & t \geqslant 3 \end{cases}$$

其波形如图 2-6(j)所示。

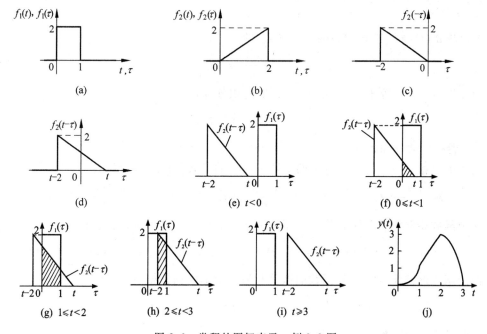

图 2-6　卷积的图解表示　　例 2-8 图

评注　① 两个时限信号卷积后仍为时限信号,其左边界为原两个信号左边界之和,右边界为原两个信号右边界之和。

② 应用图解法求解时,卷积积分的积分上、下限确定是关键,例题中是将 $f_2(t)$ 折叠,若将 $f_1(t)$ 折叠呢? 其积分上、下限将如何确定,读者自行练习。

③ 当两个信号的图形较复杂时,用图解法求它们的卷积积分比较麻烦,在演算过程中也容易出错,在此种情况下,若能充分利用卷积积分的运算性质,则将会带来一定的简便。

2.4.4　卷积的运算规律

根据卷积的定义和积分的性质,可推知卷积有如下运算规律:

(1)交换律

$$f_1(t) * f_2(t) = f_2(t) * f_1(t)$$

(2)分配律

$$f_1(t) * [f_2(t) + f_3(t)] = f_1(t) * f_2(t) + f_1(t) * f_3(t)$$

(3)结合律

$$f_1(t) * [f_2(t) * f_3(t)] = [f_1(t) * f_2(t)] * f_3(t) = [f_1(t) * f_3(t)] * f_2(t)$$

2.4.5 卷积的主要性质

根据卷积的定义、积分的性质以及冲激等信号的性质,可推知卷积有如下性质,请读者自行证明或参看有关书籍。

(1) $f(t)$ 与奇异信号的卷积

$f(t)$ 与 $\delta(t)$ 卷积等于 $f(t)$ 本身,即

$$f(t) * \delta(t) = f(t) \tag{2-33}$$

$f(t)$ 与 $\delta'(t)$ 卷积等于 $f(t)$ 的一阶导数,即

$$f(t) * \frac{\mathrm{d}\delta(t)}{\mathrm{d}t} = \frac{\mathrm{d}f(t)}{\mathrm{d}t} \tag{2-34}$$

$f(t)$ 与 $\varepsilon(t)$ 卷积等于 $f(t)$ 在 $(-\infty,t)$ 上的积分,即

$$f(t) * \varepsilon(t) = \int_{-\infty}^{t} f(\tau)\mathrm{d}\tau \tag{2-35}$$

(2) 卷积的微分和积分

两个函数相卷积后的导数等于两函数中之一的导数与另一函数相卷积,即

$$\frac{\mathrm{d}}{\mathrm{d}t}[f_1(t) * f_2(t)] = \frac{\mathrm{d}f_1(t)}{\mathrm{d}t} * f_2(t) = f_1(t) * \frac{\mathrm{d}f_2(t)}{\mathrm{d}t}$$

两个函数相卷积后的积分等于两函数中之一的积分与另一函数相卷积,即

$$\int_{-\infty}^{t}[f_1(\tau) * f_2(\tau)]\mathrm{d}\tau = f_1(t) * \left[\int_{-\infty}^{t} f_2(\tau)\mathrm{d}\tau\right] = \left[\int_{-\infty}^{t} f_1(\tau)\mathrm{d}\tau\right] * f_2(t)$$

两个函数的卷积等于一个函数的微分与另一个函数积分相卷积,即

$$f_1(t) * f_2(t) = \frac{\mathrm{d}f_1(t)}{\mathrm{d}t} * \int_{-\infty}^{t} f_2(\tau)\mathrm{d}\tau = \left[\int_{-\infty}^{t} f_1(\tau)\mathrm{d}\tau\right] * \frac{\mathrm{d}f_2(t)}{\mathrm{d}t} \tag{2-36}$$

式(2-36)的微分-积分性质的条件是

$$f_1(-\infty)\int_{-\infty}^{\infty} f_2(t)\mathrm{d}t = f_2(-\infty)\int_{-\infty}^{\infty} f_1(t)\mathrm{d}t = 0 \tag{2-37}$$

必须指出条件式(2-37)要求:被求导的函数($f_1(t)$ 或 $f_2(t)$)在 $t=-\infty$ 处为零值,或者被积分的函数($f_2(t)$ 或 $f_1(t)$)在 $(-\infty,\infty)$ 区间上的积分值(即函数波形的净面积)为零。而且,这里的两个条件是"或"的关系,只要满足其中一个条件,式(2-36)即成立。

(3) 卷积时移

设 $f_1(t) * f_2(t) = y(t)$,则

$$f_1(t) * f_2(t-t_0) = f_1(t-t_0) * f_2(t) = y(t-t_0) \tag{2-38}$$

推论

$$f_1(t-t_1) * f_2(t-t_2) = y(t-t_1-t_2) \tag{2-39a}$$

$$f(t-t_1) * \delta(t-t_2) = f(t-t_1-t_2) \tag{2-39b}$$

$$\delta(t-t_1) * \delta(t-t_2) = \delta(t-t_1-t_2) \tag{2-39c}$$

$$\varepsilon(t-t_1) * \varepsilon(t-t_2) = \varepsilon^{-1}(t-t_1-t_2) = r(t-t_1-t_2) \tag{2-39d}$$

式中,t_0、t_1 和 t_2 为实常数,$r(t)$ 为单位斜坡信号。

2.4.6 常用卷积积分表

常用的卷积积分表如表 2-3 所示。

表 2-3　常用的卷积积分表

$f_1(t)$	$f_2(t)$	$f_1(t) * f_2(t)$
K	$f(t)$	$K \cdot (f(t)$ 波形的净面积值 $)$
$f(t)$	$\dfrac{\mathrm{d}\delta(t)}{\mathrm{d}t}$	$\dfrac{\mathrm{d}f(t)}{\mathrm{d}t}$
$f(t)$	$\delta(t)$	$f(t)$
$f(t)$	$\varepsilon(t)$	$\displaystyle\int_{-\infty}^{t} f(\tau)\mathrm{d}\tau$
$\varepsilon(t)$	$\varepsilon(t)$	$r(t)=t\varepsilon(t)$
$\varepsilon(t)$	$r(t)=t\varepsilon(t)$	$0.5t^2\varepsilon(t)$
$e^{-at}\varepsilon(t)$	$\varepsilon(t)$	$\dfrac{1}{\alpha}(1-e^{-at})\varepsilon(t)$
$e^{-\alpha_1 t}\varepsilon(t)$	$e^{-\alpha_2 t}\varepsilon(t)$	$\begin{cases} \dfrac{1}{\alpha_2-\alpha_1}(e^{-\alpha_1 t}-e^{-\alpha_2 t})\varepsilon(t), & \alpha_1 \neq \alpha_2 \\ te^{-\alpha t}\varepsilon(t), & \alpha_1 = \alpha_2 = \alpha \end{cases}$
$f(t)$	$\delta_T(t)=\displaystyle\sum_{n=-\infty}^{\infty}\delta(t-nT)$	$\displaystyle\sum_{n=-\infty}^{\infty}f(t-nT)$
$e^{-at}\varepsilon(t)$	$te^{-at}\varepsilon(t)$	$\dfrac{1}{2}t^2 e^{-at}\varepsilon(t)$

例 2-9　已知 $f_1(t)=2\varepsilon(t)-2\varepsilon(t-1)$，$f_2(t)=t[\varepsilon(t)-\varepsilon(t-2)]$，试求其卷积积分。

解法 1　前面已用图解法求过这两个信号的卷积，现通过解析法并利用卷积的运算性质求解。

据分配律
$$y(t)= f_1(t) * f_2(t) = [2\varepsilon(t)-2\varepsilon(t-1)] * [t\varepsilon(t)-t\varepsilon(t-2)]$$
$$= 2\varepsilon(t) * t\varepsilon(t) - 2\varepsilon(t) * t\varepsilon(t-2) - 2\varepsilon(t-1) * t\varepsilon(t)$$
$$+ 2\varepsilon(t-1) * t\varepsilon(t-2)$$

上式为四组两个有始信号的卷积。

一般地，若两个有始信号卷积，如
$$f_a(t)\varepsilon(t-a) * f_b(t)\varepsilon(t-b)$$

则据图解法知，当 $f_a(t)$ 不动，$f_b(t)$ 进行折叠、时移，其积分区域为 $(a,t-b)$，积分有意义的条件为 $t-b>a$，即 $t-b-a>0$，所以卷积积分可写为
$$f_a(t)\varepsilon(t-a) * f_b(t)\varepsilon(t-b) = \left[\int_{a}^{t-b} f_a(\tau)f_b(t-\tau)\mathrm{d}\tau\right]\varepsilon(t-b-a)$$

若 $f_b(t)$ 不动，将 $f_a(t)$ 进行折叠、时移，同理可得卷积积分为
$$f_b(t)\varepsilon(t-b) * f_a(t)\varepsilon(t-a) = \left[\int_{b}^{t-a} f_b(\tau)f_a(t-\tau)\mathrm{d}\tau\right]\varepsilon(t-a-b)$$

下面就来具体计算该例题，注意积分限的确定。
$$y(t)=\left[\int_0^t 2(t-\tau)\mathrm{d}\tau\right]\varepsilon(t) - \left[\int_0^{t-2} 2(t-\tau)\mathrm{d}\tau\right]\varepsilon(t-2)$$
$$- \left[\int_1^t 2(t-\tau)\mathrm{d}\tau\right]\varepsilon(t-1) + \left[\int_1^{t-2} 2(t-\tau)\mathrm{d}\tau\right]\varepsilon(t-3)$$
$$= t^2\varepsilon(t) - (t^2-4)\varepsilon(t-2) - (t^2-2t+1)\varepsilon(t-1) + (t^2-2t-3)\varepsilon(t-3)$$

$$= t^2[\varepsilon(t) - \varepsilon(t-1)] + (2t-1)[\varepsilon(t-1) - \varepsilon(t-2)]$$
$$- (t^2 - 2t - 3)[\varepsilon(t-2) - \varepsilon(t-3)]$$

上述计算结果与例 2-8 图解法所得分段表示式结果完全相同。

解法 2 此例题也可将表示成标准的延时信号为

$$f_2(t) = t\varepsilon(t) - (t-2)\varepsilon(t-2) - 2\varepsilon(t-2) = r(t) - r(t-2) - 2\varepsilon(t-2)$$

由式(2-35)、卷积运算的分配律和时移性质得

$$f_1(t) * f_2(t) = 2\varepsilon(t) * [r(t) - r(t-2) - 2\varepsilon(t-2)] - 2\varepsilon(t-1) * [r(t) - r(t-2) - 2\varepsilon(t-2)]$$
$$= 2[r^{-1}(t) - r^{-1}(t-2) - 2\varepsilon^{-1}(t-2)] - 2[r^{-1}(t-1) - r^{-1}(t-3) - 2\varepsilon^{-1}(t-3)]$$
$$= t^2\varepsilon(t) - (t-1)^2\varepsilon(t-1) - (t-2)^2\varepsilon(t-2) + (t-3)^2\varepsilon(t-3) - 4r(t-2) + 4r(t-3)$$

很容易验证这一结果与前面图解所得的分段表达式是一致的。

在利用卷积的性质计算卷积积分时，常利用微分-积分性质使被卷积的其中一个信号尽量化为冲激信号以及延时的冲激信号，再利用任一信号与 $\delta(t)$ 卷积等于该信号本身和时移性质，可使得卷积的计算得以简化。

如上例中，$f_1'(t) = 2\delta(t) - 2\delta(t-1)$，$f_2^{-1}(t) = r^{-1}(t) - r^{-1}(t-2) - 2r(t-2)$，且因 $f_1(-\infty) = f_2(-\infty) = 0$，显然满足式(2-37)的微分-积分性质条件，故由式(2-36)和式(2-39b)得

$$f_1(t) * f_2(t) = f_1'(t) * f_2^{-1}(t)$$
$$= 2\delta(t) * [r^{-1}(t) - r^{-1}(t-2) - 2r(t-2)]$$
$$- 2\delta(t-1) * [r^{-1}(t) - r^{-1}(t-2) - 2r(t-2)]$$
$$= 2[r^{-1}(t) - r^{-1}(t-2) - 2r(t-2)]$$
$$- 2[r^{-1}(t-1) - r^{-1}(t-3) - 2r(t-3)]$$

这与前面的计算是一致的。

例 2-10 试计算常数 K 与信号 $f(t)$ 的卷积积分。

解 直接按卷积定义，可得

$$K * f(t) = f(t) * K = \int_{-\infty}^{\infty} f(\tau) K \mathrm{d}\tau = K \cdot (f(t) \text{ 的净面积})$$

注意，在本例中，如果应用式(2-36)的微分-积分性质来求解，将导致

$$K * f(t) = \frac{\mathrm{d}}{\mathrm{d}t} K * \int_{-\infty}^{t} f(\xi) \mathrm{d}\xi = 0$$

的错误结果，这是由于常数 K 在 $-\infty$ 处不为零，且任意信号 $f(t)$ 在 $(-\infty, \infty)$ 的积分也并非一定为零，因而不满足式(2-37)的微分-积分性质条件。

例 2-11 已知某系统的冲激响应 $h(t) = \sin t \varepsilon(t)$，激励 $f(t)$ 的波形如图 2-7 所示，试求系统的零状态响应 $y_f(t)$。

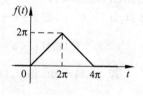

图 2-7 例 2-11 图

解 仍利用卷积的微分-积分性质求解。这里

$$h^{-1}(t) = \int_0^t \sin\xi \varepsilon(\xi) \mathrm{d}\xi = (1 - \cos t)\varepsilon(t)$$
$$h^{-2}(t) = \int_0^t (1 - \cos\xi)\varepsilon(\xi) \mathrm{d}\xi = (t - \sin t)\varepsilon(t)$$
$$f'(t) = \varepsilon(t) - 2\varepsilon(t-2\pi) + \varepsilon(t-4\pi)$$
$$f''(t) = \delta(t) - 2\delta(t-2\pi) + \delta(t-4\pi)$$

注意到 $t=-\infty$ 时，$h(t)$，$f(t)$，$h^{-1}(t)$，$f'(t)$，$h^{-2}(t)$ 均为 0，从而可以采用微分-积分性质求解，即

$$y(t) = h(t) * f(t) = h^{-1}(t) * f'(t) = h^{-2}(t) * f''(t)$$
$$= [(t-\sin t)\varepsilon(t)] * [\delta(t) - 2\delta(t-2\pi) + \delta(t-4\pi)]$$
$$= (t-\sin t)\varepsilon(t) - 2[(t-2\pi) - \sin(t-2\pi)]\varepsilon(t-2\pi)$$
$$+ [(t-4\pi) - \sin(t-4\pi)]\varepsilon(t-4\pi)$$

在进行卷积运算时，如果信号是由折线组成的有界信号，需要分段积分时，这时若能应用微分与积分性质以及冲激信号的卷积性质，就可以大大简化运算。

例 2-12　已知 $f_1(t) * [t\varepsilon(t)] = (t+e^{-t}-1)\varepsilon(t)$，求 $f_1(t)$。

解　卷积积分不易求逆运算，但此类问题可通过卷积的微分性质来解。将题中已知等式的两边求导得

$$\frac{\mathrm{d}}{\mathrm{d}t}[f_1(t) * t\varepsilon(t)] = (1-e^{-t})\varepsilon(t) + (0+e^0-1)\delta(t)$$

即

$$f_1(t) * \varepsilon(t) = (1-e^{-t})\varepsilon(t)$$

两边再求导得

$$f_1(t) * \delta(t) = e^{-t}\varepsilon(t) + (1-e^0)\delta(t)$$

即

$$f_1(t) = e^{-t}\varepsilon(t)$$

例 2-13　已知两信号 $f_1(t)$，$f_2(t)$ 如图 2-8(a)，(b)所示，其中 $f_2(t) = e^{-(t+1)}\varepsilon(t+1)$，试求卷积积分 $f_1(t) * f_2(t)$。

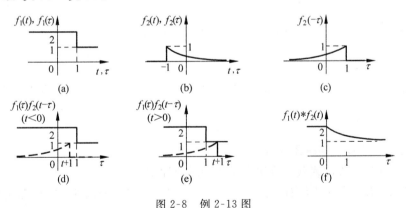

图 2-8　例 2-13 图

解法 1　所给的 $f_1(t)$，$f_2(t)$ 不满足式(2-37)的微分-积分性质条件，现借助于图解法帮助确定实际计算卷积积分的上、下限。其中相乘信号分为图(d)，(e)两种情况。当 $t+1<1$，即当 $t<0$ 时

$$f_1(t) * f_2(t) = \int_{-\infty}^{t+1} 2e^{-(t-\tau+1)} \mathrm{d}\tau = 2e^{-(t+1)} \int_{-\infty}^{t+1} e^{\tau} \cdot 1 \mathrm{d}\tau = 2e^{-(t+1)} e^{(t+1)} = 2$$

而当 $t+1>1$，即 $t>0$ 时

$$f_1(t) * f_2(t) = \int_{-\infty}^{1} 2e^{-(t-\tau+1)} \mathrm{d}\tau + \int_{1}^{t+1} 1e^{-(t-\tau+1)} \mathrm{d}\tau$$

$$= 2e^{-(t+1)}e^1 + e^{-(t+1)}(e^{t+1} - e^1) = 1 + e^{-t}$$

故得

$$f_1(t) * f_2(t) = \begin{cases} 2, & t < 0 \\ 1 + e^{-t}, & t \geqslant 0 \end{cases}$$

其结果也可写为

$$f_1(t) * f_2(t) = 2 - 2\varepsilon(t) + (1 + e^{-t})\varepsilon(t) = 2 + (e^{-t} - 1)\varepsilon(t)$$

其波形如图(f)所示。

解法 2　应用解析法求得,已知

$$f_1(t) = 2 - \varepsilon(t - 1)$$

则

$$\begin{aligned}
f_1(t) * f_2(t) &= [2 - \varepsilon(t-1)] * e^{-(t+1)}\varepsilon(t+1) \\
&= e^{-(t+1)}\varepsilon(t+1) * 2 - e^{-(t+1)}\varepsilon(t+1) * \varepsilon(t-1) \\
&= \int_{-1}^{\infty} e^{-(\tau+1)} 2 d\tau - \left[\int_{-1}^{t-1} e^{-(\tau+1)} d\tau\right]\varepsilon(t) \\
&= 2 + (e^{-t} - 1)\varepsilon(t)
\end{aligned}$$

可见上述结果与图解法结果相同。卷积积分时,积分的上、下限判定比较重要,$\varepsilon(t)$的存在只限制了积分存在的区域,并不参予其积分的运算,因为在满足积分存在的条件下其值为 1。

注意,此例不满足式(2-37)的微分-积分性质条件,不可用微分-积分性质。

2.5　求系统零状态响应的卷积积分法

2.4 节中导出 LTI 连续系统在 $f(t)$ 激励下的零状态响应为

$$y_f(t) = f(t) * h(t) = \int_{-\infty}^{\infty} f(\tau)h(t - \tau)d\tau \tag{2-40}$$

上式证明过程如图 2-9 所示。因此,线性非时变系统对任意信号 $f(t)$ 激励下的零状态响应为

$$y_f(t) = f(t) * h(t) \tag{2-41}$$

故用卷积积分法求 LTI 连续系统零状态响应 $y_f(t)$ 的步骤如下:

(1) 用 2.3 节的方法或其他方法求系统的单位冲激响应 $h(t)$。

(2) 按 2.4 节的各种方法计算式(2-40)的卷积积分,即求得系统的零状态响应 $y_f(t)$。

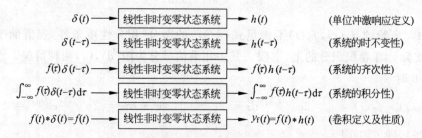

图 2-9　卷积积分求零状态响应的证明示意

例 2-14　如图 2-10 所示电路,已知 $i_1(0_-)=i_2(0_-)=1$ A, $f_1(t)=t\varepsilon(t)$, $f_2(t)=\varepsilon(t)-\varepsilon(t-1)$,求全响应 $y(t)$ 。

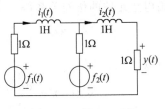

解　(1) 求系统的传输算子及冲激响应。由网孔法得

$$\begin{cases} (2+p)i_1(t)-i_2(t)=f_1(t)-f_2(t) \\ -i_1(t)+(2+p)i_2(t)=f_2(t) \end{cases}$$

图 2-10　例 2-14 图

行列式求解得

$$i_2(t)=\frac{\begin{vmatrix} 2+p & f_1(t)-f_2(t) \\ -1 & f_2(t) \end{vmatrix}}{\begin{vmatrix} 2+p & -1 \\ -1 & 2+p \end{vmatrix}}=\frac{1}{p^2+4p+3}f_1(t)+\frac{p+1}{p^2+4p+3}f_2(t)$$

$$=H_1(p)f_1(t)+H_2(p)f_2(t)$$

而

$$H_1(p)=\frac{1}{(p+1)(p+3)}=\frac{0.5}{p+1}-\frac{0.5}{p+3}$$

对应的冲激响应为

$$h_1(t)=\frac{1}{2}(\mathrm{e}^{-t}-\mathrm{e}^{-3t})\varepsilon(t)$$

$$H_2(p)=\frac{p+1}{(p+1)(p+3)}=\frac{1}{p+3}$$

对应的冲激响应为

$$h_2(t)=\mathrm{e}^{-3t}\varepsilon(t)$$

(2) 用卷积积分求零状态响应 $y_\mathrm{f}(t)$ 。

$$y_\mathrm{f}(t)=1\times i_2(t)=h_1(t)*f_1(t)+h_2(t)*f_2(t)$$

$$=\left[\frac{1}{2}(\mathrm{e}^{-t}-\mathrm{e}^{-3t})\varepsilon(t)\right]*[t\varepsilon(t)]+[\mathrm{e}^{-3t}\varepsilon(t)]*[\varepsilon(t)-\varepsilon(t-1)]$$

$$=\left\{\int_0^t\left[\int_0^\tau\frac{1}{2}(\mathrm{e}^{-\xi}-\mathrm{e}^{-3\xi})\mathrm{d}\xi\right]\mathrm{d}\tau\right\}*\delta(t)+\int_0^t\mathrm{e}^{-3\tau}\mathrm{d}\tau*[\delta(t)-\delta(t-1)]$$

$$=\left[\frac{1}{2}(\mathrm{e}^{-t}-1+t)-\frac{1}{18}(\mathrm{e}^{-3t}-1+3t)\right]\varepsilon(t)+\frac{1}{3}(1-\mathrm{e}^{-3t})\varepsilon(t)-\frac{1}{3}[1-\mathrm{e}^{-3(t-1)}]\varepsilon(t-1)$$

$$=\left(\frac{t}{3}-\frac{1}{9}+\frac{1}{2}\mathrm{e}^{-t}-\frac{7}{18}\mathrm{e}^{-3t}\right)\varepsilon(t)-\frac{1}{3}[1-\mathrm{e}^{-3(t-1)}]\varepsilon(t-1)\mathrm{V}$$

(3) 求零输入响应 $y_\mathrm{x}(t)$ 。上面已求得特征根

$$p_1=-1,\qquad p_2=-3$$

零输入响应的表达式为

$$y_\mathrm{x}(t)=A_1\mathrm{e}^{-t}+A_2\mathrm{e}^{-3t}$$

其 $y_\mathrm{x}(t)$ 的一阶导数为

$$y_\mathrm{x}'(t)=-A_1\mathrm{e}^{-t}-3A_2\mathrm{e}^{-3t}$$

据已知条件画出 $t=0_-$ 时刻的等效电路如图 2-11 所示,由图得

$$y_\mathrm{x}(0_-)=1\times1=1\mathrm{V}$$

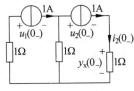

图 2-11　例 2-14 图

由电感元件的伏安关系得

$$\frac{di_2(t)}{dt} = \frac{u_2(t)}{L}$$

所以

$$y'_x(0_-) = \frac{di_2(t)}{dt}\bigg|_{0_-} = \frac{u_2(0_-)}{1} = \frac{1 \times (1-1) - 1 \times 1}{1} = -1 \, \text{V/s}$$

代入初始条件

$$\begin{cases} 1 = A_1 + A_2 \\ -1 = -A_1 - 3A_2 \end{cases}$$

解出

$$\begin{cases} A_1 = 1 \\ A_2 = 0 \end{cases}$$

故得零输入响应为

$$y_x(t) = e^{-t} \, \text{V}, \qquad t \geqslant 0_-$$

（4）全响应为

$$y(t) = y_f(t) + y_x(t)$$

$$= e^{-t}\varepsilon(t_-) + \left(\frac{t}{3} - \frac{1}{9} + \frac{1}{2}e^{-t} - \frac{7}{18}e^{-3t}\right)\varepsilon(t) - \frac{1}{3}[1 - e^{-3(t-1)}]\varepsilon(t-1) \, \text{V}$$

例 2-15 求图 2-12(a)所示系统的零状态响应 $y(t)$，并画出其波形。已知 $f(t) = \sum_{k=-\infty}^{\infty} \delta(t - 2kT), k = 0, \pm 1, \pm 2, \cdots, f(t)$ 的波形如图 2-12(b)所示。

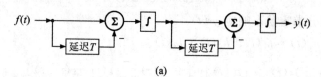

(a)

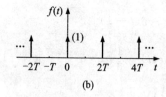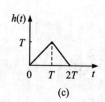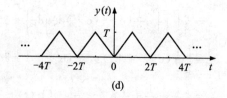

(b)　　　　　　　(c)　　　　　　　(d)

图 2-12　例 2-15 图

解　视为两级延迟器子系统的连接，第一级子系统单位冲激响应为

$$h_1(t) = \int_{-\infty}^{t} [\delta(\tau) - \delta(\tau - T)]d\tau = \varepsilon(t) - \varepsilon(t - T)$$

整个系统的单位冲激响应为

$$h(t) = h_1(t) * h_1(t) = [\varepsilon(t) - \varepsilon(t - T)] * [\varepsilon(t) - \varepsilon(t - T)]$$

$$= \begin{cases} t, & 0 \leqslant t \leqslant T \\ (2T - t), & T \leqslant t \leqslant 2T \\ 0, & t < 0, t > 2T \end{cases}$$

画出 $h(t)$ 的波形如图 2-12(c)所示。故

$$y(t) = f(t) * h(t) = \sum_{k=-\infty}^{\infty} \delta(t - 2kT) * h(t) = \sum_{k=-\infty}^{\infty} h(t - 2kT)$$

零状态响应 $y(t)$ 的波形如图 2-12(d)所示。

例 2-16 某 LTI 连续系统具有一定的初始状态,已知激励 $f_1(t)$ 时,全响应

$$y_1(t) = 7e^{-t} + 2e^{-3t}, \quad t \geqslant 0$$

初始状态不变,激励为 $f_2(t) = 3f_1(t)$ 时,全响应

$$f_2(t) = 17e^{-t} - 2e^{-2t} + 6e^{-3t}, \quad t \geqslant 0$$

试求:(1) 零输入响应 $y_x(t)$;

(2) 若初始状态不变,当激励 $f_3(t) = 5f_1(t)$ 时系统的全响应 $y_3(t)$。

解 据全响应分解为零输入响应与零状态响应的关系,由已知条件得

$$y_x(t) + y_{f_1}(t) = 7e^{-t} + 2e^{-3t} \quad \text{①}$$

$$y_x(t) + y_{f_2}(t) = 17e^{-t} - 2e^{-2t} + 6e^{-3t} \quad \text{②}$$

因为

$$f_2(t) = 3f_1(t)$$

所以

$$y_{f_2}(t) = 3y_{f_1}(t) \quad \text{③}$$

由式②-式①得

$$y_{f_2}(t) - y_{f_1}(t) = 10e^{-t} - 2e^{-2t} + 4e^{-3t} \quad \text{④}$$

式③代入式④得

$$y_{f_1}(t) = \frac{1}{2}(10e^{-t} - 2e^{-2t} + 4e^{-3t}) = 5e^{-t} - e^{-2t} + 2e^{-3t} \quad \text{⑤}$$

式①-式⑤得

$$y_x(t) = (7e^{-t} + 2e^{-3t}) - (5e^{-t} - e^{-2t} + 2e^{-3t}) = 2e^{-t} + e^{-2t}, \quad t \geqslant 0 \quad \text{⑥}$$

据系统的线性性质有

$$\begin{aligned} y_3(t) &= y_{f_3}(t) + y_x(t) = 5y_{f_1}(t) + y_x(t) \\ &= 5(5e^{-t} - e^{-2t} + 2e^{-3t}) + (2e^{-t} + e^{-2t}) \\ &= 27e^{-t} - 4e^{-2t} + 10e^{-3t}, \quad t \geqslant 0 \end{aligned}$$

评注 零输入响应的大小由初始状态确定,特征由系统决定;零状态响应的特征由激励决定,其大小与激励成正比。

习题

2-1 题图 2-1 所示各电路中,激励为 $f(t)$,响应为 $i_0(t)$ 和 $u_0(t)$。试列写各响应关于激励的微分算子方程。

2-2 求题图 2-1 各电路中响应 $i_0(t)$ 和 $u_0(t)$ 对激励 $f(t)$ 的传输算子 $H(p)$。

2-3 给定如下传输算子 $H(p)$,试写出它们对应的微分方程。

(1) $H(p) = \dfrac{p}{p+3}$ (2) $H(p) = \dfrac{p+3}{p+3}$

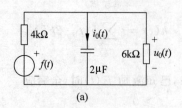 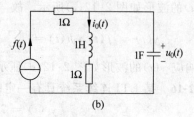

题图　2-1

(3) $H(p)=\dfrac{p+3}{2p+3}$　　　　(4) $H(p)=\dfrac{p(p+3)}{(p+1)(p+2)}$

2-4　已知连续系统的输入输出算子方程及 0_- 初始条件为

(1) $y(t)=\dfrac{2p+4}{(p+1)(p+3)}f(t)$,　$y(0_-)=2$,　$y'(0_-)=1$

(2) $y(t)=\dfrac{-(2p+1)}{p(p^2+4p+8)}f(t)$,　$y(0_-)=0$,　$y'(0_-)=1$,　$y''(0_-)=0$

(3) $y(t)=\dfrac{3p+1}{p(p+2)^2}f(t)$,　$y(0_-)=y'(0_-)=0$,　$y''(0_-)=4$

试求系统的零输入响应 $y_x(t)(t\geqslant0)$。

2-5　已知题图 2-2 各电路零输入响应分别为

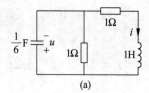 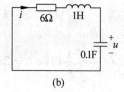

题图　2-2

(a) $u_x(t)=6e^{-3t}-4e^{-4t}$ V,　$t\geqslant0$

(b) $u_x(t)=2e^{-3t}\cos t+6e^{-3t}\sin t$ V,　$t\geqslant0$

求 $u(0_-),i(0_-)$。

2-6　题图 2-3 所示各电路中,已知:

(a) $i(0_-)=0,u(0_-)=5$ V,求 $u_x(t)$;

(b) $u(0_-)=4$ V,$i(0_-)=0$,求 $i_x(t)$;

(c) $i(0_-)=0,u(0_-)=3$ V,求 $u_x(t)$。

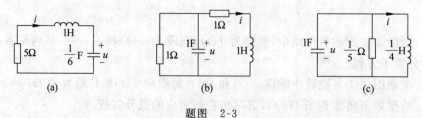

题图　2-3

2-7　已知三个连续系统的传输算子 $H(p)$ 分别为

(1) $\dfrac{2p+4}{(p+1)(p+3)}$　　　(2) $\dfrac{-(2p+1)}{p(p^2+4p+8)}$　　　(3) $\dfrac{3p+1}{p(p+2)^2}$

试求各系统的单位冲激响应 $h(t)$。

2-8　求题图 2-4 所示各电路中关于 $u(t)$ 的冲激响应 $h(t)$。

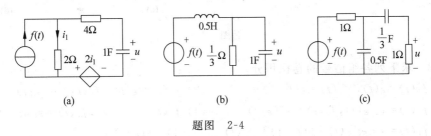

题图　2-4

2-9　求题图 2-5 所示各电路关于 $u(t)$ 的冲激响应 $h(t)$ 与阶跃响应 $g(t)$。

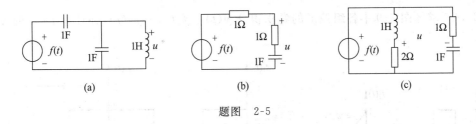

题图　2-5

2-10　用图解法求题图 2-6 中各组信号的卷积 $f_1(t) * f_2(t)$，并给出所得结果的波形。

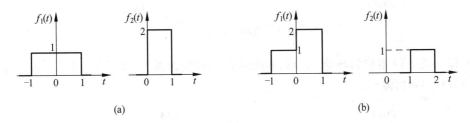

题图　2-6

2-11　如题图 2-7 所示系统，已知两个子系统的冲激响应分别为 $h_1(t)=\delta(t-1)$，$h_2(t)=\varepsilon(t)$，试求整个系统的冲激响应 $h(t)$。

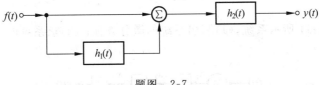

题图　2-7

2-12　各信号波形如题图 2-8 所示，试计算下列卷积，并画出其波形。

(1) $f_1(t) * f_2(t)$　　　(2) $f_1(t) * f_3(t)$　　　(3) $f_1(t) * \dfrac{\mathrm{d}}{\mathrm{d}t} f_4(t)$

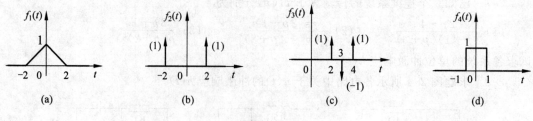

题图 2-8

2-13 求下列各组信号的卷积积分。

(1) $f_1(t)=\varepsilon(t)$, $f_2(t)=\varepsilon(t-1)$ (2) $f_1(t)=\varepsilon(t)$, $f_2(t)=e^{-t}\varepsilon(t)$

(3) $f_1(t)=e^{-t}\varepsilon(t)$, $f_2(t)=e^{-2t}\varepsilon(t)$ (4) $f_1(t)=e^{-t}\varepsilon(t)$, $f_2(t)=\sin t\varepsilon(t)$

(5) $f_1(t)=\sin\pi t[\varepsilon(t)-\varepsilon(t-1)]$, $f_2(t)=\delta(t-1)+\delta(t+2)$

(6) $f_1(t)=\displaystyle\sum_{n=0}^{\infty}\delta(t-nT)$, $f_2(t)=\sin\dfrac{\pi}{T}t\varepsilon(t)$

2-14 求题图 2-9 中各组波形的卷积积分 $y(t)=f_1(t) * f_2(t)$,并计算 $t=4$ 的 $y(4)$ 之值。

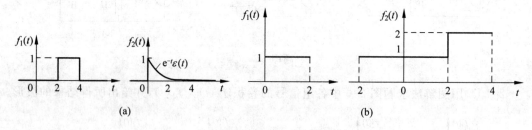

题图 2-9

2-15 某 LTI 系统的激励 $f(t)$ 和冲激响应 $h(t)$ 如题图 2-10 所示,试求系统的零状态响应 $y_f(t)$,并画出波形。

题图 2-10

2-16 题图 2-11 所示系统,(1)写出系统的微分方程;(2)求系统的冲激响应 $h(t)$ 与阶跃响应 $g(t)$。

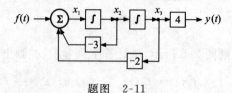

题图 2-11

2-17 图 2-12 所示零状态系统,已知 $h_1(t)=\delta(t-1)$, $h_2(t)=\varepsilon(t)-\varepsilon(t-3)$, $f(t)=\varepsilon(t)-\varepsilon(t-1)$,求响应 $y(t)$,并画出其波形。

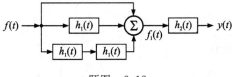

题图 2-12

2-18 已知某系统的微分方程为 $y''(t)+3y'(t)+2y(t)=f'(t)+3f(t)$, 0_- 初始条件 $y(0_-)=1$, $y'(0_-)=2$,试求:

(1) 系统的零输入响应 $y_x(t)$;

(2) 激励 $f(t)=\varepsilon(t)$ 时,系统的零状态响应 $y_f(t)$ 和全响应 $y(t)$;

(3) 激励 $f(t)=e^{-3t}\varepsilon(t)$ 时,系统的零状态响应 $y_f(t)$ 和全响应 $y(t)$。

2-19 如题图 2-13 所示系统,求当激励 $f(t)=e^{-t}\varepsilon(t)$ 时,系统的零状态响应。

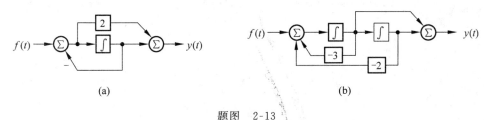

(a) (b)

题图 2-13

2-20 题图 2-14 所示电路,$t<0$ 时 S 在位置 a 且电路已达稳态;$t=0$ 时将 S 从 a 扳到 b,求 $t>0$ 时的零输入响应 $u_x(t)$、零状态响应 $u_f(t)$ 和全响应 $u(t)$。

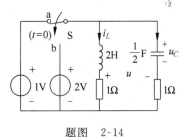

题图 2-14

2-21 已知某系统的微分方程为

$$y''(t)+3y'(t)+2y(t)=f'(t)+3f(t)$$

当激励 $f(t)=e^{-4t}\varepsilon(t)$ 时,系统的全响应

$$y(t)=\left(\frac{14}{3}e^{-t}-\frac{7}{2}e^{-2t}-\frac{1}{6}e^{-4t}\right)\varepsilon(t)$$

试求零输入响应 $y_x(t)$ 与零状态响应 $y_f(t)$、自由响应与强迫响应、暂态响应与稳态响应。

*2-22 设 $h(t)$ 的波形如图 2-15(a)所示的三角形脉冲,$f(t)$ 为单位脉冲序列如图 2-15(b),表示为

$$f(t)=\delta_T(t)=\sum_{n=-\infty}^{\infty}\delta(t-nT)$$

试确定并画出当 T 为以下各值时的 $y(t)=h(t)*f(t)$：

(1) $T=3$

(2) $T=2$

(3) $T=1.5$

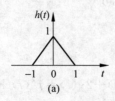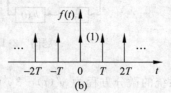

题图　2-15

第3章

连续时间信号与系统的频域分析

第 2 章讨论了连续时间系统的时域分析,以冲激函数或阶跃函数为基本信号,把任意输入信号分解为一系列冲激函数或阶跃函数,系统的响应(零状态响应)表示为输入信号与系统冲激响应的卷积。本章将以正弦函数 $\sin\omega t$(正弦和余弦函数可统称为正弦函数)或虚指数函数 $e^{j\omega t}$ 为基本信号,将任意信号表示为一系列不同频率的正弦函数或虚指数函数之和(对于周期信号)或积分(对于非周期信号)。

正弦函数和虚指数函数为定义在区间 $(-\infty,\infty)$ 的函数。根据欧拉公式,正弦或余弦函数均可表示为两个虚指数函数之和。具有一定幅度和相位,角频率为 ω 的虚指数函数 $F(j\omega)$ 作用于 LTI 系统时,其所引起的响应 $Y(j\omega)$ 是同频率的虚指数函数,它可表示为

$$Y(j\omega) = H(j\omega)F(j\omega)$$

系统的影响表现为系统的频率系统函数 $H(j\omega)$,它是信号角频率 ω 的函数,与时间 t 无关。由于这里用于系统分析的独立变量是频率(角频率),故称之为频域分析。

频域分析法不但简化了对系统响应的求解,而且揭示了信号与系统的频域特性,使人们对信号与系统的性质有更进一步的理解,为人们在频域上进行系统分析、设计开辟了途径。例如,音调的高低是声音信号频域特征的表露;电视频道的划分取决于电视信号的频域特性;电子技术中广泛使用的各种滤波器,其描述和设计主要是在频域上进行的。

3.1 信号的正交分解与傅里叶级数

为了便于进行信号分析,常把复杂信号分解为一些基本信号。信号的分解和向量的分解有相似之处,因此本节先回顾向量分解,再用模拟的方法来说明如何将一个信号分解为正交函数集,最后介绍作为完备正交函数集的正弦函数集和指数函数集。

3.1.1 正交向量

在平面空间中,两个向量正交是指两个向量相互垂直。如图 3-1(a)所

示的 A_1 和 A_2 是正交的,它们之间的夹角为 90°。显然,平面空间两个向量正交的条件是

$$A_1 \cdot A_2 = 0 \tag{3-1}$$

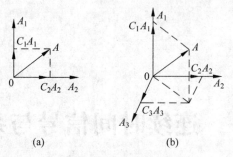

这样,可将一个平面中任意向量,在直角坐标系中分解为两个正交向量的组合,即

$$A = C_1 A_1 + C_2 A_2 \tag{3-2}$$

式中,C_1,C_2 为常数。

同理,对一个三维空间中的向量 A,必须用三维的正交向量集 $\{A_1, A_2, A_3\}$ 来表示,如图 3-1(b) 所示。此时有

图 3-1　空间矢量的分解

$$A = C_1 A_1 + C_2 A_2 + C_3 A_3 \tag{3-3}$$

其中,A_1,A_2,A_3 相互正交;C_1,C_2,C_3 为常数。在三维空间中,$\{A_1, A_2, A_3\}$ 是一个完备的正交向量集,而二维正交向量集 $\{A_1, A_2\}$ 在此空间中则是不完备的。

以此类推,在 n 维空间中,只有 n 个正交向量 A_1,A_2,A_3,$\cdots$,A_n 构成的正交向量集 $\{A_1, A_2, A_3, \cdots, A_n\}$ 才是完备的,也就是说,在 n 维空间中的任一向量 A,必须用 n 维正交向量集来表示,即

$$A = C_1 A_1 + C_2 A_2 + C_3 A_3 + \cdots + C_n A_n \tag{3-4}$$

虽然 n 维向量空间并不存在于客观世界,但是这种概念有许多应用。例如,n 个独立变量的一个线性方程,可看作 n 维坐标系中 n 个分量组成的向量。

3.1.2　信号的正交分解与正交函数集

由向量正交分解的启示,可以把向量正交分解的概念推广到**信号空间**(signal space)。在信号空间找到若干个正交函数信号作为基本信号,使得任一信号都可以表示为它们的线性组合,从而实现信号的正交分解。

(1) 正交函数定义式

任意两个实函数 $f_1(t)$ 和 $f_2(t)$,若满足关系式

$$\int_{t_1}^{t_2} f_1(t) f_2(t) \mathrm{d}t = 0 \tag{3-5}$$

则称 $f_1(t)$ 和 $f_2(t)$ 在时间区间 (t_1, t_2) 正交。

若 $f_1(t)$,$f_2(t)$,$\cdots$,$f_n(t)$ 定义在区间 (t_1, t_2) 上,并且在 (t_1, t_2) 内有

$$\int_{t_1}^{t_2} f_i(t) f_r(t) \mathrm{d}t = \begin{cases} 0, & i \neq r \\ k_i, & i = r \end{cases} \tag{3-6}$$

则称 $\{f_1(t), f_2(t), \cdots, f_n(t)\}$ 在时间区间 (t_1, t_2) 内为**正交函数集**(set of orthogonal functions),其中 $i, r = 1, 2, \cdots, n$;k_i 为正数。

如果

$$\int_{t_1}^{t_2} f_i(t) f_r(t) \mathrm{d}t = \begin{cases} 0, & r \neq i \\ 1, & i = r \end{cases} \tag{3-7}$$

则称 $\{f_1(t), f_2(t), \cdots, f_n(t)\}$ 为 (t_1, t_2) 内的归一化正交函数集。

对于在区间(t_1,t_2)内的复变函数集$\{f_1(t),f_2(t),\cdots,f_n(t)\}$,若满足

$$\int_{t_1}^{t_2} f_i(t)f_r^*(t)\mathrm{d}t = \begin{cases} 0, & i \neq r \\ k_i, & i = r \end{cases} \tag{3-8}$$

则称此复变函数集为区间(t_1,t_2)上的正交复变函数集,其中$f_r^*(t)$为$f_r(t)$的共轭复变函数。

（2）信号（函数）的正交展开

用一个正交向量集中各分量的线性组合去表示任一向量,这个向量集必须是完备的正交向量集。同样,用一个正交函数集中各函数的线性组合去代表任一信号,这个函数集必须是一个**完备的正交函数集**(complete set of orthogonal functions)。

如果在正交函数集$\{f_1(t),f_2(t),\cdots,f_n(t)\}$之外,找不到另外一个非零函数与该函数集$\{f_i(t)\}$中每一个函数都正交,则称该函数集为完备正交函数集;否则为不完备正交函数集。

对于完备正交函数集,有两个重要定理。

定理 3-1　设$\{f_1(t),f_2(t),\cdots,f_n(t)\}$在$(t_1,t_2)$区间内是某一类信号（函数）的完备正交函数集,则这一类信号中的任何一个信号$f(t)$都可以精确地表示为$\{f_1(t),f_2(t),\cdots,f_n(t)\}$的线性组合,即

$$f(t) = C_1 f_1(t) + C_2 f_2(t) + \cdots + C_n f_n(t) \tag{3-9}$$

式中,C_i为加权系数,且有

$$C_i = \frac{\displaystyle\int_{t_1}^{t_2} f(t)f_i^*(t)\mathrm{d}t}{\displaystyle\int_{t_1}^{t_2} |f_i(t)|^2 \mathrm{d}t} \tag{3-10}$$

式(3-9)常称正交展开式,有时也称为欧拉-傅里叶公式或广义级数,C_i称为**傅里叶级数**(Fourier series)**系数**。

定理 3-2　在式(3-9)条件下,有

$$\int_{t_1}^{t_2} |f(t)|^2 \mathrm{d}t = \sum_i \int_{t_1}^{t_2} |C_i f_i(t)|^2 \mathrm{d}t \tag{3-11}$$

式(3-11)可以理解为：$f(t)$的能量等于各个分量的能量之和,即能量守恒。定理 3-2 也称为**帕塞瓦尔**(Parseval)**定理**。

3.1.3　常见的完备正交函数集

（1）三角函数集$\{\cos n\Omega t,\sin n\Omega t\,|_{n=1,2,\cdots}\}$是一个正交函数集,正交区间为$(t_0,t_0+T)$,其中$T=2\pi/\Omega$是各个函数$\cos n\Omega t,\sin n\Omega t$的周期。其正交性证明可以利用如下公式：

$$\int_{t_0}^{t_0+T} \cos n\Omega t \cdot \cos m\Omega t\,\mathrm{d}t = \begin{cases} 0, & m \neq n \\ \dfrac{T}{2}, & m = n \end{cases} \tag{3-12}$$

$$\int_{t_0}^{t_0+T} \sin n\Omega t \cdot \sin m\Omega t\,\mathrm{d}t = \begin{cases} 0, & m \neq n \\ \dfrac{T}{2}, & m = n \end{cases} \tag{3-13}$$

$$\int_{t_0}^{t_0+T} \cos n\Omega t \cdot \sin m\Omega t\,\mathrm{d}t = 0 \tag{3-14}$$

在上述正交三角函数集中,当$n=0$时,$\cos 0°=1$,$\sin 0°=0$,不满足上面式子的要求,故 0

不计入此正交函数集。这样，此正交三角函数集可具体写为

$$\{1,\cos\Omega t,\cos2\Omega t,\cdots,\sin\Omega t,\sin2\Omega t,\cdots\}$$

上述正交函数集包括无穷多项，可以证明它是完备的正交函数集（其完备性的证明在此不讨论）。

（2）对于指数函数集 $\{e^{jn\Omega t},n$ 为整数$\}$，不难证明：

$$\int_{t_0}^{t_0+T}(e^{jn\Omega t})\cdot(e^{jm\Omega t})^*\,\mathrm{d}t=\begin{cases}0,&m\neq n\\T,&m=n\end{cases}\tag{3-15}$$

式中，$T=2\pi/\Omega$ 为指数函数的公共周期；m,n 为整数。

式（3-15）说明指数函数 $e^{jn\Omega t}$ 符合式（3-8）所表述的复变函数正交条件，因此指数函数集 $\{e^{jn\Omega t},n$ 为整数$\}$在区间(t_0,t_0+T)为正交复变函数集。当 n 取 $-\infty$ 至∞包括 0 在内的所有整数时，指数函数集$\{e^{jn\Omega t},n=0,\pm1,\pm2,\cdots\}$为完备的正交复变函数集。

3.1.4　周期信号展开成傅里叶级数

将任意一周期信号在三角函数或复指数函数组成的完备正交函数集$\{1,\cos\Omega t,\cos2\Omega t,\cdots,$ $\sin\Omega t,\sin2\Omega t,\cdots\}$或$\{e^{jn\Omega t},n=0,\pm1,\pm2,\cdots\}$内分解得到的级数，统称为**傅里叶级数**（Fourier series）。它们具有如下一些显著优点：

① 三角函数和指数函数是自然界中最常见、最基本的函数。

② 三角函数和复指数函数是简谐函数，用它们表示时间信号，就自然地建立起了时间和频率这两个基本物理量之间的联系。

③ 简谐信号较其他信号更容易产生和处理。

④ 三角函数（或指数函数）信号通过线性时不变系统后，仍为三角函数（或指数函数），其重复频率不变，只是幅度和相位有变化。线性时不变系统对三角函数（或指数函数）信号的响应可以很方便地求得。

⑤ 很多系统（例如滤波器、信息传输等）的特性主要是由其频域特性来描述的，因此常常更需要知道的并不是这些系统的冲激响应，而是其冲激响应所对应的频率特性。

⑥ 时域中的卷积运算在频域会转化为乘积运算，从而找到了计算卷积的一种新方法。这可使时域中难于实现的卷积运算求解便于实现。

（1）三角形式的傅里叶级数

设 $f(t)$ 是任意实周期信号，其周期为 T，即

$$f(t)=f(t+kT),k=0,\pm1,\pm2,\cdots\tag{3-16}$$

将 $f(t)$ 在区间(t_0,t_0+T)（t_0 是任意常数）按完备正交函数集$\{1,\cos\Omega t,\cos2\Omega t,\cdots,\sin\Omega t,$ $\sin2\Omega t,\cdots\}$进行分解，据式（3-9）得

$$f(t)=\frac{a_0}{2}+\sum_{n=1}^{\infty}a_n\cos n\Omega t+\sum_{n=1}^{\infty}b_n\sin n\Omega t\tag{3-17}$$

式中，$T=2\pi/\Omega$；a_n 为信号 $f(t)$ 在函数 $\cos n\Omega t$ 中的分量（相对大小）；b_n 为 $f(t)$ 在 $\sin n\Omega t$ 中的分量。由式（3-10）可确定 a_n 和 b_n，分别为

$$a_n=\frac{\displaystyle\int_{t_0}^{t_0+T}f(t)\cos n\Omega t\,\mathrm{d}t}{\displaystyle\int_{t_0}^{t_0+T}\cos^2 n\Omega t\,\mathrm{d}t}=\frac{2}{T}\int_{t_0}^{t_0+T}f(t)\cos n\Omega t\,\mathrm{d}t\tag{3-18}$$

$$b_n = \frac{\int_{t_0}^{t_0+T} f(t)\sin n\Omega t\,\mathrm{d}t}{\int_{t_0}^{t_0+T}\sin^2 n\Omega t\,\mathrm{d}t} = \frac{2}{T}\int_{t_0}^{t_0+T} f(t)\sin n\Omega t\,\mathrm{d}t \qquad (3\text{-}19)$$

以上两式适用于 $n=1,2,\cdots,\infty$ 的情况。对于 $n=0$，有

$$a_0 = \frac{2}{T}\int_{t_0}^{t_0+T} f(t)\,\mathrm{d}t \qquad (3\text{-}20)$$

此式表明，系数 $a_0/2$ 等于信号 $f(t)$ 在一个周期内的平均值。

式(3-17)中的各同频项可以合并，从而得到

$$f(t) = \frac{a_0}{2} + \sum_{n=1}^{\infty}(a_n\cos n\Omega t + b_n\sin n\Omega t) = A_0 + \sum_{n=1}^{\infty} A_n\cos(n\Omega t + \varphi_n) \qquad (3\text{-}21)$$

式中

$$\begin{cases} A_0 = \dfrac{a_0}{2} \\[2mm] A_n = \sqrt{a_n^2 + b_n^2} \\[2mm] \varphi_n = -\arctan\dfrac{b_n}{a_n} \end{cases} \qquad (3\text{-}22)$$

或

$$\begin{cases} a_n = A_n\cos\varphi_n \\[2mm] b_n = -A_n\sin\varphi_n \end{cases} \qquad (3\text{-}23)$$

式(3-17)和式(3-21)称为三角函数形式的傅里叶级数，a_n，b_n 和 A_n，φ_n 称为三角傅里叶级数的系数。周期信号可以展开为傅里叶级数说明，周期为 T(相应的角频率 $\Omega=2\pi/T$)的信号是由若干周期分别为 T/n(角频率为 $n\Omega$)的简谐信号加权求和组合而成的。其中 $n=1$ 的项 $A_1\cos(\Omega t + \varphi_1)$ 与原信号有相同的重复频率，称为一次谐波分量或**基波分量**(fundamental component)，A_1 为基波分量的幅度，φ_1 为基波分量的相位，Ω 为基波角频率。$n=2$ 的项 $A_2\cos(2\Omega t + \varphi_2)$，其频率为基波频率的二倍，故称为二次谐波分量，$A_2$ 为二次谐波的幅度，φ_2 为二次谐波的相位。类似地，$A_n\cos(n\Omega t + \varphi_n)$ 称为 n 次谐波分量，其频率为基波频率的 n 倍，A_n 和 φ_n 分别为其幅度和相位。对于 $n=0$ 的项 A_0，从频域来看，它是频率等于零的分量，故称为零次谐波，即**直流分量**(direct component)。从时域看，直流分量是原信号在一个周期内的平均值，故又称为平均分量。

例 3-1　把图 3-2 所示之周期矩形脉冲展开成三角函数形式的傅里叶级数。

解

$$a_0 = \frac{2}{T}\int_0^T f(t)\,\mathrm{d}t = \frac{2}{T}\int_0^{\tau} A\,\mathrm{d}t = \frac{2A\tau}{T}$$

$$a_n = \frac{2}{T}\int_0^T f(t)\cos n\Omega t\,\mathrm{d}t = \frac{2}{T}\int_0^{\tau} A\cos n\Omega t\,\mathrm{d}t$$

$$= \frac{A\tau}{T}\cdot\frac{2}{n\Omega\tau}\sin n\Omega\tau$$

$$b_n = \frac{2}{T}\int_0^T f(t)\sin n\Omega t\,\mathrm{d}t = \frac{2}{T}\int_0^{\tau} A\sin n\Omega t\,\mathrm{d}t = \frac{2A\tau}{T}\left(\frac{1-\cos n\Omega\tau}{n\Omega\tau}\right)$$

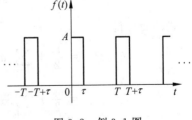

图 3-2　例 3-1 图

故周期矩形脉冲的三角函数形式之傅里叶级数为

$$f(t) = \frac{A\tau}{T}\left[1 + 2\sum_{n=1}^{\infty}\frac{\sin n\Omega\tau}{n\Omega\tau}\cos n\Omega t + 2\sum_{n=1}^{\infty}\frac{1-\cos n\Omega\tau}{n\Omega\tau}\sin n\Omega t\right]$$

或写成另一种形式

$$A_0 = \frac{a_0}{2} = \frac{A\tau}{T}$$

$$A_n = \sqrt{a_n^2 + b_n^2} = \frac{2A\tau}{T}\frac{\sin n\Omega\tau/2}{n\Omega\tau/2} = \frac{2A\tau}{T}\mathrm{Sa}\frac{n\Omega\tau}{2}$$

$$\varphi_n = -\arctan\frac{b_n}{a_n} = -\frac{n\Omega\tau}{2}$$

$$f(t) = \frac{A\tau}{T}\left[1 + 2\sum_{n=1}^{\infty}\frac{\sin\dfrac{n\Omega\tau}{2}}{\dfrac{n\Omega\tau}{2}}\cos n\Omega\left(t - \frac{\tau}{2}\right)\right] \tag{3-24}$$

（2）指数形式的傅里叶级数

将周期信号 $f(t) = f(t+kT)$ 在区间 (t_0, t_0+T) 按完备正交函数集 $\{e^{jn\Omega t}, n=0, \pm 1, \pm 2, \cdots\}$ 展开，得到 $f(t)$ 的指数形式傅里叶级数

$$f(t) = F_0 + F_1 e^{j\Omega t} + F_2 e^{j2\Omega t} + \cdots + F_{-1} e^{-j\Omega t} + F_{-2} e^{-j2\Omega t} + \cdots = \sum_{n=-\infty}^{\infty} F_n e^{jn\Omega t} \tag{3-25}$$

其系数 F_n 也称为指数傅里叶级数的系数，是 $f(t)$ 在 $e^{jn\Omega t}$ 中的分量（相对大小），或 $f(t)$ 在 $e^{jn\Omega t}$ 上的投影。由于 $\{e^{jn\Omega t}\}$ 是复函数集，所以应由式（3-10）来确定系数 F_n，即

$$F_n = \frac{\displaystyle\int_{t_0}^{t_0+T} f(t)(e^{jn\Omega t})^* \, dt}{\displaystyle\int_{t_0}^{t_0+T} (e^{jn\Omega t})(e^{jn\Omega t})^* \, dt} = \frac{1}{T}\int_{t_0}^{t_0+T} f(t) e^{-jn\Omega t} \, dt \tag{3-26}$$

式中，$T = 2\pi/\Omega$；t_0 可任意选择，如 $t_0 = 0, t_0 = -\dfrac{T}{2}$ 等。

一个周期信号 $f(t)$，既可以展开成式（3-21）的三角型傅里叶级数式，也可以展成式（3-25）的指数型傅里叶级数式，二者之间存在确定的关系。因为

$$\cos n\Omega t = \frac{e^{jn\Omega t} + e^{-jn\Omega t}}{2}$$

$$\sin n\Omega t = \frac{e^{jn\Omega t} - e^{-jn\Omega t}}{2j}$$

代入式（3-21）得

$$f(t) = \frac{a_0}{2} + \sum_{n=1}^{\infty}(a_n\cos n\Omega t + b_n\sin n\Omega t)$$

$$= \frac{a_0}{2} + \sum_{n=1}^{\infty}\frac{a_n}{2}(e^{jn\Omega t} + e^{-jn\Omega t}) + \sum_{n=1}^{\infty}\frac{b_n}{2j}(e^{jn\Omega t} - e^{-jn\Omega t})$$

$$= \frac{a_0}{2} + \sum_{n=1}^{\infty}\frac{1}{2}(a_n - jb_n)e^{jn\Omega t} + \sum_{n=1}^{\infty}\frac{1}{2}(a_n + jb_n)e^{-jn\Omega t}$$

由式（3-18）和式（3-19）可知

$$a_{-n} = a_n \qquad b_{-n} = -b_n$$

所以,上式又可为

$$f(t) = \frac{a_0}{2} + \sum_{n=1}^{\infty} \frac{1}{2}(a_n - jb_n)e^{jn\Omega t} + \sum_{-n=1}^{\infty} \frac{1}{2}(a_{-n} + jb_{-n})e^{jn\Omega t}$$

$$= \frac{a_0}{2} + \sum_{n=1}^{\infty} \frac{1}{2}(a_n - jb_n)e^{jn\Omega t} + \sum_{n=-1}^{-\infty} \frac{1}{2}(a_n - jb_n)e^{jn\Omega t}$$

$$= \sum_{n=-\infty}^{\infty} F_n e^{jn\Omega t}$$

其中　　$F_0 = \dfrac{a_0}{2} = A_0$

$$F_n = \frac{1}{2}(a_n - jb_n) = \frac{A_n}{2}e^{j\varphi_n} \qquad n = \pm 1, \pm 2, \cdots \tag{3-27}$$

在周期信号展开式(3-25)中,$f(t)$表示成复频率为 $0, \pm\Omega, \pm 2\Omega, \pm 3\Omega, \cdots$ 的指数函数之和。虽然由于引用$-n$而出现了角频率$-n\Omega$,但这并不表示实际上存在负频率,而只是将第 n 项谐波分量写成了两个指数项而出现的一种数学形式。事实上,$e^{jn\Omega t}$ 和 $e^{-jn\Omega t}$ 必然成对出现,且都振荡在 $n\Omega$ 上,它们的和给出了一个振荡频率为 $n\Omega$ 的时间实函数,即

$$f(t) = \sum_{n=-\infty}^{\infty} F_n e^{jn\Omega t}$$

$$= \sum_{n=-\infty}^{\infty} \frac{A_n}{2}e^{j\varphi_n}e^{jn\Omega t}$$

$$= A_0 + \sum_{n=1}^{\infty} \frac{A_n}{2}e^{j\varphi_n}e^{jn\Omega t} + \sum_{n=-1}^{-\infty} \frac{A_n}{2}e^{j\varphi_n}e^{jn\Omega t}$$

$$= A_0 + \sum_{n=1}^{\infty} \frac{A_n}{2}e^{j\varphi_n}e^{jn\Omega t} + \sum_{n=1}^{\infty} \frac{A_n}{2}e^{-j\varphi_n}e^{-jn\Omega t}$$

$$= A_0 + \sum_{n=1}^{\infty} \frac{A_n}{2}\left[e^{j(n\Omega t + \varphi_n)} + e^{-j(n\Omega t + \varphi_n)}\right]$$

$$= A_0 + \sum_{n=1}^{\infty} A_n \cos(n\Omega t + \varphi_n) \tag{3-28}$$

利用式(3-27)中傅里叶级数系数的关系,式(3-28)又可写为

$$f(t) = F_0 + \sum_{n=1}^{\infty} 2 \mid F_n \mid \cos(n\Omega t + \varphi_n) \tag{3-29}$$

由式可见,三角型傅里叶级数和指数型傅里叶级数虽然形式不同,但实际上它们都是属于同一类型的级数,即都是将周期信号表示为直流分量和各次谐波分量之和。

此外还需指出,傅里叶级数中的各项都是周期的无时限信号,因此傅里叶级数所表示的信号 $f(t)$ 只能是周期信号。反过来说,一个周期信号只要在一个周期之内将它展开为傅里叶级数,则此级数也就在$(-\infty, \infty)$的整个区间表示了这一周期信号。如果要用傅里叶级数来表示非周期信号,则级数只是在区间$(t_0, t_0 + T)$内与该非周期信号相等。也就是说,该级数实际上是这样一个周期信号的展开式,该周期信号的周期为 T,且在区间$(t_0, t_0 + T)$内的值与原非周期信号相等。

例 3-2　把图 3-2 所示的周期矩形脉冲信号展开成指数形式的傅里叶级数。

解　例 3-1 已将图 3-2 所示周期矩形脉冲信号展开成三角函数形式的傅里叶级数。此例要求展开成指数形式,先求指数型傅里叶级数的系数

$$F_n = \frac{1}{T}\int_{t_0}^{t_0+T} f(t)\mathrm{e}^{-\mathrm{j}n\Omega t}\,\mathrm{d}t$$

$$= \frac{1}{T}\int_0^\tau A\mathrm{e}^{-\mathrm{j}n\Omega t}\,\mathrm{d}t$$

$$= \frac{A}{T}\cdot\frac{1}{\mathrm{j}n\Omega}(1-\mathrm{e}^{-\mathrm{j}n\Omega\tau})$$

$$= \frac{A}{T}\frac{2\mathrm{e}^{-\mathrm{j}\frac{n\Omega\tau}{2}}}{n\Omega}\left(\frac{\mathrm{e}^{\mathrm{j}\frac{n\Omega\tau}{2}}-\mathrm{e}^{-\mathrm{j}\frac{n\Omega\tau}{2}}}{2\mathrm{j}}\right)$$

$$= \frac{A\tau}{T}\mathrm{e}^{-\mathrm{j}\frac{n\Omega\tau}{2}}\frac{\sin\dfrac{n\Omega\tau}{2}}{\dfrac{n\Omega\tau}{2}}$$

$$= \frac{A\tau}{T}\mathrm{Sa}\,\frac{n\Omega\tau}{2}\mathrm{e}^{-\mathrm{j}\frac{n\Omega\tau}{2}}$$

所以指数形式傅里叶级数为

$$f(t) = \sum_{n=-\infty}^{\infty}\frac{A\tau}{T}\mathrm{Sa}\,\frac{n\Omega\tau}{2}\mathrm{e}^{-\mathrm{j}\frac{n\Omega\tau}{2}}\mathrm{e}^{\mathrm{j}n\Omega t}$$

$$= \sum_{n=-\infty}^{\infty}\frac{A\tau}{T}\mathrm{Sa}\,\frac{n\Omega\tau}{2}\mathrm{e}^{\mathrm{j}n\Omega(t-\frac{\tau}{2})}$$

3.1.5　周期信号的对称性与傅里叶系数的关系

把已知周期信号 $f(t)$ 展为傅里叶级数，如果 $f(t)$ 为实函数，且它的波形满足某种对称性，则在其傅里叶级数中有些项将不出现，留下的各项系数的表示式也变得比较简单。周期信号的对称关系主要有两种：一种是整个周期相对于纵坐标轴的对称关系，这取决于周期信号是偶函数还是奇函数，也就是展开式中是否含有正弦项或余弦项；另一种是整个周期前后的对称关系，这将决定傅里叶级数展开式中是否含有偶次项或奇次项。下面简单说明函数的对称性与傅里叶系数的关系。

（1）偶函数

若周期信号 $f(t)$ 波形相对于纵轴是对称的，即满足 $f(t)=f(-t)$，则 $f(t)$ 为**偶函数**（even function），其傅里叶级数展开式中只含直流分量和余弦分量，即

$$\begin{cases} b_n = 0 \\ a_n = \dfrac{4}{T}\displaystyle\int_0^{T/2} f(t)\cos n\Omega t\,\mathrm{d}t, & n=1,2,\cdots \end{cases}$$

（2）奇函数

若周期信号 $f(t)$ 波形关于原点对称，即满足 $f(t)=-f(-t)$，则 $f(t)$ 为**奇函数**（odd function），其傅里叶级数展开式中只含正弦分量，即

$$\begin{cases} a_n = 0 \\ b_n = \dfrac{4}{T}\displaystyle\int_0^{T/2} f(t)\sin n\Omega t\,\mathrm{d}t, & n=1,2,\cdots \end{cases}$$

（3）奇谐函数

若周期信号 $f(t)$ 波形沿时间轴平移半个周期后与原波形相对于时间轴镜像对称，即满足

$$f(t) = -f\left(t \pm \frac{T}{2}\right)$$

则 $f(t)$ 称为**奇谐函数**(odd harmonic function)或半波对称函数。这类函数的傅里叶级数展开式中只含有正弦和余弦项的奇次谐波分量。

（4）偶谐函数

若周期信号 $f(t)$ 波形沿时间轴平移半个周期后与原波形完全重叠，即满足

$$f(t) = f\left(t \pm \frac{T}{2}\right)$$

则 $f(t)$ 为**偶谐函数**(even harmonic function)或半周期重叠函数，其傅里叶级数展开式中只含有正弦和余弦波的偶次谐波分量。

熟悉并掌握了周期信号的奇、偶和奇谐、偶谐等性质后，对于一些波形所包含的谐波分量常可以作出迅速判断，并使傅里叶级数系数的计算简化。

3.1.6　指数形式傅里叶系数的性质

可以证明，在时域 $f(t)$ 经过某些变换，如折叠 $f(-t)$、时移 $f(t-t_0)$，或将 $f(t)$ 经过某些时域运算，如微分 $f'(t)$、调制计算 $f(t)\cos\Omega t$ 及 $f(t)\sin\Omega t$。若 $f(t) = \sum\limits_{n=-\infty}^{\infty} F_n e^{jn\Omega t}$，则其傅里叶指数形式的展开可通过如下性质计算：

（1）$f(-t) = \sum\limits_{n=-\infty}^{\infty} F_{-n} e^{jn\Omega t}$

（2）$f(t-t_0) = \sum\limits_{n=-\infty}^{\infty} F_n e^{-jn\Omega t_0} e^{jn\Omega t}$

（3）$\dfrac{\mathrm{d}f(t)}{\mathrm{d}t} = \sum\limits_{n=-\infty}^{\infty} jn\Omega F_n e^{jn\Omega t}$

$\dfrac{\mathrm{d}^k f(t)}{\mathrm{d}t^k} = \sum\limits_{n=-\infty}^{\infty} (jn\Omega)^k F_n e^{jn\Omega t}$

（4）$f(t)\cos\Omega t = \sum\limits_{n=-\infty}^{\infty} \dfrac{F_{n-1} + F_{n+1}}{2} e^{jn\Omega t}$

$f(t)\sin\Omega t = \sum\limits_{n=-\infty}^{\infty} \dfrac{F_{n-1} - F_{n+1}}{2j} e^{jn\Omega t}$

例 3-3　将图 3-3(a)所示周期锯齿波信号 $f(t)$ 展开为指数型傅里叶级数。

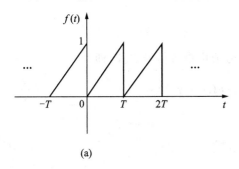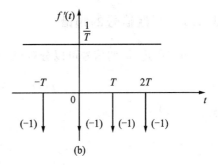

图 3-3　例 3-3 图

解　应用傅里叶级数的导数性质,对 $f(t)$ 求导数得 $f'(t)$,其波形如图 3-3(b)所示,可表示为

$$f'(t) = \frac{1}{T} - \sum_{n=-\infty}^{\infty} \delta(t - nT)$$

由傅里叶级数导数性质(3)有

$$(jn\Omega)F_n = \frac{1}{T} \int_{-\frac{T}{2}}^{\frac{T}{2}} \left[\frac{1}{T} - \delta(t) \right] e^{-jn\Omega t} dt$$

$$= \frac{1}{T} \left[\frac{\sin(n\pi)}{n\pi} - 1 \right]$$

$$= \frac{1}{T} [Sa(n\pi) - 1]$$

当 $n \neq 0$ 时

$$jn\Omega F_n = -\frac{1}{T}$$

所以

$$F_n = -\frac{1}{jn\Omega T} = j\frac{1}{2n\pi}$$

当 $n = 0$ 时

$$F_0 = \frac{1}{T} \int_0^T f(t) dt = 0.5$$

故得

$$f(t) = 0.5 + \sum_{\substack{n=-\infty \\ n \neq 0}}^{\infty} j\frac{1}{2n\pi} e^{jn\Omega t}$$

讨论　①该例也可对 $f'(t)$ 再求一次导数得 $f''(t)$,应用傅里叶级数二阶导数性质计算,步骤类似。

②周期信号的三角型傅里叶级数可以通过定义依次求傅里叶级数系数而得到,也可从指数型傅里叶级数转换而得到。如该题

$$f(t) = 0.5 - \sum_{n=1}^{\infty} \frac{1}{n\pi} \sin n\Omega t$$

3.2　周期信号的频谱

3.2.1　周期信号的频谱

如前所述,周期信号可以分解成一系列正弦信号或虚指数信号之和,即

$$f(t) = A_0 + \sum_{n=1}^{\infty} A_n \cos(n\Omega t + \varphi_n) \tag{3-30}$$

或

$$f(t) = \sum_{n=-\infty}^{\infty} F_n e^{jn\Omega t} \tag{3-31}$$

其中 $F_n = \frac{1}{2} A_n e^{j\varphi_n} = |F_n| e^{j\varphi_n}$。为了直观地表示出信号所含各分量的振幅,以频率(或角频

率)为横坐标,以各谐波的振幅 A_n 或虚指数函数的幅度 $|F_n|$ 为纵坐标,画出如图 3-4(a)、(b) 所示的线图,称为**幅度频谱**(amplitude spectrum),简称幅度谱。图中每条竖线代表该频率分量的幅度,称为谱线。连接各谱线顶点的曲线(图中虚线所示)称为包络线,它反映了各分量幅度随频率变化的情况。需要说明的是,图 3-4(a)中,信号分解为各余弦分量,图中的每一条谱线表示该次谐波的振幅(称为单边幅度谱);而在图 3-4(b)中,信号分解为各虚指数函数分量,图中的每一条谱线表示各分量的幅度(称为双边幅度谱),其中 $|F_n| = |F_{-n}| = \dfrac{1}{2}A_n$。

类似地,也可画出各谐波初相角与频率(或角频率)的线图,如图 3-4(c)、(d)所示,称为**相位频谱**(phase spectrum),简称相位谱。如果 F_n 为实数,那么相位频谱可用 F_n 的正负来表示,φ_n 为 0 或 π,这时常把幅度谱和相位谱画在一张图上(可参看图 3-6)。

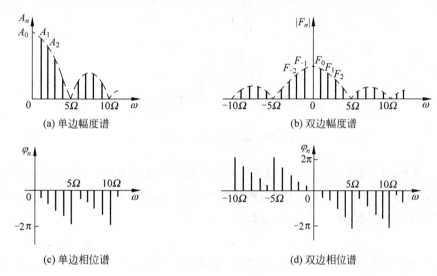

(a) 单边幅度谱　　　　　　　　　　　　(b) 双边幅度谱

(c) 单边相位谱　　　　　　　　　　　　(d) 双边相位谱

图 3-4　周期信号的图谱

3.2.2　周期矩形脉冲的频谱

设有幅度为 1,脉冲宽度为 τ 的周期性矩形脉冲,其周期为 T,如图 3-5 所示。根据式(3-26),可以求得其傅里叶系数

$$F_n = \frac{1}{T}\int_{-\frac{T}{2}}^{\frac{T}{2}} f(t)\mathrm{e}^{-\mathrm{j}n\Omega t}\,\mathrm{d}t = \frac{1}{T}\int_{-\frac{\tau}{2}}^{\frac{\tau}{2}} \mathrm{e}^{-\mathrm{j}n\Omega t}\,\mathrm{d}t = \frac{1}{T}\frac{\mathrm{e}^{-\mathrm{j}n\Omega t}}{-\mathrm{j}n\Omega}\bigg|_{-\frac{\tau}{2}}^{\frac{\tau}{2}}$$

$$= \frac{2}{T}\frac{\sin\left(\dfrac{n\Omega\tau}{2}\right)}{n\Omega} = \frac{\tau}{T}\frac{\sin\left(\dfrac{n\Omega\tau}{2}\right)}{\dfrac{n\Omega\tau}{2}}, \qquad n = 0, \pm 1, \pm 2, \cdots \tag{3-32}$$

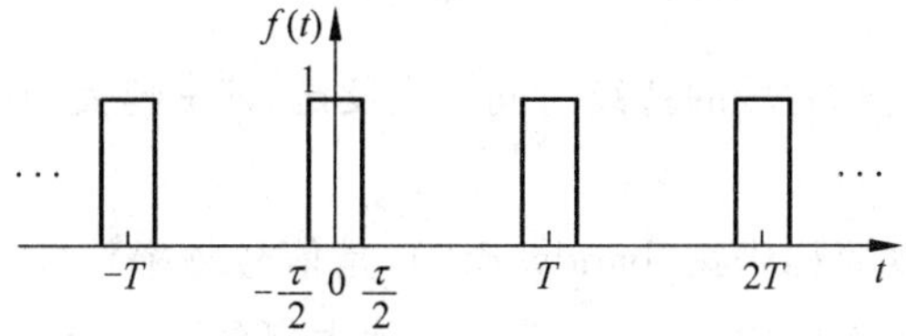

图 3-5　周期矩形脉冲

考虑到 $\Omega = 2\pi/T$，上式也可以写为

$$F_n = \frac{\tau}{T}\frac{\sin\left(\dfrac{n\pi\tau}{T}\right)}{\dfrac{n\pi\tau}{T}} = \frac{\tau}{T}\mathrm{Sa}\left(\frac{n\pi\tau}{T}\right) = \frac{\tau}{T}\mathrm{Sa}\left(\frac{n\Omega\tau}{2}\right), \qquad n = 0, \pm 1, \pm 2, \cdots \quad (3\text{-}33)$$

故该周期矩形脉冲的指数形式傅里叶级数展开式为

$$f(t) = \sum_{n=-\infty}^{\infty} F_n \mathrm{e}^{jn\Omega t} = \frac{\tau}{T}\sum_{n=-\infty}^{\infty}\mathrm{Sa}\left(\frac{n\pi\tau}{T}\right)\mathrm{e}^{jn\Omega t} \tag{3-34}$$

图 3-6 所示为 $T = 4\tau$ 时周期矩形脉冲的频谱。由于本例中的 F_n 为实数，其相位为 0 或 π，故不另外画出其相位谱。

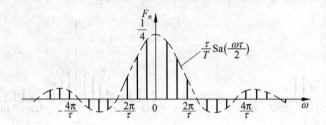

图 3-6　周期矩形脉冲的频谱($T = 4\tau$)

可见，周期矩形脉冲信号的频谱具有一般周期信号频谱的共同特点，它们的频谱是离散的。它仅含有 $\omega = n\Omega$ 的各分量，其相邻两谱线的间隔是 $\Omega(\Omega = 2\pi/T)$。脉冲周期 T 越长，谱线间隔越小，频谱越稠密；反之，则越稀疏。

对于上面的周期矩形脉冲而言，其各谱线的幅度按包络线 $\dfrac{\mathrm{Sa}\left(\dfrac{n\Omega\tau}{2}\right)}{4}$ 的规律变化。在 $n\Omega\tau/2 = m\pi$（m 为 n 为整数时的整数值）各处，即 $n\Omega = 2m\pi/\tau$ 的各处为零，其相应的谱线，亦即相应的频率分量等于零。

此时

$$n = m\frac{T}{\tau}$$

周期矩形脉冲信号包含无限多条谱线，也就是说，它可分解为无限多个频率分量。实际上，由于各分量的幅度随频率增高而减小，其信号能量主要集中在第一个零点。在允许一定失真的条件下，只需传送频率较低的那些分量就够了。通常把这段频率范围（第一个零分量频率）称为周期矩形脉冲信号的**有效频带宽度**(effective frequency band width)或信号的占有频带，用符号 B_f（单位为 Hz）或 B_w（单位为 rad/s）表示。则有

$$B_\mathrm{f} = \frac{1}{\tau} \quad \text{或} \quad B_\mathrm{w} = \frac{2\pi}{\tau}$$

信号的有效频带宽度与信号时域的持续时间 τ 成反比，即 τ 越大，其 B_f 越小；反之，τ 越小，其 B_f 越大。

信号的有效频带宽度简称**带宽**(bandwidth)，是信号频率特性中的重要指标，具有实际应用意义。在信号的有效带宽内，集中了信号的绝大部分谐波分量。换句话说，若信号丢失有效带宽以外的谐波分量成分，不会对信号产生明显的影响。同样，任何系统也有其有效带

宽。当信号通过系统时,信号与系统的有效带宽必须"匹配"。若信号的有效带宽大于系统的有效带宽,信号通过系统时,就会损失许多重要成分而产生较大失真;若信号的有效带宽远小于系统的带宽,信号可以顺利通过系统,但对系统资源是巨大浪费。

图 3-7 所示为周期相同,脉冲宽度不同的信号及其频谱。由图可见,由于周期相同,因而相邻谱线的间隔相同;脉冲宽度愈窄,其频谱包络线第一个零点的频率愈高,即信号的有效频谱宽度愈宽,频带内所含的分量愈多,即信号的频带宽度与脉冲宽度成反比。由式(3-33)可知,当信号周期不变而脉冲宽度减小时,频谱的幅度会相应减小。

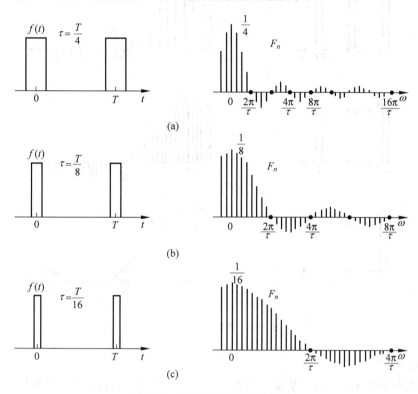

图 3-7　脉冲宽度与频谱的关系

图 3-8 所示为脉冲宽度相同而周期不同的信号及其频谱。由图可见,这时频谱包络线的零点所在位置不变,而当周期增长时,相邻谱线的间隔减小,频谱变密。如果周期无限增长(这时就成为非周期信号),那么相邻谱线的间隔将趋近于零,周期信号的**离散频谱**(discrete frequency spectrum)就过渡到非周期信号的**连续频谱**(continuous frequency spectrum)。由式(3-33)可知,随着周期的增长,各谐波分量的幅度也相应减小。图 3-8 为示意图,未按严格比例画出。

3.2.3　周期信号频谱的特点

图 3-7 和图 3-8 反映了周期矩形信号 $f(t)$ 频谱的一些性质,实际上它也反映了所有周期信号频谱的普遍性质:

(1) 离散性

频谱由频率离散而不连续的谱线组成,这种频谱称为离散频谱或线谱。

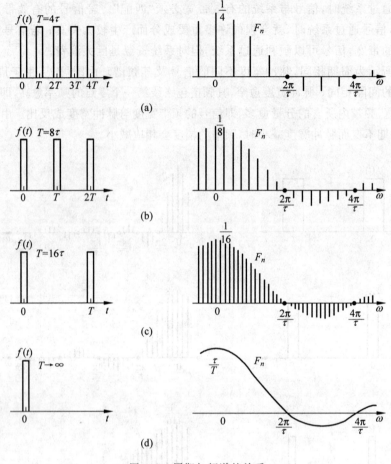

图 3-8　周期与频谱的关系

（2）谐波性

各次谐波分量的频率都是基波频率 $\Omega = 2\pi/T$ 的整数倍,而且相邻谐波的频率间隔是均匀的,即谱线在频率轴上的位置是 Ω 的整数倍。

（3）收敛性

谱线幅度随 $n\Omega \to \infty$ 而衰减到零,频谱具有收敛性或衰减性。

3.2.4　周期信号的功率谱

周期信号属于功率信号。周期信号 $f(t)$ 的平均功率可定义为 1Ω 电阻上消耗的平均功率,即

$$P = \frac{1}{T}\int_{-T/2}^{T/2} f^2(t)\,\mathrm{d}t \tag{3-35}$$

周期信号 $f(t)$ 的平均功率可以用式(3-35)在时域进行计算,也可以在频域进行计算。实函数 $f(t)$ 的指数型傅里叶级数展开式为

$$f(t) = \sum_{n=-\infty}^{\infty} F_n \mathrm{e}^{jn\Omega t}$$

将此式代入式(3-35),并利用 F_n 的有关性质,可得

$$P = \frac{1}{T}\int_{-T/2}^{T/2} f^2(t)\mathrm{d}t = \frac{1}{T}\int_{-T/2}^{T/2} |f(t)|^2\mathrm{d}t = \sum_{n=-\infty}^{\infty} |F_n|^2 \tag{3-36}$$

该式称为**帕塞瓦尔(Parseval)定理**。它表明周期信号的平均功率完全可以在频域用 F_n 加以确定,周期信号在时域的平均功率等于频域中的直流功率分量和各次谐波平均功率分量之和。$|F_n|^2$ 与 $n\Omega$ 的关系称为周期信号的功率频谱,简称为功率谱。显然,周期信号的功率谱也是离散谱。

　　例 3-4　试计算图 3-9(a)所示信号 $f(t)$ 在有效谱宽度内,谐波分量所具有的平均功率占整个信号平均功率的百分比。

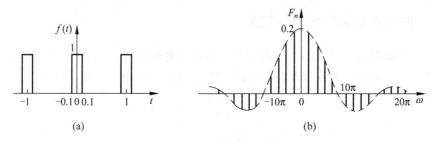

图 3-9　例 3-4 图

　　解　由图 3-9(a),可求得信号 $f(t)$ 的功率

$$P = \frac{1}{T}\int_{-T/2}^{T/2} f^2(t)\mathrm{d}t = \frac{1}{1}\int_{-0.1}^{0.1} 1^2\mathrm{d}t = 0.2$$

将 $f(t)$ 展开为指数型傅里叶级数

$$f(t) = \sum_{n=-\infty}^{\infty} F_n \mathrm{e}^{jn\Omega t}$$

由式(3-33)知,其傅里叶系数

$$F_n = \frac{\tau}{T}\mathrm{Sa}\left(\frac{n\pi\tau}{T}\right) = 0.2\mathrm{Sa}(0.2n\pi)$$

其频谱如图 3-9(b)所示。频谱的第一个零点在 $n=5$ 处,此时

$$\omega = 5\Omega = 10\pi/T = 10\pi \ \mathrm{rad/s}$$

　　根据式(3-36),在有效频谱宽度内,信号的平均功率为

$$P_{\mathrm{B}} = |F_0|^2 + 2\sum_{n=1}^{5} |F_n|^2$$

将 $|F_n|$ 代入,得
$$P_{\mathrm{B}} = (0.2)^2 + 2\times(0.2)^2\times\left[\mathrm{Sa}^2(0.2\pi) + \mathrm{Sa}^2(0.4\pi) + \mathrm{Sa}^2(0.6\pi) + \mathrm{Sa}^2(0.8\pi) + \mathrm{Sa}^2(\pi)\right]$$
$$= 0.04 + 0.08\times(0.8751 + 0.5728 + 0.2546 + 0.0547 + 0)$$
$$= 0.1806$$

故

$$\frac{P_{\mathrm{B}}}{P} = \frac{0.1806}{0.2} = 90.3\%$$

　　可以看出,对于所给出的周期矩形脉冲,包含在有效频谱宽度内的信号平均功率约占整个信号平均功率的 90%。

3.3 非周期信号的频谱——傅里叶变换

除周期信号外,自然界和各种工程技术领域中还广泛存在着非周期信号。例如,放射性的强度随时间的衰变呈指数规律,振荡器的频率漂移几乎随时间线性增长,汽车点火装置产生的电火花呈脉冲性,人们的语音呈非周期性等。这些非周期信号能否分解为三角函数或复指数函数这样的周期函数?应该怎样进行这种分解?这些就是本节所要讨论的问题。事实上,傅里叶本人在提出他的著名论断"周期信号可表示为成谐波关系的三角函数之加权和"以后,就曾致力于非周期信号的分解。

3.3.1 从傅里叶级数到傅里叶变换

实际上,非周期信号可以看作周期趋于无穷大的周期信号。设 $f_T(t)$ 是周期为 T 的周期信号,其每一个周期内的波形都相同,设为 $f(t)$,如图 3-10 所示,可以看出

$$f_T(t) = \sum_{k=-\infty}^{\infty} f(t-kT)$$

$$f(t) = \lim_{T \to \infty} f_T(t) \tag{3-37}$$

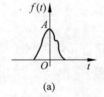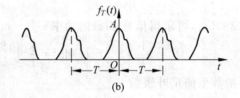

图 3-10 $f(t)$ 和 $f_T(t)$ 的波形

对于周期信号 $f_T(t)$,它可以表示为

$$f_T(t) = \sum_{n=-\infty}^{\infty} F_n e^{jn\Omega t} \tag{3-38}$$

式中

$$F_n = \frac{1}{T} \int_{-T/2}^{T/2} f_T(t) e^{-jn\Omega t} \, dt \tag{3-39}$$

将式(3-39)代入式(3-38)中,得

$$f_T(t) = \sum_{n=-\infty}^{\infty} \left[\frac{1}{T} \int_{-T/2}^{T/2} f_T(t) e^{-jn\Omega t} \, dt \right] e^{jn\Omega t}$$

$$= \sum_{n=-\infty}^{\infty} \left[\frac{\Omega}{2\pi} \int_{-T/2}^{T/2} f_T(t) e^{-jn\Omega t} \, dt \right] e^{jn\Omega t} \tag{3-40}$$

当 $T \to \infty$ 时,显然有 $\Omega = 2\pi/T \to d\omega$,即相邻两谱线间的间隔趋于无穷小;$n\Omega \to \omega$,即离散变量 $n\Omega$ 趋于连续变量 ω;$\sum_{n=-\infty}^{\infty} \to \int_{-\infty}^{\infty}$,即求和趋于积分;再根据式(3-37),式(3-40)将变为

$$f(t) = \frac{1}{2\pi} \int_{-\infty}^{\infty} \left[\int_{-\infty}^{\infty} f(t) e^{-j\omega t} \, dt \right] e^{j\omega t} \, d\omega \tag{3-41}$$

上式方括号中的部分是参变量 ω 的函数,记为 $F(j\omega)$,即

$$F(j\omega) = \int_{-\infty}^{\infty} f(t) e^{-j\omega t} \, dt \tag{3-42}$$

代回式(3-41),得

$$f(t) = \frac{1}{2\pi} \int_{-\infty}^{\infty} F(j\omega) e^{j\omega t} \, d\omega \tag{3-43}$$

这就是著名的**傅里叶变换**(Fourier transform)。它说明非周期信号也可以分解为简谐函数的加权叠加(积分也是一种叠加形式),只不过不再是成谐波关系的简谐函数,而是角频率连续变化的无穷多个简谐函数的叠加。式(3-42)和式(3-43)组成一对互逆的积分变换,其中式(3-42)称为傅里叶正变换(FT),记为 $F(j\omega) = \mathscr{F}\{f(t)\}$,求得的 $F(j\omega)$ 称为 $f(t)$ 的**频谱密度函数**(frequency spectrum density function)或简称为频谱函数;式(3-43)称为傅里叶反变换(IFT),记为 $f(t) = \mathscr{F}^{-1}\{F(j\omega)\}$,$f(t)$ 称为频谱函数 $F(j\omega)$ 的原函数。式(3-42)及式(3-43) 也可简称为傅里叶变换及反变换,书刊中常将两式合并,用双箭头表示 $f(t)$ 和 $F(j\omega)$ 的变换对应关系,记成

$$f(t) \longleftrightarrow F(j\omega) \tag{3-44}$$

3.3.2　非周期信号的频谱函数

由非周期信号的傅里叶变换可知

$$f(t) = \frac{1}{2\pi} \int_{-\infty}^{\infty} F(j\omega) e^{j\omega t} \, d\omega$$

此式表明,非周期信号 $f(t)$ 可以由无数个指数函数 $e^{j\omega t}$ 之和来表示,每个指数函数分量的大小为 $F(j\omega)$。这里的 $F(j\omega)$ 不是振幅的概念。由上面傅里叶变换的推导过程 $F(j\omega) = \lim_{T \to \infty} \dfrac{2\pi F_n}{\Omega}$ 可知,$F(j\omega)$ 为一个密度的概念,其量纲为单位频率的振幅,因而称其为频谱密度函数。频谱函数 $F(j\omega)$ 一般是复函数,可记为

$$F(j\omega) = |F(j\omega)| \, e^{j\varphi(\omega)}$$

式中,$|F(j\omega)|$ 为 $F(j\omega)$ 的模,它代表信号 $f(t)$ 中各频率分量的相对大小;$\varphi(\omega)$ 为 $F(j\omega)$ 的相位,它代表各频率分量的相位。与周期信号的频谱相对应,习惯上将 $|F(j\omega)| \sim \omega$ 的关系曲线称为非周期信号的幅度频谱(注意,$|F(j\omega)|$ 并不是振幅),而将 $\varphi(\omega) \sim \omega$ 曲线称为相位频谱。它们都是 ω 的连续函数。

当 $f(t)$ 为实函数时,根据频谱函数的定义式不难导出

$$F(j\omega) = \int_{-\infty}^{\infty} f(t) e^{-j\omega t} \, dt$$
$$= \int_{-\infty}^{\infty} f(t) \cos\omega t \, dt - j \int_{-\infty}^{\infty} f(t) \sin\omega t \, dt$$
$$= R(\omega) + jX(\omega)$$

式中

$$\left. \begin{aligned} R(\omega) &= \int_{-\infty}^{\infty} f(t) \cos\omega t \, dt \\ X(\omega) &= -\int_{-\infty}^{\infty} f(t) \sin\omega t \, dt \end{aligned} \right\} \tag{3-45}$$

从而有

$$F(j\omega) = |F(j\omega)| \, e^{j\varphi(\omega)} = R(\omega) + jX(\omega)$$

与周期信号的傅里叶级数相类似,$|F(j\omega)|$,$\varphi(\omega)$ 与 $R(\omega)$,$X(\omega)$ 相互之间存在下列

关系：

$$|F(j\omega)| = \sqrt{R^2(\omega) + X^2(\omega)}$$
$$\varphi(\omega) = \arctan \frac{X(\omega)}{R(\omega)}$$
$$R(\omega) = |F(j\omega)| \cos\varphi(\omega)$$
$$X(\omega) = |F(j\omega)| \sin\varphi(\omega)$$

(3-46)

不难得到，$|F(j\omega)|$ 和 $R(\omega)$ 为 ω 的偶函数，而 $\varphi(\omega)$ 和 $X(\omega)$ 为 ω 的奇函数，即

$$|F(j\omega)| = |F(-j\omega)|$$
$$\varphi(\omega) = -\varphi(-\omega)$$
$$R(\omega) = R(-\omega)$$
$$X(\omega) = -X(-\omega)$$

(3-47)

当 $f(t)$ 是实函数时，由上述关系式还可得到以下的重要结论：

（1）若 $f(t)$ 为 t 的偶函数，即 $f(t) = f(-t)$，则 $f(t)$ 的频谱函数 $F(j\omega)$ 为 ω 的实函数，且为 ω 的偶函数。

（2）若 $f(t)$ 为 t 的奇函数，即 $f(t) = -f(-t)$，则 $f(t)$ 的频谱函数 $F(j\omega)$ 为 ω 的虚函数，且为 ω 的奇函数。

与周期信号类似，也可将非周期信号的傅里叶变换表示式改写成三角函数的形式，即

$$f(t) = \frac{1}{2\pi} \int_{-\infty}^{\infty} F(j\omega) e^{j\omega t} d\omega = \frac{1}{2\pi} \int_{-\infty}^{\infty} |F(j\omega)| e^{j[\omega t + \varphi(\omega)]} d\omega$$

$$= \frac{1}{2\pi} \int_{-\infty}^{\infty} |F(j\omega)| \cos[\omega t + \varphi(\omega)] d\omega + j \frac{1}{2\pi} \int_{-\infty}^{\infty} |F(j\omega)| \sin[\omega t + \varphi(\omega)] d\omega$$

若 $f(t)$ 是实函数，据 $|F(j\omega)|$、$\varphi(\omega)$ 的奇偶性，显然有

$$f(t) = \frac{1}{2\pi} \int_{-\infty}^{\infty} |F(j\omega)| \cos[\omega t + \varphi(\omega)] d\omega = \frac{1}{\pi} \int_{0}^{\infty} |F(j\omega)| \cos[\omega t + \varphi(\omega)] d\omega$$

可见，非周期信号也可以分解成许多不同频率的正弦分量。与周期信号相比较，只不过其基波频率趋于无穷小量，从而包含了所有的频率分量；而各个正弦分量的振幅 $|F(j\omega)| d\omega/\pi$ 趋于无穷小，从而只能用密度函数 $|F(j\omega)|$ 来表述各分量的相对大小。

3.3.3　典型信号的傅里叶变换

在第 1 章 1.2 节中介绍了一些基本信号，先对其中一些基本信号进行傅里叶变换的求解，再借助傅里叶变换的性质，就可进行复杂信号的傅里叶变换。但有些信号，如直流信号、单位阶跃信号 $\varepsilon(t)$、符号函数 $\text{sgn}(t)$，它们不满足在整个时间内绝对可积的条件，直接应用定义求解傅里叶变换困难，引入冲激函数可使其有相应的变换。

（1）单位冲激信号 $\delta(t)$

将 $\delta(t)$ 代入式(3-42)，并利用冲激函数的取样性质，有

$$F(j\omega) = \int_{-\infty}^{\infty} \delta(t) e^{-j\omega t} dt = 1$$

(3-48)

可见，单位冲激信号 $\delta(t)$ 的频谱是常数 1。也就是说，$\delta(t)$ 中包含了所有的频率分量，而各频率分量的频谱密度都相等。显然，信号 $\delta(t)$ 在物理上是无法实现的。$\delta(t)$ 的波形及幅度频谱如图 3-11 所示。

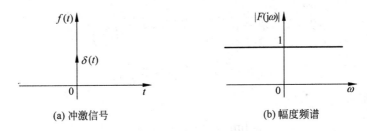

(a) 冲激信号　　　　　　　　　　(b) 幅度频谱

图 3-11　冲激信号及其幅度频谱

（2）单边指数信号

单边指数信号可表示为 $f(t)=\mathrm{e}^{-\alpha t}\varepsilon(t)\,(\alpha>0)$，如图 3-12(a)所示。

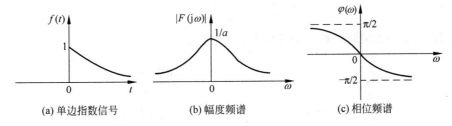

(a) 单边指数信号　　　　(b) 幅度频谱　　　　(c) 相位频谱

图 3-12　单边指数信号及其幅度、相位频谱

将 $f(t)$ 代入式(3-42)，得其频谱函数为

$$
\begin{aligned}
F(\mathrm{j}\omega) &= \int_{-\infty}^{\infty} f(t)\,\mathrm{e}^{-\mathrm{j}\omega t}\,\mathrm{d}t = \int_{0}^{\infty} \mathrm{e}^{-\alpha t}\,\mathrm{e}^{-\mathrm{j}\omega t}\,\mathrm{d}t \\
&= \left.\frac{\mathrm{e}^{-(\alpha+\mathrm{j}\omega)t}}{-(\alpha+\mathrm{j}\omega)}\right|_{0}^{\infty} = \frac{1}{\alpha+\mathrm{j}\omega} = \frac{1}{\sqrt{\alpha^2+\omega^2}}\mathrm{e}^{-\mathrm{j}\arctan\frac{\omega}{\alpha}}
\end{aligned}
\tag{3-49}
$$

其幅度频谱及相位频谱分别为

$$
|F(\mathrm{j}\omega)| = \frac{1}{\sqrt{\alpha^2+\omega^2}}
$$

$$
\varphi(\omega) = -\arctan\frac{\omega}{\alpha}
$$

单边指数信号和它的幅度、相位频谱如图 3-12 所示。

（3）单位阶跃信号 $\varepsilon(t)$

单位阶跃信号 $\varepsilon(t)$ 显然不满足绝对可积条件，直接利用傅里叶变换的定义式无法求得所需结果。由于阶跃信号 $\varepsilon(t)$ 可从图 3-12 所示单边指数信号取 $\alpha\to0$ 的极限得到，因而可以通过对单边指数信号的频谱函数求 $\alpha\to0$ 的极限得到 $\varepsilon(t)$ 的频谱函数。

$$
\begin{aligned}
\mathscr{F}[\varepsilon(t)] &= \lim_{\alpha\to0}\frac{1}{\alpha+\mathrm{j}\omega} = \lim_{\alpha\to0}\left(\frac{\alpha}{\alpha^2+\omega^2} - \mathrm{j}\frac{\omega}{\alpha^2+\omega^2}\right) \\
&= \lim_{\alpha\to0}\frac{\alpha}{\alpha^2+\omega^2} - \mathrm{j}\lim_{\alpha\to0}\frac{\omega}{\alpha^2+\omega^2}
\end{aligned}
$$

上式中

$$
\lim_{\alpha\to0}\frac{\alpha}{\alpha^2+\omega^2} = \begin{cases} 0 & \omega\neq0 \\ \infty & \omega=0 \end{cases}
$$

且
$$\int_{-\infty}^{\infty} \lim_{\alpha \to 0} \frac{\alpha}{\alpha^2 + \omega^2} d\omega = \lim_{\alpha \to 0} \int_{-\infty}^{\infty} \frac{1}{1 + \left(\frac{\omega}{\alpha}\right)^2} d\frac{\omega}{\alpha}$$

$$= \lim_{\alpha \to 0} \mathrm{arctg} \frac{\omega}{\alpha} \Big|_{-\infty}^{\infty} = \pi$$

根据冲激函数定义

$$\lim_{\alpha \to 0} \frac{\alpha}{\alpha^2 + \omega^2} = \pi\delta(\omega)$$

又

$$\lim_{\alpha \to 0} \frac{\omega}{\alpha^2 + \omega^2} = \frac{1}{\omega}$$

故有

$$\mathscr{F}[\varepsilon(t)] = \pi\delta(\omega) + \frac{1}{j\omega} \tag{3-50}$$

单位阶跃信号 $\varepsilon(t)$ 的波形和幅度频谱如图 3-13 所示。

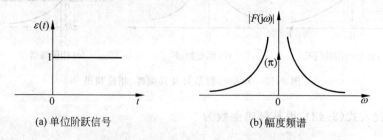

(a) 单位阶跃信号   (b) 幅度频谱

图 3-13   单位阶跃信号及其幅度频谱

(4) 偶双边指数信号

偶双边指数信号可表示为

$$f(t) = \begin{cases} e^{-\alpha t}, & t > 0, \ \alpha > 0 \\ e^{\alpha t}, & t < 0, \ \alpha > 0 \end{cases}$$

将 $f(t)$ 代入式(3-42),可得其频谱函数为

$$F(j\omega) = \int_{-\infty}^{0} e^{\alpha t} e^{-j\omega t} dt + \int_{0}^{\infty} e^{-\alpha t} e^{-j\omega t} dt$$

$$= \frac{1}{\alpha - j\omega} + \frac{1}{\alpha + j\omega} = \frac{2\alpha}{\alpha^2 + \omega^2} \tag{3-51}$$

由于 $f(t)$ 是 t 的偶函数,所以 $F(j\omega)$ 为 ω 的实函数且为 ω 的偶函数。$f(t)$ 的幅度频谱如图 3-14(b)所示。

(5) 单位直流信号

单位直流信号可表示为

$$f(t) = 1, \qquad -\infty < t < \infty$$

可见该信号也不满足绝对可积条件,由于直流信号 1 为偶双边指数信号取 $\alpha \to 0$ 的极限,因此可用偶双边指数信号的频谱取 $\alpha \to 0$ 的极限来求得其傅里叶变换,即

$$F(j\omega) = \lim_{\alpha \to 0} \frac{2\alpha}{\alpha^2 + \omega^2} = \begin{cases} 0, & \omega \neq 0 \\ \infty, & \omega = 0 \end{cases}$$

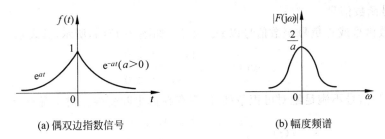

(a) 偶双边指数信号　　　　　　　(b) 幅度频谱

图 3-14　偶双边指数信号及其频谱

且

$$\int_{-\infty}^{\infty} \frac{2\alpha}{\alpha^2 + \omega^2}\,\mathrm{d}\omega = 2\pi$$

显然,这表明其频谱函数为一个冲激强度为 2π,出现在 $\omega=0$ 的冲激函数,即

$$1 \longleftrightarrow 2\pi\delta(\omega) \tag{3-52}$$

其波形和幅度频谱如图 3-15 所示。

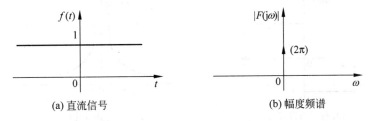

(a) 直流信号　　　　　　　　(b) 幅度频谱

图 3-15　直流信号及其幅度频谱

（6）奇双边指数信号

奇双边指数信号可表示为

$$f(t) = \begin{cases} \mathrm{e}^{-at}, & t > 0,\ \alpha > 0 \\ -\mathrm{e}^{at}, & t < 0,\ \alpha > 0 \end{cases}$$

其频谱函数

$$F(\mathrm{j}\omega) = \int_{-\infty}^{0} -\mathrm{e}^{at}\,\mathrm{e}^{-\mathrm{j}\omega t}\,\mathrm{d}t + \int_{0}^{\infty} \mathrm{e}^{-at}\,\mathrm{e}^{-\mathrm{j}\omega t}\,\mathrm{d}t$$

$$= -\frac{1}{\alpha - \mathrm{j}\omega} + \frac{1}{\alpha + \mathrm{j}\omega} = \mathrm{j}\,\frac{-2\omega}{\alpha^2 + \omega^2} \tag{3-53}$$

其波形和幅度频谱如图 3-16 所示。

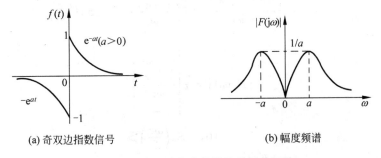

(a) 奇双边指数信号　　　　　　(b) 幅度频谱

图 3-16　奇双边指数信号及其幅度频谱

(7) 符号函数信号

符号函数信号或正负号函数信号以 sgn(t) 记,如图 3-17(a)所示,其表示式为

$$sgn(t) = \begin{cases} 1, & t > 0 \\ -1, & t < 0 \end{cases}$$

显然,这种信号不满足绝对可积条件,但它存在傅里叶变换。对于奇双边指数信号

$$f(t) = \begin{cases} e^{-at}, & t > 0, a > 0 \\ -e^{at}, & t < 0, \alpha > 0 \end{cases}$$

当 $\alpha \to 0$ 时,其极限为符号函数信号 sgn(t)。因此可以用求 $f(t)$ 的频谱函数 $F(j\omega)$ 取 $\alpha \to 0$ 极限的方法来求 sgn(t) 的频谱函数。符号函数信号的频谱函数为

$$\mathscr{F}[sgn(t)] = \lim_{\alpha \to 0}\left(-j\frac{2\omega}{\alpha^2 + \omega^2}\right) = \frac{2}{j\omega}, \quad \omega \neq 0 \tag{3-54}$$

其幅度频谱如图 3-17(b)所示。

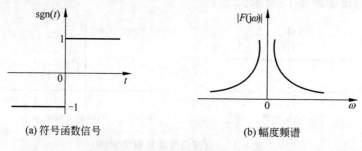

(a) 符号函数信号　　　　　　(b) 幅度频谱

图 3-17　符号函数信号及其幅度频谱

(8) 矩形脉冲信号 $G_\tau(t)$

一般也称门信号,$G_\tau(t)$ 可表示为

$$G_\tau(t) = \begin{cases} 1, & |t| < \dfrac{\tau}{2} \\ 0, & |t| > \dfrac{\tau}{2} \end{cases}$$

由式(3-42),可得

$$F(j\omega) = \int_{-\infty}^{\infty} f(t)e^{-j\omega t}\,dt = \int_{-\frac{\tau}{2}}^{\frac{\tau}{2}} 1 \cdot e^{-j\omega t}\,dt$$

$$= \frac{e^{-j\omega\tau/2} - e^{j\omega\tau/2}}{-j\omega} = \frac{2\sin(\omega\tau/2)}{\omega} = \tau Sa\left(\frac{\omega\tau}{2}\right) \tag{3-55}$$

并有

$$|F(j\omega)| = \tau\left|\frac{\sin\dfrac{\omega\tau}{2}}{\dfrac{\omega\tau}{2}}\right|$$

$$\varphi(\omega) = \begin{cases} 0, & Sa\left(\dfrac{\omega\tau}{2}\right) > 0 \\ \pi, & Sa\left(\dfrac{\omega\tau}{2}\right) < 0 \end{cases}$$

门信号 $G_\tau(t)$ 的波形如图 3-18(a)所示,频谱如图(b)所示,图(c)为它的幅度频谱,图(d)为它的相位频谱。可以看出,门信号存在于时域中的有限范围内,其频谱却以 $\text{Sa}\left(\dfrac{\omega\tau}{2}\right)$ 规律变化,分布于无限宽的频率范围内,其主要能量处于 $0\sim\dfrac{2\pi}{\tau}$ 范围。

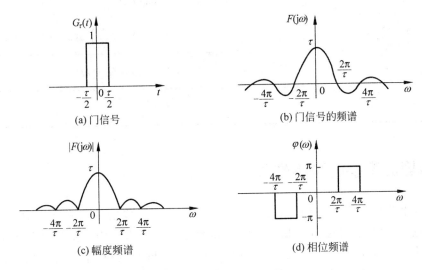

图 3-18　门信号及其频谱

熟悉上述典型信号的频谱函数将对进一步掌握信号与系统的频域分析带来很大的方便。为便于查找,在表 3-1 中给出了部分常用信号的傅里叶变换对。

表 3-1　常用傅里叶变换对

$f(t)$	$F(j\omega)$
$G_\tau(t)$	$\tau\text{Sa}\left(\dfrac{\omega\tau}{2}\right)$
$\tau\text{Sa}\left(\dfrac{\tau t}{2}\right)$	$2\pi G_\tau(\omega)$
$e^{-at}\varepsilon(t),a>0$	$\dfrac{1}{\alpha+j\omega}$
$te^{-at}\varepsilon(t),a>0$	$\dfrac{1}{(\alpha+j\omega)^2}$
$e^{-\alpha|t|},a>0$	$\dfrac{2\alpha}{\alpha^2+\omega^2}$
$\delta(t)$	1
1	$2\pi\delta(\omega)$
$\delta(t-t_0)$	$e^{-j\omega t_0}$
$\cos\omega_0 t$	$\pi\delta(\omega-\omega_0)+\pi\delta(\omega+\omega_0)$
$\sin\omega_0 t$	$\dfrac{\pi}{j}[\delta(\omega-\omega_0)-\delta(\omega+\omega_0)]$

$\varepsilon(t)$	$\pi\delta(\omega)+\dfrac{1}{j\omega}$
$\mathrm{sgn}(t)$	$\dfrac{2}{j\omega},F(0)=0$
$\dfrac{1}{\pi t}$	$-j\mathrm{sgn}(\omega)$
$\delta_T(t)=\displaystyle\sum_{n=-\infty}^{\infty}\delta(t-nT)$	$\Omega\delta_\Omega(\omega)=\Omega\displaystyle\sum_{n=-\infty}^{\infty}\delta(\omega-n\Omega),\Omega=\dfrac{2\pi}{T}$
$\displaystyle\sum_{n=-\infty}^{\infty}F_n e^{jn\Omega t}$	$2\pi\displaystyle\sum_{n=-\infty}^{\infty}F_n\delta(\omega-n\Omega)$
$\dfrac{t^{n-1}}{(n-1)!}e^{-at}\varepsilon(t),\alpha>0$	$\dfrac{1}{(\alpha+j\omega)^n}$

3.4 傅里叶变换的基本性质

通过傅里叶变换，一个时间函数 $f(t)$ 可以用其唯一对应的频谱密度函数 $F(j\omega)$ 来表示，反之亦然。这样就建立起了信号时域和频域之间的联系。为了更进一步了解时域和频域之间的内在联系，简化变换的运算，便于傅里叶分析的应用，本节将系统地讨论傅里叶变换的性质及有关定理，研究信号在一个域中进行运算或变化时，在另一个域中引起的效应。

1. 线性

若

$$f_1(t)\longleftrightarrow F_1(j\omega),\quad f_2(t)\longleftrightarrow F_2(j\omega)$$

则

$$a_1 f_1(t)+a_2 f_2(t)\longleftrightarrow a_1 F_1(j\omega)+a_2 F_2(j\omega) \tag{3-56}$$

式中 a_1,a_2 为任意常数。这个式子说明，傅里叶变换是一种线性变换，它满足齐次性和叠加性。式(3-56)可由正反傅里叶变换的定义方便地证明，请读者自行完成。

例如，可以利用傅里叶变换的线性性质求单位阶跃信号的频谱函数 $F(j\omega)$，单位阶跃信号可表示为

$$\varepsilon(t)=\frac{1}{2}+\frac{1}{2}\mathrm{sgn}(t)$$

由于

$$\frac{1}{2}\longleftrightarrow\pi\delta(\omega),\quad \frac{1}{2}\mathrm{sgn}(t)\longleftrightarrow\frac{1}{j\omega}$$

所以

$$\varepsilon(t)\longleftrightarrow\pi\delta(\omega)+\frac{1}{j\omega}$$

2. 对称性

若

$$f(t) \longleftrightarrow F(j\omega)$$

则

$$F(jt) \longleftrightarrow 2\pi f(-\omega) \tag{3-57}$$

上式表明,如果函数 $f(t)$ 的频谱函数为 $F(j\omega)$,那么时间函数 $F(jt)$ 的频谱函数就是 $2\pi f(-\omega)$。这称为傅里叶变换的对称性。证明如下:

傅里叶反变换式为

$$f(t) = \frac{1}{2\pi} \int_{-\infty}^{\infty} F(j\omega) e^{j\omega t} d\omega$$

将上式中的自变量 t 换为 $-t$,得

$$f(-t) = \frac{1}{2\pi} \int_{-\infty}^{\infty} F(j\omega) e^{-j\omega t} d\omega$$

再将上式中的 t 换为 ω,将原有的 ω 换为 t,得

$$f(-\omega) = \frac{1}{2\pi} \int_{-\infty}^{\infty} F(jt) e^{-j\omega t} dt$$

或

$$2\pi f(-\omega) = \int_{-\infty}^{\infty} F(jt) e^{-j\omega t} dt$$

上式表明,时间函数 $F(jt)$ 的傅里叶变换为 $2\pi f(-\omega)$,即式(3-57)成立。

如果 $f(t)$ 是 t 的实偶函数,则其频谱函数是 ω 的实偶函数,即

$$f(t) \longleftrightarrow F(j\omega) = R(\omega)$$

考虑到 $f(-\omega) = f(\omega)$,式(3-57)变为

$$R(t) \longleftrightarrow 2\pi f(\omega) \quad 或 \quad \frac{1}{2\pi} R(t) \longleftrightarrow f(\omega)$$

这就是说,如果偶函数 $f(t)$ 的频谱函数是 $R(\omega)$,则与 $R(\omega)$ 形式相同的时间函数 $R(t)$ 的频谱函数与 $f(t)$ 有相同的形式,而为 $2\pi f(\omega)$。这里系数 2π 只影响纵坐标的尺度,而不影响函数的基本特征。

例如,时域单位冲激函数 $\delta(t)$ 的傅里叶变换为频域的常数 $1(-\infty < \omega < \infty)$;由对称性可得,时域的常数 $1(-\infty < t < \infty)$ 的傅里叶变换为 $2\pi\delta(-\omega)$,由于 $\delta(\omega)$ 是 ω 的偶函数,即 $\delta(\omega) = \delta(-\omega)$,故有

$$\delta(t) \longleftrightarrow 1$$
$$1(-\infty < t < \infty) \longleftrightarrow 2\pi\delta(\omega)$$

这一性质可用图 3-19 加以说明。图中(a)表示为偶函数 $f(t)$ 的单位冲激函数 $\delta(t)$,经过傅里叶正变换,成为图(b)所示的频谱函数 $F(j\omega) = 1$。现将图(a)中的变量 t 改为 ω,即把

$$f(t) = \delta(t)$$

改为

$$f(\omega) = \delta(\omega)$$

成为图(c)所示的频谱函数,再把图(b)中的变量 ω 改为 t,并考虑到反变换式中的乘数 $\frac{1}{2\pi}$,把 $R(\omega) = 1$ 改为

$$R(t) = \frac{1}{2\pi}$$

成为图(d)所示的时间函数。这样,把变量 t 和 ω 进行对称的互易,从图(a)到(b)的正变换就成了从图(c)和(d)的反变换。

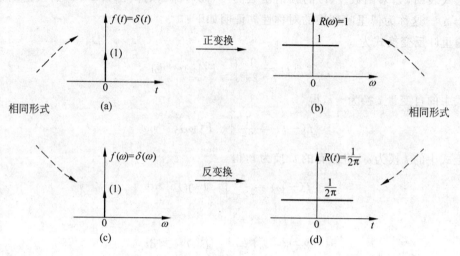

图 3-19　偶函数时域和频域的对称性

例 3-5　求取样函数 $\mathrm{Sa}(t) = \dfrac{\sin t}{t}$ 的频谱函数。

解　直接利用式(3-42)不易求出 $\mathrm{Sa}(t)$ 的傅里叶变换,利用对称性则较为方便。

由式(3-55)知,宽度为 τ,幅度为 1 的门信号 $G_\tau(t)$ 的频谱函数为 $\tau\mathrm{Sa}\left(\dfrac{\omega\tau}{2}\right)$,即

$$G_\tau(t) \longleftrightarrow \tau\mathrm{Sa}\left(\frac{\omega\tau}{2}\right)$$

取 $\dfrac{\tau}{2}=1$,即 $\tau=2$,且幅度为 $\dfrac{1}{2}$。根据傅里叶变换的线性性质,脉宽为 2,幅度为 $\dfrac{1}{2}$ 的门信号 [如图 3-20(a)所示]的傅里叶变换为

$$\mathscr{F}\left[\frac{1}{2}G_2(t)\right] = \frac{1}{2} \times 2\mathrm{Sa}(\omega) = \mathrm{Sa}(\omega)$$

即

$$\frac{1}{2}G_2(t) \longleftrightarrow \mathrm{Sa}(\omega)$$

注意到 $G_2(t)$ 是偶函数,根据对称性可得

$$\mathrm{Sa}(t) \longleftrightarrow 2\pi \times \frac{1}{2}G_2(\omega) = \pi G_2(\omega) \tag{3-58}$$

即

$$\mathscr{F}[\mathrm{Sa}(t)] = \pi G_2(\omega) = \begin{cases} \pi, & |\omega| < 1 \\ 0, & |\omega| > 1 \end{cases}$$

其波形和频谱如图 3-20(b)所示。

对称特性为某些信号的时间函数和频谱函数互求提供了不少方便。这里要强调指出的

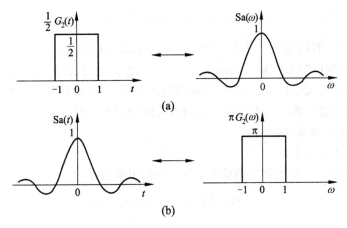

图 3-20 例 3-5 图

是，这种对称关系只适用于偶函数。如果 $f(t)$ 是 t 的实奇函数，则其频谱函数应为 ω 的虚奇函数，即 $f(t) \longleftrightarrow jX(\omega)$。具体阐述请参阅其他有关书籍。

3. 尺度变换

某信号的波形如图 3-21(a)所示，若将该信号波形沿时间轴压缩到原来的 $1/a$（例如 $1/3$），就成为图 3-21(c)所示的波形，它可表示为 $f(at)$。这里 a 是实常数。如果 $a>1$，则波形压缩；如果 $0<a<1$，则波形展宽；如果 $a<0$，则波形反转并压缩或展宽。

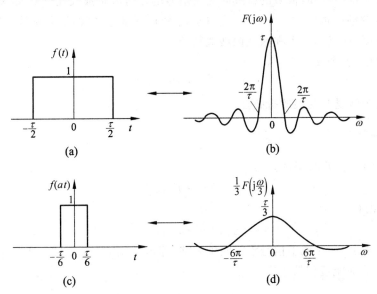

图 3-21 波形展缩与其频谱的变化关系

若

$$f(t) \longleftrightarrow F(j\omega)$$

则对于实常数 $a(a \neq 0)$，有

$$f(at) \longleftrightarrow \frac{1}{|a|} F\left(j\frac{\omega}{a}\right) \tag{3-59}$$

式(3-59)表明,若信号 $f(t)$ 在时间坐标上压缩到原来的 $1/a$,那么其频谱函数在频率坐标上将展宽 a 倍,同时其幅度减小为原来的 $1/|a|$。也就是说,在时域中信号占据时间的压缩对应于其频谱在频域中信号占有频带的扩展,或者反之,信号在时域中的扩展对应于其频谱在频域中压缩。这一规律称为尺度变换特性或时频展缩特性。图 3-21 给出门信号 $f(t)$ 与 $f(3t)$ 的时域波形及频谱图。

式(3-59)可证明如下:

设 $f(t) \longleftrightarrow F(j\omega)$,则展缩后的信号 $f(at)$ 的傅里叶变换为

$$\mathscr{F}[f(at)] = \int_{-\infty}^{\infty} f(at) e^{-j\omega t} dt$$

令 $x = at$,则 $t = \dfrac{x}{a}$,$dt = \dfrac{1}{a}dx$。

当 $a > 0$ 时,有

$$\mathscr{F}[f(at)] = \int_{-\infty}^{\infty} f(x) e^{-j\omega \frac{x}{a}} \cdot \frac{1}{a} dx = \frac{1}{a} \int_{-\infty}^{\infty} f(x) e^{-j\frac{\omega}{a}x} dx = \frac{1}{a} F\left(j\frac{\omega}{a}\right)$$

当 $a < 0$ 时,有

$$\mathscr{F}[f(at)] = \int_{\infty}^{-\infty} f(x) e^{-j\omega \frac{x}{a}} \cdot \frac{1}{a} dx = -\frac{1}{a} \int_{-\infty}^{\infty} f(x) e^{-j\frac{\omega}{a}x} dx = -\frac{1}{a} F\left(j\frac{\omega}{a}\right)$$

综合以上两种情况,即得式(3-59)。

由尺度变换特性可知,信号的持续时间与信号的占有频带成反比。例如,对于门函数信号 $G_\tau(t)$,其有效频谱宽度 $B_w = 2\pi/\tau$。在电子技术中,有时需要将信号持续时间缩短,以加快信息传输速度,这就不得不在频域内展宽频带。

式(3-59)中,若令 $a = -1$,得

$$f(-t) \longleftrightarrow F(-j\omega) \tag{3-60}$$

式(3-60)也称为傅里叶变换的折叠性。

4. 时移性

时移特性也称为延时特性。若

$$f(t) \longleftrightarrow F(j\omega)$$

且 t_0 为常数,则有

$$f(t \pm t_0) \longleftrightarrow F(j\omega) e^{\pm j\omega t_0} \tag{3-61}$$

式(3-61)表示,在时域中信号沿时间轴右移(即延时)t_0,其在频域中所有频率"分量"相应落后相位 ωt_0,而幅度保持不变。

证明如下:

若 $f(t) \longleftrightarrow F(j\omega)$,则迟延信号的傅里叶变换为

$$\mathscr{F}[f(t-t_0)] = \int_{-\infty}^{\infty} f(t-t_0) e^{-j\omega t} dt$$

令 $x = t - t_0$,则上式可以写为

$$\mathscr{F}[f(t-t_0)] = \int_{-\infty}^{\infty} f(x) e^{-j\omega(x+t_0)} dx = e^{-j\omega t_0} F(j\omega)$$

同理可得

$$\mathscr{F}[f(t+t_0)] = e^{j\omega t_0} F(j\omega)$$

不难证明,如果信号既有时移,又有尺度变换,则有:

若 $f(t) \longleftrightarrow F(j\omega)$,$a$ 和 b 为实常数,但 $a \neq 0$,则

$$f(at-b) \longleftrightarrow \frac{1}{|a|} e^{-j\frac{b}{a}\omega} F\left(j\frac{\omega}{a}\right) \tag{3-62}$$

显然,尺度变换和时移特性是上式的两种特殊情况,当 $b=0$ 时得式(3-59),当 $a=1$ 时得式(3-61)。

例 3-6   如图 3-22(a),是信号宽度为 2 的门信号,即 $f_1(t) = G_2(t)$,其傅里叶变换 $F_1(j\omega) = 2\mathrm{Sa}(\omega) = \dfrac{2\sin\omega}{\omega}$,求图(b)、(c)中函数 $f_2(t)$,$f_3(t)$ 的傅里叶变换。

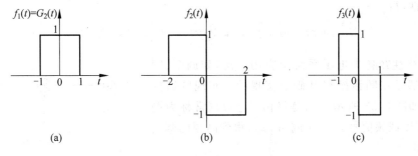

图 3-22   例 3-6 图

解   (1) 图(b)中函数 $f_2(t)$ 可写为时移信号 $f_1(t+1)$ 与 $f_1(t-1)$ 之差,即

$$f_2(t) = f_1(t+1) - f_1(t-1)$$

由傅里叶变换的线性和时移性可得 $f_2(t)$ 的傅里叶变换

$$F_2(j\omega) = F_1(j\omega)e^{j\omega} - F_1(j\omega)e^{-j\omega} = \frac{2\sin\omega}{\omega}(e^{j\omega} - e^{-j\omega}) = j4\frac{\sin^2(\omega)}{\omega}$$

(2) 图(c)中的函数 $f_3(t)$ 是 $f_2(t)$ 的压缩,可写为

$$f_3(t) = f_2(2t)$$

由尺度变换可得

$$F_3(j\omega) = \frac{1}{2}F_2\left(j\frac{\omega}{2}\right) = \frac{1}{2}j4\frac{\sin^2\left(\frac{\omega}{2}\right)}{\frac{\omega}{2}} = j4\frac{\sin^2\left(\frac{\omega}{2}\right)}{\omega}$$

显然 $f_3(t)$ 也可写为

$$f_3(t) = f_1(2t+1) - f_1(2t-1)$$

5. 频移性

频移特性也称为调制特性。

若

$$f(t) \longleftrightarrow F(j\omega)$$

且 ω_0 为常数,则有

$$f(t)\mathrm{e}^{\pm\mathrm{j}\omega_0 t} \longleftrightarrow F[\mathrm{j}(\omega\mp\omega_0)] \tag{3-63}$$

式(3-63)表明,信号 $f(t)$ 乘以因子 $\mathrm{e}^{\mathrm{j}\omega_0 t}$,对应于将频谱函数沿 ω 轴右移 ω_0;信号 $f(t)$ 乘以因子 $\mathrm{e}^{-\mathrm{j}\omega_0 t}$,对应于将频谱函数左移 ω_0。式(3-63)证明如下:

$$\mathscr{F}\{f(t)\mathrm{e}^{\pm\mathrm{j}\omega_0 t}\} = \int_{-\infty}^{\infty} f(t)\mathrm{e}^{\pm\mathrm{j}\omega_0 t}\mathrm{e}^{-\mathrm{j}\omega t}\mathrm{d}t = \int_{-\infty}^{\infty} f(t)\mathrm{e}^{-\mathrm{j}(\omega\mp\omega_0)t}\mathrm{d}t = F[\mathrm{j}(\omega\mp\omega_0)]$$

例 3-7　已知信号 $f(t)$ 傅里叶变换为 $F(\mathrm{j}\omega)$,求信号 $\mathrm{e}^{\mathrm{j}4t}f(3-2t)$ 的傅里叶变换。

解　由已知 $f(t)\longleftrightarrow F(\mathrm{j}\omega)$,利用时移特性有

$$f(t+3)\longleftrightarrow F(\mathrm{j}\omega)\mathrm{e}^{\mathrm{j}3\omega}$$

据尺度变换,令 $a=-2$,得

$$f(-2t+3)\longleftrightarrow \frac{1}{|-2|}F\left(-\mathrm{j}\frac{\omega}{2}\right)\mathrm{e}^{\mathrm{j}3\left(\frac{\omega}{2}\right)} = \frac{1}{2}F\left(-\mathrm{j}\frac{\omega}{2}\right)\mathrm{e}^{-\mathrm{j}\frac{3\omega}{2}}$$

由频移特性,得

$$\mathrm{e}^{\mathrm{j}4t}f(-2t+3)\longleftrightarrow \frac{1}{2}F\left(-\mathrm{j}\frac{\omega-4}{2}\right)\mathrm{e}^{-\mathrm{j}\frac{3(\omega-4)}{2}}$$

频移特性在各类电子系统中应用广泛,如调幅、同步解调等都是在频谱搬移基础上实现的。实现频谱搬移的原理如图 3-23 所示。它是将信号 $f(t)$(常称为调制信号)乘以载频信号 $\cos\omega_0 t$ 或 $\sin\omega_0 t$,得到高频已调信号 $y(t)$,即

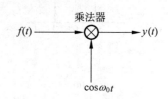

图 3-23　实现频谱搬移的原理图

$$y(t) = f(t)\cos\omega_0 t$$

例如,若 $f(t)$ 是幅度为 1 的门信号 $G_\tau(t)$,则

$$y(t) = G_\tau(t)\cos\omega_0 t = \frac{1}{2}G_\tau(t)\mathrm{e}^{-\mathrm{j}\omega_0 t} + \frac{1}{2}G_\tau(t)\mathrm{e}^{\mathrm{j}\omega_0 t}$$

$y(t)$ 常称为高频脉冲信号。由于 $G_\tau(t)\longleftrightarrow \tau\mathrm{Sa}\left(\dfrac{\omega\tau}{2}\right)$,根据线性和频移特性,高频脉冲信号 $y(t)$ 的频谱函数

$$Y(\mathrm{j}\omega) = \frac{\tau}{2}\mathrm{Sa}\left[\frac{(\omega+\omega_0)\tau}{2}\right] + \frac{\tau}{2}\mathrm{Sa}\left[\frac{(\omega-\omega_0)\tau}{2}\right] \tag{3-64}$$

图 3-24(a)所示为门信号 $G_\tau(t)$ 及其频谱,图(b)所示为高频脉冲信号 $y(t)$ 及其频谱。

显然,若信号 $f(t)$ 的频谱为 $F(\mathrm{j}\omega)$,则高频已调信号 $f(t)\cos\omega_0 t$ 或 $f(t)\sin\omega_0 t$ 的频谱函数为

$$\left.\begin{aligned} f(t)\cos(\omega_0 t) &\longleftrightarrow \frac{1}{2}F[\mathrm{j}(\omega+\omega_0)] + \frac{1}{2}F[\mathrm{j}(\omega-\omega_0)] \\ f(t)\sin(\omega_0 t) &\longleftrightarrow \frac{1}{2}\mathrm{j}F[\mathrm{j}(\omega+\omega_0)] - \frac{1}{2}\mathrm{j}F[\mathrm{j}(\omega-\omega_0)] \end{aligned}\right\} \tag{3-65}$$

可见,当用某低频信号 $f(t)$ 去调制角频率为 ω_0 的余弦(或正弦)信号的振幅时,高频已调信号的频谱是将 $f(t)$ 的频谱 $F(\mathrm{j}\omega)$ 包络线按比例复制为二,分别向左和向右搬移 ω_0,在搬移中幅度频谱的形式并未改变。上述频率搬移的过程,在电子技术中,就是**调幅**(amplitude modulation)的过程。所以,实施调幅的办法,就是设法在时域中乘一个高频正弦波。

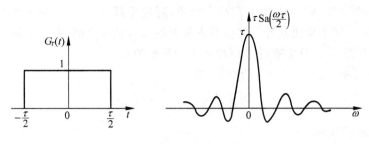

(a) 门函数及其频谱

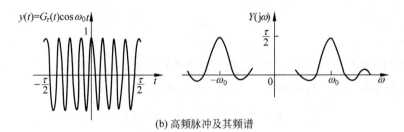

(b) 高频脉冲及其频谱

图 3-24　高频脉冲的频谱

6. 时域微分性

若

$$f(t) \longleftrightarrow F(j\omega)$$

且满足

$$\int_{-\infty}^{\infty} f(t)\,dt < \infty$$

即 $f(t)$ 可积的条件，则

$$\frac{df(t)}{dt} \longleftrightarrow j\omega F(j\omega) \qquad (3-66)$$

此性质可证明如下：

据傅里叶反变换定义式，有

$$f(t) = \frac{1}{2\pi} \int_{-\infty}^{\infty} F(j\omega)\,e^{j\omega t}\,d\omega$$

上式两端对 t 求微分，从而得

$$\frac{df(t)}{dt} = \frac{d}{dt}\left[\frac{1}{2\pi} \int_{-\infty}^{\infty} F(j\omega)\,e^{j\omega t}\,d\omega\right] = \frac{1}{2\pi} \int_{-\infty}^{\infty} F(j\omega)\left(\frac{de^{j\omega t}}{dt}\right)d\omega$$

$$= \frac{1}{2\pi} \int_{-\infty}^{\infty} j\omega F(j\omega)\,e^{j\omega t}\,d\omega$$

因此有

$$\frac{df(t)}{dt} \longleftrightarrow j\omega F(j\omega)$$

例如，已知 $\delta(t) \longleftrightarrow 1$，利用时域微分性质有

$$\delta'(t) \longleftrightarrow j\omega$$

此性质表明,在时域中对信号 $f(t)$ 求导数,对应于频域中用 $j\omega$ 乘 $f(t)$ 的频谱函数(满足其应用条件)。如果应用此性质对微分方程两端求傅里叶变换,可将微分方程变换成代数方程,从理论上讲,为微分方程的求解找到了一种新的方法。

此性质还可推广到 $f(t)$ 的 n 阶导数,即

$$\frac{\mathrm{d}^n f(t)}{\mathrm{d}t^n} \longleftrightarrow (j\omega)^n F(j\omega) \tag{3-67}$$

例 3-8 求三角形脉冲

$$f_\triangle(t) = \begin{cases} 1 - \dfrac{2}{\tau}\,|t|, & |t| < \dfrac{\tau}{2} \\ 0, & |t| > \dfrac{\tau}{2} \end{cases}$$

的频谱函数。

解 三角形脉冲 $f_\triangle(t)$ 及其一阶、二阶导数分别如图 3-25(a)、(b)、(c)所示。若令 $f(t) = f''_\triangle(t)$,则三角形脉冲 $f_\triangle(t)$ 是函数 $f(t)$ 的二重积分,即

$$f_\triangle(t) = \int_{-\infty}^{t}\int_{-\infty}^{x} f(y)\,\mathrm{d}y\,\mathrm{d}x$$

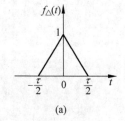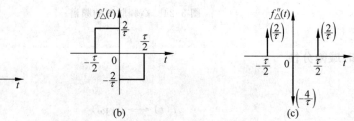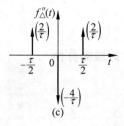

图 3-25　例 3-8 图 $f_\triangle(t)$ 及其导数

式中 x,y 都是时间变量,引用它们是为了避免把积分限与被积函数变量相混淆。

图 3-25(c)的函数由三个冲激函数组成,它可以写为

$$f(t) = \frac{2}{\tau}\delta\left(t + \frac{\tau}{2}\right) - \frac{4}{\tau}\delta(t) + \frac{2}{\tau}\delta\left(t - \frac{\tau}{2}\right)$$

由于 $\delta(t) \longleftrightarrow 1$,根据时移特性,$f(t)$ 的频谱可以写为

$$F(j\omega) = \frac{2}{\tau}\mathrm{e}^{j\frac{\omega\tau}{2}} - \frac{4}{\tau} + \frac{2}{\tau}\mathrm{e}^{-j\frac{\omega\tau}{2}} = \frac{2}{\tau}\left(\mathrm{e}^{j\frac{\omega\tau}{2}} - 2 + \mathrm{e}^{-j\frac{\omega\tau}{2}}\right)$$

$$= \frac{4}{\tau}\left[\cos\left(\frac{\omega\tau}{2}\right) - 1\right] = -\frac{8\sin^2\left(\dfrac{\omega\tau}{4}\right)}{\tau}$$

所以 $f_\triangle(t)$ 的频谱函数为

$$F_\triangle(j\omega) = \frac{1}{(j\omega)^2}F(j\omega) = \frac{8\sin^2\left(\dfrac{\omega\tau}{4}\right)}{\omega^2\tau} = \frac{\tau}{2}\frac{\sin^2\left(\dfrac{\omega\tau}{4}\right)}{\left(\dfrac{\omega\tau}{4}\right)^2} = \frac{\tau}{2}\mathrm{Sa}^2\left(\frac{\omega\tau}{4}\right)$$

7. 频域微分性

若

$$f(t) \longleftrightarrow F(\mathrm{j}\omega)$$

则

$$(-\mathrm{j}t)^n f(t) \longleftrightarrow F^{(n)}(\mathrm{j}\omega) \tag{3-68}$$

式中 $F^{(n)}(\mathrm{j}\omega)$ 为 $F(\mathrm{j}\omega)$ 对 ω 的 n 阶导数。

例 3-9 求单位斜坡信号 $r(t)=t\varepsilon(t)$ 的频谱函数。

解 因为

$$\varepsilon(t) \longleftrightarrow \pi\delta(\omega) + \frac{1}{\mathrm{j}\omega}$$

根据频域微分性得

$$t\varepsilon(t) \longleftrightarrow \mathrm{j}\frac{\mathrm{d}}{\mathrm{d}\omega}\left[\pi\delta(\omega)+\frac{1}{\mathrm{j}\omega}\right] = \mathrm{j}\pi\delta'(\omega) - \frac{1}{\omega^2}$$

8. 时域积分性

若

$$f(t) \longleftrightarrow F(\mathrm{j}\omega)$$

则

$$\int_{-\infty}^{t} f(x)\mathrm{d}x \longleftrightarrow \pi F(0)\delta(\omega) + \frac{F(\mathrm{j}\omega)}{\mathrm{j}\omega} \tag{3-69}$$

如果 $F(0)=0$，则有

$$\int_{-\infty}^{t} f(x)\mathrm{d}x \longleftrightarrow \frac{F(\mathrm{j}\omega)}{\mathrm{j}\omega} \tag{3-70}$$

证明如下：

由于 $f(t)*\varepsilon(t) = \int_{-\infty}^{\infty} f(\tau)\varepsilon(t-\tau)\mathrm{d}\tau = \int_{-\infty}^{t} f(\tau)\mathrm{d}\tau$，即

$$\int_{-\infty}^{t} f(x)\mathrm{d}x = f(t)*\varepsilon(t)$$

应用时域卷积性质，有

$$\mathscr{F}\left[\int_{-\infty}^{t} f(x)\mathrm{d}x\right] = \mathscr{F}\left[f(t)\right] \cdot \mathscr{F}\left[\varepsilon(t)\right] = F(\mathrm{j}\omega) \cdot \left[\pi\delta(\omega)+\frac{1}{\mathrm{j}\omega}\right]$$

$$= \pi F(0)\delta(\omega) + \frac{F(\mathrm{j}\omega)}{\mathrm{j}\omega}$$

时域积分性质多用于 $F(0)=0$ 的情况，$F(0)=0$ 表明 $f(t)$ 的频谱函数中直流分量的频谱密度为零。

由于 $F(\mathrm{j}\omega) = \int_{-\infty}^{\infty} f(t)\mathrm{e}^{-\mathrm{j}\omega t}\mathrm{d}t$，显然有 $F(0) = \int_{-\infty}^{\infty} f(t)\mathrm{d}t$。也就是说，$F(0)=0$ 等效于 $\int_{-\infty}^{\infty} f(t)\mathrm{d}t = 0$，即当 $f(t)$ 波形在 t 轴上、下两部分面积相等时，$F(0)=0$。此时有

$$\int_{-\infty}^{t} f(x)\mathrm{d}x \longleftrightarrow \frac{F(\mathrm{j}\omega)}{\mathrm{j}\omega}$$

例 3-10 根据 $\delta(t) \longleftrightarrow 1$ 和积分性质求 $f(t)=\varepsilon(t)$ 的频谱函数。

解 因为

$$\delta(t) \longleftrightarrow 1$$

又

$$\varepsilon(t) = \int_{-\infty}^{t} \delta(x)\,\mathrm{d}x$$

根据时域积分性得

$$\varepsilon(t) \longleftrightarrow \pi\delta(\omega) + \frac{1}{\mathrm{j}\omega}$$

例 3-11　求图 3-26(a)所示信号 $f(t)$ 的频谱函数 $F(\mathrm{j}\omega)$。

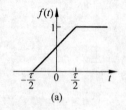 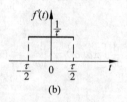 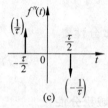

图 3-26　例 3-11 图

解　$f(t)$ 对 t 求两次微分后,得

$$f''(t) = \frac{1}{\tau}\delta\left(t + \frac{\tau}{2}\right) - \frac{1}{\tau}\delta\left(t - \frac{\tau}{2}\right)$$

且

$$f''(t) \longleftrightarrow \frac{1}{\tau}\mathrm{e}^{\mathrm{j}\omega\tau/2} - \frac{1}{\tau}\mathrm{e}^{-\mathrm{j}\omega\tau/2} = \mathrm{j}\frac{2}{\tau}\sin\left(\frac{\omega\tau}{2}\right)$$

由于 $f(t)$ 不满足可积条件,故时域微分性不可用,否则引起错误结果。

由时域积分性

$$f'(t) = \int_{-\infty}^{t} f''(x)\,\mathrm{d}x \longleftrightarrow \frac{2}{\tau\omega}\sin\left(\frac{\omega\tau}{2}\right) + \pi \times 0\delta(\omega)$$

$$= \frac{2}{\tau\omega}\sin\left(\frac{\omega\tau}{2}\right) = \mathrm{Sa}\left(\frac{\omega\tau}{2}\right)$$

$$f(t) = \int_{-\infty}^{t} f'(x)\,\mathrm{d}x \longleftrightarrow \frac{2}{\mathrm{j}\omega^2\tau}\sin\left(\frac{\omega\tau}{2}\right) + \pi\mathrm{Sa}(0)\delta(\omega)$$

$$= \pi\delta(\omega) + \frac{1}{\mathrm{j}\omega}\mathrm{Sa}\left(\frac{\omega\tau}{2}\right)$$

$f'(t)$ 及 $f''(t)$ 如图 3-26(b)、(c)所示。

9. 频域积分性

若

$$f(t) \longleftrightarrow F(\mathrm{j}\omega)$$

则

$$\pi f(0)\delta(t) + \frac{f(t)}{-\mathrm{j}t} \longleftrightarrow \int_{-\infty}^{\omega} F(\mathrm{j}\eta)\,\mathrm{d}\eta \tag{3-71}$$

如果 $f(0)=0$,则有

$$\frac{f(t)}{-\mathrm{j}t} \longleftrightarrow \int_{-\infty}^{\omega} F(\mathrm{j}\eta)\,\mathrm{d}\eta \tag{3-72}$$

例 3-12　已知 $f(t) = \dfrac{\sin t}{t}$，求 $F(j\omega)$。

解　因为

$$\sin t = \frac{1}{2j}(e^{jt} - e^{-jt}) \longleftrightarrow \frac{2\pi}{2j}[\delta(\omega - 1) - \delta(\omega + 1)] = j\pi[\delta(\omega + 1) - \delta(\omega - 1)]$$

根据频域积分性得

$$\frac{\sin t}{t} \longleftrightarrow \frac{1}{j}\int_{-\infty}^{\omega} j\pi[\delta(x + 1) - \delta(x - 1)]dx = \pi[\varepsilon(\omega + 1) - \varepsilon(\omega - 1)]$$

10. 时域卷积

若

$$f_1(t) \longleftrightarrow F_1(j\omega), \quad f_2(t) \longleftrightarrow F_2(j\omega)$$

则

$$f_1(t) * f_2(t) \longleftrightarrow F_1(j\omega) \cdot F_2(j\omega) \tag{3-73}$$

此性质证明如下：

依据卷积积分的定义

$$f_1(t) * f_2(t) = \int_{-\infty}^{\infty} f_1(\tau) f_2(t - \tau)d\tau$$

将其代入求傅里叶正变换的定义式(3-42)，得

$$\mathscr{F}[f_1(t) * f_2(t)] = \int_{-\infty}^{\infty}\left[\int_{-\infty}^{\infty} f_1(\tau) f_2(t - \tau)d\tau\right] e^{-j\omega t}dt$$

$$= \int_{-\infty}^{\infty} f_1(\tau)\left[\int_{-\infty}^{\infty} f_2(t - \tau) e^{-j\omega t}dt\right]d\tau$$

由时移性质知

$$\int_{-\infty}^{\infty} f_2(t - \tau) e^{-j\omega t}dt = F_2(j\omega) e^{-j\omega\tau}$$

从而有

$$\mathscr{F}[f_1(t) * f_2(t)] = F_2(j\omega)\int_{-\infty}^{\infty} f_1(\tau) e^{-j\omega\tau}d\tau = F_2(j\omega) \cdot F_1(j\omega)$$

注意，两个相卷积的函数不能都是非脉冲函数。

例 3-13　已知两个完全相同的幅度为 $\sqrt{\dfrac{2}{\tau}}$ 的门信号，其表达式为 $f(t) = \sqrt{\dfrac{2}{\tau}} G_{\tau/2}(t)$，波形如图 3-27(a)所示。求其卷积 $f_\triangle(t) = f(t) * f(t)$ 的频谱函数。

解　由于门信号 $G_\tau(t)$ 与其频谱函数的对应关系是

$$G_\tau(t) \longleftrightarrow \tau\mathrm{Sa}\left(\frac{\omega\tau}{2}\right)$$

利用尺度变换特性，令 $a = 2$，将 $G_\tau(t)$ 压缩，得

$$G_{\tau/2}(t) \longleftrightarrow \frac{\tau}{2}\mathrm{Sa}\left(\frac{\omega\tau}{4}\right)$$

于是得信号 $f(t)$ 的频谱函数

$$F(j\omega) = \mathscr{F}\left[\sqrt{\frac{2}{\tau}} G_{\tau/2}(t)\right] = \sqrt{\frac{\tau}{2}}\mathrm{Sa}\left(\frac{\omega\tau}{4}\right)$$

最后由时域卷积定理可得三角形脉冲 $f_\triangle(t)$ 的频谱函数

$$F_\triangle(j\omega) = \mathscr{F}[f_\triangle(t)] = \mathscr{F}[f(t)*f(t)] = F(j\omega)F(j\omega) = \frac{\tau}{2}\text{Sa}^2\left(\frac{\omega\tau}{4}\right)$$

其频谱如图 3-27(b)所示。

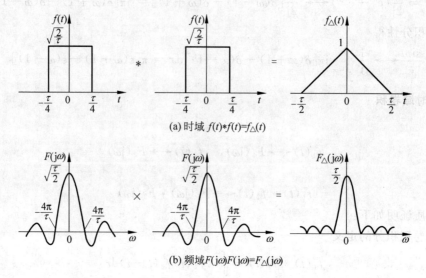

(a) 时域 $f(t)*f(t)=f_\triangle(t)$

(b) 频域 $F(j\omega)F(j\omega)=F_\triangle(j\omega)$

图 3-27　时域卷积定理的应用

　　卷积性质在信号与系统分析中占有重要地位,它将系统分析中的时域方法与频域方法紧密联系在一起。在时域分析中,求某线性系统的零状态响应 $y_f(t)$ 时,若已知外加信号 $f(t)$ 及系统的单位冲激响应 $h(t)$,则有

$$y_f(t) = f(t) * h(t)$$

在频域分析中,若知道 $F(j\omega)=\mathscr{F}\{f(t)\}$,$H(j\omega)=\mathscr{F}\{h(t)\}$,则由卷积性质可知

$$\mathscr{F}\{y_f(t)\} = F(j\omega) \cdot H(j\omega)$$

将此式进行傅里叶反变换就可得系统的零状态响应 $y_f(t)$。由此可以看到卷积性质的重要作用。

11. 频域卷积

　　若

$$f_1(t) \longleftrightarrow F_1(j\omega), \quad f_2(t) \longleftrightarrow F_2(j\omega)$$

则

$$f_1(t) \cdot f_2(t) \longleftrightarrow \frac{1}{2\pi}[F_1(j\omega) * F_2(j\omega)] \tag{3-74}$$

应注意,式(3-74)中的卷积是对变量 ω 进行的,即

$$F_1(j\omega) * F_2(j\omega) = \int_{-\infty}^{\infty} F_1(j\eta)F_2[j(\omega-\eta)]\mathrm{d}\eta$$

此性质可证明如下:

根据傅里叶反变换的定义式(3-43),有

$$\mathscr{F}^{-1}\left[\frac{1}{2\pi}[F_1(j\omega)*F_2(j\omega)]\right] = \frac{1}{2\pi}\int_{-\infty}^{\infty}\left[\frac{1}{2\pi}\int_{-\infty}^{\infty}F_1(j\eta)F_2[j(\omega-\eta)]\mathrm{d}\eta\right]\mathrm{e}^{j\omega t}\mathrm{d}\omega$$

$$= \frac{1}{2\pi} \int_{-\infty}^{\infty} F_1(j\eta) \left[\frac{1}{2\pi} \int_{-\infty}^{\infty} F_2[j(\omega - \eta)] e^{j\omega t} d\omega \right] d\eta$$

应用频移性质,可知

$$\frac{1}{2\pi} \int_{-\infty}^{\infty} F_2[j(\omega - \eta)] e^{j\omega t} d\omega = f_2(t) e^{j\eta t}$$

所以有

$$\mathscr{F}^{-1} \left[\frac{1}{2\pi} [F_1(j\omega) * F_2(j\omega)] \right] = \frac{1}{2\pi} \int_{-\infty}^{\infty} F_1(j\eta) f_2(t) e^{j\eta t} d\eta$$

$$= f_2(t) \cdot \frac{1}{2\pi} \int_{-\infty}^{\infty} F_1(j\eta) e^{j\eta t} d\eta = f_2(t) \cdot f_1(t)$$

频域卷积性质有时也称为时域相乘性质。

评注　例 3-8 与例 3-13 的频谱函数是相同的,由此说明,两个波形完全相同的门信号 $f(t)$ 相卷积可得到三角形脉冲 $f_\triangle(t)$,即 $f(t) * f(t) = f_\triangle(t)$,请读者应用图解法自行验证。

12. 帕塞瓦尔定理

前面研究了信号的频谱(幅度频谱和相位频谱),它是频域中描述信号特征的方法之一,此外还可以用能量谱来描述信号。这里仅给出能量谱的初步概念。

设

$$f(t) \longleftrightarrow F(j\omega)$$

若 $f(t)$ 为实函数,则

$$\int_{-\infty}^{\infty} f^2(t) dt = \frac{1}{2\pi} \int_{-\infty}^{\infty} |F(j\omega)|^2 d\omega \qquad (3\text{-}75)$$

在周期信号的傅里叶级数讨论中,曾得到周期信号的帕塞瓦尔定理,即

$$\frac{1}{T} \int_{-T/2}^{T/2} f^2(t) dt = \sum_{n=-\infty}^{\infty} |F_n|^2$$

此式表明,周期信号的功率等于该信号在完备正交函数集中各分量功率之和。一般来说,非周期信号不是功率信号,其平均功率为零,但其能量为有限值,因而是一个能量信号。

非周期信号的总能量为

$$W = \int_{-\infty}^{\infty} f^2(t) dt$$

非周期信号的帕塞瓦尔定理表明:对非周期信号,在时域中求得的信号能量与频域中求得的信号能量相等。由于 $|F(j\omega)|^2$ 是 ω 的偶函数,因而式(3-75)还可写为

$$W = \int_{-\infty}^{\infty} f^2(t) dt = \frac{1}{2\pi} \int_{-\infty}^{\infty} |F(j\omega)|^2 d\omega = \frac{1}{\pi} \int_0^{\infty} |F(j\omega)|^2 d\omega \qquad (3\text{-}76)$$

非周期信号是由无限多个振幅为无穷小的频率分量组成的,各频率分量的能量也为无穷小量。为了表明信号能量在频率分量上的分布情况,与频谱密度函数相似,引入一个能量密度频谱函数,简称为**能量谱**(energy spectrum)。能量谱 $G(\omega)$ 为各频率点上单位频带中的信号能量,所以信号在整个频率范围的全部能量为

$$W = \int_0^{\infty} G(\omega) d\omega \qquad (3\text{-}77)$$

与式(3-76)对照,显然有

$$G(\omega) = \frac{1}{\pi} \mid F(\mathrm{j}\omega) \mid^2 \tag{3-78}$$

以上讨论的傅里叶变换的性质列于表 3-2,以便查阅。

表 3-2 傅里叶变换的基本性质

性 质 名 称	时 域 $f(t)$	频 域 $F(\mathrm{j}\omega)$
线性	$af_1(t)+bf_2(t)$	$aF_1(\mathrm{j}\omega)+bF_2(\mathrm{j}\omega)$
对称性	$F(\mathrm{j}t)$	$2\pi f(-\omega)$
折叠性	$f(-t)$	$F(-\mathrm{j}\omega)$
尺度变换性	$f(at)$	$\dfrac{1}{\mid a\mid}F\left(\mathrm{j}\,\dfrac{\omega}{a}\right)$
时移性	$f(t\pm t_0)$	$F(\mathrm{j}\omega)\mathrm{e}^{\pm\mathrm{j}\omega t_0}$
频移性	$\mathrm{e}^{\pm\mathrm{j}\omega_0 t}f(t)$	$F[\mathrm{j}(\omega\mp\omega_0)]$
时域微分	$\dfrac{\mathrm{d}^n f(t)}{\mathrm{d}t^n}$	$(\mathrm{j}\omega)^n F(\mathrm{j}\omega)$
频域微分	$t^n f(t)$	$(\mathrm{j})^n\dfrac{\mathrm{d}^n F(\mathrm{j}\omega)}{\mathrm{d}\omega^n}$
时域积分	$\displaystyle\int_{-\infty}^{t} f(x)\mathrm{d}x$	$\dfrac{F(\mathrm{j}\omega)}{\mathrm{j}\omega}+\pi F(0)\delta(\omega)$
频域积分	$\pi f(0)\delta(t)+\dfrac{1}{t}f(t)$	$\dfrac{1}{\mathrm{j}}\displaystyle\int_{-\infty}^{\omega} F(\mathrm{j}x)\mathrm{d}x$
时域卷积	$f_1(t)*f_2(t)$	$F_1(\mathrm{j}\omega)F_2(\mathrm{j}\omega)$
频域卷积	$f_1(t)f_2(t)$	$\dfrac{1}{2\pi}F_1(\mathrm{j}\omega)*F_2(\mathrm{j}\omega)$
帕塞瓦尔定理	$\displaystyle\int_{-\infty}^{\infty} f^2(t)\mathrm{d}t$	$\dfrac{1}{2\pi}\displaystyle\int_{-\infty}^{\infty} \mid F(\mathrm{j}\omega)\mid^2\mathrm{d}\omega$

3.5 周期信号的傅里叶变换

前面通过傅里叶级数展开对周期信号进行了频谱分析,并针对非周期信号学习了傅里叶变换。由周期信号的傅里叶级数及非周期信号的傅里叶变换的讨论,得到周期信号频谱为离散的幅度谱,非周期信号频谱是连续的密度谱的结论。如果对周期信号用傅里叶级数,对非周期信号用傅里叶变换,显然会给频域分析带来很多不便。那么,二者能否统一起来?这就需要讨论周期信号是否存在傅里叶变换。一般来说,周期信号不满足傅里叶变换存在的充分条件——绝对可积,因而直接用傅里叶变换的定义式是无法求解的,然而引入奇异函数之后,有些不满足绝对可积条件的信号也可求其傅里叶变换。例如,前面讨论的直流信号 1,阶跃信号 $\varepsilon(t)$ 等。因此,引入奇异函数之后,周期信号有可能存在傅里叶变换。可以预料,由于周期信号频谱的离散性,它的傅里叶变换(即频谱函数)必定也是离散的,而且是由一系列冲激信号所组成。下面先讨论最常见的周期信号,在此基础上再研究一般周期信号。

1. 复指数信号的傅里叶变换

对于复指数信号

$$f(t) = e^{\pm j\omega_0 t}, \qquad -\infty < t < \infty$$

因为

$$1 \longleftrightarrow 2\pi\delta(\omega)$$

由频移性得

$$\left. \begin{array}{l} e^{j\omega_0 t} \longleftrightarrow 2\pi\delta(\omega - \omega_0) \\ e^{-j\omega_0 t} \longleftrightarrow 2\pi\delta(\omega + \omega_0) \end{array} \right\} \tag{3-79}$$

复指数信号表示一个单位长度的相量以固定的角频率 ω_0 随时间旋转,经傅里叶变换后,其频谱为集中于 ω_0、强度为 2π 的冲激。这说明信号时间特性的相移对应于频域中的频率转移。

2. 余弦、正弦信号的傅里叶变换

对于余弦信号

$$f_1(t) = \cos\omega_0 t = \frac{e^{j\omega_0 t} + e^{-j\omega_0 t}}{2}, \qquad -\infty < t < \infty$$

其频谱函数

$$\begin{aligned} F_1(j\omega) &= \frac{1}{2}\big[2\pi\delta(\omega - \omega_0) + 2\pi\delta(\omega + \omega_0)\big] \\ &= \pi\big[\delta(\omega - \omega_0) + \delta(\omega + \omega_0)\big] \end{aligned} \tag{3-80}$$

对于正弦信号

$$f_2(t) = \sin\omega_0 t = \frac{e^{j\omega_0 t} - e^{-j\omega_0 t}}{2j}, \qquad -\infty < t < \infty$$

其频谱函数

$$\begin{aligned} F_2(j\omega) &= \frac{1}{2j}\big[2\pi\delta(\omega - \omega_0) - 2\pi\delta(\omega + \omega_0)\big] \\ &= j\pi\big[\delta(\omega + \omega_0) - \delta(\omega - \omega_0)\big] \end{aligned} \tag{3-81}$$

它们的波形及其频谱如图 3-28 所示。

3. 单位冲激序列 $\delta_T(t)$ 的傅里叶变换

若信号 $f(t)$ 为单位冲激序列,即

$$f(t) = \delta_T(t) = \sum_{n=-\infty}^{\infty} \delta(t - nT) \tag{3-82}$$

$f(t) = \delta_T(t)$ 为周期信号,其周期为 T。依据周期信号的傅里叶级数分析,可将其表示为指数形式的傅里叶级数,即

$$f(t) = \sum_{n=-\infty}^{\infty} F_n e^{jn\Omega t}$$

式中,Ω 为基波角频率($\Omega = 2\pi/T$);F_n 为复振幅

$$F_n = \frac{1}{T}\int_{-T/2}^{T/2} \delta_T(t) e^{-jn\Omega t}\, dt = \frac{1}{T}\int_{-T/2}^{T/2} \delta(t) e^{-jn\Omega t}\, dt = \frac{1}{T}$$

对其进行傅里叶变换,并利用线性和频移性得

$$F(j\omega) = \frac{1}{T}\sum_{n=-\infty}^{\infty} 2\pi\delta(\omega - n\Omega) = \Omega \sum_{n=-\infty}^{\infty} \delta(\omega - n\Omega) = \Omega\delta_\Omega(\omega) \tag{3-83}$$

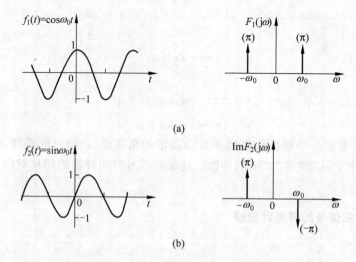

图 3-28　余弦、正弦信号波形及其频谱

即

$$\delta_T(t) \longleftrightarrow \Omega\delta_\Omega(\omega)$$

式中,$\delta_\Omega(\omega)$表示一个冲激序列。

可见,时域周期为 T 的单位冲激序列,其傅里叶变换是周期的冲激序列,频域周期为 Ω,冲激强度相等,均为 Ω。也就是说,一个冲激序列的傅里叶变换仍是一个冲激序列。单位冲激序列的波形、傅里叶系数 F_n 与频谱函数 $F(j\omega)$如图 3-29 所示。

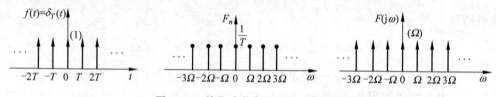

图 3-29　单位冲激序列的傅里叶变换

4. 一般周期信号的傅里叶变换

设 $f(t)$为周期信号,其周期为 T,依据周期信号的傅里叶级数分析,可将其表示为指数形式的傅里叶级数,即

$$f(t) = \sum_{n=-\infty}^{\infty} F_n e^{jn\Omega t}$$

式中,Ω 为基波角频率($\Omega = 2\pi/T$);F_n 为复振幅

$$F_n = \frac{1}{T}\int_{-T/2}^{T/2} f(t) e^{-jn\Omega t}\,\mathrm{d}t$$

对周期信号 $f(t)$求傅里叶变换,从而有

$$\mathscr{F}[f(t)] = \mathscr{F}\Big[\sum_{n=-\infty}^{\infty} F_n e^{jn\Omega t}\Big] = \sum_{n=-\infty}^{\infty} F_n \cdot \mathscr{F}[e^{jn\Omega t}]$$

所以得到

$$\mathscr{F}[f(t)] = 2\pi \sum_{n=-\infty}^{\infty} F_n \delta(\omega - n\Omega), \qquad n = 0, \pm 1, \pm 2, \cdots \qquad (3\text{-}84)$$

式(3-84)表明,一般周期信号的傅里叶变换(频谱函数)是由无穷多个冲激函数组成的,这些冲激函数位于信号的各谐波频率 $n\Omega(n=0,\pm1,\pm2,\cdots)$ 处,其强度为相应傅里叶级数系数 F_n 的 2π 倍。

周期信号的频谱除按式(3-84)求解之外,还可按下面的方式求得:

设周期信号 $f_T(t)$ 的周期为 T,$f_T(t)$ 中位于第一个周期的信号若为 $f_a(t)$,则不难得到

$$f_T(t) = f_a(t) * \delta_T(t) = f_a(t) * \sum_{n=-\infty}^{\infty} \delta(t - nT)$$

若令 $\mathscr{F}\{f_a(t)\} = f_a\{j\omega\}$,应用傅里叶变换的卷积性质,有

$$\mathscr{F}[f_T(t)] = \mathscr{F}[f_a(t)] \cdot \mathscr{F}[\delta_T(t)] = \mathscr{F}[f_a(t)] \cdot \Omega \sum_{n=-\infty}^{\infty} \delta(\omega - n\Omega)$$

$$= F_a(j\omega) \cdot \Omega \sum_{n=-\infty}^{\infty} \delta(\omega - n\Omega)$$

$$= \Omega \sum_{n=-\infty}^{\infty} F_a(jn\Omega) \delta(\omega - n\Omega)$$

$$= 2\pi \sum_{n=-\infty}^{\infty} \frac{1}{T} F_a(jn\Omega) \delta(\omega - n\Omega) \qquad (3\text{-}85)$$

对照式(3-84)和式(3-85)可知,周期信号 $f_T(t)$ 的傅里叶级数的系数 F_n 和其第一个周期的信号 $f_a(t)$ 的傅里叶变换 $F_a(j\omega)$ 的关系为

$$F_n = \frac{1}{T} F_a(j\omega) \mid_{\omega = n\Omega} \qquad (3\text{-}86a)$$

$$F_a(j\omega) = T F_n \mid_{n\Omega = \omega} \qquad (3\text{-}86b)$$

由上可知,周期信号的傅里叶变换,可通过其第一个周期内的非周期信号的傅里叶变换求得。

第一周期的信号 $f_a(t)$ 在 $-\infty < t < \infty$ 时间范围为非周期信号,因而可容易地求得其傅里叶变换,代入式(3-85)即得周期信号 $f_T(t)$ 的频谱函数。

例 3-14　图 3-30(a)表示周期为 T,脉冲宽度为 τ,幅度为 1 的周期矩形脉冲信号,记为 $P_T(t)$。试求其频谱函数。

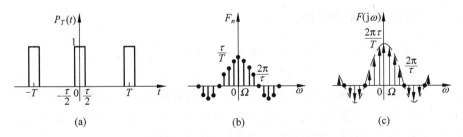

图 3-30　例 3-14 图周期矩形脉冲信号及其频谱

解　由式(3-33)可知,图 3-30(a)所示周期矩形脉冲信号 $f(t) = P_T(t)$ 的傅里叶系数为

$$F_n = \frac{\tau}{T} \mathrm{Sa}\left(\frac{n\Omega\tau}{2}\right)$$

$P_T(t)$的傅里叶级数的幅度频谱如图 3-30(b)所示。

将上式代入式(3-84),得

$$F(\mathrm{j}\omega) = \mathscr{F}\{P_T(t)\} = \frac{2\pi\tau}{T} \sum_{n=-\infty}^{\infty} \mathrm{Sa}\left(\frac{n\Omega\tau}{2}\right)\delta(\omega - n\Omega)$$

$P_T(t)$的频谱函数 $F(\mathrm{j}\omega)$如图 3-30(c)所示。

此外,本题也可用式(3-85)描述的方法求解,具体过程如下:

对周期信号 $f_T(t)$,式(3-85)中的 $f_a(t)$为门信号 $G_\tau(t)$,由式(3-55)知

$$G_\tau(t) \longleftrightarrow \tau\mathrm{Sa}\left(\frac{\omega\tau}{2}\right)$$

将其代入式(3-85),有

$$\mathscr{F}[P_T(t)] = \tau\mathrm{Sa}\left(\frac{\omega\tau}{2}\right) \cdot \Omega \sum_{n=-\infty}^{\infty} \delta(\omega - n\Omega) = \frac{2\pi\tau}{T} \sum_{n=-\infty}^{\infty} \mathrm{Sa}\left(\frac{\omega\tau}{2}\right)\delta(\omega - n\Omega)$$

$$= \frac{2\pi\tau}{T} \sum_{n=-\infty}^{\infty} \mathrm{Sa}\left(\frac{n\Omega\tau}{2}\right)\delta(\omega - n\Omega)$$

其结果与前面相同。

3.6 连续信号的抽样定理

前面各节讨论的时间连续信号也称模拟信号,这类信号实际上是由模拟欲传输的信息而得到的一种电流或电压,取值为实数(模拟量)。由于受诸多因素的限制,一般模拟信号的加工处理质量不高。而数字信号仅用 0,1 来表示,它的加工处理有无可比拟的优越性,因而受到广泛重视。随着数字技术及电子计算机的迅速发展,数字信号处理得到越来越广泛的应用,电子设备的数字化也已成为一种发展方向。

要得到数字信号,往往首先要对传输信息的模拟信号进行抽样,得到一系列离散时刻的样值信号,然后对这些离散时刻的样值信号进行量化、编码。可见,这里的关键环节就是抽样。抽样实际上是指抽取样本的过程,即从一连续信号 $f(t)$中,每隔一定时间间隔抽取一个样本数值,得到一个由样本值构成的序列。抽样过程可以在时域中进行,也可以在频域中进行。

3.6.1 限带信号和抽样信号

限带信号是指频谱宽度有限的信号,此时频谱函数 $F(\mathrm{j}\omega)$满足

$$F(\mathrm{j}\omega) = 0, \qquad |\omega| > \omega_m \tag{3-87}$$

式中,ω_m 称为信号 $f(t)$的最高频率。例如图 3-31(a)表示的 $f(t)$,若其频谱函数如图 3-31(b)所示,则可以判定 $f(t)$为限带信号。实际工程中的脉冲信号,若忽略其占有频带之外的频率分量,也可视为限带信号。本节仅讨论限带信号的抽样问题。

抽样信号是指利用抽样序列 $s(t)$从连续信号 $f(t)$中"抽取"一系列离散样值而得的离散信号,也称为取样信号,用 $f_s(t)$表示。连续信号抽取的过程可用图 3-32 所示的数学模型,即抽样信号

$$f_s(t) = f(t)s(t) \tag{3-88}$$

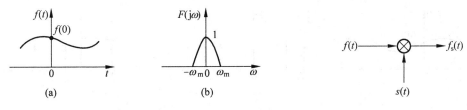

图 3-31　限带信号及其频谱　　　　　　图 3-32　取样信号 $f_s(t)$

式中，抽样序列 $s(t)$ 也称为开关函数。若其间隔时间相同，均为 T_s，则称均匀抽样。T_s 称为抽样周期，$f_s = 1/T_s$ 称为抽样频率，$\omega_s = 2\pi f_s$ 称为抽样角频率。

3.6.2　抽样信号 $f_s(t)$ 的频谱

因抽样信号 $f_s(t) = f(t)s(t)$，故随抽样序列 $s(t)$ 不同，$f_s(t)$ 也不尽相同。下面讨论常用抽样信号的频谱。

（1）均匀冲激抽样

如果抽样序列 $s(t)$ 是周期冲激函数序列 $\delta_{T_s}(t)$，即

$$s(t) = \delta_{T_s}(t) = \sum_{n=-\infty}^{\infty} \delta(t - nT_s) \tag{3-89}$$

由式（3-83）可知，其频谱函数

$$S(j\omega) = \mathscr{F}\{s(t)\} = \mathscr{F}\{\delta_{T_s}(t)\} = \omega_s \sum_{n=-\infty}^{\infty} \delta(\omega - n\omega_s) \tag{3-90}$$

式中，$\omega_s = 2\pi/T_s$。

由式（3-88）知，抽样信号

$$f_s(t) = f(t)s(t) = f(t)\delta_{T_s}(t)$$

设 $\mathscr{F}\{f(t)\} = F(j\omega)$，根据频域卷积定理，得抽样信号 $f_s(t)$ 的频谱函数为

$$F_s(j\omega) = \frac{1}{2\pi}F(j\omega) * S(j\omega) = \frac{1}{2\pi}F(j\omega) * \omega_s \sum_{n=-\infty}^{\infty} \delta(\omega - n\omega_s)$$

$$= \frac{\omega_s}{2\pi}\sum_{n=-\infty}^{\infty} F[j(\omega - n\omega_s)] = \frac{1}{T_s}\sum_{n=-\infty}^{\infty} F[j(\omega - n\omega_s)] \tag{3-91}$$

图 3-33(a)、(b) 分别给出了 $s(t)$，$f(t)$ 和 $f_s(t)$ 及其频谱 $S(j\omega)$，$F(j\omega)$ 和 $F_s(j\omega)$ 的关系，其中取 $\omega_s \geqslant 2\omega_m$，即抽样频率大于信号 $f(t)$ 频谱最高频率的两倍。

由图 3-33 可知，当 $\omega_s \geqslant 2\omega_m$ 时，抽样信号 $f_s(t)$ 的频谱函数 $F_s(j\omega)$ 是原信号 $f(t)$ 频谱 $F(j\omega)$ 的周期性延拓，每隔 ω_s 重复出现一次。因此 $f_s(t)$ 中含有 $f(t)$ 的全部信息，可以从 $f_s(t)$ 恢复原信号 $f(t)$。均匀冲激抽样也称为**理想抽样**（ideal sampling）。

（2）矩形脉冲抽样

如果抽样序列 $s(t)$ 是周期矩形脉冲序列，即 $s(t) = P_{T_s}(t)$，其波形如图 3-34 所示。由例 3-14 的结论，得其频谱函数

$$S(j\omega) = \mathscr{F}\{s(t)\} = \mathscr{F}\{P_T(t)\} = \frac{2\pi\tau}{T_s}\sum_{n=-\infty}^{\infty} \mathrm{Sa}\left(\frac{n\omega_s\tau}{2}\right)\delta(\omega - n\omega_s) \tag{3-92}$$

如图 3-34 所示，它是频域周期 $\omega_s = 2\pi/T_s$ 的冲激函数序列，冲激强度的包络线是抽样函数 $\frac{2\pi\tau}{T_s}\mathrm{Sa}(\omega\tau/2)$。

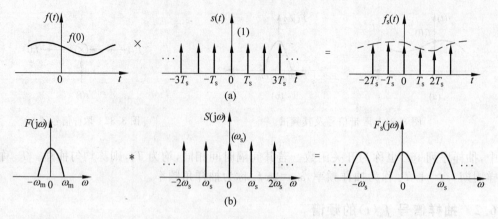

图 3-33　均匀冲激抽样

由 $f_s(t) = f(t)s(t) = f(t)P_{T_s}(t)$，根据频域卷积定理可得抽样信号 $f_s(t)$ 的频谱函数为

$$F_s(j\omega) = \frac{1}{2\pi}F(j\omega) * S(j\omega)$$

$$= \frac{\tau}{T_s}F(j\omega) * \sum_{n=-\infty}^{\infty} Sa\left(\frac{n\omega_s\tau}{2}\right)\delta(\omega - n\omega_s)$$

$$= \frac{\tau}{T_s}\sum_{n=-\infty}^{\infty} Sa\left(\frac{n\omega_s\tau}{2}\right)F[j(\omega - n\omega_s)] \tag{3-93}$$

若取 $\omega_s \geqslant 2\omega_m$，则 $f(t)$，$f_s(t)$ 及其频谱 $F(j\omega)$、$F_s(j\omega)$ 如图 3-34 所示。

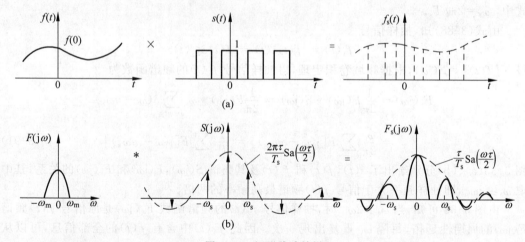

图 3-34　矩形脉冲抽样

由图 3-34 可以看出，当 $\omega_s \geqslant 2\omega_m$ 时，抽样信号 $f_s(t)$ 的频谱函数是由原信号 $f(t)$ 的频谱 $F(j\omega)$ 的无限个频移组成，其频移的角频率为 $n\omega_s (n=0, \pm1, \pm2, \cdots)$，其振幅随 $\frac{\tau}{T_s}Sa(\omega\tau/2)$ 变化。因此，可以利用低通滤波器从 $f_s(t)$ 中恢复原信号。而当 $\omega_s < 2\omega_m$ 时，则 $F_s(j\omega)$ 中各频移的频谱将相互有重叠部分，无法将它们分开，因而不能再恢复原信号。频谱重叠的现象也称为**混叠**(aliasing)现象。显然，在均匀冲激抽样时，也可能会出现混叠现象。矩形脉冲抽样也称为**自然抽样**(natural sampling)。

3.6.3　时域抽样定理

（1）时域抽样定理

前面分析了均匀冲激抽样信号和矩形脉冲抽样信号的频谱，可以看到：一个最高频率 f_m（角频率为 ω_m）的限带信号 $f(t)$ 可以用均匀等间隔 $T_s \leqslant \dfrac{1}{2f_m}$ 的抽样信号 $f_s(t) = f(nT_s)$ 值唯一确定。这就是**时域抽样定理**（time domain sampling theorem）。

时域抽样定理给出了连续信号离散化时的最大允许抽样间隔 $T_s \leqslant \dfrac{1}{2f_m}$，此间隔称为**奈奎斯特间隔**（Nyquist interval）。对应的抽样频率 $f_s = 2f_m$ 称为**奈奎斯特频率**（Nyquist frequence)（或 $\omega_s = 2\omega_m$），即最低允许的抽样频率。此外，该定理还指明，在 $\omega_s \geqslant 2\omega_m$ 条件下所得到的离散信号 $f(nT_s)$ 包含原连续信号 $f(t)$ 的全部信息。因此对信号 $f(nT_s)$ 的传输也就相应于对信号 $f(t)$ 的传输，这在信号的多路传输应用中有着重要的意义。

（2）原信号 $f(t)$ 的恢复

由于满足抽样定理时得到的抽样信号 $f_s(t)$ 中包含有 $f(t)$ 的全部信息，因而由抽样信号 $f_s(t)$ 可以恢复 $f(t)$。下面来讨论 $f(t)$ 的恢复。

由图 3-33 所示抽样信号 $f_s(t)$ 及其频谱 $F_s(j\omega)$ 可知，抽样信号 $f_s(t)$ 经过一个截止角频率为 ω_c 的**理想低通滤波器**（ideal low-pass filter）当 $\omega_m \leqslant \omega_c \leqslant \omega_s - \omega_m$ 时，就可从 $F_s(j\omega)$ 中取出 $F(j\omega)$。从时域上来说，这样就恢复了连续时间信号 $f(t)$，即

$$F(j\omega) = F_s(j\omega) \cdot H(j\omega) \tag{3-94}$$

式中，$H(j\omega)$ 为理想低通滤波器的频率特性。$H(j\omega)$ 的特性为

$$H(j\omega) = \begin{cases} T_s, & |\omega| \leqslant \omega_m \\ 0, & |\omega| > \omega_m \end{cases} \tag{3-95}$$

上述从抽样信号 $f_s(t)$ 恢复 $f(t)$ 的原理过程如图 3-35 所示。

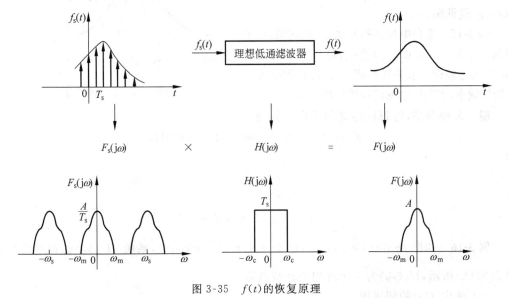

图 3-35　$f(t)$ 的恢复原理

以上是用频域分析的方法讨论 $f(t)$ 的恢复。下面进一步讨论在时域中对 $f(t)$ 的恢复。由式(3-94)

$$F(j\omega) = F_s(j\omega) \cdot H(j\omega)$$

根据傅里叶变换的时域卷积性质,得

$$f(t) = f_s(t) * h(t) \tag{3-96}$$

式中,$f_s(t)$ 为 $F_s(j\omega)$ 的傅里叶反变换,其中

$$f_s(t) = f(t) \cdot \delta_{T_s}(t) = f(t) \cdot \sum_{n=-\infty}^{\infty} \delta(t-nT_s) = \sum_{n=-\infty}^{\infty} f(nT_s)\delta(t-nT_s)$$

$h(t)$ 为理想低通滤波器的单位冲激响应,可由 $H(j\omega)$ 的傅里叶反变换得到,即

$$h(t) = \mathscr{F}^{-1}\{H(j\omega)\} = \frac{T_s\omega_m}{\pi}\mathrm{Sa}(\omega_m t)$$

将 $f_s(t)$ 及 $h(t)$ 的表示式代入式(3-96),从而得

$$f(t) = \Big[\sum_{n=-\infty}^{\infty} f(nT_s)\delta(t-nT_s)\Big] * \frac{T_s\omega_m}{\pi}\mathrm{Sa}(\omega_m t)$$

$$= \sum_{n=-\infty}^{\infty} \frac{T_s\omega_m}{\pi} f(nT_s) \cdot [\delta(t-nT_s) * \mathrm{Sa}(\omega_m t)]$$

$$= \sum_{n=-\infty}^{\infty} \frac{T_s\omega_m}{\pi} f(nT_s)\mathrm{Sa}[\omega_m(t-nT_s)] \tag{3-97}$$

当抽样间隔 $T_s = \dfrac{1}{2f_m}$ 时,$f(t)$ 可简化为

$$f(t) = \sum_{n=-\infty}^{\infty} f(nT_s)\mathrm{Sa}[\omega_m(t-nT_s)] \tag{3-98}$$

上式表明,连续时间信号 $f(t)$ 可以由无数多个位于抽样点的抽样函数组成,其各个抽样函数的幅值为该点的抽样值 $f(nT_s)$。因此,只要知道各抽样点的样值 $f(nT_s)$,就可唯一地确定出 $f(t)$,过程见图 3-36。

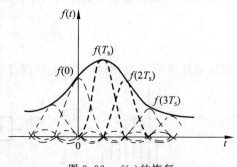

图 3-36　$f(t)$ 的恢复

例 3-15　黑白电视每秒发送 30 幅图像,每幅图像又分为 525 条水平扫描线,每条水平线又在 650 个点上采样。求采样频率 f_s。若此频率为奈奎斯特频率,求黑白电视信号的最高频率 f_m。

解　采样频率,即每秒传送的采样点数为

$$f_s = 30 \times 525 \times 650 = 10237500\,\mathrm{Hz}$$

因

$$f_s = 2f_m$$

故

$$f_m = f_s/2 \approx 5\mathrm{MHz}$$

例 3-16　如图 3-37(a)所示系统,已知 $f_0(t) = \dfrac{\omega_m}{\pi}\mathrm{Sa}(\omega_m t)$,系统 $H_1(j\omega)$ 的频率特性如图 3-37(b)所示,$H_2(j\omega)$ 为一个理想低通滤波器。

(1) 画出 $f(t)$ 的频谱图。

（2）若使 $f_s(t)$ 包含 $f(t)$ 的全部信息，$\delta_{T_s}(t)$ 的最大间隔 T_s 应为多少？

（3）分别画出在奈奎斯特频率及 $\omega_s = 4\omega_m$ 时抽样信号的频谱图 $F_s(j\omega)$。

（4）在 $\omega_s = 4\omega_m$ 情况下，若 $y(t) = f(t)$，则理想低通滤波器截止角频率应为多少？幅频特性应具有何种形式？

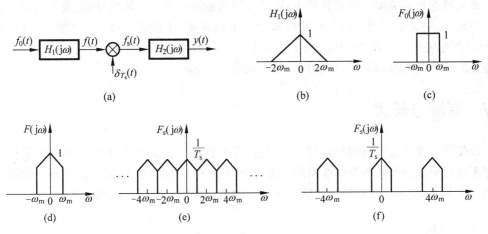

图 3-37　例 3-16 图

解　（1）由给出的 $f_0(t)$ 可知其频谱 $F_0(j\omega)$ 为

$$F_0(j\omega) = \begin{cases} 1, & |\omega| < \omega_m \\ 0, & |\omega| > \omega_m \end{cases}$$

如图 3-37(c) 所示。由

$$F(j\omega) = F_0(j\omega) \cdot H_1(j\omega)$$

可画出 $F(j\omega)$，如图 3-37(d) 所示。

（2）根据时域抽样定理，抽样频率应满足

$$2\pi f_s \geqslant 2\omega_m$$

即

$$2\pi/T_s \geqslant 2\omega_m$$

所以最大间隔 T_s 应为 π/ω_m，即奈奎斯特间隔。

（3）奈奎斯特频率为 $\omega_s = 2\omega_m$。由抽样定理，可分别画出 $\omega_s = 2\omega_m$ 和 $\omega_s = 4\omega_m$ 时抽样信号的频谱 $F_s(j\omega)$，如图 3-37(e)、(f) 所示。

（4）若 $y(t) = f(t)$，则应有 $Y(j\omega) = F(j\omega)$，故理想低通滤波器的截止角频率 ω_c 应满足 $\omega_m \leqslant \omega_c \leqslant (\omega_s - \omega_m)$，一般取 $\omega_c = \omega_s/2$。其频率特性应为

$$H_2(j\omega) = \begin{cases} T_s, & |\omega| < \omega_c \\ 0, & |\omega| > \omega_c \end{cases}$$

3.6.4　频域抽样定理

根据时域与频域的对偶性，可得**频域抽样定理**（frequency domain sampling theorem）：
一个在时域区间 $(-t_m, t_m)$ 以外为零的有限时间信号 $f(t)$ 的频谱函数 $F(j\omega)$，可唯一地

由其在均匀间隔 $f_s[f_s \leqslant 1/(2t_m)]$ 上的样点值 $F(jn\omega_s)$ 所确定。类似于式(3-98),当 $f_s = 1/(2t_m)$ 时,有

$$F(j\omega) = \sum_{n=-\infty}^{\infty} F\left(j\frac{n\pi}{t_m}\right) Sa(\omega t_m - n\pi) \tag{3-99}$$

此定理的证明类似于时域抽样定理,这里不再推导。有关频域抽样、恢复等分析也类似于时域抽样,在此也不再讨论。从物理概念上不难理解,在频域中对 $F(j\omega)$ 进行抽样,等效于 $f(t)$ 在时域重复。只要抽样间隔不大于 $1/(2t_m)$,则在时域中波形不会产生混叠,故可引入矩形脉冲作为选通信号,无失真地恢复出原信号 $f(t)$。

3.7　调制与解调

在信号传输系统中,调制与解调理论应用非常广泛。调制和解调的基本原理是利用信号与系统的频域分析和傅里叶变换的基本性质,将信号的频谱搬移,使之互不重叠地占据不同的频率范围,从而完成信号的传输或处理。本节仅介绍有关应用的基本概念。

3.7.1　调制

调制系统就是由一个信号去控制另一个信号的某一个参量。图 3-38 所示为一个**幅度调制**(amplitude-modulation)系统。幅度调制简称调幅(AM)。图中 $f(t)$ 为调制信号,亦即待传输或处理的信号,$\cos\omega_0 t$ 是高频正弦信号,称为载波信号,ω_0 为载波角频率。因此,由该系统输出的响应 $y(t)$ 为

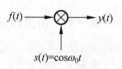

图 3-38　调制系统

$$y(t) = f(t)s(t) = f(t)\cos\omega_0 t$$

可见,$y(t)$ 是一个幅度随 $f(t)$ 变化的高频正弦振荡信号,故称为调幅信号。调制信号 $f(t)$ 可以是连续信号,像广播系统的语言信号;也可以是脉冲信号,像雷达系统的调制脉冲。

若调制信号 $f(t)$ 为语言信号,其频谱函数为 $F(j\omega)$,占据有限带宽($-\omega_m \sim +\omega_m$),则系统的输出

$$y(t) = f(t)\cos\omega_0 t$$

可由频域卷积定理,得到调制系统输出信号 $y(t)$ 的频谱函数

$$Y(j\omega) = \frac{1}{2\pi}F(j\omega) * S(j\omega)$$

式中

$$S(j\omega) = \pi[\delta(\omega - \omega_0) + \delta(\omega + \omega_0)]$$

所以

$$Y(j\omega) = \frac{1}{2}F[j(\omega - \omega_0)] + \frac{1}{2}F[j(\omega + \omega_0)] \tag{3-100}$$

式(3-100)表明已调信号 $y(t)$ 的频谱函数只含有原信号 $f(t)$ 的信息,不包含载波成分,因此称为抑制载波调幅系统。

图 3-39 表明已调信号 $f(t)\cos\omega_0(t)$ 的频谱和调制信号的频谱形状一样,只是搬移到 $\pm\omega_0$

处,即所需的高频范围内。调制过程是一次频谱搬移,得到的是一个调制的高频信号,这种经过调制的高频信号很容易以电磁波形式辐射传播。

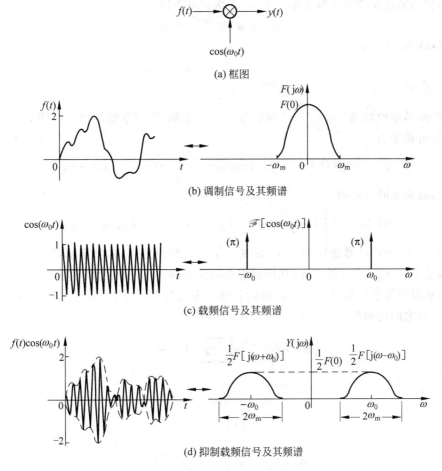

(a) 框图

(b) 调制信号及其频谱

(c) 载频信号及其频谱

(d) 抑制载频信号及其频谱

图 3-39　抑制载波调幅及其频谱

除幅度调制外,还有频率调制和相位调制,它们比幅度调制具有更好的抑制噪声和抗干扰能力。

3.7.2　同步解调

从已调的高频信号 $y(t)$ 中恢复原调制信号 $f(t)$ 的过程称为解调,解调系统如图 3-40 所示。

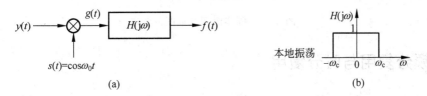

图 3-40　解调系统

图 3-40 中,$y(t)=f(t)\cos\omega_0 t$ 是已调信号,系统中的高频信号 $\cos\omega_0 t$ 称本机振荡(或本地振荡),它与原调幅的载波信号必须严格同频率同相位,保持严格同步,即同步解调。其次,要求理想低通滤波器的截止角频率 ω_c 必须满足条件

$$\omega_m < \omega_c < 2\omega_0 - \omega_m \tag{3-101}$$

其频率特性为

$$H(j\omega) = \begin{cases} 1, & |\omega| < \omega_c \\ 0, & |\omega| > \omega_c \end{cases}$$

解调器的本地振荡 $\cos\omega_0 t$ 与已调信号 $y(t)$ 的乘积,即把系统接收到的调幅信号经本地载波信号再调制为

$$g(t) = y(t)s(t) = f(t)\cos^2\omega_0 t = \frac{1}{2}[f(t) + f(t)\cos 2\omega_0 t]$$

上式两端取傅里叶变换得

$$G(j\omega) = \frac{1}{2}F(j\omega) + \frac{1}{4}F[j(\omega+2\omega_0)] + \frac{1}{4}F[j(\omega-2\omega_0)] \tag{3-102}$$

从图 3-41 中可清楚地看到,已调高频信号 $y(t)$ 经过再调制,频谱函数 $Y(j\omega)$ 再经过频谱搬移,使 $F(j\omega)$ 在 $\omega=0$ 处再现,利用理想低通滤波器可以把 $g(t)$ 频率高于 ω_m 的高频信号抑制掉,从而恢复了原信号 $f(t)$。这种同步解调系统简单经济、可节省大功率的发射设备,适用于定点之间的通信。

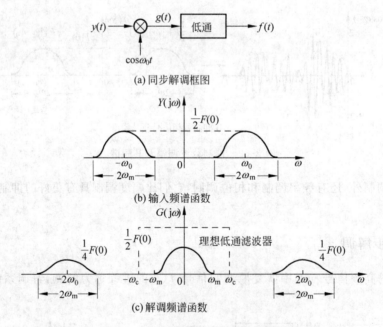

(a) 同步解调框图

(b) 输入频谱函数

(c) 解调频谱函数

图 3-41　同步解调的框图及频谱

3.8　频分复用与时分复用

信号从一点传到另一点要借助于媒介,该媒介称为信道。信道若是广阔的空间,则称为无线电通信;信道若是传输线,则称为有线电通信。被传送的信号带宽与信道频段宽度相比,

是一个很小的有限值,因此,在一个信道内只传送一个信号显然是非常浪费的,但是如果把具有相同带宽的信号同时放到信道中,在接收端又无法将它们分开,则无法实现通信。下面将介绍的频分复用和时分复用,从中可以了解现代通信是如何复用同一信道而传送多路信号的。

复用是指将若干个彼此独立的信号合并成可在同一信道上传输的复合信号的方法,常见的信号复用采用按频率区分与按时间区分的方式,前者称为频分复用,后者称为时分复用。

3.8.1　频分复用

在通信系统中,信道所提供的带宽往往比传送一路信号所需的带宽宽得多,这样就可以将信道的带宽分割成不同的频段,每一频段传送一路信号,这就是**频分复用**(frequency division multiple access,FDMA)。为此,在发送端首先要对各路信号进行调制将其频谱函数搬移到相应的频段内,使之互不重叠,再送入信道一并传输。在接收端则采用不同通带的带通滤波器将各路信号分隔,然后再分别解调,恢复各路信号。

图 3-42 所示为频分复用系统的示意图。如图 3-42 所示,$f_1(t)$,$f_2(t)$,$\cdots$,$f_n(t)$ 为 n 路低频(限带)信号,通过调制器将各路信号的频谱经过频谱搬移,搬至各自的载频处,但互不重叠,即信号互不干扰经过信道传输。欲将各路信号从合成信号 $g(t)$ 中分离出来,首先要选择相应的带通滤波器,使各路的已调信号无失真地通过自己的通道,再进行解调,恢复各路的原信号 $f_1(t)$,$f_2(t)$,$\cdots$,$f_n(t)$。

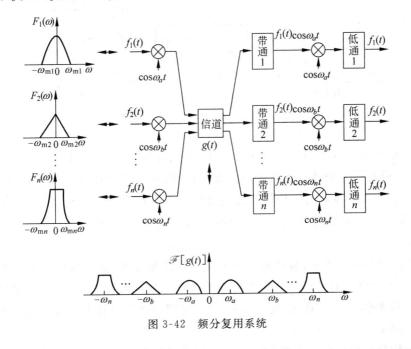

图 3-42　频分复用系统

频分复用系统最大优点是信道复用率高,允许复用路数较多,系统组成原理简单,是模拟通信中主要的一种复用方式,在有线与微波通信系统中应用十分广泛。频分复用的缺点是设备生产较为复杂,同时因滤波器特性不够理想,及信道内存在的非线性容易产生路间干扰。

3.8.2　时分复用

时分多路复用的基础是抽样定理。多路的连续时间信号抽样后,得到了离散的抽样值,把各路信号的抽样值有序地排列起来,就可以实现**时分复用**(time division multiple access, TDMA)。图 3-43 所示为三路信号抽样脉冲互不重叠穿插排列的示意图。

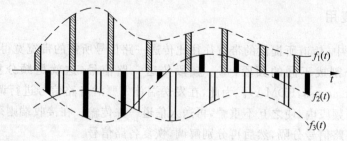

图 3-43　三路信号的时分复用

由此可见,时分复用是将所有的信号分配在不同的时间区域,如果要进行高频发射,还需要进行频谱搬移。图 3-44 所示为三路时分复用系统原理图。

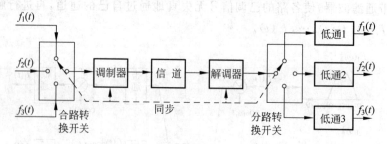

图 3-44　三路时分复用系统原理图

图中各路输入信号 $f_1(t)$、$f_2(t)$ 和 $f_3(t)$ 是限带信号,加到合路转换开关(一般用电子开关电路)完成对信号的抽样和抽样值的有序排列,然后经过调制,将已调制信号通过信道的传输到接收端。接收的复用信号先经过解调器变换成样值信号,最后由分路转换开关,按顺序将各路样值信号分别送入各自的低通滤波器,从而恢复成原信号 $f_1(t)$、$f_2(t)$ 和 $f_3(t)$。

从以上的分析可以看出,分路转换开关与合路转换开关、调制器与解调器必须同步运行,才能无失真地恢复原信号。也就是说,同步对时分复用系统来说是至关重要的。时分复用易于实现系统小型化、集成化、便于保密,时分复用和计算机技术的结合极大地促进了数字通信的发展。

通过对频分复用和时分复用的分析,可以初步了解频分复用和时分复用在时间与频率通信空间的关系。时间-频率通信空间示意图如图 3-45 所示。图(a)说明了频分复用是表示每路信号在所有时间里都存在于信道中,混在一起,但是每路信号独自占据有限的不同频率区间。图(b)说明了时分复用是表示每路信号占据不同的时间区间,但所有信号的频谱可以具有同一频率区间的分量。

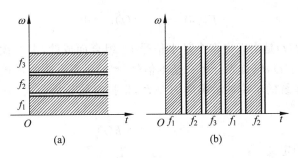

图 3-45 时间-频率通信空间示意图

3.9 连续系统的频域分析

第 2 章中介绍了系统的时域分析方法,它是以单位冲激信号 $\delta(t)$ 和单位阶跃信号 $\varepsilon(t)$ 作为基本信号,基于系统的线性和时不变性导出的一种分析方法。本节将以虚指数信号 $e^{j\omega t}$ 作为基本信号,同样地基于系统的线性叠加性质导出另一种分析方法,即频域分析方法。

从系统的时域分析可知,对一个线性时不变系统外加激励信号 $f(t)$,则该系统的零状态响应为 $y_f(t)$,$y_f(t)$ 等于 $f(t)$ 与系统单位冲激响应 $h(t)$ 的卷积,即

$$y_f(t) = f(t) * h(t) \tag{3-103}$$

可见,用时域法求系统响应时,要遇到求解卷积积分这样一个数学问题。联想到傅里叶变换的时域卷积性质,若对式(3-103)两端求傅里叶变换,显然有

$$Y_f(j\omega) = F(j\omega) \cdot H(j\omega) \tag{3-104}$$

式中,$H(j\omega)$ 为该系统单位冲激响应 $h(t)$ 的傅里叶变换。与式(3-103)对照,可得

$$y_f(t) = \mathscr{F}^{-1}\{Y_f(j\omega)\} = \mathscr{F}^{-1}\{F(j\omega) \cdot H(j\omega)\} \tag{3-105}$$

应用式(3-105)求解系统零状态响应 $y_f(t)$ 的方法实质上就是所谓的**频域分析法**(frequency-domain analysis method)。频域分析法将时域法中的卷积运算变换成频域的相乘关系,这给系统响应的求解带来很大方便。当式(3-105)中傅里叶变换的正反变换均易求得时,用系统的频域分析法求解系统零状态响应是一种较方便的方法。然而,因频域分析方法只能求系统的零状态响应,这使得它的应用有一定的局限性。

以上是关于求系统零状态响应频域法的简单讨论。从理论上讲,是容易理解并被接受的,然而其物理意义不很明确。对照用时域法求解系统响应的分析过程,下面从信号的分解和线性叠加的思路,进一步讨论系统的频域分析法。

3.9.1 系统对周期与非周期信号的响应

1. 基本信号 $e^{j\omega t}$ 激励下的零状态响应

由信号 $f(t)$ 的傅里叶变换可知,任意信号 $f(t)$ 可以表示为无穷多个虚指数信号 $e^{j\omega t}$ 的线性组合,即

$$f(t) = \frac{1}{2\pi} \int_{-\infty}^{\infty} F(j\omega) e^{j\omega t} \, d\omega \tag{3-106}$$

式中,各个虚指数信号 $e^{j\omega t}$ 的系数大小可以看作是 $F(j\omega)d\omega/2\pi$;$F(j\omega)$ 是 $f(t)$ 的频谱函数,即

$$F(j\omega) = \int_{-\infty}^{\infty} f(t) e^{-j\omega t} dt$$

既然任意信号 $f(t)$ 是由无穷多个基本信号 $e^{j\omega t}$ 组合而成的,那么欲求信号 $f(t)$ 激励下系统的零状态响应 $y_f(t)$,应首先分析在基本信号 $e^{j\omega t}$ 激励下系统的零状态响应 $y_f(t)$。

设线性时不变系统的单位冲激响应为 $h(t)$,根据时域分析公式(3-103),系统对基本信号 $e^{j\omega t}$ 的零状态响应为

$$y_f(t) = e^{j\omega t} * h(t)$$

根据卷积积分的定义,有

$$y_f(t) = e^{j\omega t} * h(t) = \int_{-\infty}^{\infty} h(\tau) e^{j\omega(t-\tau)} d\tau = e^{j\omega t} \int_{-\infty}^{\infty} h(\tau) e^{-j\omega\tau} d\tau$$

上式中的积分 $\int_{-\infty}^{\infty} h(\tau) e^{-j\omega\tau} d\tau$ 正好是 $h(t)$ 的傅里叶变换,记为 $H(j\omega)$,即

$$H(j\omega) = \int_{-\infty}^{\infty} h(t) e^{-j\omega t} dt$$

通常,称 $H(j\omega)$ 为系统函数,$H(j\omega) = |H(j\omega)| e^{j\phi(\omega)}$。于是

$$y_f(t) = H(j\omega) e^{j\omega t} = |H(j\omega)| e^{j[\omega t + \phi(\omega)]} \tag{3-107}$$

上式表明:一个线性时不变系统,对基本信号 $e^{j\omega t}$ 的零状态响应是基本信号 $e^{j\omega t}$ 本身乘上一个与时间 t 无关的常系数 $H(j\omega)$,$H(j\omega)$ 为该系统单位冲激响应 $h(t)$ 的频谱函数。式(3-107)是频域分析的基础。

2. 正弦周期信号激励下的零状态响应

正弦信号

$$f(t) = A\cos\Omega t, \qquad -\infty < t < \infty$$

通过线性系统的分析,在电路分析中已研究过。因

$$f(t) = A\cos\Omega t = \frac{A}{2}(e^{j\Omega t} + e^{-j\Omega t})$$

由式(3-107)可知,此时系统的零状态响应

$$y_f(t) = \frac{A}{2} H(j\Omega)(e^{j\Omega t} + e^{-j\Omega t}) = A |H(j\Omega)| \cos[\Omega t + \phi(\Omega)] \tag{3-108}$$

式中

$$H(j\Omega) = H(j\omega)|_{\omega=\Omega} = |H(j\Omega)| e^{j\phi(\Omega)}$$

所以,线性系统对正弦信号激励的响应是与激励同频率的正弦量,其振幅为激励的振幅与系统函数 $H(j\Omega)$ 模值之乘积,其相位为激励的初相位与系统函数 $H(j\Omega)$ 相位之和,这个结果与正弦稳态中相量法的分析结论完全一致。

3. 非正弦周期信号激励下的零状态响应

对于周期为 T 的非正弦周期信号 $f(t)$,可展开为

$$f(t) = \sum_{n=-\infty}^{\infty} F_n e^{jn\Omega t}$$

式中

$$F_n = \frac{1}{T} \int_{-T/2}^{T/2} f(t) e^{-jn\Omega t} dt$$

由式(3-107)和式(3-108),此时系统的零状态响应

$$y_f(t) = \sum_{n=-\infty}^{\infty} F_n H(jn\Omega) e^{jn\Omega t} = \sum_{n=-\infty}^{\infty} |F_n||H(jn\Omega)| e^{j[n\Omega t + \phi(n\Omega) + \theta(n\Omega)]}$$

$$= F_0 H(0) + \sum_{n=1}^{\infty} 2|F_n||H(jn\Omega)| \cos[n\Omega t + \phi(n\Omega) + \theta(n\Omega)] \quad (3-109)$$

式中

$$F_n = |F_n| e^{j\theta(n\Omega)}$$

$$H(jn\Omega) = |H(jn\Omega)| e^{j\phi(n\Omega)}$$

因此,当周期信号 $f(t)$ 作用于线性系统时,其零状态响应 $y_f(t)$ 仍然为一周期信号,其周期与 $f(t)$ 相同,将相应的指数型傅里叶级数扩大 $H(jn\Omega)$,就可得到 $y_f(t)$ 的三角型傅里叶级数。

由于周期信号是周而复始、无始无终的信号,当它作用于线性系统时,其激励作用的起点只能在 $t=-\infty$。这意味着由初始条件所引起系统储能的变化已消失,其零输入响应不存在。另外,系统响应中所有随时间而衰减的暂态分量也将由于时间的无穷延续而消逝,只有稳态分量存在。因此,正如式(3-109)所表示的,周期信号作用于系统的零状态响应是稳态响应。所以,对于一个线性时不变渐近稳定电路,可根据电路分析课程中的谐波分析方法求其稳态响应。

下面从傅里叶变换的观点来研究周期信号作用于线性系统时响应的频谱。

因

$$\mathscr{F}\{f(t)\} = F(j\omega) = 2\pi \sum_{n=-\infty}^{\infty} F_n \delta(\omega - n\Omega)$$

故

$$\mathscr{F}\{y(t)\} = Y(j\omega) = 2\pi \sum_{n=-\infty}^{\infty} F_n H(jn\Omega) \delta(\omega - n\Omega) \quad (3-110)$$

式中

$$H(jn\Omega) = H(j\omega)\big|_{\omega = n\Omega}$$

可见,响应的频谱和激励信号的频谱一样,是由无穷项冲激序列 $\delta(\omega - n\Omega)$ 组成的,也是离散频谱,只是响应频谱的冲激强度被系统函数加权。

例 3-17　图 3-46(a)所示电路,激励为电压 $u(t)$,响应为电流 $i(t)$。

(1) 求系统函数 $H(j\omega)$;

(2) 若激励 $u(t)$ 如图 3-46(b)所示,求其响应 $i(t)$;

(3) 确定响应的频谱密度函数 $I(j\omega)$,画出其频谱图。

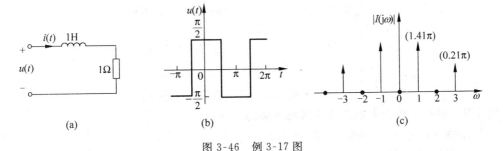

图 3-46　例 3-17 图

解 (1) 当 $u(t)=\delta(t)$ 时,列出电路的算子形式方程为

$$(p+1)i(t)=\delta(t)$$

解出

$$i(t)=\frac{1}{p+1}\delta(t)$$

冲激响应

$$h(t)=\mathrm{e}^{-t}\varepsilon(t)$$

故电路的系统函数

$$H(\mathrm{j}\omega)=\frac{1}{1+\mathrm{j}\omega}$$

(2) 若激励 $u(t)$ 为图 3-46(b)所示波形,有 $\Omega=\dfrac{2\pi}{T}=1\ \mathrm{rad/s}$, $u(t)$ 可表示为

$$u(t)=\sum_{n=-\infty}^{\infty}\frac{1}{n}\sin\frac{n\pi}{2}\mathrm{e}^{\mathrm{j}nt}$$

或

$$u(t)=2\cos t-\frac{2}{3}\cos 3t+\frac{2}{5}\cos 5t+\cdots$$

由式(3-109),电流响应

$$i(t)=2\left|\frac{1}{1+\mathrm{j}}\right|\cos(t-\arctan 1)-\frac{2}{3}\left|\frac{1}{1+\mathrm{j}3}\right|\cos(3t-\arctan 3)+\cdots$$

$$=1.414\cos(t-45°)-0.21\cos(3t-71.6°)+0.08\cos(5t-78.8°)+\cdots$$

(3) 由式(3-110),响应的频谱函数

$$I(\mathrm{j}\omega t)=2\pi\left[\sum_{n=-\infty}^{\infty}\frac{1}{n}\sin\frac{n\pi}{2}H(\mathrm{j}n)\delta(\omega-n)\right]=\sum_{n=-\infty}^{\infty}\frac{2\pi}{n}\sin\frac{n\pi}{2}\frac{1}{\mathrm{j}n+1}\delta(\omega-n)$$

$$=\begin{cases}\dfrac{2\pi}{n(\mathrm{j}n+1)}\sin\dfrac{n\pi}{2}\delta(\omega-n), & n=\pm 1,\pm 3,\cdots\\[2mm] 0, & n=0,\pm 2,\pm 4,\cdots\end{cases}$$

$I(\mathrm{j}\omega)$ 的幅度频谱如图 3-46(c)所示。

4. 非周期信号激励下的零状态响应

由于任意信号 $f(t)$ 可以表示为无穷多个基本信号 $\mathrm{e}^{\mathrm{j}\omega t}$ 的线性组合,因而应用线性叠加性质不难得到任意信号 $f(t)$ 激励下系统的零状态响应。其推导过程如下

因为

$$\mathrm{e}^{\mathrm{j}\omega t}\longrightarrow H(\mathrm{j}\omega)\mathrm{e}^{\mathrm{j}\omega t}$$

$$\frac{1}{2\pi}F(\mathrm{j}\omega)\mathrm{e}^{\mathrm{j}\omega t}\mathrm{d}\omega\longrightarrow\frac{1}{2\pi}F(\mathrm{j}\omega)H(\mathrm{j}\omega)\mathrm{e}^{\mathrm{j}\omega t}\mathrm{d}\omega$$

$$\int_{-\infty}^{\infty}\frac{1}{2\pi}F(\mathrm{j}\omega)\mathrm{e}^{\mathrm{j}\omega t}\mathrm{d}\omega\longrightarrow\int_{-\infty}^{\infty}\frac{1}{2\pi}F(\mathrm{j}\omega)H(\mathrm{j}\omega)\mathrm{e}^{\mathrm{j}\omega t}\mathrm{d}\omega$$

所以

$$f(t)\longrightarrow y_{\mathrm{f}}(t)=\mathscr{F}^{-1}\big[F(\mathrm{j}\omega)H(\mathrm{j}\omega)\big]$$

由此可得用频域分析法求解系统零状态响应的步骤为:

① 求输入信号 $f(t)$ 的频谱函数 $F(\mathrm{j}\omega)$;

② 求系统函数 $H(\mathrm{j}\omega)$;

③ 求零状态响应 $y_f(t)$ 的频谱函数 $Y_f(j\omega) = F(j\omega)H(j\omega)$；

④ 求 $Y_f(j\omega)$ 的傅里叶反变换，即得 $y_f(t) = \mathscr{F}^{-1}[F(j\omega)H(j\omega)]$。

例 3-18　已知激励信号 $f(t) = (3e^{-2t} - 2)\varepsilon(t)$，试求

图 3-47 所示电路中电容电压的零状态响应 $u_{Cf}(t)$。

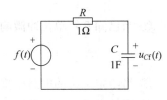

图 3-47　例 3-18 图

解　信号 $f(t)$ 的频谱函数为

$$F(j\omega) = \mathscr{F}[f(t)] = \frac{3}{2 + j\omega} - 2\left[\pi\delta(\omega) + \frac{1}{j\omega}\right]$$

从电路图中可以求得系统函数

$$H(j\omega) = \frac{U_{Cf}(j\omega)}{F(j\omega)} = \frac{1/j\omega C}{R + 1/(j\omega C)} = \frac{1}{1 + j\omega RC} = \frac{1}{1 + j\omega}$$

因此可得

$$U_{Cf}(j\omega) = F(j\omega)H(j\omega) = \frac{3}{(2 + j\omega)(1 + j\omega)} - \frac{2}{1 + j\omega}\left[\pi\delta(\omega) + \frac{1}{j\omega}\right]$$

注意到 $\delta(\omega)$ 的取样性质，并为了较方便地求得 $U_{Cf}(j\omega)$ 的逆变换，将 $U_{Cf}(j\omega)$ 按如下形式整理：

$$
\begin{aligned}
U_{Cf}(j\omega) &= \frac{3}{(2 + j\omega)(1 + j\omega)} - 2\pi\delta(\omega) - \frac{2}{j\omega(1 + j\omega)} \\
&= \frac{3}{1 + j\omega} - \frac{3}{2 + j\omega} - 2\pi\delta(\omega) - \left(\frac{-2}{1 + j\omega} + \frac{2}{j\omega}\right) \\
&= \frac{5}{1 + j\omega} - \frac{3}{2 + j\omega} - 2\left[\pi\delta(\omega) + \frac{1}{j\omega}\right]
\end{aligned}
$$

从而求得零状态响应

$$u_{Cf}(t) = \mathscr{F}^{-1}[U_{Cf}(j\omega)] = (5e^{-t} - 3e^{-2t} - 2)\varepsilon(t)$$

3.9.2　频域系统函数

（1）定义

系统函数 $H(j\omega)$ 可由式（3-104）定义为

$$H(j\omega) = \frac{Y_f(j\omega)}{F(j\omega)}$$

系统函数 $H(j\omega)$ 等于零状态响应的频谱函数 $Y_f(j\omega)$ 与输入激励的频谱函数 $F(j\omega)$ 之比，即电路分析中的网络函数或传输函数。随着激励信号与待求响应的关系不同，在电路分析中 $H(j\omega)$ 将有不同的含义。它可以是阻抗函数、导纳函数、转移电压比或电流比等。

（2）$H(j\omega)$ 的物理意义

$H(j\omega)$ 是系统单位冲激响应的频谱函数，考虑到

$$h(t) = \frac{1}{2\pi}\int_{-\infty}^{\infty} H(j\omega)e^{j\omega t}\,d\omega$$

$H(j\omega)$ 理解为将 $h(t)$ 分解为无穷多个指数信号之和时，其相应的频率密度函数。

由式（3-107）可知，$H(j\omega)$ 的另一个物理意义是：当激励为 $e^{j\omega t}$ 时，系统零状态响应的加权函数，并且零状态响应 $y_f(t)$ 随时间 t 的变化规律与 $e^{j\omega t}$ 的变化规律完全相同，仅差一个加权函数 $H(j\omega)$。

（3）$H(j\omega)$ 的求法

频域系统函数 $H(j\omega)$ 的求解方法主要有：

① 当给定激励与零状态响应时,根据定义求,即

$$H(j\omega) = \frac{Y(j\omega)}{F(j\omega)}$$

② 当已知系统单位冲激响应 $h(t)$ 时

$$H(j\omega) = \int_{-\infty}^{\infty} h(t)e^{-j\omega t} dt$$

③ 当给定系统的电路模型时,用相量法求;

④ 当给定系统的数学模型(微分方程)时,用傅里叶变换法求。

例 3-19 求图 3-48(a)所示电路的频域系统函数。

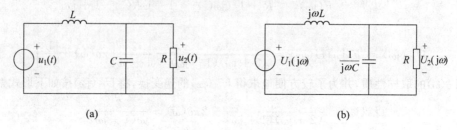

(a)　　　　　　　　(b)

图 3-48　例 3-19 图

解 原电路的相量模型如图 3-48(b)所示,有

$$U_2(j\omega) = \frac{U_1(j\omega)}{j\omega L + \dfrac{\dfrac{1}{j\omega C}R}{\dfrac{1}{j\omega C} + R}} \times \frac{\dfrac{1}{j\omega C}R}{\dfrac{1}{j\omega C} + R}$$

故

$$H(j\omega) = \frac{U_2(j\omega)}{U_1(j\omega)} = \frac{1}{(j\omega)^2 LC + j\omega \dfrac{L}{R} + 1}$$

例 3-20 已知描述系统的微分方程为

$$y''(t) + 3y'(t) + 2y(t) = f(t)$$

求系统函数 $H(j\omega)$。

解 对原微分方程两边取傅里叶变换,并根据时域微分性质,可得

$$[(j\omega)^2 + 3(j\omega) + 2]Y(j\omega) = F(j\omega)$$

所以

$$H(j\omega) = \frac{Y(j\omega)}{F(j\omega)} = \frac{1}{(j\omega)^2 + j3\omega + 2} = \frac{1}{(2 - \omega^2) + j3\omega}$$

3.9.3 频域分析的应用举例

例 3-21 图 3-49(a)所示系统的周期激励 $f(t)$ 如图(b)所示,系统幅频特性如图(c)所示,相频特性 $\phi(\omega) = 0$,求系统的零状态响应 $y_f(t)$。

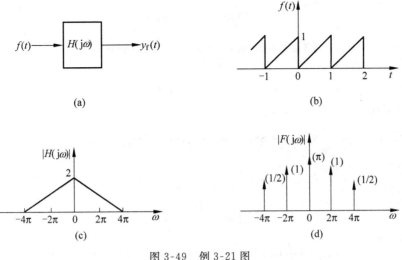

图 3-49　例 3-21 图

解　由于激励 $f(t)$ 为周期信号,故系统零状态响应仅含稳态响应。因为

$$f(t) = \sum_{n=-\infty}^{\infty} F_n e^{jn\Omega t}$$

式中,$\Omega = 2\pi$; $F_0 = 1/2$; $F_n = \dfrac{j}{2n\pi}$。其频谱函数

$$F(j\omega) = 2\pi \sum_{n=-\infty}^{\infty} F_n \delta(\omega - n\Omega) = \sum_{n=-\infty}^{-1} \frac{j}{n} \delta(\omega - 2n\pi) + \pi\delta(\omega) + \sum_{n=1}^{\infty} \frac{j}{n} \delta(\omega - 2n\pi)$$

其幅度频谱如图 3-49(d)所示。故

$$Y_f(j\omega) = F(j\omega)H(j\omega) = -j\delta(\omega + 2\pi) + 2\pi\delta(\omega) + j\delta(\omega - 2\pi)$$

所以,系统响应为

$$y_f(t) = \mathscr{F}^{-1}\{Y_f(j\omega)\} = 1 - j\frac{e^{-j2\pi t}}{2\pi} + j\frac{e^{j2\pi t}}{2\pi} = 1 - \frac{1}{\pi}\sin 2\pi t, \qquad -\infty < t < \infty$$

例 3-22　对于图 3-50 所示系统,已知

$$f(t) = \frac{\sin 2t}{2\pi t}, \qquad -\infty < t < \infty$$

$$s(t) = \cos 1000t, \qquad -\infty < t < \infty$$

系统 $H(j\omega)$ 的幅频特性如图 3-50(b)所示,相频特性 $\phi(\omega) = 0$。求零状态响应 $y(t)$。

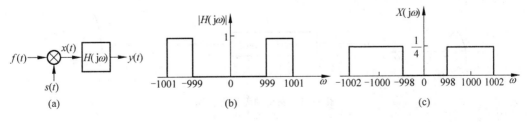

图 3-50　例 3-22 图

解　因

$$4 \times \frac{\sin 2t}{2t} \longleftrightarrow 2\pi G_4(\omega)$$

故
$$F(j\omega) = \frac{1}{2}G_4(\omega)$$
$$S(j\omega) = \pi[\delta(\omega + 1000) + \delta(\omega - 1000)]$$

又
$$x(t) = f(t)s(t)$$

由频域卷积定理
$$X(j\omega) = \frac{1}{2\pi}F(j\omega) * S(j\omega) = \frac{1}{4}[G_4(\omega + 1000) + G_4(\omega - 1000)]$$

其频谱如图 3-50(c)所示。

由
$$Y(j\omega) = X(j\omega)H(j\omega) = \frac{1}{4}H(j\omega)$$
$$= \frac{1}{4\pi}G_2(\omega) * \pi[\delta(\omega + 1000) + \delta(\omega - 1000)]$$
$$= \frac{1}{2\pi}F_1(j\omega) * F_2(j\omega)$$

式中
$$F_1(j\omega) = \frac{1}{2}G_2(\omega) \longleftrightarrow f_1(t) = \frac{1}{2\pi}\frac{\sin t}{t}$$
$$F_2(j\omega) = \pi[\delta(\omega + 1000) + \delta(\omega - 1000)] \longleftrightarrow f_2(t) = \cos 1000t$$

所以
$$y(t) = f_1(t)f_2(t) = \frac{\sin t}{2\pi t}\cos 1000t$$

3.9.4　无失真传输

从以上分析可知,在一般情况下,系统的响应与所加激励波形不相同。也就是说,信号在传输过程中产生了失真。

(1) 失真的概念

如果信号通过系统传输时,其输出波形发生畸变,称为失真。反之,若信号通过系统只引起时间延迟及幅度增减,而形状不变,则称不失真,如图 3-51 所示。

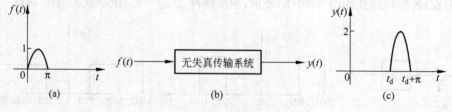

图 3-51　系统的无失真传输

通常把失真分为两大类:一类为**线性失真**(linear distortion),另一类为**非线性失真**(nonlinear distortion)。

信号通过线性系统所产生的失真称为线性失真。其特点是在响应 $y(t)$ 中不会产生新频率。也就是说,组成响应 $y(t)$ 的各频率分量在激励信号 $f(t)$ 中都含有,只不过各频率分量的幅度、相位不同而已。反之,$f(t)$ 中的某些频率分量在 $y(t)$ 中可能不再存在。如图 3-52 所示的失真就是线性失真,对 $y(t)$ 与 $f(t)$ 求傅里叶变换可知,$y(t)$ 中决不会有 $f(t)$ 中不含有的频率分量。

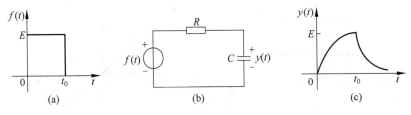

图 3-52　线性失真

信号通过非线性电路所产生的失真称为非线性失真。其特点是在响应 $y(t)$ 中产生了信号 $f(t)$ 中所没有的新的频率成分。如图 3-53 所示,其输入信号 $f(t)$ 为单一正弦波,$f(t)$ 中只含有 f_0 的频率分量,经过非线性元件二极管后得到的半波整流信号,在波形上产生了失真,在频谱上产生了由无穷多个 f_0 的谐波分量构成的新频率,这就是非线性失真。

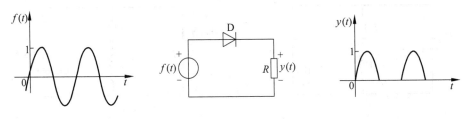

图 3-53　非线性失真

在实际应用中,有时需要有意识地利用系统进行波形变换,这样必然产生失真。如果这种失真是需要的,可以不做处理。但有时希望信号无失真地传输,这就要讨论无失真传输的条件。

（2）无失真传输条件

从图 3-51 可以得到,要求信号 $f(t)$ 无失真地传输,在时域上 $y(t)$ 与 $f(t)$ 之间应满足

$$y(t) = Kf(t - t_d) \tag{3-111}$$

式中,幅度增量 K 及延迟时间 t_d 均为常数。这样,输出 $y(t)$ 在幅度上比 $f(t)$ 增大了 K 倍（当 $0 < K < 1$ 时,幅度实际上是压缩了 K 倍）,在时间上滞后了 t_d 秒,波形的样子没有畸变,因而称为不失真传输。式（3-111）为系统不失真传输在时域中的条件。对式（3-111）两端求傅里叶变换,有

$$Y(j\omega) = KF(j\omega)e^{-j\omega t_d}$$

由于

$$Y(j\omega) = H(j\omega)F(j\omega)$$

从而不难得到系统不失真传输在频域的条件为

$$H(j\omega) = Ke^{-j\omega t_d} \tag{3-112}$$

即系统无失真传输在频域中的幅频、相频条件为

$$\left.\begin{array}{r} |H(\mathrm{j}\omega)| = K \\ \phi(\omega) = -\omega t_\mathrm{d} \end{array}\right\} \tag{3-113}$$

式(3-113)表明：欲使信号通过线性系统不失真传输,应使系统函数的模值为常数,而相位特性为过原点的直线,如图3-54所示。

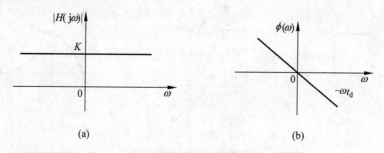

(a)　　　　　　　　　　　　　　(b)

图 3-54　系统不失真传输的幅频、相频条件

例 3-23　要使图 3-55(a)所示电路为一个无失真传输系统,试确定 R_1 和 R_2 的值,已知激励为正弦稳态函数。

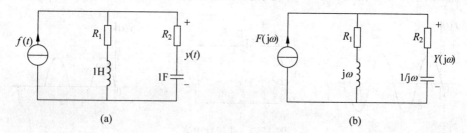

(a)　　　　　　　　　　　　　　(b)

图 3-55　例 3-23 图

解　图 3-55(a)电路的相量模型如图(b)所示。由相量法可得

$$Y(\mathrm{j}\omega) = \frac{(R_1 + \mathrm{j}\omega)\left(R_2 + \dfrac{1}{\mathrm{j}\omega}\right)}{R_1 + R_2 + \mathrm{j}\left(\omega - \dfrac{1}{\omega}\right)} F(\mathrm{j}\omega)$$

故系统函数

$$H(\mathrm{j}\omega) = \frac{Y(\mathrm{j}\omega)}{F(\mathrm{j}\omega)} = \frac{(R_1 R_2 + 1) + \mathrm{j}(\omega R_2 - R_1/\omega)}{(R_1 + R_2) + \mathrm{j}\left(\omega - \dfrac{1}{\omega}\right)}$$

若该电路为一个无失真传输系统,则应满足式(3-113),即

$$|H(\mathrm{j}\omega)| = K$$

$$\phi(\omega) = -\omega t_\mathrm{d}$$

可见,当 $R_1 = R_2 = 1\Omega$ 时,可满足此条件,即

$$|H(\mathrm{j}\omega)| = 1$$

$$\phi(\omega) = 0$$

所以

$$R_1 = R_2 = 1\Omega$$

3.9.5　理想低通滤波器

具有图 3-56 所示幅频、相频特性的系统称为理想低通滤波器,它将低于某一角频率 ω_c 的信号无失真地传送,而阻止角频率高于 ω_c 的信号通过,其中 ω_c 称为截止角频率。能使信号通过的频率范围称为通带,阻止信号通过的频率范围称为止带或阻带。

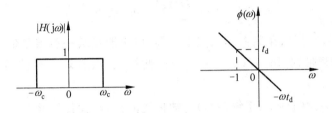

图 3-56　理想低通滤波器的系统函数

由图 3-56 可知,理想低通滤波器的系统函数为

$$H(\mathrm{j}\omega) = \begin{cases} \mathrm{e}^{-\mathrm{j}\omega t_d}, & |\omega| < \omega_c \\ 0, & |\omega| > \omega_c \end{cases} \tag{3-114}$$

式中, ω_c 为截止角频率; t_d 为延迟时间。

由 $H(\mathrm{j}\omega)$ 的物理意义可知,对式(3-114)直接求傅里叶反变换就可得到理想低通滤波器的冲激响应,即

$$\begin{aligned}
h(t) &= \mathscr{F}^{-1}\big[H(\mathrm{j}\omega)\big] = \frac{1}{2\pi}\int_{-\infty}^{\infty} H(\mathrm{j}\omega)\,\mathrm{e}^{\mathrm{j}\omega t}\,\mathrm{d}\omega \\
&= \frac{1}{2\pi}\int_{-\omega_c}^{\omega_c} \mathrm{e}^{-\mathrm{j}\omega t_d}\,\mathrm{e}^{\mathrm{j}\omega t}\,\mathrm{d}\omega \\
&= \frac{1}{2\pi}\int_{-\omega_c}^{\omega_c} \mathrm{e}^{\mathrm{j}\omega(t-t_d)}\,\mathrm{d}\omega \\
&= \frac{\omega_c}{\pi}\mathrm{Sa}\big[\omega_c(t-t_d)\big]
\end{aligned}$$

理想低通滤波器的冲激响应 $h(t)$ 如图 3-57 所示。

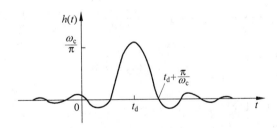

图 3-57　理想低通滤波器的冲激响应

由图 3-57 可以看到,理想低通滤波器的冲激响应 $h(t)$ 与激励信号 $\delta(t)$ 对照,波形产生失真。这是由于将 $\delta(t)$ 中 $|\omega| > \omega_c$ 的频率成分全部抑制后所产生的结果,此种失真为线性失真。同时还可看到冲激响应 $h(t)$ 在 $t=0$ 之前已经出现。这在物理上是不符合因果关系的,因为 $\delta(t)$ 是在 $t=0$ 时才加入,而由 $\delta(t)$ 所产生的响应 $h(t)$ 不应出现在加入 $\delta(t)$ 之前。可见,

理想低通滤波器在物理上是无法实现的。

一般来说,一个系统是否为物理可实现的,可用下面的准则来判断。

在时域,要求系统的冲激响应满足因果条件,即

$$h(t) = 0, \qquad t < 0 \tag{3-115}$$

在频域,有一个佩利—维纳准则,即 $H(j\omega)$ 物理可实现的必要条件是

$$\int_{-\infty}^{\infty} \frac{|\ln|H(j\omega)||}{1+\omega^2} d\omega < \infty \tag{3-116}$$

由上式可知,$|H(j\omega)|$ 可以在某些离散点上为零,但不能在某一有限频带内为零,这是因为在 $|H(j\omega)|=0$ 的频带内,$\ln|H(j\omega)|=\infty$。由此可见,所有理想滤波器都是物理不可实现的。

例 3-24　图 3-58(a)所示系统,$f(t)$ 为被传送的信号,设其频谱 $F(j\omega)$ 如图 3-58(b)所示,$s_1(t)=s_2(t)=\cos\omega_0 t$,$s_1(t)$ 为发送端的载波信号,$s_2(t)$ 为接收端的本地振荡信号。

(1) 求解并画出信号 $y_1(t)$ 的频谱 $Y_1(j\omega)$;

(2) 求解并画出信号 $y_2(t)$ 的频谱 $Y_2(j\omega)$;

(3) 今欲使输出信号 $y(t)=f(t)$,求理想低通滤波器的传递函数 $H(j\omega)$,并画出其图形。

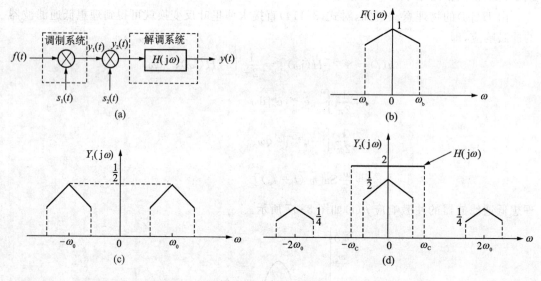

图 3-58　例 3-24 图

解　(1) 由于 $y_1(t)=f(t)s_1(t)=f(t)\cos\omega_0 t$

则由频谱搬移特性可知

$$Y_1(j\omega) = \frac{1}{2\pi}F(j\omega) * [\pi\delta(\omega+\omega_0) + \pi\delta(\omega-\omega_0)]$$

$$= \frac{1}{2}F[j(\omega+\omega_0)] + \frac{1}{2}F[j(\omega-\omega_0)]$$

其频谱如图 3-58(c)所示。

（2）由于 $y_2(t) = y_1(t)s_2(t) = f(t)\cos\omega_0 t \cdot \cos\omega_0 t = \dfrac{1}{2}f(t) + \dfrac{1}{2}f(t)\cos2\omega_0 t$

则由频谱搬移特性可知

$$Y_2(j\omega) = \frac{1}{2}F(j\omega) + \frac{1}{4\pi}F(j\omega) * \left[\pi\delta(\omega+2\omega_0) + \pi\delta(\omega-2\omega_0)\right]$$

$$= \frac{1}{2}F(j\omega) + \frac{1}{4}F[j(\omega+2\omega_0)] + \frac{1}{4}F[j(\omega-2\omega_0)]$$

其频谱包含着原信号 $f(t)$ 的全部信息，如图 3-58(d)所示。

（3）欲使 $y(t) = f(t)$，理想低通滤波器的传递函数 $H(j\omega)$ 应如图 3-58(d)的虚门框所示，即

$$H(j\omega) = 2G_{2\omega_c}(\omega)$$

其中截止角频率 ω_c 应满足条件

$$\omega_b \leqslant \omega_c \leqslant 2\omega_0 - \omega_b$$

评注 该题是信号传输系统调制与解调理论应用的基本概念，调制与解调的基本原理是利用信号与系统的频域分析和傅里叶变换的基本性质，将信号的频谱搬移，使之互不重叠地占据不同的频率范围，从而完成信号的传输与处理。为提高信道的传输效率，通信工程中往往还采用频分复用和时分复用等技术。

习题

3-1　已知函数集$\{\sin t, \sin 2t, \cdots, \sin nt\}$（$n$ 为正整数）。

（1）试证明该函数集在区间（0，2π）内为正交函数集；

（2）判断该函数集在区间（0，$\pi/2$）内是否为正交函数集。

3-2　证明题图 3-1 所示矩形脉冲信号在区间（0，π）内与
$\cos\pi t, \cos 2\pi t, \cdots, \cos n\pi t$ 正交（n 为正整数）。

3-3　将题图 3-2 所示信号 $f(t)$ 展开为三角型傅里叶级数。

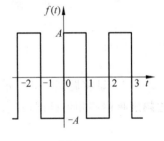

题图　3-1

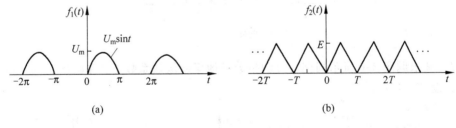

(a)　　　　　　　　　　(b)

题图　3-2

3-4　将题图 3-3 所示信号展开为指数型傅里叶级数。

3-5　如题图 3-4 所示四种相同周期的信号。

（1）求图（a）信号 $f_1(t)$ 的三角型傅里叶级数；

（2）利用 $f_1(t)$ 和 $f_2(t)$、$f_3(t)$、$f_4(t)$ 的关系，求 $f_2(t)$、$f_3(t)$ 和 $f_4(t)$ 的三角型傅里叶级数展开式。

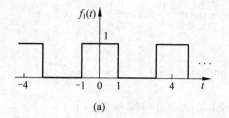

(a)

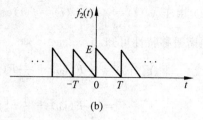

(b)

题图 3-3

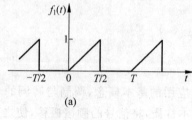

(a)

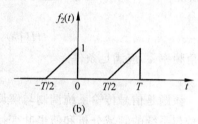

(b)

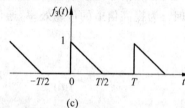

(c)

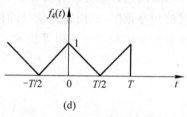

(d)

题图 3-4

3-6 试将题图 3-5 所示周期矩形脉冲信号 $f(t)$ 展开为傅里叶级数,画出其单边和双边幅度频谱和相位频谱,并求该信号的占有频带 B_w。

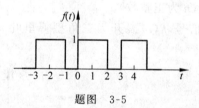

题图 3-5

3-7 试求题图 3-6 所示周期信号的指数型傅里叶级数系数 F_n,并画出它的幅度频谱。(图(c)中设 $T=4\tau$)

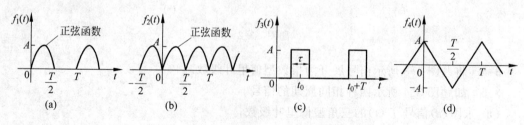

题图 3-6

3-8　已知周期函数 $f(t)$ 前四分之一周期的波形如题图 3-7 所示。根据下列各情况的要求，画出 $f(t)$ 在一个周期（$0 < t < T$）的波形：

(1) $f(t)$ 是偶函数，只含有偶次谐波；

(2) $f(t)$ 是偶函数，只含有奇次谐波；

(3) $f(t)$ 是偶函数，含有偶次和奇次谐波；

(4) $f(t)$ 是奇函数，只含有偶次谐波；

(5) $f(t)$ 是奇函数，只含有奇次谐波；

(6) $f(t)$ 是奇函数，含有偶次和奇次谐波。

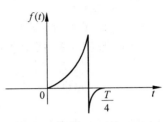

题图　3-7

3-9　求题图 3-8 所示各信号的傅里叶变换。

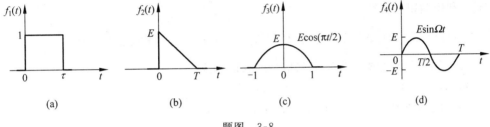

题图　3-8

3-10　试求下列信号的频谱函数：

(1) $f_1(t) = \varepsilon(-t)$　　　　(2) $f_2(t) = e^t \varepsilon(-t)$　　　　(3) $f_3(t) = \dfrac{1}{2}\mathrm{sgn}(-t)$

(4) $f_4(t) = e^{j2t}\varepsilon(t)$　　　　(5) $f_5(t) = \varepsilon(t-3)$　　　　(6) $f_6(t) = e^{-|t|}\cos t$

3-11　利用傅里叶变换的对称性求下列信号的频谱函数，并画出频谱图。

(1) $f_1(t) = \dfrac{\sin 2\pi(t-2)}{\pi(t-2)}$　　　　(2) $f_2(t) = G_2(t)$

3-12　已知信号 $f(t)$ 的频谱函数 $F(j\omega)$ 如下，求信号 $f(t)$ 的表达式：

(1) $F(j\omega) = \delta(\omega - \omega_0)$　　　　(2) $F(j\omega) = \delta(\omega + \omega_0) - \delta(\omega - \omega_0)$

(3) $F(j\omega) = \varepsilon(\omega + \omega_0) - \varepsilon(\omega - \omega_0)$

(4) $F(j\omega) = \begin{cases} \dfrac{\omega_0}{\pi}, & |\omega| \leqslant \omega_0 \\[2mm] 0, & |\omega| > \omega_0 \end{cases}$

3-13　利用傅里叶变换的微积分性质求题图 3-9 所示信号的频谱。

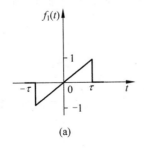
(a)

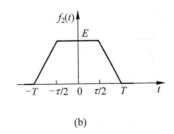
(b)

题图　3-9

3-14　求下列函数的傅里叶反变换：

(1) $\dfrac{1}{(2+j\omega)^2}$　　　(2) $-\dfrac{2}{\omega^2}$　　　(3) $G_{4\omega_0}(\omega)$

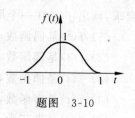

题图　3-10

3-15　已知 $f(t)*f'(t)=(1-t)e^{-t}\varepsilon(t)$，求信号 $f(t)$。

3-16　题图 3-10 所示余弦脉冲信号的表示式为

$$f(t)=\begin{cases}\dfrac{1}{2}(1+\cos\pi t),&|t|<1\\[2mm]0,&|t|>1\end{cases}$$

试用以下方法分别求其频谱函数 $F(j\omega)$：

(1) 利用傅里叶变换的定义；

(2) 利用微积分特性；

(3) $f(t)=G_2(t)\left(\dfrac{1}{2}+\dfrac{1}{2}\cos\pi t\right)$，利用傅里叶变换线性和频域卷积性质。

3-17　利用频域卷积定理求下列信号的频谱函数：

(1) $\cos\omega_0 t\varepsilon(t)$　　　　　　(2) $\sin\omega_0 t\varepsilon(t)$

3-18　已知题图 3-11 所示两矩形脉冲信号 $f_1(t)$ 和 $f_2(t)$，且

$$F_1(j\omega)=E_1\tau_1 Sa\left(\dfrac{\omega\tau_1}{2}\right)$$

$$F_2(j\omega)=E_2\tau_2 Sa\left(\dfrac{\omega\tau_2}{2}\right)$$

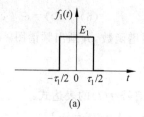
(a)

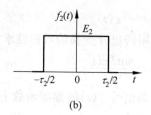
(b)

题图　3-11

(1) 画出 $f(t)=f_1(t)*f_2(t)$ 的图形；

(2) 求 $f(t)=f_1(t)*f_2(t)$ 的频谱函数 $F(j\omega)$，并与题 3-13(b)所用方法进行比较。

3-19　试求题图 3-12 所示信号的频谱函数。

3-20　设 $f(t)$ 为限带信号，频带宽度为 ω_m，其频谱 $F(j\omega)$ 如题图 3-13 所示。

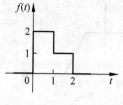

题图　3-12

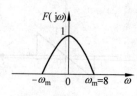

题图　3-13

(1) 求 $f(2t)$, $f\left(\dfrac{t}{2}\right)$ 的奈奎斯特抽样频率 f_N 与奈奎斯特间隔 T_N;

(2) 用抽样序列 $\delta_T(t) = \displaystyle\sum_{-\infty}^{\infty} \delta(t - nT_N)$ 对信号 $f(t)$ 进行抽样, 得抽样信号 $f_s(t)$, 求 $f_s(t)$ 的频谱 $F_s(j\omega)$, 画出频谱图;

(3) 若用同一个 $\delta_T(t)$ 对 $f(2t)$, $f\left(\dfrac{t}{2}\right)$ 分别进行抽样, 试画出两个抽样信号 $f_s(2t)$, $f_s\left(\dfrac{t}{2}\right)$ 的频谱图。

3-21　若下列各信号被抽样, 求奈奎斯特间隔 T_N 与奈奎斯特频率 f_N:

(1) $\mathrm{Sa}(100t)$　　　　　(2) $\mathrm{Sa}^2(100t)$　　　　　(3) $\mathrm{Sa}(50t)$

(4) $\mathrm{Sa}(100t) + \mathrm{Sa}^2(60t)$　　(5) $\mathrm{Sa}(200t)$　　　　　(6) $\cos 100\pi t + \cos 600\pi t$

3-22　对 $f_1(t) = \cos 100\pi t$ 和 $f_2(t) = \cos 700\pi t$ 两个信号都按周期 $T_s = 1/400\text{s}$ 抽样。试问哪个信号可不失真恢复成原信号。画出均匀冲激抽样信号 $f_s(t)$ 的波形及其频谱图。

3-23　已知一系统由两个相同的子系统级联构成, 子系统的冲激响应为

$$h_1(t) = h_2(t) = \frac{1}{\pi t}$$

激励信号为 $f(t)$。试证明系统的响应 $y(t) = -f(t)$。

3-24　求题图 3-14 所示电路的频域系统函数

$$H_1(j\omega) = \frac{U_C(j\omega)}{F(j\omega)} \qquad H_2(j\omega) = \frac{I(j\omega)}{F(j\omega)}$$

及相应单位冲激响应 $h_1(t)$ 与 $h_2(t)$。

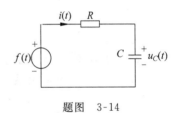

题图　3-14

3-25　求题图 3-15 所示电路的频域系统函数

$$H(j\omega) = \frac{U_2(j\omega)}{U_1(j\omega)}$$

3-26　题图 3-16 所示电路, $f(t) = 10e^{-t}\varepsilon(t) + 2\varepsilon(t)$。求关于 $i(t)$ 的单位冲激响应 $h(t)$ 和零状态响应 $i(t)$。

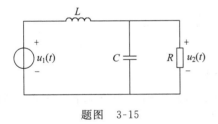

题图　3-15

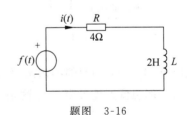

题图　3-16

3-27　已知系统的频域系统函数为

$$H(j\omega) = \frac{1 - j\omega}{1 + j\omega}$$

试求:

(1) 单位阶跃响应;

(2) 激励 $f(t) = e^{-2t}\varepsilon(t)$ 的零状态响应。

3-28　若 $H(j\omega)=\dfrac{1}{1+j\omega}$,激励为 $f(t)=\sin t+\sin 3t$,试求响应 $y(t)$,并画出 $f(t),y(t)$ 的波形。

3-29　已知系统函数

$$H(j\omega)=\dfrac{j\omega}{-\omega^2+j5\omega+6}$$

系统的初始状态 $y(0)=2,y'(0)=1$,激励 $f(t)=e^{-t}\varepsilon(t)$。求全响应 $y(t)$。

3-30　已知一线性时不变系统的方程为

$$\dfrac{d^2 y(t)}{dt^2}+4\dfrac{dy(t)}{dt}+3y(t)=\dfrac{df(t)}{dt}+2f(t)$$

求其系统函数 $H(j\omega)$ 和单位冲激响应 $h(t)$。

3-31　求题图 3-17 所示各系统的系统函数 $H(j\omega)$ 和单位冲激响应 $h(t)$。

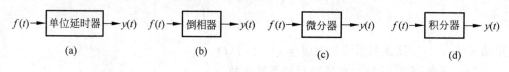

题图　3-17

3-32　求题图 3-18 所示系统的 $H(j\omega)$。

3-33　题图 3-19 所示系统,已知

$$f(t)=\sin 300t+2\cos 1000t+\cos 2000t$$
$$x(t)=\cos 5000t$$

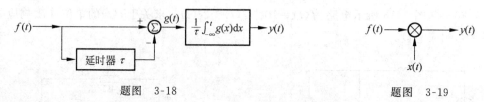

题图　3-18　　　　　　　　　　题图　3-19

试求响应 $y(t)=f(t)x(t)$ 的频谱函数,并画出频谱图。

3-34　理想低通滤波器的传输函数 $H(j\omega)=G_{2\pi}(\omega)$,求输入为下列各信号时的响应 $y(t)$:

(1) $f(t)=\mathrm{Sa}(t)$　　　　　(2) $f(t)=\dfrac{\sin(4\pi t)}{\pi t}$

3-35　如题图 3-20(a)所示系统,输入信号 $f(t)$ 的频谱函数 $F(j\omega)$ 如图 3-20(b),系统函数 $H(j\omega)$ 的频谱如图 3-20(c)所示,抽样信号 $p(t)$ 的周期为 2s。求:

(1) 频谱 $F_s(j\omega)$ 和 $Y(j\omega)$;

(2) 输出 $y(t)$。

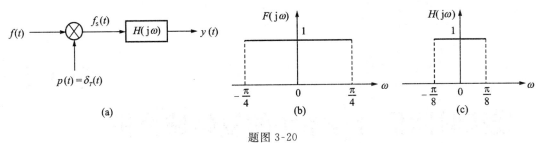

题图 3-20

3-36　如题图 3-21 所示系统框图。求：
（1）系统函数 $H(j\omega)=\dfrac{Y(j\omega)}{F(j\omega)}$；（2）若 $f(t)=2\cos t-$
$3\cos(2t+30°)$，试求该系统的稳态响应 $y(t)$。

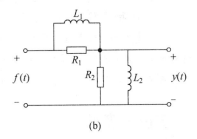

题图 3-21

3-37　如题图 3-22 所示电路,写出系统函数
$H(j\omega)$。若使之为无失真传输系统,元件参数应满足什么条件?

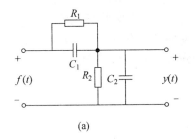

题图　3-22

3-38　如题图 3-23 所示系统。已知激励信号 $f(t)$ 的频谱函数如图中 $F(j\omega)$。试求响应 $y(t)$ 的频谱函数 $Y(j\omega)$。

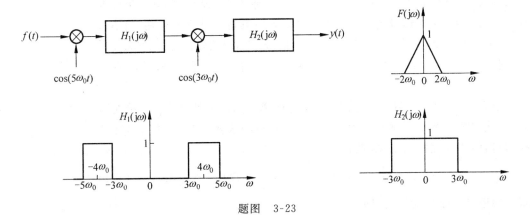

题图　3-23

第 4 章

连续时间信号与系统的复频域分析

拉普拉斯(Laplace)变换分析法简称拉氏变换法,是分析线性非时变连续时间系统的有效工具。它与傅里叶变换分析法(简称傅氏变换法)相比,可以扩大信号变换的范围,而且求解比较简便,应用更为广泛。

本章首先从傅氏变换导出拉氏变换,把频域扩展为复频域,给出拉氏变换的定义和一定的物理解释,然后讨论拉氏正、反变换以及拉氏变换的一些基本性质,并以此为基础,着重讨论线性连续系统的复频域分析法(或拉普拉斯变换分析法),以及应用系统函数及其零、极点分析系统特性的概念。这些概念在系统理论中占有十分重要地位。

4.1 拉普拉斯变换

4.1.1 从傅里叶变换到拉普拉斯变换

一个信号 $f(t)$ 若满足绝对可积条件,则其傅里叶变换一定存在,例如 $e^{-\alpha t}\varepsilon(t)(\alpha>0)$ 就是这种信号。若 $f(t)$ 不满足绝对可积条件,则其傅里叶变换不一定存在,例如信号 $\varepsilon(t)$ 在引入冲激函数后其傅里叶变换存在,而信号 $e^{\alpha t}\varepsilon(t)(\alpha>0)$ 的傅里叶变换不存在。若给信号 $e^{\alpha t}\varepsilon(t)$ 乘以信号 $e^{-\sigma t}(\sigma>\alpha)$,得到信号 $e^{-(\sigma-\alpha)t}\varepsilon(t)$,则该信号满足绝对可积条件,因此其傅里叶变换存在。

设有信号 $f(t)e^{-\sigma t}(\sigma$ 为实数),并且能选择适当的 σ 使 $f(t)e^{-\sigma t}$ 绝对可积,则该信号的傅里叶变换存在。若用 $F(\sigma+j\omega)$ 表示该信号的傅里叶变换,根据傅里叶变换的定义,则有

$$F(\sigma+j\omega) = \int_{-\infty}^{\infty} f(t)e^{-\sigma t}e^{-j\omega t}\,dt = \int_{-\infty}^{\infty} f(t)e^{-(\sigma+j\omega)t}\,dt \qquad (4\text{-}1)$$

根据傅里叶逆变换的定义,即

$$f(t)e^{-\sigma t} = \frac{1}{2\pi}\int_{-\infty}^{\infty} F(\sigma+j\omega)e^{j\omega t}\,d\omega$$

上式两边乘以 $e^{\sigma t}$,得

$$f(t) = \frac{1}{2\pi}\int_{-\infty}^{\infty} F(\sigma+j\omega)e^{(\sigma+j\omega)t}\,d\omega \qquad (4\text{-}2)$$

令 $s=\sigma+j\omega$，则 $ds=d(\sigma+j\omega)=jd\omega$，代入式（4-1）和式（4-2）得

$$F(s) = \int_{-\infty}^{\infty} f(t)e^{-st}\,dt \tag{4-3}$$

$$f(t) = \frac{1}{2\pi j}\int_{\sigma-j\infty}^{\sigma+j\infty} F(s)e^{st}\,ds, \quad t>-\infty \tag{4-4}$$

式（4-3）称为信号 $f(t)$ 的**双边拉普拉斯变换**（two-sided Laplace transform）或**广义傅里叶变换**（generalized Fourier transform）。它是复频域 s 的函数，记为 $F(s)=\mathscr{L}[f(t)]$。式（4-4）称为 $F(s)$ 的双边拉普拉斯逆变换或反变换，它是时间 t 的函数，记为 $f(t)=\mathscr{L}^{-1}[F(s)]$。$F(s)$ 又称为 $f(t)$ 的**象函数**（transform function），$f(t)$ 又称为 $F(s)$ 的**原函数**（original function）。$f(t)$ 与 $F(s)$ 构成了拉普拉斯变换对。可用双向箭头"←→"表示拉普拉斯变换的对应关系如下：

$$f(t) \longleftrightarrow F(s)$$

从上述由傅氏变换导出拉氏变换的过程中可以看出，信号 $f(t)$ 的拉普拉斯变换实际上就是 $f(t)e^{-\sigma t}$ 的傅里叶变换，因有衰减因子存在，使一些原来不收敛的信号收敛，满足绝对可积条件，扩大了利用变换域方法分析信号与系统的范围，因此拉普拉斯变换又称为广义傅里叶变换。

由于实际物理系统中的信号都是有始信号，因为有始信号在 $t<0$ 时，$f(t)=0$，或者信号虽然不起始于 $t=0$，而问题的讨论只需考虑 $t\geqslant0$ 的部分。在这种情况下，式（4-3）可以改写为

$$F(s) = \int_{0_-}^{\infty} f(t)e^{-st}\,dt \tag{4-5}$$

式（4-5）称为信号 $f(t)$ 的单边拉普拉斯变换，式中积分下限用 0_- 而不用 0_+，目的是把出现在 $t=0$ 处的冲激信号包含到积分中。单边拉普拉斯逆变换仍是式（4-4），只是时间范围改为 $t\geqslant0$。下面提及的拉普拉斯变换都是指单边拉普拉斯变换。

4.1.2　拉普拉斯变换的收敛域

从以上讨论可知，当信号 $f(t)$ 乘以衰减因子 $e^{-\sigma t}$（因子 $e^{-\sigma t}$，$\sigma>0$，当 $t\to\infty$ 时，$e^{-\sigma t}\to0$，故 $e^{-\sigma t}$ 也称为收敛因子）以后，就有可能满足绝对可积条件。但是否满足绝对可积条件，还要看 $f(t)$ 的性质与 σ 值的相对关系。可见，拉氏变换也有存在条件和收敛域的问题。

下面就来说明这个问题，因

$$F(s) = \int_{0_-}^{\infty} f(t)e^{-st}\,dt = \int_{0_-}^{\infty} f(t)e^{-\sigma t}\cdot e^{-j\omega t}\,dt$$

由上式可见，欲使 $F(s)$ 存在，则必须使 $f(t)e^{-\sigma t}$ 满足条件

$$\lim_{t\to\infty} f(t)e^{-\sigma t} = 0, \qquad \sigma>\sigma_0 \tag{4-6}$$

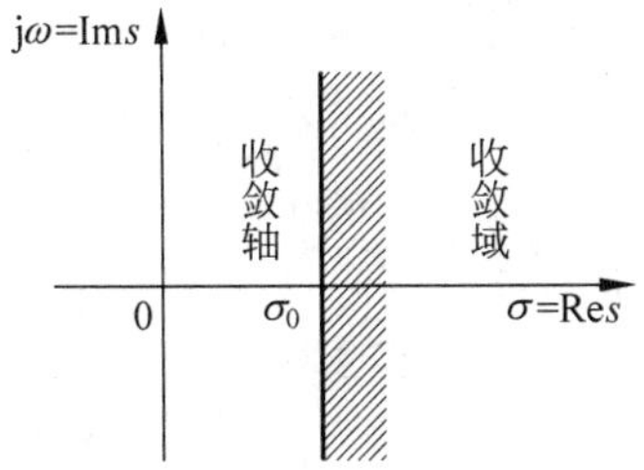

式中的 σ_0 值指出了函数 $f(t)e^{-\sigma t}$ 的收敛条件。σ_0 的值由函数 $f(t)$ 的性质确定。根据 σ_0 值，可将 s 平面（复频率平面）分为两个区域，如图 4-1 所示。通过 σ_0 点的垂直线是两个区域的分界线，称为**收敛轴**（axis of convergence），σ_0 称为**收敛坐标**（abscissa of convergence）。收敛轴以右的区域（不包括收敛轴在内）即为收敛域，收敛轴以左的区域

图 4-1　拉氏变换的收敛域

(包括收敛轴在内)则为非收敛域。$f(t)$ 或 $F(s)$ 的**收敛域**（region of convergence，ROC）是指：在 s 平面上能使式(4-6)满足的 σ 的取值范围，即 σ 只有在收敛域内取值，$f(t)$ 的拉氏变换 $F(s)$ 才能存在，且一定存在。

例 4-1 求下列各单边函数拉氏变换的收敛域（即求收敛坐标 σ_0）：

(1) $f(t)=\delta(t)$ (2) $f(t)=\varepsilon(t)$

(3) $f(t)=e^{-2t}\varepsilon(t)$ (4) $f(t)=e^{2t}\varepsilon(t)$

解 (1) $\lim\limits_{t\to\infty}\delta(t)e^{-\sigma t}=0$

可见，欲使上式成立，则必须有 $\sigma>-\infty$，$\sigma_0=-\infty$，故其收敛域为全 s 平面。

(2) $\lim\limits_{t\to\infty}\varepsilon(t)e^{-\sigma t}=0$

可见，欲使上式成立，则必须有 $\sigma>0$，$\sigma_0=0$ 其收敛域为 s 平面的右半平面，如图 4-2(a) 所示。

(3) $\lim\limits_{t\to\infty}e^{-2t}e^{-\sigma t}=\lim\limits_{t\to\infty}e^{-(2+\sigma)t}=0$

可见，欲使上式成立，则必须有 $(2+\sigma)>0$，即 $\sigma>-2$，此处 $\sigma_0=-2$，故其收敛域如图 4-2(b) 所示。

(4) $\lim\limits_{t\to\infty}e^{2t}e^{-\sigma t}=\lim\limits_{t\to\infty}e^{-(\sigma-2)t}=0$

可见，欲使上式成立，则必须有 $(\sigma-2)>0$，即 $\sigma>2$，$\sigma_0=2$，故其收敛域如图 4-2(c) 所示。

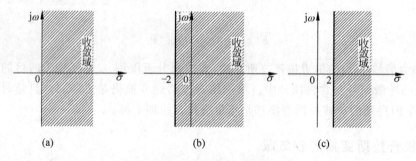

图 4-2 不同信号的收敛域

对于工程实际中的信号，只要把 σ 的值选取的足够大，式(4-6)总是可以满足的，所以它们的拉氏变换都是存在的。又由于本书仅讨论和应用单边拉氏变换，其收敛域必定存在，故在后面的讨论中，一般将不再说明函数是否收敛，也不再注明其收敛域。

4.1.3 常用信号的拉普拉斯变换

下面给出一些常用信号的拉普拉斯变换。

(1) 冲激信号 $\delta(t)$

$$\mathscr{L}[\delta(t)]=\int_{0_-}^{\infty}\delta(t)e^{-st}\,\mathrm{d}t=\int_{0_-}^{\infty}\delta(t)\,\mathrm{d}t=1$$

(2) 阶跃信号 $\varepsilon(t)$

$$\mathscr{L}[\varepsilon(t)]=\int_{0_-}^{\infty}\varepsilon(t)e^{-st}\,\mathrm{d}t=\frac{1}{s}$$

（3）指数函数信号 $\mathrm{e}^{-at}\varepsilon(t)$

$$\mathscr{L}\big[\mathrm{e}^{-at}\varepsilon(t)\big]=\int_{0_-}^{\infty}\mathrm{e}^{-at}\,\mathrm{e}^{-st}\,\mathrm{d}t=\frac{1}{s+\alpha}$$

此变换中 α 可扩展为复数，即

$$\mathscr{L}\big[\mathrm{e}^{-\mathrm{j}\omega_0 t}\varepsilon(t)\big]=\frac{1}{s+\mathrm{j}\omega_0}$$

（4）t 的正幂信号 $t^n\varepsilon(t)$（n 为正整数）

$$\mathscr{L}\big[t^n\varepsilon(t)\big]=\int_{0_-}^{\infty}t^n\,\mathrm{e}^{-st}\,\mathrm{d}t$$

对上式进行分部积分，令

$$u=t^n,\qquad \mathrm{d}u=nt^{n-1}\,\mathrm{d}t$$

$$v=\int\mathrm{e}^{-st}\,\mathrm{d}t=-\frac{1}{s}\mathrm{e}^{-st},\qquad \mathrm{d}v=\mathrm{e}^{-st}\,\mathrm{d}t$$

则有

$$\int_{0_-}^{\infty}t^n\mathrm{e}^{-st}\,\mathrm{d}t=\left[t^n\,\frac{(-1)}{s}\mathrm{e}^{-st}\right]_{0_-}^{\infty}+\int_{0_-}^{\infty}\frac{1}{s}\mathrm{e}^{-st}nt^{n-1}\,\mathrm{d}t$$

$$=\frac{n}{s}\int_{0_-}^{\infty}t^{n-1}\mathrm{e}^{-st}\,\mathrm{d}t=\frac{n}{s}\mathscr{L}\big[t^{n-1}\varepsilon(t)\big]$$

所以

$$\mathscr{L}\big[t^n\varepsilon(t)\big]=\frac{n}{s}\mathscr{L}\big[t^{n-1}\varepsilon(t)\big]=\frac{n(n-1)}{s^2}\mathscr{L}\big[t^{n-2}\varepsilon(t)\big]$$

$$=\frac{n(n-1)(n-2)\cdots 2\times 1}{s^n}\mathscr{L}\big[t^0\varepsilon(t)\big]=\frac{n!}{s^{n+1}}$$

若 $n=1$，则 $\mathscr{L}\big[t\varepsilon(t)\big]=\dfrac{1}{s^2}$。

（5）余弦信号 $\cos\omega_0 t\varepsilon(t)$

因为

$$\cos\omega_0 t=\frac{1}{2}(\mathrm{e}^{\mathrm{j}\omega_0 t}+\mathrm{e}^{-\mathrm{j}\omega_0 t})$$

所以

$$\mathscr{L}\big[\cos\omega_0 t\varepsilon(t)\big]=\frac{1}{2}\mathscr{L}\big[\mathrm{e}^{\mathrm{j}\omega_0 t}\varepsilon(t)\big]+\frac{1}{2}\mathscr{L}\big[\mathrm{e}^{-\mathrm{j}\omega_0 t}\varepsilon(t)\big]$$

$$=\frac{1}{2}\left(\frac{1}{s-\mathrm{j}\omega_0}+\frac{1}{s+\mathrm{j}\omega_0}\right)=\frac{s}{s^2+\omega_0^2}$$

（6）正弦信号 $\sin\omega_0 t\varepsilon(t)$

因为

$$\sin\omega_0 t=\frac{1}{2\mathrm{j}}(\mathrm{e}^{\mathrm{j}\omega_0 t}-\mathrm{e}^{-\mathrm{j}\omega_0 t})$$

所以

$$\mathscr{L}\big[\sin\omega_0 t\varepsilon(t)\big]=\frac{1}{2\mathrm{j}}\mathscr{L}\big[\mathrm{e}^{\mathrm{j}\omega_0 t}\varepsilon(t)\big]-\frac{1}{2\mathrm{j}}\mathscr{L}\big[\mathrm{e}^{-\mathrm{j}\omega_0 t}\varepsilon(t)\big]$$

$$=\frac{1}{2\mathrm{j}}\left(\frac{1}{s-\mathrm{j}\omega_0}-\frac{1}{s+\mathrm{j}\omega_0}\right)=\frac{\omega_0}{s^2+\omega_0^2}$$

实际常见的许多信号，利用式(4-5)拉氏变换定义，均可求出其拉氏变换。现将常用信号及其拉氏变换列于表 4-1，利用此表可以方便地查出待求的象函数 $F(s)$ 或原函数 $f(t)$。

表 4-1 常用信号及其拉氏变换

$f(t)\varepsilon(t)$	$F(s)$
$\delta(t)$	1
$\delta^{(n)}(t)$	s^n
$\varepsilon(t)$	$\dfrac{1}{s}$
$t\varepsilon(t)$	$\dfrac{1}{s^2}$
$t^n\varepsilon(t)\,(n\text{ 为正整数})$	$\dfrac{n!}{s^{n+1}}$
$e^{-at}\varepsilon(t)$	$\dfrac{1}{s+a}$
$te^{-at}\varepsilon(t)$	$\dfrac{1}{(s+\alpha)^2}$
$e^{-j\omega_0 t}\varepsilon(t)$	$\dfrac{1}{s+j\omega_0}$
$\sin\omega_0 t\varepsilon(t)$	$\dfrac{\omega_0}{s^2+\omega_0^2}$
$\cos\omega_0 t\varepsilon(t)$	$\dfrac{s}{s^2+\omega_0^2}$
$e^{-at}\sin\omega_0 t\varepsilon(t)$	$\dfrac{\omega_0}{(s+\alpha)^2+\omega_0^2}$
$e^{-at}\cos\omega_0 t\varepsilon(t)$	$\dfrac{s+\alpha}{(s+\alpha)^2+\omega_0^2}$
$\displaystyle\sum_{n=0}^{\infty}\delta(t-nT)$	$\dfrac{1}{1-e^{-sT}}$
$\displaystyle\sum_{n=0}^{\infty}f_0(t-nT)$	$\dfrac{F_0(s)}{1-e^{-sT}}$
$\displaystyle\sum_{n=0}^{\infty}[\varepsilon(t-nT)-\varepsilon(t-nT-\tau)],T>\tau$	$\dfrac{1-e^{-s\tau}}{s(1-e^{-sT})}$

4.2 拉普拉斯变换的基本性质

拉普拉斯变换建立了信号时域描述和复频域描述之间的联系。当信号在一域中有所变化时,在另一域里必然要发生相应的变化,这种相应变化的规律称为变换的性质。利用这些性质可以使信号的运算和分析得到简化。由于拉氏变换是傅氏变换的推广,所以两种变换的性质在很多情况下是相似的。在某些性质中,只需把傅氏变换中的 $j\omega$ 用 s 替代即可。但是要注意到傅氏变换是双边的,对于单边拉氏变换,有些性质有差别,使用时应注意。下面介绍拉氏变换的一些基本的性质,其中类似傅氏变换的性质则不再证明。

4.2.1 拉氏变换的基本特性

(1) 线性特性

若

$$f_1(t)\longleftrightarrow F_1(s),\qquad f_2(t)\longleftrightarrow F_2(s)$$

则

$$af_1(t) + bf_2(t) \longleftrightarrow aF_1(s) + bF_2(s)$$

式中,a 和 b 为任意常数。

（2）展缩特性

若

$$f(t) \longleftrightarrow F(s)$$

则

$$f(at) \longleftrightarrow \frac{1}{a}F\left(\frac{s}{a}\right), \qquad a > 0$$

式中规定 $a > 0$ 是必要的,因为 $f(t)$ 为有始信号,若 $a < 0$ 则 $f(at)$ 的单边拉氏变换为零,导致此展缩特性失效。

（3）时移特性（时域延时）

若

$$f(t)\varepsilon(t) \longleftrightarrow F(s)$$

则

$$f(t-t_0)\varepsilon(t-t_0) \longleftrightarrow e^{-st_0}F(s), \qquad t_0 > 0 \tag{4-7}$$

式中 $t_0 > 0$ 的规定对单边拉氏变换是必要的,因为若 $t_0 < 0$,信号的波形有可能左移越过原点,导致原点左边部分的信号对积分失去贡献。此式的证明如下：

$$\mathscr{L}\big[f(t-t_0)\varepsilon(t-t_0)\big] = \int_0^\infty f(t-t_0)\varepsilon(t-t_0)e^{-st}\,\mathrm{d}t$$

$$= \int_{t_0}^\infty f(t-t_0)e^{-st}\,\mathrm{d}t$$

令 $x = t-t_0$,则 $t = x+t_0$,$\mathrm{d}t = \mathrm{d}x$,于是上式可写为

$$\mathscr{L}\big[f(t-t_0)\varepsilon(t-t_0)\big] = \int_0^\infty f(x)e^{-sx}e^{-st_0}\,\mathrm{d}x$$

$$= e^{-st_0}\int_0^\infty f(x)e^{-sx}\,\mathrm{d}x = e^{-st_0}F(s)$$

此性质表明：若波形延时 t_0,则它的拉氏变换应乘以 e^{-st_0}。例如延迟 t_0 时间的单位阶跃函数 $\varepsilon(t-t_0)$,其变换式为 $\frac{1}{s}e^{-st_0}$。

需要强调指出,式(4-7)中时移信号 $f(t-t_0)\varepsilon(t-t_0)$ 是指因果信号 $f(t)\varepsilon(t)$ 延时 t_0 后的信号,而并非 $f(t-t_0)\varepsilon(t)$。例如,信号 $\cos(\beta t)\varepsilon(t)$ 延时 t_0 后,显然 $\cos[\beta(t-t_0)]\varepsilon(t-t_0)$ 与 $\cos[\beta(t-t_0)]\varepsilon(t)$ 是不同的,它们的拉氏变换当然不会相同。

如果信号 $f(t)\varepsilon(t)$ 既延时,又展缩时间,且有

$$f(t)\varepsilon(t) \longleftrightarrow F(s)$$

则

$$f(at-b)\varepsilon(at-b) \longleftrightarrow \frac{1}{a}e^{-\frac{b}{a}s}F\left(\frac{s}{a}\right)$$

式中,实常数 $a > 0$,$b \geqslant 0$。

例 4-2　求图 4-3(a)所示矩形脉冲的拉氏变换。矩形脉冲 $f(t)$ 的宽度为 t_0,幅度为 A,它可以分解为阶跃信号 $A\varepsilon(t)$ 与延迟阶跃信号 $A\varepsilon(t-t_0)$ 之差,如图 4-3(b)与(c)所示。

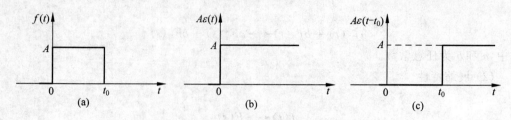

图 4-3　矩形脉冲分为两个阶跃信号之差

解　已知

$$f(t) = A\varepsilon(t) - A\varepsilon(t - t_0)$$

由线性特性

$$\mathscr{L}[A\varepsilon(t)] = \frac{A}{s}$$

由延时特性

$$\mathscr{L}[A\varepsilon(t - t_0)] = \frac{A}{s}e^{-st_0}$$

所以

$$F(s) = \mathscr{L}[f(t)] = \mathscr{L}[A\varepsilon(t) - A\varepsilon(t - t_0)]$$
$$= \frac{A}{s}(1 - e^{-st_0})$$

例 4-3　求图 4-4 所示锯齿波 $f(t)$ 的拉氏变换。

解　首先写出 $f(t)$ 的时域函数表达式为

$$f(t) = \frac{A}{T}t[\varepsilon(t) - \varepsilon(t - T)]$$
$$= \frac{A}{T}t\varepsilon(t) - \frac{A}{T}t\varepsilon(t - T)$$
$$= \frac{A}{T}t\varepsilon(t) - \frac{A}{T}(t - T)\varepsilon(t - T) - A\varepsilon(t - T)$$

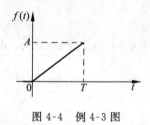

图 4-4　例 4-3 图

应用拉氏变换的线性和时移特性,有

$$F(s) = \mathscr{L}[f(t)] = \frac{A}{T}\mathscr{L}[t\varepsilon(t)] - \frac{A}{T}\mathscr{L}[(t - T)\varepsilon(t - T)]$$
$$- \frac{A}{T}\mathscr{L}[T\varepsilon(t - T)]$$
$$= \frac{A}{T}\left(\frac{1}{s^2} - \frac{1}{s^2}e^{-sT} - \frac{T}{s}e^{-sT}\right)$$
$$= \frac{A}{T}\frac{[1 - (1 + sT)e^{-sT}]}{s^2}$$

例 4-4　已知 $f_1(t) = e^{-2(t-1)}\varepsilon(t-1)$, $f_2(t) = e^{-2(t-1)}\varepsilon(t)$, 求 $f_1(t) + f_2(t)$ 的象函数。

解　因为

$$e^{-2t}\varepsilon(t) \longleftrightarrow \frac{1}{s + 2}$$

根据时移性质,得

$$F_1(s) = \mathscr{L}\left[e^{-2(t-1)}\varepsilon(t-1)\right] = \frac{e^{-s}}{s+2}$$

$f_2(t)$ 又可以表示为

$$f_2(t) = e^{-2(t-1)}\varepsilon(t) = e^2 e^{-2t}\varepsilon(t)$$

根据线性特性,得

$$F_2(s) = \frac{e^2}{s+2}$$

$$\mathscr{L}[f_1(t) + f_2(t)] = F_1(s) + F_2(s) = \frac{e^2 + e^{-s}}{s+2}$$

时移性的一种重要应用是求周期信号的拉氏变换。若以 T 为周期的周期信号 $f(t)$ 的第一个周期 $[0, T]$ 内用 $f_1(t)$ 表示,则有

$$f(t)\varepsilon(t) = f_1(t)\varepsilon(t) + f_1(t-T)\varepsilon(t-T) + f_1(t-2T)\varepsilon(t-2T) + \cdots$$
$$+ f_1(t-nT)\varepsilon(t-nT) + \cdots$$

若 $F_1(s) = \mathscr{L}[f_1(t)]$,则根据拉氏变换的时移特性可得

$$F(s) = \mathscr{L}[f(t)] = F_1(s) + F_1(s)e^{-sT} + F_1(s)e^{-2sT} + \cdots + F_1(s)e^{-nsT} + \cdots$$
$$= (1 + e^{-sT} + e^{-2sT} + \cdots + e^{-nsT} + \cdots)F_1(s)$$
$$= \frac{1}{1 - e^{-sT}}F_1(s) \tag{4-8}$$

这就是说,周期信号的单边拉氏变换等于其第一个周期波形的拉氏变换乘以 $\dfrac{1}{1-e^{-sT}}$。

（4）复频移特性

若

$$\mathscr{L}[f(t)] = F(s)$$

则

$$\mathscr{L}[f(t)e^{\pm s_0 t}] = F(s \mp s_0) \tag{4-9}$$

此性质表明,时间函数乘以 $e^{\pm s_0 t}$ 相当于其拉氏变换式在 s 域内移动 $\mp s_0$。

例 4-5　已知 $f_1(t) = \cos(\omega_0 t)\varepsilon(t)$, $f_2(t) = \sin(\omega_0 t)\varepsilon(t)$,求 $f_1(t)$ 和 $f_2(t)$ 的象函数。

解　$f_1(t)$ 可以表示为

$$f_1(t) = \frac{1}{2}(e^{j\omega_0 t} + e^{-j\omega_0 t})\varepsilon(t)$$

由 $\varepsilon(t) \longleftrightarrow \dfrac{1}{s}$,根据复频移性质,则有

$$e^{j\omega_0 t}\varepsilon(t) \longleftrightarrow \frac{1}{s - j\omega_0}$$

$$e^{-j\omega_0 t}\varepsilon(t) \longleftrightarrow \frac{1}{s + j\omega_0}$$

根据线性特性得

$$F_1(s) = \mathscr{L}[\cos(\omega_0 t)\varepsilon(t)] = \frac{1}{2}\left(\frac{1}{s - j\omega_0} + \frac{1}{s + j\omega_0}\right)$$
$$= \frac{s}{s^2 + \omega_0^2}$$

同理可得

$$F_2(s) = \mathscr{L}[\sin(\omega_0 t)\varepsilon(t)] = \frac{\omega_0}{s^2 + \omega_0^2}$$

（5）时域微分

若

$$\mathscr{L}[f(t)] = F(s)$$

则

$$\mathscr{L}\left[\frac{\mathrm{d}f(t)}{\mathrm{d}t}\right] = sF(s) - f(0_-) \tag{4-10}$$

及

$$\mathscr{L}\left[\frac{\mathrm{d}^n f(t)}{\mathrm{d}t^n}\right] = s^n F(s) - s^{n-1} f(0_-) - s^{n-2} f'(0_-) - \cdots - f^{(n-1)}(0_-) \tag{4-11}$$

式中 $f(0_-)$ 及 $f^{(n)}(0_-)$ 分别表示 $f(t)$ 及 $f(t)$ 的 n 阶微分 $f^{(n)}(t)$ 在 $t=0_-$ 时的值。

证明　根据拉氏变换定义

$$\mathscr{L}\left[\frac{\mathrm{d}f(t)}{\mathrm{d}t}\right] = \int_{0_-}^{\infty} \frac{\mathrm{d}f(t)}{\mathrm{d}t} \mathrm{e}^{-st} \mathrm{d}t$$

积分下限取 0_- 是把 $f(t)$ 中可能存在的冲激信号也包含在积分中。应用分部积分法，则有

$$\mathscr{L}\left[\frac{\mathrm{d}f(t)}{\mathrm{d}t}\right] = \left[\mathrm{e}^{-st} f(t)\right]_{0_-}^{\infty} - \int_{0_-}^{\infty} (-s)\mathrm{e}^{-st} f(t)\mathrm{d}t = sF(s) - f(0_-)$$

式（4-10）得证。

同理可得

$$\mathscr{L}\left[\frac{\mathrm{d}^2 f(t)}{\mathrm{d}t^2}\right] = \int_{0_-}^{\infty} \frac{\mathrm{d}^2 f(t)}{\mathrm{d}t^2} \mathrm{e}^{-st} \mathrm{d}t = \int_{0_-}^{\infty} \frac{\mathrm{d}}{\mathrm{d}t}\left[\frac{\mathrm{d}f(t)}{\mathrm{d}t}\right] \mathrm{e}^{-st} \mathrm{d}t$$

$$= sF(s) - f(0_-) - \frac{\mathrm{d}f(t)}{\mathrm{d}t}\bigg|_{t=0_-}$$

$$= s^2 F(s) - sf(0_-) - f'(0_-)$$

以此类推，可得式（4-11）。

若 $f(t)$ 为单边信号，则式（4-10）中由于 $f(0_-)=0$ 而简化为

$$\mathscr{L}\left\{\frac{\mathrm{d}[f(t)\varepsilon(t)]}{\mathrm{d}t}\right\} = sF(s) \tag{4-12}$$

可见，虽然 $\mathscr{L}[f(t)] = \mathscr{L}[f(t)\varepsilon(t)]$，但 $\mathscr{L}\left[\frac{\mathrm{d}}{\mathrm{d}t}f(t)\right]$ 不一定和 $\mathscr{L}\left\{\frac{\mathrm{d}[f(t)\varepsilon(t)]}{\mathrm{d}t}\right\}$ 相等，而与 $f(0_-)$ 是否为零有关。为什么微分的变换式与 $f(0_-)$ 有关呢？请看下面一例。

例 4-6　已知 $f_1(t) = \mathrm{e}^{-at}\varepsilon(t)$，$f_2(t) = \begin{cases} \mathrm{e}^{-at}, & t>0 \\ -1, & t<0 \end{cases}$，分别如图 4-5(a)、(b)所示，试求 $f_1'(t)$ 与 $f_2'(t)$ 的拉氏变换。

解　因为

$$\frac{\mathrm{d}f_1(t)}{\mathrm{d}t} = \delta(t) - \alpha \mathrm{e}^{-at}\varepsilon(t)$$

所以

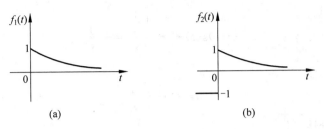

图 4-5　例 4-6 中两信号的波形

$$\mathscr{L}\left[\frac{\mathrm{d}}{\mathrm{d}t}f_1(t)\right]=1-\frac{\alpha}{s+\alpha}=\frac{s}{s+\alpha}=sF_1(s)$$

而

$$\frac{\mathrm{d}f_2(t)}{\mathrm{d}t}=2\delta(t)-\alpha\mathrm{e}^{-\alpha t}\varepsilon(t)$$

所以

$$\mathscr{L}\left[\frac{\mathrm{d}}{\mathrm{d}t}f_2(t)\right]=2-\frac{\alpha}{s+\alpha}=\frac{2s+\alpha}{s+\alpha}=\frac{s}{s+\alpha}+1=sF_2(s)-f(0_-)$$

式中

$$F_2(s)=F_1(s)=\frac{1}{s+\alpha}$$

$$f(0_-)=-1$$

两种信号微分的变换式之所以不同,原因在于两个信号在 $t=0$ 处的跳变值不同。

(6) 复频域微分性

若

$$f(t)\longleftrightarrow F(s)$$

则

$$\mathscr{L}\left[-tf(t)\right]=\frac{\mathrm{d}F(s)}{\mathrm{d}s} \tag{4-13}$$

推广

$$\mathscr{L}\left[(-t)^n f(t)\right]=\frac{\mathrm{d}^n F(s)}{\mathrm{d}s^n} \tag{4-14}$$

证　根据单边拉普拉斯变换的定义

$$F(s)=\int_{0_-}^{\infty}f(t)\mathrm{e}^{-st}\mathrm{d}t$$

对上式两边关于 s 分别求一次导数和 n 次导数,并交换微分和积分次序,就可证明式(4-13)和式(4-14)。具体证明过程从略。

例 4-7　已知 $f_1(t)=t\varepsilon(t)$, $f_2(t)=t^n\varepsilon(t)$,求 $f_1(t)$、$f_2(t)$ 的象函数。

解　因为

$$\varepsilon(t)\longleftrightarrow\frac{1}{s}$$

据复频域微分性,得

$$(-t)\varepsilon(t) \longleftrightarrow \frac{\mathrm{d}\dfrac{1}{s}}{\mathrm{d}s} = -\frac{1}{s^2}$$

或

$$t\varepsilon(t) \longleftrightarrow \frac{1}{s^2}$$

再应用复频域微分性,得

$$(-t)t\varepsilon(t) \longleftrightarrow \frac{\mathrm{d}\dfrac{1}{s^2}}{\mathrm{d}s} = -\frac{2}{s^3}$$

即

$$t^2\varepsilon(t) \longleftrightarrow \frac{2}{s^3}$$

继续应用复频域微分性,则

$$t^n\varepsilon(t) \longleftrightarrow \frac{n!}{s^{n+1}}$$

例 4-8　试求信号 $f(t) = t^2 \mathrm{e}^{-\alpha t}\varepsilon(t)$ 的拉氏变换。

解　令 $f_1(t) = \mathrm{e}^{-\alpha t}\varepsilon(t)$,则

$$F_1(s) = \mathscr{L}[f_1(t)] = \frac{1}{s+\alpha}$$

由复频域微分,得

$$t^2 \mathrm{e}^{-\alpha t}\varepsilon(t) = (-t)^2 f_1(t) \longleftrightarrow \frac{\mathrm{d}^2 F_1(s)}{\mathrm{d}s^2} = \frac{2}{(s+\alpha)^3}$$

即

$$F(s) = \mathscr{L}[f(t)] = \frac{2}{(s+\alpha)^3}$$

(7) 时域积分

若

$$\mathscr{L}[f(t)] = F(s)$$

则

$$\int_{0_-}^{t} f(\tau)\mathrm{d}\tau \longleftrightarrow \frac{1}{s}F(s) \tag{4-15}$$

及

$$\int_{-\infty}^{t} f(\tau)\mathrm{d}\tau \longleftrightarrow \frac{1}{s}F(s) + \frac{1}{s}f^{(-1)}(0_-) \tag{4-16}$$

式中

$$f^{(-1)}(0_-) = \int_{-\infty}^{t} f(\tau)\mathrm{d}\tau \bigg|_{t=0_-} = \int_{-\infty}^{0_-} f(\tau)\mathrm{d}\tau$$

证明　根据拉氏变换的定义

$$\mathscr{L}\left[\int_{0_-}^{t} f(\tau)\mathrm{d}\tau\right] = \int_{0_-}^{\infty}\left[\int_{0_-}^{t} f(\tau)\mathrm{d}\tau\right]\mathrm{e}^{-st}\,\mathrm{d}t$$

应用分部积分法可得

$$\mathscr{L}\left[\int_{0_-}^t f(\tau)\mathrm{d}\tau\right] = \left[\frac{-\mathrm{e}^{-st}}{s}\int_{0_-}^t f(\tau)\mathrm{d}\tau\right]_{0_-}^\infty + \frac{1}{s}\int_{0_-}^\infty f(t)\mathrm{e}^{-st}\mathrm{d}t$$

当 $t\to\infty$ 或 $t=0_-$ 时,上式等号右边第一项为零,所以

$$\int_{0_-}^t f(\tau)\mathrm{d}\tau \longleftrightarrow \frac{1}{s}F(s)$$

式(4-15)得证。

若积分下限由 $-\infty$ 开始,则有

$$\int_{-\infty}^t f(\tau)\mathrm{d}\tau = \int_{-\infty}^{0_-} f(\tau)\mathrm{d}\tau + \int_{0_-}^t f(\tau)\mathrm{d}\tau = f^{(-1)}(0_-) + \int_{0_-}^t f(\tau)\mathrm{d}\tau$$

所以

$$\mathscr{L}\left[\int_{-\infty}^t f(\tau)\mathrm{d}\tau\right] = \frac{1}{s}F(s) + \frac{1}{s}f^{(-1)}(0_-)$$

式(4-16)得证。

时域微分和时域积分这两个性质可将 $f(t)$ 的微分和积分方程化为复频域 $F(s)$ 的代数方程,而且自动引入初始状态,是线性连续系统复频域分析的依据之一,在系统分析中十分有用。

4.2.2　拉氏变换的卷积及初、终值定理

与傅氏变换类似,拉氏变换除了上述的基本特性之外,在时域和复频域之间卷积积分、信号乘积、初值和终值的计算也存在一些重要的映射关系,它们在系统分析中具有重要的作用。

(1) 时域卷积

若

$$\mathscr{L}[f_1(t)] = F_1(s), \qquad \mathscr{L}[f_2(t)] = F_2(s)$$

则

$$\mathscr{L}[f_1(t) * f_2(t)] = F_1(s)F_2(s) \tag{4-17}$$

式(4-17)说明,两个信号时域的卷积对应到复频域是两个信号各自拉氏变换的乘积。这个性质与傅里叶变换的卷积性质类似,这里不作证明。在应用变换法求解系统响应中,这是一个简便而又重要的定理。

例 4-9　已知某线性时不变(LTI)系统的冲激响应 $h(t)=\mathrm{e}^{-t}\varepsilon(t)$,试用时域卷积定理求解输入信号 $f(t)=\varepsilon(t)$ 时的零状态响应 $y_\mathrm{f}(t)$。

解　由第 2 章可知,LTI 连续时间系统的零状态响应

$$y_\mathrm{f}(t) = f(t) * h(t)$$

根据时域卷积定理有

$$Y_\mathrm{f}(s) = F(s)H(s)$$

式中 $H(s)=\mathscr{L}[h(t)]$,称为系统函数。由于

$$f(t) \longleftrightarrow F(s) = \frac{1}{s}$$

$$h(t) \longleftrightarrow H(s) = \frac{1}{s+1}$$

故

$$Y_f(s) = F(s)H(s) = \frac{1}{s}\frac{1}{s+1} = \frac{1}{s} - \frac{1}{s+1}$$

对上式取拉普拉斯逆变换,得

$$y_f(t) = \varepsilon(t) - e^{-t}\varepsilon(t) = (1 - e^{-t})\varepsilon(t)$$

关于求解系统响应的问题将在后续节中详细讨论。

(2) 时域乘积

若

$$\mathscr{L}[f_1(t)] = F_1(s), \qquad \mathscr{L}[f_2(t)] = F_2(s)$$

则

$$\mathscr{L}[f_1(t)f_2(t)] = \frac{1}{2\pi j}[F_1(s) * F_2(s)] \tag{4-18}$$

式(4-18)表明,两个信号时域乘积对应到复频域为复卷积,复卷积的定义是

$$F_1(s) * F_2(s) = \int_{\sigma-j\infty}^{\sigma+j\infty} F_1(\eta)F_2(s-\eta)\mathrm{d}\eta$$

这个时域乘积的对应关系与傅里叶变换的同类性质相类似,这里不另证明。

(3) 初值定理

若 $\mathscr{L}[f(t)] = F(s)$,且 $\lim\limits_{s\to\infty}[sF(s)]$ 存在,则 $f(t)$ 的初值

$$f(0_+) = \lim_{t\to 0_+} f(t) = \lim_{s\to\infty}[sF(s)]$$

初值定理表明,欲求信号在时域中 $t=0_+$ 时的初值,可以通过其复频域中的 $F(s)$ 乘以 s 后取 $s\to\infty$ 的极限得到,而无须在时域中求解,但前提是 $\lim\limits_{s\to\infty}[sF(s)]$ 必须存在。若欲保证 $\lim\limits_{s\to\infty}[sF(s)]$ 必须存在,$F(s)$ 应是 s 变量的真分式。

若 $F(s)$ 是假分式,可用长除法将其写成 s 多项式 $P(s)$ 和真分式 $F_0(s)$ 之和,即

$$F(s) = P(s) + F_0(s)$$

则

$$f(0_+) = \lim_{s\to\infty}[sF_0(s)]$$

(4) 终值定理

若 $\mathscr{L}[f(t)] = F(s)$,且 $\lim\limits_{t\to\infty} f(t)$ 存在,则 $f(t)$ 的终值

$$f(\infty) = \lim_{t\to\infty} f(t) = \lim_{s\to 0}[sF(s)]$$

终值定理表明,欲求信号在时域中 $t=\infty$ 时的终值,可以通过其复频域中的 $F(s)$ 乘以 s 后取 $s\to 0$ 的极限得到,亦无须在时域中求解,但应保证时域中 $\lim\limits_{t\to\infty} f(t)$ 是存在的。

$\lim\limits_{t\to\infty} f(t)$ 存在的条件是 $F(s)$ 的极点必须位于复平面中的左半平面,虚轴上有极点必须是 $s=0$ 的一阶极点。总之,只有 $f(t)$ 存在终值时才能应用终值定理。当然,原函数 $f(t)$ 的初值与终值也不必先求出 $f(t)$ 的表达式,然后再得到 $f(0_+)$ 及 $f(\infty)$。

例 4-10　已知复频域 $F(s)=\dfrac{1}{s+1}$ 中，试求时域中 $f(t)$ 的初值和终值。

解　根据初值定理和终值定理

$$f(0_+) = \lim_{s \to \infty}[sF(s)] = \lim_{s \to \infty}\frac{s}{s+1} = 1$$

$$f(\infty) = \lim_{s \to 0}[sF(s)] = \lim_{s \to 0}\frac{s}{s+1} = 0$$

这与 $f(t)=\mathrm{e}^{-t}\varepsilon(t)$ 时域信号完全吻合。

例 4-11　求 $F(s)=\dfrac{s^2+2s+1}{s^3+s^2+4s-6}$ 在时域中 $f(t)$ 的初值和终值。

解　根据初值定理

$$f(0_+) = \lim_{s \to \infty}s\,\frac{s^2+2s+1}{s^3+s^2+4s-6}$$

$$= \lim_{s \to \infty}\frac{1+\dfrac{2}{s}+\dfrac{1}{s^2}}{1+\dfrac{1}{s}+\dfrac{4}{s^2}-\dfrac{6}{s^3}} = 1$$

求终值时，因为

$$F(s) = \frac{s^2+2s+1}{(s-1)(s+2)(s+3)}$$

得知 $F(s)$ 有一极点 $s=1$ 处在右半平面，故终值 $f(\infty)$ 不存在。

将 4.1 节和 4.2 节中介绍的拉普拉斯变换的性质和定理汇集列于表 4-2。灵活运用表 4-1 与表 4-2，基本上能满足常见的一些函数的拉氏变换运算。

表 4-2　拉氏变换的基本性质

性 质 名 称	时域 $f(t)\varepsilon(t)$	复频域 $F(s)$
唯一性	$f(t)$	$F(s)$
齐次性	$Af(t)$	$AF(s)$
叠加性	$f_1(t)+f_2(t)$	$F_1(s)+F_2(s)$
线性	$A_1 f_1(t)+A_2 f_2(t)$	$A_1 F_1(s)+A_2 F_2(s)$
尺度性	$f(at),\quad a>0$	$\dfrac{1}{a}F\left(\dfrac{s}{a}\right)$
时移性	$f(t-t_0)\varepsilon(t-t_0),\quad t_0>0$	$F(s)\mathrm{e}^{-t_0 s}$
复频移性	$f(t)\mathrm{e}^{-at}$	$F(s+a)$
时域微分	$f'(t)$	$sF(s)-f(0_-)$
	$f''(t)$	$s^2 F(s)-sf(0_-)-f'(0_-)$
	$f^{(n)}(t)$	$s^n F(s)-s^{n-1}f(0_-)-s^{n-2}f'(0_-)\cdots-f^{n-1}(0_-)$
复频域微分	$-tf(t)$	$\dfrac{\mathrm{d}F(s)}{\mathrm{d}s}$
	$(-t)^n f(t)$	$\dfrac{\mathrm{d}^n F(s)}{\mathrm{d}s^n}$

续表

性质名称	时域 $f(t)\varepsilon(t)$	复频域 $F(s)$
时域积分	$\int_{0_-}^{t} f(\tau)\,\mathrm{d}\tau$	$\dfrac{F(s)}{s}$
复频域积分	$\dfrac{f(t)}{t}$	$\int_{s}^{\infty} F(s)\,\mathrm{d}s$
时域卷积	$f_1(t) * f_2(t)$	$F_1(s)F_2(s)$
复频域卷积	$f_1(t) \cdot f_2(t)$	$\dfrac{1}{2\pi\mathrm{j}} F_1(s) * F_2(s)$
初值定理	$f(0_+) = \lim\limits_{t \to 0_+} f(t) = \lim\limits_{s \to \infty} sF(s)$	
终值定理	$f(\infty) = \lim\limits_{t \to \infty} f(t) = \lim\limits_{s \to 0} sF(s)$	
调制定理	$f(t)\cos\omega_0 t$	$\dfrac{1}{2}\left[F(s-\mathrm{j}\omega_0) + F(s+\mathrm{j}\omega_0) \right]$
	$f(t)\sin\omega_0 t$	$\dfrac{1}{2\mathrm{j}}\left[F(s-\mathrm{j}\omega_0) - F(s+\mathrm{j}\omega_0) \right]$

4.3　拉普拉斯反变换

所谓拉普拉斯反变换,就是从信号的拉氏变换式 $F(s)$ 求取信号的时域函数 $f(t)$。为了表达方便,习惯上称时域函数 $f(t)$ 为信号的原函数,称复频域函数 $F(s)$ 为信号的象函数。

简单的拉氏反变换求解只要直接应用表 4-1 与表 4-2 便可得到相应的时域函数。不过应该注意单边拉氏变换所对应的时间信号仅是 $t \geqslant 0$ 的情况,而 $t < 0$ 时的情况是不确定的。

求取复杂拉氏反变换通常有两种方法,即部分分式展开法和留数法(围线积分法)。前者是将复杂变换式分解为许多简单变换式之和,然后分别查表求取原时域信号;后者则是直接进行拉氏反变换积分,利用留数定理得到时域信号。前者适用于 $F(s)$ 为有理函数的情况,由于求解较为简便,在系统分析时经常使用;后者适用范围较广,是一种通用的方法。

4.3.1　部分分式展开法(partial-fraction expansion method)

常见的拉氏变换式是复频域变量 s 的多项式之比(有理分式),一般形式是

$$F(s) = \frac{b_m s^m + b_{m-1} s^{m-1} + \cdots + b_1 s + b_0}{s^n + a_{n-1} s^{n-1} + \cdots + a_1 s + a_0} = \frac{N(s)}{D(s)} \tag{4-19}$$

式中,$a_0, a_1, \cdots, a_{n-1}$ 和 $b_0, b_1, \cdots, b_m$ 均为实系数;m 和 n 均为正整数。在分解 $F(s)$ 为许多简单变换式之前,应先检查一下 $F(s)$ 是否是有理真分式,即保证 $n > m$。若不是有理真分式,需利用除法将 $F(s)$ 化成如下形式:

$$F(s) = \frac{N(s)}{D(s)} = B_0 + B_1 s + B_2 s^2 + \cdots + B_{m-n} s^{m-n} + \frac{N_1(s)}{D(s)} \tag{4-20}$$

式中,m 为分子多项式的阶次;n 为分母多项式的阶次;$N_1(s)$ 的阶次已低于分母 $D(s)$ 的阶次,即 $\dfrac{N_1(s)}{D(s)}$ 已化为有理真分式,例如

$$F(s) = \frac{N(s)}{D(s)} = \frac{3s^3 - 2s^2 - 7s + 1}{s^2 + s - 1} = 3s - 5 + \frac{s - 4}{s^2 + s - 1}$$

相除过程为

$$
s^2+s-1 \overline{\left)\begin{array}{r} 3s-5 \\ 3s^3-2s^2-7s+1 \\ -)\ 3s^3+3s^2-3s \\ \hline -5s^2-4s+1 \\ -)\quad -5s^2-5s+5 \\ \hline s-4 \end{array}\right.}
$$

由于式(4-20)中，除了 $\dfrac{N_1(s)}{D(s)}$ 项外，其余各项的拉氏反变换是冲激函数及其各阶导数，所以只需讨论 $\dfrac{N_1(s)}{D(s)}$ 项的拉氏反变换。下面着重讨论 $F(s)=\dfrac{N(s)}{D(s)}$ 是有理真分式时的拉氏反变换。

(1) **分母多项式 $D(s)=s^n+a_{n-1}s^{n-1}+\cdots+a_1s+a_0=0$ 的根为 n 个单根 $p_1,p_2,\cdots,$** $p_i,\cdots,p_n$

由于 $D(s)=0$ 时，$F(s)=\infty$，故称 $D(s)=0$ 的根 $p_i(i=1,2,\cdots,n)$ 为 $F(s)$ 的极点(pole)。此时可将 $D(s)$ 进行因式分解而将式(4-19)写成如下形式，并展开成部分分式，即

$$
\begin{aligned}
F(s)=\frac{N(s)}{D(s)} &= \frac{b_m s^m+b_{m-1}s^{m-1}+\cdots+b_1s+b_0}{(s-p_1)(s-p_2)\cdots(s-p_i)\cdots(s-p_n)} \\
&= \frac{K_1}{s-p_1}+\frac{K_2}{s-p_2}+\cdots+\frac{K_i}{s-p_i}+\cdots+\frac{K_n}{s-p_n}
\end{aligned} \tag{4-21}
$$

式中，$K_i(i=1,2,\cdots,n)$ 为待定常数。

可见，只要将待定常数 K_i 求出，则 $F(s)$ 的原函数 $f(t)$ 即可得

$$
\begin{aligned}
f(t)&=K_1 e^{p_1 t}+K_2 e^{p_2 t}+\cdots+K_i e^{p_i t}+\cdots+K_n e^{p_n t} \\
&= \sum_{i=1}^{n} K_i e^{p_i t}\varepsilon(t),\qquad i=1,2,\cdots,n
\end{aligned}
$$

待定常数 K_i 的求解与式(2-22)相似，求解公式为：

$$
K_i=\frac{N(s)}{D(s)}(s-p_i)\Big|_{s=p_i} \tag{4-22}
$$

例 4-12　求象函数 $F(s)=\dfrac{s^2+s+2}{s^3+3s^2+2s}$ 的原函数 $f(t)$。

解　$D(s)=s^3+3s^2+2s=s(s+1)(s+2)=0$ 的根(即极点)为 $p_1=0,p_2=-1,p_3=-2$。这是单实根的情况，故 $F(s)$ 的部分分式为

$$
F(s)=\frac{s^2+s+2}{s(s+1)(s+2)}=\frac{K_1}{s+0}+\frac{K_2}{s+1}+\frac{K_3}{s+2} \tag{4-23}
$$

其中

$$
K_1=\frac{s^2+s+2}{s(s+1)(s+2)}(s+0)\Big|_{s=0}=1
$$

$$
K_2=\frac{s^2+s+2}{s(s+1)(s+2)}(s+1)\Big|_{s=-1}=-2
$$

$$
K_3=\frac{s^2+s+2}{s(s+1)(s+2)}(s+2)\Big|_{s=-2}=2
$$

代入式(4-23)有

$$F(s) = \frac{1}{s} - \frac{2}{s+1} + \frac{2}{s+2}$$

故得

$$f(t) = \varepsilon(t) - 2e^{-t}\varepsilon(t) + 2e^{-2t}\varepsilon(t) = (1 - 2e^{-t} + 2e^{-2t})\varepsilon(t)$$

（2）$D(s)=0$ **有复数根**

对于实系数有理分式 $F(s)=\dfrac{N(s)}{D(s)}$，如果 $D(s)=0$ 有复根，则必然共轭成对出现，而且在展开式中相应分式项系数亦互为共轭。在实际应用中，注意到上述特点，会给简化系数计算带来方便。

如果 $D(s)=0$ 的复根为 $p_{1,2}=-\alpha\pm j\omega$，则 $F(s)$ 可展开为

$$F(s) = \frac{N(s)}{(s+\alpha-j\omega)(s+\alpha+j\omega)} = \frac{K_1}{s+\alpha-j\omega} + \frac{K_2}{s+\alpha+j\omega}$$

$$= \frac{K_1}{s+\alpha-j\omega} + \frac{K_1^*}{s+\alpha+j\omega}$$

式中，$K_2=K_1^*$。令 $K_1=|K_1|e^{j\theta}$，则有

$$F(s) = \frac{|K_1|e^{j\theta}}{s+\alpha-j\omega} + \frac{|K_1|e^{-j\theta}}{s+\alpha+j\omega} \qquad (4\text{-}24)$$

由复频移和线性性质，得 $F(s)$ 的原函数为

$$f(t) = \mathscr{L}^{-1}[F(s)] = \big[|K_1|e^{j\theta}e^{(-\alpha+j\omega)t} + |K_1|e^{-j\theta}e^{(-\alpha-j\omega)t}\big]\varepsilon(t)$$

$$= |K_1|e^{-\alpha t}\big[e^{j(\omega t+\theta)} + e^{-j(\omega t+\theta)}\big]\varepsilon(t)$$

$$= 2|K_1|e^{-\alpha t}\cos(\omega t+\theta)\varepsilon(t) \qquad (4\text{-}25)$$

式(4-24)和式(4-25)组成的变换对可作为一般公式使用。对于 $F(s)$ 的一对共轭复极点 $p_1=-\alpha+j\omega$ 和 $p_2=-\alpha-j\omega$，只需要计算出系数 $K_1=|K_1|e^{j\theta}$（与 p_1 对应），然后把 $|K_1|$，θ，α，ω 代入式(4-25)，就可得到这一对共轭复极点对应的部分分式的原函数。

例 4-13 求象函数 $F(s)=\dfrac{2s^2+6s+6}{(s+2)(s^2+2s+2)}$ 的原函数 $f(t)$。

解 $D(s)=(s+2)(s^2+2s+2)=(s+2)(s+1+j1)(s+1-j1)=0$ 的根（即极点）为 $p_1=-2$，$p_2=-1-j1$，$p_3=-1+j1=p_2^*$。这是有单复数根的情况。由于复数根一定是共轭成对出现，故 $F(s)$ 的部分分式为

$$F(s) = \frac{2s^2+6s+6}{(s+2)(s+1+j1)(s+1-j1)}$$

$$= \frac{K_1}{s+2} + \frac{K_2}{s+1+j1} + \frac{K_3}{s+1-j1}$$

其中

$$K_1 = \frac{2s^2+6s+6}{(s+2)(s+1+j1)(s+1-j1)}(s+2)\bigg|_{s=-2} = 1$$

$$K_2 = \frac{2s^2+6s+6}{(s+2)(s+1+j1)(s+1-j1)}(s+1+j1)\bigg|_{s=-1-j1}$$

$$= \frac{1}{2} + j\frac{1}{2} = \frac{1}{\sqrt{2}}e^{j45°}$$

$$K_3 = \frac{2s^2+6s+6}{(s+2)(s+1+j1)(s+1-j1)}(s+1-j1)\bigg|_{s=-1+j1}$$

$$= \frac{1}{2} - j\frac{1}{2} = \frac{1}{\sqrt{2}} e^{-j45°} = K_2^*$$

可见 K_3 与 K_2 也是互为共轭的。故当求得 K_2 时，即可根据共轭关系直接写出 K_3，而无须再详细求解。在展开式中对应于一对共轭复极点的部分分式，应用公式(4-25)得

$$f(t) = e^{-2t}\varepsilon(t) + \sqrt{2} e^{-t}\cos(t - 45°)\varepsilon(t)$$

$$= [e^{-2t} + \sqrt{2} e^{-t}\cos(t - 45°)]\varepsilon(t)$$

例 4-14　已知 $F(s) = \dfrac{2s+8}{s^2+4s+8}$，求 $F(s)$ 的拉氏逆变换 $f(t)$。

解　$F(s)$ 可以表示为

$$F(s) = \frac{2s+8}{(s+2)^2+4} = \frac{2s+8}{(s+2-j2)(s+2+j2)}$$

$F(s)$ 有一对共轭单极点 $p_{1,2} = -2 \pm j2$，故可展开为

$$F(s) = \frac{K_1}{s+2-j2} + \frac{K_2}{s+2+j2}$$

根据式(4-22)求 K_1, K_2，得

$$K_1 = (s+2-j2)F(s)\,|_{s=-2+j2} = 1 - j = \sqrt{2} e^{-j\frac{\pi}{4}}$$

$$K_2 = (s+2+j2)F(s)\,|_{s=-2-j2} = 1 + j = \sqrt{2} e^{j\frac{\pi}{4}}$$

于是得

$$F(s) = \frac{\sqrt{2} e^{-j\frac{\pi}{4}}}{s+2-j2} + \frac{\sqrt{2} e^{j\frac{\pi}{4}}}{s+2+j2}$$

根据式(4-24)和式(4-25)，$|K_1| = \sqrt{2}$，$\theta = -\dfrac{\pi}{4}$，$\alpha = 2$，$\omega = 2$，于是得

$$f(t) = \mathscr{L}[F(s)] = 2\sqrt{2} e^{-2t}\cos\left(2t - \frac{\pi}{4}\right)\varepsilon(t)$$

(3) $D(s) = 0$ 的根含有重根

若 $D(s) = 0$ 只有一个 m 阶重根 p_1，而其余 $(n-m)$ 个全为单根，例如含有一个三重根 p_1 和一个单根 p_2，则部分分式的展开形式应为

$$F(s) = \frac{N(s)}{D(s)} = \frac{N(s)}{(s-p_1)^3(s-p_2)}$$

$$= \frac{K_{11}}{s-p_1} + \frac{K_{12}}{(s-p_1)^2} + \frac{K_{13}}{(s-p_1)^3} + \frac{K_2}{s-p_2} \tag{4-26}$$

为了求得 K_{13}，可给上式等号两端同乘以 $(s-p_1)^3$，得

$$\frac{N(s)}{D(s)}(s-p_1)^3 = K_{13} + K_{12}(s-p_1) + K_{11}(s-p_1)^2 + (s-p_1)^3\frac{K_2}{s-p_2} \tag{4-27}$$

由于上式为恒等式，故可令 $s = p_1$，即得求 K_{13} 的公式为

$$K_{13} = \frac{N(s)}{D(s)}(s-p_1)^3\,\bigg|_{s=p_1}$$

为了求得 K_{12}，可将式(4-27)对 s 求一阶导数，即

$$\frac{\mathrm{d}}{\mathrm{d}s}\left[\frac{N(s)}{D(s)}(s-p_1)^3\right] = 0 + K_{12} + 2K_{11}(s-p_1) + \frac{\mathrm{d}}{\mathrm{d}s}\left[(s-p_1)^3\frac{K_2}{s-p_2}\right] \tag{4-28}$$

由于上式也为恒等式，故可令 $s = p_1$，即得求 K_{12} 的公式为

$$K_{12} = \frac{\mathrm{d}}{\mathrm{d}s}\left[\frac{N(s)}{D(s)}(s-p_1)^3\right]\Big|_{s=p_1}$$

为了求得 K_{11}，可将式(4-27)对 s 求二阶导数(亦即对式(4-28)求一阶导数)，即

$$\frac{\mathrm{d}^2}{\mathrm{d}s^2}\left[\frac{N(s)}{D(s)}(s-p_1)^3\right] = 0 + 0 + 2K_{11} + \frac{\mathrm{d}^2}{\mathrm{d}s^2}\left[(s-p_1)^3\,\frac{K_2}{s-p_2}\right]$$

由于上式仍为恒等式，故可令 $s=p_1$，于是即得求 K_{11} 的公式为

$$K_{11} = \frac{1}{2!}\frac{\mathrm{d}^2}{\mathrm{d}s^2}\left[\frac{N(s)}{D(s)}(s-p_1)^3\right]\Big|_{s=p_1}$$

推广之，当 $D(s)=0$ 的根含有 m 阶重根 p_1 时，则待定系数 K_{1r} 为

$$K_{1r} = \frac{1}{(m-r)!}\,\frac{\mathrm{d}^{(m-r)}}{\mathrm{d}s^{(m-r)}}\left[\frac{N(s)}{D(s)}(s-p_1)^m\right]\Big|_{s=p_1}, \quad r=1,2,\cdots,m \qquad (4\text{-}29)$$

系数 K_2 为

$$K_2 = \frac{N(s)}{D(s)}(s-p_2)\Big|_{s=p_2}$$

例 4-15 求 $F(s)=\dfrac{s+2}{(s+1)^2(s+3)s}$ 的原函数 $f(t)$。

解 $D(s)=(s+1)^2(s+3)s=0$ 的根(极点)为 $p_1=-1$(二重根)，$p_2=-3$，$p_3=0$，故 $F(s)$ 的部分分式为

$$F(s) = \frac{K_{12}}{(s+1)^2} + \frac{K_{11}}{s+1} + \frac{K_2}{s+3} + \frac{K_3}{s} \qquad (4\text{-}30)$$

式中

$$K_{12} = \frac{s+2}{(s+1)^2(s+3)s}(s+1)^2\Big|_{s=-1} = -\frac{1}{2}$$

$$K_{11} = \frac{\mathrm{d}}{\mathrm{d}s}\left[\frac{s+2}{(s+1)^2(s+3)s}(s+1)^2\right]\Big|_{s=-1} = -\frac{3}{4}$$

$$K_2 = \frac{s+2}{(s+1)^2(s+3)s}(s+3)\Big|_{s=-3} = \frac{1}{12}$$

$$K_3 = \frac{s+2}{(s+1)^2(s+3)s}(s+0)\Big|_{s=0} = \frac{2}{3}$$

代入式(4-30)有

$$F(s) = -\frac{1}{2}\times\frac{1}{(s+1)^2} - \frac{3}{4}\times\frac{1}{s+1} + \frac{1}{12}\times\frac{1}{s+3} + \frac{2}{3}\times\frac{1}{s}$$

故得

$$f(t) = \left(-\frac{1}{2}t\mathrm{e}^{-t} - \frac{3}{4}\mathrm{e}^{-t} + \frac{1}{12}\mathrm{e}^{-3t} + \frac{2}{3}\right)\varepsilon(t)$$

例 4-16 求 $F(s)=\dfrac{s^3+5s^2+9s+7}{s^2+3s+2}$ 的原函数 $f(t)$。

解 因 $F(s)$ 是有理假分式(即 $m=3>n=2$)，故应先化为有理真分式，然后再展开成部分分式。$D(s)=s^2+3s+2=(s+1)(s+2)=0$ 的根(极点)为 $p_1=-1$，$p_2=-2$，故有

$$F(s) = s+2 + \frac{s+3}{s^2+3s+2} = s+2 + \frac{s+3}{(s+1)(s+2)} = s+2 + \frac{2}{s+1} - \frac{1}{s+2}$$

故得

$$f(t) = \delta'(t) + 2\delta(t) + (2\mathrm{e}^{-t} - \mathrm{e}^{-2t})\varepsilon(t)$$

除部分分式法之外,应用拉普拉斯变换的性质结合常用变换对也是求拉普拉斯逆变换的重要方法。下面举例说明这种方法。

例 4-17　已知 $F(s) = \dfrac{(s+4)e^{-2s}}{s(s+2)}$,求 $F(s)$ 的拉氏逆变换。

解　$F(s)$ 不是有理分式,但 $F(s)$ 可以表示为

$$F(s) = F_1(s)e^{-2s}$$

式中,$F_1(s)$ 为

$$F_1(s) = \frac{s+4}{s(s+2)} = \frac{2}{s} - \frac{1}{s+2}$$

由线性和常用变换对得到

$$f_1(t) = \mathscr{L}^{-1}\big[F_1(s)\big] = (2 - e^{-2t})\varepsilon(t)$$

由时移性质得

$$f(t) = \mathscr{L}^{-1}\big[F(s)\big] = \mathscr{L}^{-1}\big[F_1(s)e^{-2s}\big]$$
$$= \big[2 - e^{-2(t-2)}\big]\varepsilon(t-2)$$

例 4-18　已知拉氏变换 $F(s) = \dfrac{2s}{(s^2+1)^2}$,求 $F(s)$ 的原函数 $f(t)$。

解　$F(s)$ 为有理分式,可用部分分式法求 $f(t)$。$F(s)$ 又可表示为

$$F(s) = \frac{\mathrm{d}}{\mathrm{d}s}\left(\frac{-1}{s^2+1}\right)$$

因为 $\sin t\varepsilon(t) \longleftrightarrow \dfrac{1}{s^2+1}$,根据复频域微分性质,则 $F(s)$ 的原函数为

$$f(t) = \mathscr{L}^{-1}\big[F(s)\big] = (-t)\big[-\sin t\varepsilon(t)\big] = t\sin t\varepsilon(t)$$

例 4-19　已知 $F(s) = \dfrac{1}{1+e^{-2s}}$,求 $F(s)$ 的拉氏逆变换。

解　$F(s)$ 不是有理分式,不能展开为部分分式。$F(s)$ 可以表示为

$$F(s) = \frac{(1 - e^{-2s})}{(1 + e^{-2s})(1 - e^{-2s})} = \frac{(1 - e^{-2s})}{1 - e^{-4s}}$$

由表 4-1 可知,对于从 $t=0_-$ 起始的周期性冲激序列 $\sum\limits_{n=0}^{\infty}\delta(t-nT)$ 的拉氏变换为

$$\mathscr{L}\Big[\sum_{n=0}^{\infty}\delta(t-nT)\Big] = \frac{1}{1 - e^{-sT}}$$

由于

$$\mathscr{L}\big[\delta(t) - \delta(t-2)\big] = 1 - e^{-2s}$$

因此,根据时域卷积性质得

$$\Big[\sum_{n=0}^{\infty}\delta(t-4n)\Big] * \big[\delta(t) - \delta(t-2)\big] \longleftrightarrow \frac{1 - e^{-2s}}{1 - e^{-4s}}$$

于是得

$$f(t) = \mathscr{L}^{-1}\big[F(s)\big] = \Big[\sum_{n=0}^{\infty}\delta(t-4n)\Big] * \big[\delta(t) - \delta(t-2)\big]$$
$$= \sum_{n=0}^{\infty}\big[\delta(t-4n) - \delta(t-2-4n)\big]$$

$f(t)$为从$t=0_-$起始的周期信号(习惯称为因果周期信号),$f(t)$的第一个周期内的信号为$[\delta(t)-\delta(t-2)]$。

例 4-19 中 $f(t)$与 $F(s)$的对应关系可以推广应用到一般从 $t=0_-$起始的周期信号。设$f(t)$为从 $t=0_-$起始的周期信号,周期为 T,$f_1(t)$为 $f(t)$的第一周期内的信号。$f(t)$ 和$f_1(t)$如图 4-6(a)、(b)所示。$f(t)$可以表示为

$$f(t) = \sum_{n=0}^{\infty} f_1(t-nT) = f_1(t) * \sum_{n=0}^{\infty} \delta(t-nT)$$

令

$$f_1(t) \longleftrightarrow F_1(s), \qquad f(t) \longleftrightarrow F(s)$$

则有

$$F(s) = \frac{F_1(s)}{1-e^{-sT}}$$

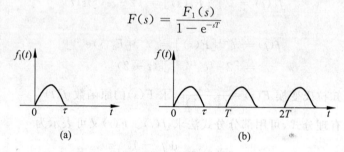

图 4-6　因果周期信号

4.3.2　留数法(围线积分法)

拉氏反变换式为

$$f(t) = \frac{1}{2\pi j} \int_{\sigma-j\infty}^{\sigma+j\infty} F(s) e^{st} ds, \qquad t>0$$

这是一个复变函数的线积分,其积分路径是 s 平面内平行于 $j\omega$ 轴的 $\sigma=C_1 > \sigma_0$ 的直线 AB(亦即直线 AB 必须在收敛轴的右边),如图 4-7 所示。直接求这个积分是困难的,但从复变函数论知,可将求此线积分的问题,转化为求 $F(s)$ 的全部极点在一个闭合回线内部的全部留数的代数和。这种方法称为留数法,也称**围线积分法**(contour integral method)。闭合线确定的原则是:必须把 $F(s)$ 的全部极点都包围在此闭合回线的内部。因此,从普遍性考虑,此闭合回线应是由直线 AB 与直线 AB 左侧半径 $R=\infty$ 的圆 C_R 所组成,如图 4-7 所示。

这样,求拉氏反变换的运算,就转化为求被积函数 $F(s)e^{st}$ 在 $F(s)$ 的全部极点上留数的代数和,即

$$\begin{aligned}
f(t) &= \frac{1}{2\pi j} \int_{\sigma-j\infty}^{\sigma+j\infty} F(s) e^{st} ds \\
&= \frac{1}{2\pi j} \int_{AB} F(s) e^{st} ds + \frac{1}{2\pi j} \int_{C_R} F(s) e^{st} ds \\
&= \frac{1}{2\pi j} \oint_{AB+C_R} F(s) e^{st} ds = \sum_{i=1}^{n} \text{Res}[p_i]
\end{aligned}$$

式中

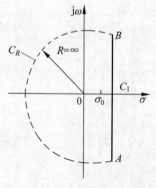

图 4-7　$F(s)$的围线积分途径

$$\int_{AB} F(s) e^{st} ds = \int_{\sigma-j\infty}^{\sigma+j\infty} F(s) e^{st} ds$$

$$\int_{C_R} F(s)\mathrm{e}^{st}\,\mathrm{d}s = 0$$

$p_i(i=1,2,\cdots,n)$ 为 $F(s)$ 的极点，亦即 $D(s)=0$ 的根；$\mathrm{Res}[p_i]$ 为极点 p_i 的留数。以下分两种情况介绍留数的具体求法。

① 若 p_i 为 $D(s)=0$ 的单根[即 $F(s)$ 的一阶极点]，则其留数为

$$\mathrm{Res}[p_i] = F(s)\mathrm{e}^{st}(s-p_i)\Big|_{s=p_i} \tag{4-31}$$

② 若 p_i 为 $D(s)=0$ 的 m 阶重根[即 $F(s)$ 的 m 阶极点]，则其留数为

$$\mathrm{Res}[p_i] = \frac{1}{(m-1)!}\frac{\mathrm{d}^{m-1}}{\mathrm{d}s^{m-1}}[F(s)\mathrm{e}^{st}(s-p_i)^m]\Big|_{s=p_i} \tag{4-32}$$

将式(4-31)、式(4-32)分别与式(4-22)、式(4-29)相比较，可看出部分分式法与留数法的差别。它们在形式上有差别，但在本质上是一致的。

与部分分式法相比，留数法的优点是：不仅能处理有理函数，也能处理无理函数，因此，其适用范围较部分分式法为广。但运用留数法反求原函数时应注意到，因为冲激函数及其导数不符合约当引理，因此当原函数 $f(t)$ 中包含有冲激函数或其导数时，需先将 $F(s)$ 分解为多项式与真分式之和，由多项式决定冲激函数或其导数项，再对真分式求留数决定其他各项。若 $F(s)$ 有重阶极点，此时用留数法求拉氏反变换要略为简便些，见下例。

例 4-20 用留数法求 $F(s)=\dfrac{s+2}{(s+1)^2(s+3)s}$ 的原函数 $f(t)$。

解 $D(s)=(s+1)^2(s+3)s=0$ 的根(极点)为 $p_1=-1$(二重根，即二阶极点)，$p_2=-3$，$p_3=0$，故根据式(4-31)和式(4-32)可求得各极点上的留数为

$$\begin{aligned}
\mathrm{Res}[p_1] &= \frac{1}{(2-1)!}\frac{\mathrm{d}^{2-1}}{\mathrm{d}s^{2-1}}\left[\frac{s+2}{(s+1)^2(s+3)s}\mathrm{e}^{st}(s+1)^2\right]\Big|_{s=-1} \\
&= \frac{\mathrm{d}}{\mathrm{d}s}\left[\frac{s+2}{(s+3)s}\mathrm{e}^{st}\right]\Big|_{s=-1} \\
&= \frac{s+2}{(s+3)s}t\mathrm{e}^{st}\Big|_{s=-1} + \frac{s(s+3)-(s+2)(2s+3)}{s^2(s+3)^2}\mathrm{e}^{st}\Big|_{s=-1} \\
&= -\frac{1}{2}t\mathrm{e}^{-t} - \frac{3}{4}\mathrm{e}^{-t}
\end{aligned}$$

$$\mathrm{Res}[p_2] = \frac{s+2}{(s+1)^2(s+3)s}\mathrm{e}^{st}(s+3)\Big|_{s=-3} = \frac{1}{12}\mathrm{e}^{-3t}$$

$$\mathrm{Res}[p_3] = \frac{s+2}{(s+1)^2(s+3)s}\mathrm{e}^{st}s\Big|_{s=0} = \frac{2}{3}$$

故得

$$\begin{aligned}
f(t) &= \sum_{i=1}^{3}\mathrm{Res}[p_i] = \mathrm{Res}[p_1] + \mathrm{Res}[p_2] + \mathrm{Res}[p_3] \\
&= \left(-\frac{1}{2}t\mathrm{e}^{-t} - \frac{3}{4}\mathrm{e}^{-t} + \frac{1}{12}\mathrm{e}^{-3t} + \frac{2}{3}\right)\varepsilon(t)
\end{aligned}$$

与例 4-15 的结果相同，但计算过程要比例 4-15 中的稍简便些。

4.4 线性系统复频域分析法

拉氏变换是分析线性连续系统的有力工具，它将描述系统的时域微分积分方程变换为 s 域的代数方程，便于运算和求解；同时，它将系统的初始状态自然地含于象函数方程中，既

可分别求得零输入响应、零状态响应,也可一举求得系统的全响应。

4.4.1　系统微分方程的复频域解

设线性连续系统的激励为 $f(t)$,描述 n 阶系统的微分方程一般形式可写为

$$\frac{\mathrm{d}^n y(t)}{\mathrm{d}t^n} + a_{n-1}\frac{\mathrm{d}^{n-1} y(t)}{\mathrm{d}t^{n-1}} + \cdots + a_1\frac{\mathrm{d}y(t)}{\mathrm{d}t} + a_0 y(t)$$

$$= b_m\frac{\mathrm{d}^m f(t)}{\mathrm{d}t^m} + b_{m-1}\frac{\mathrm{d}^{m-1} f(t)}{\mathrm{d}t^{m-1}} + \cdots + b_1\frac{\mathrm{d}f(t)}{\mathrm{d}t} + b_0 f(t) \tag{4-33}$$

对上式两边取拉普拉斯变换,并假定 $f(t)$ 是因果信号(有起信号),即 $t<0$ 时,$f(t)=0$,因而

$$f(0_-) = f'(0_-) = f''(0_-) = \cdots = f^{(n-1)}(0_-) = 0$$

利用时域微分性质,有

$$\left.\begin{aligned}
&\frac{\mathrm{d}^n y(t)}{\mathrm{d}t^n} \longleftrightarrow s^n Y(s) - s^{n-1} y(0_-) - s^{n-2} y'(0_-) - \cdots - y^{(n-1)}(0_-) \\
&a_{n-1}\frac{\mathrm{d}^{n-1} y(t)}{\mathrm{d}t^{n-1}} \longleftrightarrow a_{n-1}\big[s^{n-1} Y(s) - s^{n-2} y(0_-) - \cdots - y^{(n-2)}(0_-)\big] \\
&\quad\vdots \\
&a_1\frac{\mathrm{d}y(t)}{\mathrm{d}t} \longleftrightarrow a_1\big[sY(s) - y(0_-)\big] \\
&a_0 y(t) \longleftrightarrow a_0 Y(s)
\end{aligned}\right\} \tag{4-34}$$

和

$$\left.\begin{aligned}
&b_m\frac{\mathrm{d}^m f(t)}{\mathrm{d}t^m} \longleftrightarrow b_m s^m F(s) \\
&b_{m-1}\frac{\mathrm{d}^{m-1} f(t)}{\mathrm{d}t^{m-1}} \longleftrightarrow b_{m-1} s^{m-1} F(s) \\
&\quad\vdots \\
&b_1\frac{\mathrm{d}f(t)}{\mathrm{d}t} \longleftrightarrow b_1 s F(s) \\
&b_0 f(t) \longleftrightarrow b_0 F(s)
\end{aligned}\right\} \tag{4-35}$$

式(4-34)中 $y^{(i)}(0_-)$ 表示响应 $y(t)$ 的 i 阶导数的初始状态。

将式(4-34)与式(4-35)代入式(4-33),可得

$$\begin{aligned}
(s^n + a_{n-1}s^{n-1} + \cdots + a_1 s + a_0)Y(s) &= [b_m s^m + b_{m-1}s^{m-1} + \cdots + b_1 s + b_0]F(s) \\
&\quad + (s^{n-1} + a_{n-1}s^{n-2} + \cdots + a_1)y(0_-) \\
&\quad + (s^{n-2} + a_{n-1}s^{n-3} + \cdots + a_2)y'(0_-) + \cdots \\
&\quad + (s + a_{n-1})y^{(n-2)}(0_-) + y^{(n-1)}(0_-)
\end{aligned} \tag{4-36}$$

设

$$\begin{aligned}
A_0(s) &= s^{n-1} + a_{n-1}s^{n-2} + \cdots + a_1 \\
A_1(s) &= s^{n-2} + a_{n-1}s^{n-3} + \cdots + a_2 \\
&\vdots \\
A_{n-2}(s) &= s + a_{n-1} \\
A_{n-1}(s) &= 1
\end{aligned}$$

代入式(4-36),则得

$$(s^n + a_{n-1}s^{n-1} + \cdots + a_1 s + a_0)Y(s)$$

$$= (b_m s^m + b_{m-1}s^{m-1} + \cdots + b_1 s + b_0)F(s) + \sum_{i=0}^{n-1} A_i(s)y^{(i)}(0_-) \tag{4-37}$$

可见,时域的微分方程通过取拉氏变换化成复频域的代数方程,并且自动地引入了初始状态。响应的拉普拉斯变换为

$$Y(s) = \frac{b_m s^m + b_{m-1}s^{m-1} + \cdots + b_1 s + b_0}{s^n + a_{n-1}s^{n-1} + \cdots + a_1 s + a_0}F(s) + \frac{\sum_{i=0}^{n-1} A_i(s)y^{(i)}(0_-)}{s^n + a_{n-1}s^{n-1} + \cdots + a_1 s + a_0}$$

$$= Y_f(s) + Y_x(s) \tag{4-38}$$

上式表示响应由两部分组成:一部分是由激励产生的零状态响应;另一部分是由系统状态产生的零输入响应。因此系统的复频域框图可用图 4-8 表示,它由两个子系统框图和一个加法器构成。左边框图是零状态响应的拉氏变换与激励的拉氏变换之比,它们称为系统函数或传递函数,记为 $H(s)$,即

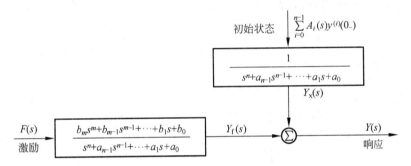

图 4-8　系统的复频域框图

$$H(s) = \frac{Y_f(s)}{F(s)} = \frac{b_m s^m + b_{m-1}s^{m-1} + \cdots + b_1 s + b_0}{s^n + a_{n-1}s^{n-1} + \cdots + a_1 s + a_0} = \frac{N(s)}{D(s)} \tag{4-39}$$

式中,$N(s)$ 和 $D(s)$ 分别是 $H(s)$ 的分子多项式和分母多项式。关于复频域框图、系统函数及其在系统分析中的重要作用,将在后续节中详细讨论。

若令

$$T(s) = \sum_{i=0}^{n-1} A_i(s)y^{(i)}(0_-)$$

则式(4-38)可写为

$$Y(s) = Y_f(s) + Y_x(s) = H(s)F(s) + \frac{1}{D(s)}T(s) \tag{4-40}$$

系统响应 $y(t)$ 为

$$y(t) = y_f(t) + y_x(t) = \mathscr{L}^{-1}[Y(s)]$$

$$= \mathscr{L}^{-1}[H(s)F(s)] + \mathscr{L}^{-1}\left[\frac{1}{D(s)}T(s)\right] \tag{4-41}$$

这种方法是利用拉氏变换把时域微分方程变换为复频域的代数方程,运算后再求反变换得到系统响应,所以称为**拉普拉斯变换分析法**(Laplace transform analysis method),亦可

称为复频域分析法,下面举例说明。

例 4-21 描述某 LTI 连续系统的微分方程为

$$y''(t) + 3y'(t) + 2y(t) = 2f'(t) + 6f(t)$$

已知输入 $f(t) = \varepsilon(t)$,初始状态 $y(0_-) = 2$,$y'(0_-) = 1$。试求系统的零输入响应、零状态响应和完全响应。

解 对微分方程进行拉普拉斯变换,可得

$$s^2 Y(s) - sy(0_-) - y'(0_-) + 3sY(s) - 3y(0_-) + 2Y(s) = 2sF(s) + 6F(s)$$

即

$$(s^2 + 3s + 2)Y(s) - [sy(0_-) + y'(0_-) + 3y(0_-)] = 2(s+3)F(s)$$

可解得

$$Y(s) = Y_f(s) + Y_x(s)$$

$$= \frac{2(s+3)}{s^2 + 3s + 2}F(s) + \frac{sy(0_-) + y'(0_-) + 3y(0_-)}{s^2 + 3s + 2}$$

将 $F(s) = \mathscr{L}[\varepsilon(t)] = \dfrac{1}{s}$ 和各初始状态代入上式,得

$$Y_f(s) = \frac{2(s+3)}{s^2 + 3s + 2} \frac{1}{s} = \frac{2(s+3)}{s(s+1)(s+2)}$$

$$= \frac{3}{s} - \frac{4}{s+1} + \frac{1}{s+2}$$

$$Y_x(s) = \frac{2s+7}{s^2 + 3s + 2} = \frac{2s+7}{(s+1)(s+2)}$$

$$= \frac{5}{s+1} - \frac{3}{s+2}$$

对以上二式取逆变换,得零状态响应和零输入响应分别为

$$y_f(t) = \mathscr{L}^{-1}[Y_f(s)] = (3 - 4e^{-t} + e^{-2t})\varepsilon(t)$$

$$y_x(t) = \mathscr{L}^{-1}[Y_x(s)] = 5e^{-t} - 3e^{-2t}, \qquad t \geqslant 0$$

系统的全响应

$$y(t) = y_f(t) + y_x(t) = 3 + e^{-t} - 2e^{-2t}, \qquad t > 0$$

或直接对 $Y(s)$ 取拉氏反变换,亦可求得全响应。

$$y(t) = \mathscr{L}^{-1}[Y(s)] = 3 + e^{-t} - 2e^{-2t}, \qquad t > 0$$

直接求全响应时,零状态响应分量和零输入响应分量已经叠加在一起,看不出不同原因引起的各个响应分量的具体情况。这时拉氏变换作为一种数学工具,自动引入了初始状态。简化了微分方程的求解。

可以看出,采用 0_- 而不采用 0_+ 作为拉氏变换积分的下限,不仅可以把在 $t=0$ 时出现的冲激包含进去,而且可以直接应用给出的初始条件 $y^{(i)}(0_-)$ 进行分析。如果采用 0_+ 则必须由给出的 $y^{(i)}(0_-)$ 计算 $y^{(i)}(0_+)$。在响应从 0_- 到 0_+ 发生跳变,$y^{(i)}(0_-) \neq y^{(i)}(0_+)$ 的情况下,计算 $y^{(i)}(0_+)$ 通常是比较麻烦的,因此,采用 0_- 可使分析过程简化。

必须指出,当 $t<0$ 时,$y_f(t)=0$,所以 $y_f(t)$ 可以表示成乘以 $\varepsilon(t)$ 的形式;但当 $t<0$ 时,$y_x(t)$ 不一定为零,只可以标明 $t \geqslant 0$。当把两部分合在一起时,只应标明 $t>0$,即解从 $t>0$ 后才满足原微分方程。

例 4-22 如图 4-9 所示电路中,已知 $C = \dfrac{1}{2}$ F,

$R_1 = 2\ \Omega, R_2 = 2\ \Omega, L = 2$H,激励 $i_S(t)$ 为单位阶跃电流

$\varepsilon(t)$ A,电阻 R_1 上电压的初始状态 $u_1(0_-) = 1$V,

$u_1'(0_-) = 2$V,试求该电路的响应电压 $u_1(t)$。

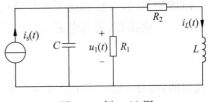

图 4-9 例 4-22 图

解 先列写该电路的微分方程。由 KCL

$$C\frac{\mathrm{d}u_1(t)}{\mathrm{d}t} + \frac{u_1(t)}{R_1} + i_L(t) = i_S(t)$$

由 KVL

$$u_1(t) - R_2 i_L(t) - L\frac{\mathrm{d}i_L(t)}{\mathrm{d}t} = 0$$

代入元件值,消去中间参量 $i_L(t)$,得微分方程

$$\frac{\mathrm{d}^2 u_1(t)}{\mathrm{d}t^2} + 2\frac{\mathrm{d}u_1(t)}{\mathrm{d}t} + 2u_1(t) = 2\frac{\mathrm{d}i_S(t)}{\mathrm{d}t} + 2i_S(t)$$

对上式两边取拉氏变换,可得

$$s^2 U_1(s) - su_1(0_-) - u_1'(0_-) + 2[sU_1(s) - u_1(0_-)] + 2U_1(s) = 2sI_S(s) + 2I_S(s)$$

整理后可得

$$U_1(s) = \frac{2s+2}{s^2+s+2}I_S(s) + \frac{(s+2)u_1(0_-) + u'(0_-)}{s^2+2s+2}$$

$$= U_{1f}(s) + U_{1x}(s)$$

将输入 $I_S(s) = \mathscr{L}[\varepsilon(t)] = \dfrac{1}{s}, u_1(0_-) = 1, u_1'(0_-) = 2$ 代入上式得

$$U_1(s) = \frac{2s+2}{s^2+2s+2}\frac{1}{s} + \frac{s+4}{s^2+2s+2}$$

零状态响应为

$$U_{1f}(s) = \frac{2s+2}{s^2+2s+2}\frac{1}{s} = \frac{1}{s} - \frac{s+1}{(s+1)^2+1} + \frac{1}{(s+1)^2+1}$$

因此

$$u_{1f}(t) = \mathscr{L}^{-1}[U_{1f}(s)] = (1 - \mathrm{e}^{-t}\cos t + \mathrm{e}^{-t}\sin t)\varepsilon(t)\ \text{V}$$

零输入响应为

$$U_{1x}(s) = \frac{s+4}{s^2+2s+2} = \frac{s+1}{(s+1)^2+1} + \frac{3}{(s+1)^2+1}$$

因此

$$u_{1x}(t) = \mathscr{L}^{-1}[U_{1x}(s)] = \mathrm{e}^{-t}\cos t + 3\mathrm{e}^{-t}\sin t, \quad t \geqslant 0$$

全响应为

$$u_1(t) = u_{1f}(t) + u_{1x}(t) = 1 + 4\mathrm{e}^{-t}\sin t\ \text{V}, \quad t > 0$$

4.4.2 电路的 s 域模型

对于具体电路,可以不必先列出微分方程再取拉氏变换,而是通过导出的复频域电路模型,直接列写求解响应的变换式。下面从电路结构约束和元件约束两方面讨论它们在 s 域的形式。

　　时域的 KCL 方程描述了在任意时刻流出(或流入)任一节点(或割集)电流的方程,它是各电流的一次函数,若各电流 $i_k(t)$ 的象函数为 $I_k(s)$ (称其为象电流),则由线性性质有

$$\sum_{k=1}^{n} I_k(s) = 0 \tag{4-42}$$

上式表明,对任一节点(或割集),流出(或流入)该节点的象电流的代数和恒等于零。虽然它是象函数表达式,习惯上仍称其为 KCL。

　　同理,时域的 KVL 方程 $\sum_{k=1}^{n} u_k(t) = 0$ 也是回路中各支路电压的一次函数,若各支路电压 $u_k(t)$ 的象函数为 $U_k(s)$ (称其为象电压),则由线性性质有

$$\sum_{k=1}^{n} U_k(s) = 0 \tag{4-43}$$

上式表明,对任一回路,各支路象电压的代数和恒等于零,习惯上同样称其为 KVL。

　　对于线性非时变二端元件 R,L,C,若规定其端电压 $u(t)$ 与电流 $i(t)$ 为关联参考方向,其相应的象函数分别为 $U(s)$ 和 $I(s)$,那么由拉普拉斯变换的线性和微分、积分性质可得到它们的 s 域模型。

　　(1) 电阻 R

　　因为时域的伏安关系为 $u_R(t) = R i_R(t)$,取拉氏变换有

$$U_R(s) = R I_R(s) \quad \text{或} \quad I_R(s) = \frac{1}{R} U_R(s) = G U_R(s) \tag{4-44}$$

　　(2) 电感 L

　　对于含有初始状态 $i_L(0_-)$ 的电感 L,因为时域的伏安关系有微分形式和积分形式两种,对应的 s 域模型也有两种形式:

$$u_L(t) = L \frac{\mathrm{d}i_L(t)}{\mathrm{d}t} \longleftrightarrow U_L(s) = sL I_L(s) - L i_L(0_-) \tag{4-45}$$

$$i_L(t) = i_L(0_-) + \frac{1}{L} \int_{0_-}^{t} u_L(\tau) \mathrm{d}\tau \longleftrightarrow I_L(s) = \frac{1}{sL} U_L(s) + \frac{i_L(0_-)}{s} \tag{4-46}$$

式中,$U_L(s) = \mathscr{L}[u_L(t)]$,$I_L(s) = \mathscr{L}[i_L(t)]$;$sL$ 称为电感 L 的复频域感抗,其倒数 $\frac{1}{sL}$ 称为电感 L 的复频域感纳;$\frac{1}{s} i_L(0_-)$ 为电感元件初始电流 $i_L(0_-)$ 的象函数,可等效表示为附加的独立电流源;$L i_L(0_-)$ 可等效表示为附加的独立电压源。$\frac{1}{s} i_L(0_-)$ 和 $L i_L(0_-)$ 均称为电感 L 的内激励。根据上两式即可画出电感元件的复频域电路模型,前者为串联电路模型,后者为并联电路模型。

　　(3) 电容 C

　　对于含有初始状态 $u_C(0_-)$ 的电容 C,用与分析电感 s 域模型类似的方法,同理可得电容 C 的 s 域模型为

$$u_C(t) = \frac{1}{C} \int_{0_-}^{t} i_C(\tau) \mathrm{d}\tau + u_C(0_-) \longleftrightarrow U_C(s) = \frac{1}{sC} I_C(s) + \frac{u_C(0_-)}{s} \tag{4-47}$$

$$i_C(t) = C \frac{\mathrm{d}u_C(t)}{\mathrm{d}t} \longleftrightarrow I_C(s) = sC U_C(s) - C u_C(0_-) \tag{4-48}$$

式中，$I_C(s) = \mathscr{L}[i_C(t)]$，$U_C(s) = \mathscr{L}[u_C(t)]$；$\dfrac{1}{sC}$ 称为电容 C 的复频域容抗，其倒数 sC 称为电容 C 的复频域容纳；$\dfrac{1}{s}u_C(0_-)$ 为电容元件初始电压 $u_C(0_-)$ 的象函数，可等效表示为附加的独立电压源；$Cu_C(0_-)$ 可等效表示为附加的独立电流源。$\dfrac{1}{s}u_C(0_-)$ 和 $Cu_C(0_-)$ 均称为电容 C 的内激励。根据上两式即可画出电容元件的复频域电路模型，前者为串联电路模型，后者为并联电路模型。

三种元件（R、L、C）的时域和 s 域关系都列在表 4-3 中。

表 4-3　电路元件的 s 域模型

		电 阻	电 感	电 容
时域	基本关系	$u_R(t) = Ri_R(t)$ $i_R(t) = \dfrac{1}{R}u_R(t) = Gu_R(t)$	$u_L(t) = L\dfrac{di_L(t)}{dt}$ $i_L(t) = \dfrac{1}{L}\displaystyle\int_{0_-}^{t} u_L(\tau)d\tau + i_L(0_-)$	$u_C(t) = \dfrac{1}{C}\displaystyle\int_{0_-}^{t} i_C(\tau)d\tau + u_C(0_-)$ $i_C(t) = C\dfrac{du_C(t)}{dt}$
s 域模型	串联形式	$U_R(s) = RI_R(s)$	$U_L(s) = sLI_L(s) - Li_L(0_-)$	$U_C(s) = \dfrac{1}{sC}I_C(s) + \dfrac{u_C(0_-)}{s}$
	并联形式	$I_R(s) = \dfrac{1}{R}U_R(s)$	$I_L(s) = \dfrac{1}{sL}U_L(s) + \dfrac{i_L(0_-)}{s}$	$I_C(s) = sCU_C(s) - Cu_C(0_-)$

（4）耦合电感元件

耦合电感元件的时域电路模型如图 4-10(a) 所示，其时域伏安关系为

$$u_1(t) = L_1\frac{di_1(t)}{dt} + M\frac{di_2(t)}{dt}$$

$$u_2(t) = M\frac{di_1(t)}{dt} + L_2\frac{di_2(t)}{dt}$$

对上两式求拉氏变换，即得其复频域伏安关系为

$$U_1(s) = L_1sI_1(s) - L_1i_1(0_-) + MsI_2(s) - Mi_2(0_-)$$

$$U_2(s) = MsI_1(s) - Mi_1(0_-) + L_2sI_2(s) - L_2i_2(0_-)$$

式中，$U_1(s) = \mathscr{L}[u_1(t)]$，$U_2(s) = \mathscr{L}[u_2(t)]$，$I_1(s) = \mathscr{L}[i_1(t)]$，$I_2(s) = \mathscr{L}[i_2(t)]$；$i_1(0_-)$，$i_2(0_-)$ 分别为电感 L_1、L_2 中的初始电流；Ms 称为耦合电感元件的复频域互感抗；

$L_1 i_1(0_-)$, $L_2 i_2(0_-)$, $Mi_1(0_-)$, $Mi_2(0_-)$ 均可等效表示为附加的独立电压源,均为耦合电感元件的内激励。根据上两式即可画出耦合电感元件的复频域电路模型,如图 4-10(b)所示。

若将图 4-10(a)所示耦合电感的去耦等效电路画出,则如图 4-10(c)所示,与之对应的 s 域电路模型如图 4-10(d)所示。

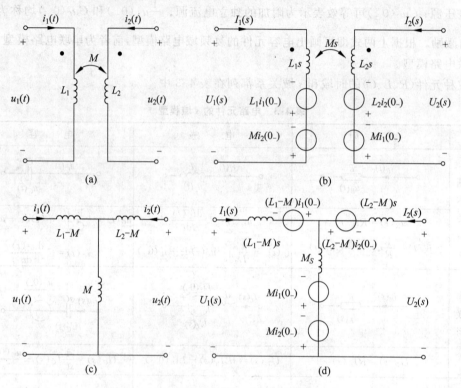

图 4-10 耦合电感元件及其复频域电路模型

4.4.3 复频域阻抗与复频域导纳

图 4-11(a)所示为时域 RLC 串联电路模型。设电感 L 中的初始电流为 $i(0_-)$,电容 C 上的初始电压为 $u_C(0_-)$,于是可作出其复频域电路模型如图 4-11(b)所示,进而可写出其 KVL 方程为

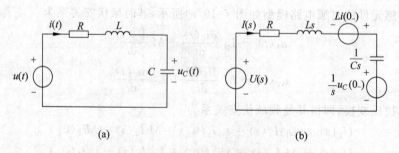

图 4-11 RLC 串联电路时域和复频域电路模型

$$U(s) = \left(R + Ls + \frac{1}{Cs}\right)I(s) - Li(0_-) + \frac{1}{s}u_C(0_-)$$

故得

$$I(s) = \frac{U(s) + Li(0_-) - \frac{1}{s}u_C(0_-)}{R + Ls + \frac{1}{Cs}}$$

$$= \underbrace{\frac{U(s)}{Z(s)}}_{s\text{域零状态响应}} + \underbrace{\frac{Li(0_-) - \frac{1}{s}u_C(0_-)}{Z(s)}}_{s\text{域零输入响应}} \qquad (4\text{-}49)$$

式中

$$Z(s) = R + Ls + \frac{1}{Cs}$$

$Z(s)$ 称为支路的复频域阻抗,它只与电路参数 R、L、C 及复频率 s 有关,而与电路的激励(包括内激励)无关。

令

$$Y(s) = \frac{1}{Z(s)} = \frac{1}{R + Ls + \frac{1}{Cs}}$$

$Y(s)$ 称为支路的复频域导纳。可见 $Y(s)$ 与 $Z(s)$ 互倒,即有 $Y(s)Z(s)=1$。

式(4-49)中等号右端的第一项只与激励 $U(s)$ 有关,为 s 域中的零状态响应;等号右端的第二项则只与初始条件 $i(0_-)$,$u_C(0_-)$ 有关,为 s 域中的零输入响应;等号左端的 $I(s)$ 则为 s 域中的全响应。

若 $i(0_-)=u_C(0_-)=0$,则式(4-49)变为

$$I(s) = \frac{U(s)}{Z(s)} = Y(s)U(s)$$

或

$$U(s) = Z(s)I(s) = \frac{I(s)}{Y(s)}$$

上两式即为复频域形式的欧姆定律。

4.4.4　线性系统复频域分析法

下面以线性电路系统为例来研究线性系统的复频域分析方法。

由于复频域形式的 KCL、KVL、欧姆定律在形式上与相量形式的 KCL、KVL、欧姆定律全同,因此关于电路频域分析的各种方法(节点法、割集法、网孔法、回路法)、各种定理(齐次定理、叠加定理、等效电源定理、替代定理、互易定理等)以及电路的各种等效变换方法与原则,均适用于复频域电路的分析,只是此时必须在复频域中进行,所有电量用相应的象函数表示,各无源支路用复频域阻抗或复频域导纳代替,但相应的运算仍为复数运算。其一般步骤如下:

(1) 根据换路前的电路(即 $t<0$ 时的稳态电路)求 $t=0_-$ 时刻电感的初始电流 $i_L(0_-)$ 和电容的初始电压 $u_C(0_-)$;

(2) 求电路激励(电源)的拉氏变换(即象函数);

（3）画出换路后电路（即 $t \geqslant 0$ 时的电路）的复频域电路模型；

（4）应用节点法、割集法、网孔法、回路法及电路的各种等效变换和电路定理，对复频域电路模型列写 KCL 和 KVL 方程组，并求解此方程组，从而求得全响应解的象函数；

（5）对所求得的全响应解的象函数进行拉氏反变换，即得时域中的全响应解，有时还需画出其波形。

例 4-23　试求图 4-12(a)所示的电流 $i(t)$。已知 $R=6\Omega$，$L=1\text{H}$，$C=0.04\text{F}$，$u_S(t)=12\sin 5t$ V，初始状态 $i_L(0_-)=5\text{A}$，$u_C(0_-)=1\text{V}$。

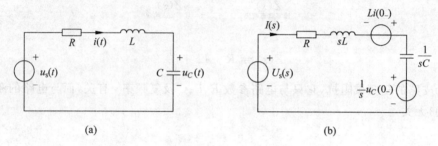

图 4-12　例 4-23 图

解　本题 s 域模型如图 4-12(b)所示，其中

$$U_S(s) = 12 \times \frac{5}{s^2 + 5^2} = \frac{60}{s^2 + 5^2}$$

$$Li(0_-) = 1 \times 5 = 5$$

$$\frac{1}{s}u_C(0_-) = \frac{1}{s} \times 1 = \frac{1}{s}$$

由 KVL 可得

$$\left(R + sL + \frac{1}{sC}\right)I(s) = U_S(s) + Li(0_-) - \frac{1}{s}u_C(0_-)$$

由此可得

$$I(s) = \frac{U_S(s)}{R + sL + \frac{1}{sC}} + \frac{Li(0_-) - \frac{1}{s}u_C(0_-)}{R + sL + \frac{1}{sC}} = I_f(s) + I_x(s)$$

式中

$$I_f(s) = \frac{U_S(s)}{R + sL + \frac{1}{sC}}$$

为零状态响应的象函数，是由输入引起的；

$$I_x(s) = \frac{Li(0_-) - \frac{1}{s}u_C(0_-)}{R + sL + \frac{1}{sC}}$$

为零输入响应的象函数，是由初始条件引起的。

先计算 $I_f(s)$。将 R、L、C 的数值代入得

$$I_{\mathrm{f}}(s) = \frac{U_{\mathrm{S}}(s)}{R + sL + \dfrac{1}{sC}} = \frac{60s}{\left[(s+3)^2 + 4^2\right](s^2 + 5^2)}$$

应用部分分式展开法,可写成

$$I_{\mathrm{f}}(s) = \frac{K_1}{s + 3 - \mathrm{j}4} + \frac{K_1^*}{s + 3 + \mathrm{j}4} + \frac{K_2}{s - \mathrm{j}5} + \frac{K_2^*}{s + \mathrm{j}5}$$

式中

$$K_1 = (s + 3 - \mathrm{j}4)I_{\mathrm{f}}(s)\,|_{s=-3+\mathrm{j}4} = \mathrm{j}1.25 = 1.25\underline{/90°}$$

$$K_2 = (s - \mathrm{j}5)I_{\mathrm{f}}(s)\,|_{s=\mathrm{j}5} = -\mathrm{j} = 1\ \underline{/-90°}$$

求拉氏反变换得

$$i_{\mathrm{f}}(t) = \mathscr{L}^{-1}\left[I_{\mathrm{f}}(s)\right] = \left[2.5\mathrm{e}^{-3t}\cos(4t + 90°) + 2\cos(5t - 90°)\right]\varepsilon(t)$$

$$= (-2.5\mathrm{e}^{-3t}\sin 4t + 2\sin 5t)\varepsilon(t)$$

再计算 $I_{\mathrm{x}}(s)$。将 R、L、C 及 $i(0_-)$、$u_C(0_-)$ 值代入得

$$I_{\mathrm{x}}(s) = \frac{Li(0_-) - \dfrac{1}{s}u_C(0_-)}{R + sL + \dfrac{1}{sC}} = \frac{5s - 1}{(s + 3)^2 + 4^2}$$

$$= \frac{K_3}{s + 3 - \mathrm{j}4} + \frac{K_3^*}{s + 3 + \mathrm{j}4}$$

且

$$K_3 = (s + 3 - \mathrm{j}4)I_{\mathrm{x}}(s)\,|_{s=-3+\mathrm{j}4} = 2.5 + \mathrm{j}2 = 3.2\ \underline{/38.6°}$$

求拉氏反变换得

$$i_{\mathrm{x}}(t) = \mathscr{L}^{-1}\left[I_{\mathrm{x}}(s)\right] = 6.4\mathrm{e}^{-3t}\cos(4t + 38.6°)$$

$$= 5\mathrm{e}^{-3t}\cos 4t - 4\mathrm{e}^{-3t}\sin 4t, \qquad t \geqslant 0$$

于是完全响应为

$$i(t) = i_{\mathrm{f}}(t) + i_{\mathrm{x}}(t)$$

$$= 5\mathrm{e}^{-3t}\cos 4t - 6.5\mathrm{e}^{-3t}\sin 4t + 2\sin 5t$$

$$= 8.2\mathrm{e}^{-3t}\cos(4t + 52.43°) + 2\sin 5t\ \mathrm{A}, \qquad t > 0$$

例 4-24　如图 4-13(a)所示电路,已知 $t < 0$ 时 S 闭合,电路已工作于稳定状态。今于 $t = 0$ 时刻打开 S,求 $t > 0$ 时开关 S 两端的电压 $u(t)$。已知 $R_1 = 30\Omega$, $R_2 = R_3 = 5\Omega$, $C = 10^{-3}\mathrm{F}$, $L = 0.1\mathrm{H}$, $U_{\mathrm{S}} = 140\mathrm{V}$。

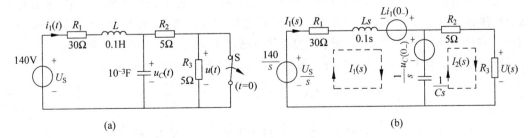

图 4-13　例 4-24 图

解　因 $t<0$ 时 S 闭合,电路已工作于稳态,且电路中作用的是直流电压源 U_s,故此时电感 L 相当于短路,电容 C 相当于开路,有

$$i_1(0_-) = \frac{U_s}{R_1 + R_2} = 4\text{A}$$

$$u_C(0_-) = R_2 i_1(0_-) = 20\text{V}$$

于是可作出 $t \geqslant 0$ 时的复频域电路模型,如图 4-13(b)所示,进而可写出网孔的 KVL 方程为

$$\left(R_1 + Ls + \frac{1}{Cs}\right)I_1(s) - \frac{1}{Cs}I_2(s) = \frac{1}{s}U_s + Li_1(0_-) - \frac{1}{s}u_C(0_-)$$

$$-\frac{1}{Cs}I_1(s) + \left(R_2 + R_3 + \frac{1}{Cs}\right)I_2(s) = \frac{1}{s}u_C(0_-)$$

将已知数据代入并求解得

$$I_2(s) = \frac{3.5}{s} - \frac{1.5s + 400}{s^2 + 400s + 40\,000}$$

又

$$U(s) = R_3 I_2(s) = 5\left(\frac{3.5}{s} - \frac{1.5s + 400}{s^2 + 400s + 40\,000}\right) = \frac{17.5}{s} - \frac{7.5s + 2000}{(s+200)^2}$$

$$= \frac{17.5}{s} - \frac{500}{(s+200)^2} - \frac{7.5}{s+200}$$

故得

$$u(t) = \mathcal{L}^{-1}[U(s)] = [17.5 - 500te^{-200t} - 7.5e^{-200t}]\varepsilon(t)\ \text{V}$$

例 4-25　如图 4-14(a)所示电路,已知 $R_1 = 2\Omega$, $R_2 = \frac{1}{2}\Omega$, $L = 2\text{H}$, $C = \frac{1}{2}\text{F}$, $r_m = -\frac{1}{2}\Omega$, $u_C(0_-) = 0.5\text{V}$, $i_L(0_-) = -1\text{A}$,求 $i_L(t)$。

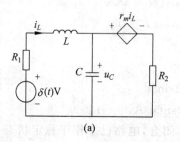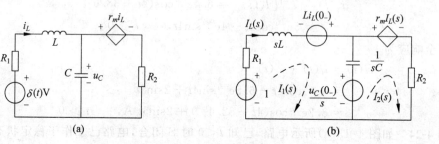

图 4-14　例 4-25 图

解　此题是冲激响应,且有受控源,初始状态又不为零,用时域法求解很麻烦,而用复频域分析法很方便。由于是线性受控源,根据拉氏变换的线性性质,则此 CCVS 的复频域形式如图 4-14(b)所示。由图 4-14(b)所示的复频域电路,应用回路法就可得到所求的响应。

设回路电流为 $I_1(s)$ 和 $I_2(s)$,方向如图 4-14(b)中所示,则回路方程为

$$\left(2 + 2s + \frac{2}{s}\right)I_1(s) - \frac{2}{s}I_2(s) = 1 - \frac{0.5}{s} - 2$$

$$-\frac{2}{s}I_1(s) + \left(\frac{2}{s} + \frac{1}{2}\right)I_2(s) = \frac{0.5}{s} + \frac{1}{2}I_L(s)$$

$$I_L(s) = I_1(s)$$

解得

$$I_L(s) = \frac{-0.5s - \frac{9}{4}}{s^2 + 5s + 4} = \frac{-\frac{7}{12}}{s+1} + \frac{\frac{1}{12}}{s+4}$$

所以

$$i_L(t) = \left(-\frac{7}{12}\mathrm{e}^{-t} + \frac{1}{12}\mathrm{e}^{-4t}\right)\mathrm{A}, \qquad t \geqslant 0$$

例 4-26　如图 4-15(a)所示电路,已知 $C_1 = 1\mathrm{F}$, $C_2 = 2\mathrm{F}$, $R = 3\Omega$, $u_1(0_-) = 10\mathrm{V}$, $u_2(0_-) = 0$。今于 $t=0$ 时刻闭合 S,求 $t>0$ 时的响应 $i_1(t)$、$u_1(t)$、$u_2(t)$、$i_2(t)$ 及 $i_R(t)$,并画出波形。

解　$t>0$ 时的 s 域电路模型如图 4-15(b)所示,进而可列出独立节点的 KCL 方程为

$$\left(C_1 s + C_2 s + \frac{1}{R}\right)U_2(s) = \frac{1}{s}u_1(0_-)C_1 s = 10$$

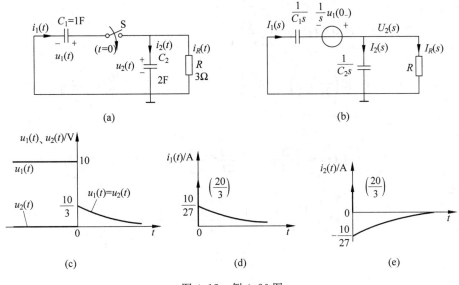

图 4-15　例 4-26 图

代入数据解得

$$U_2(s) = \frac{30}{9s+1} = \frac{\frac{10}{3}}{s + \frac{1}{9}}$$

故得

$$u_2(t) = \mathscr{L}^{-1}[U_2(s)] = \frac{10}{3}\mathrm{e}^{-\frac{1}{9}t}\mathrm{V}, \qquad t > 0$$

又有

$$U_2(s) = \frac{1}{s}u_1(0_-) - \frac{1}{C_1 s}I_1(s)$$

故

$$\frac{1}{C_1 s}I_1(s) = \frac{1}{s}u_1(0_-) - U_2(s)$$

即

$$\frac{1}{s}I_1(s) = \frac{10}{s} - \frac{30}{9s+1} = \frac{10(6s+1)}{s(9s+1)}$$

故

$$I_1(s) = 10 \times \frac{6s+1}{9s+1} = 10\left[\frac{2}{3} + \frac{\frac{1}{3}}{9s+1}\right] = 10\left[\frac{2}{3} + \frac{1}{27} \times \frac{1}{s+\frac{1}{9}}\right]$$

$$= \frac{20}{3} + \frac{10}{27} \times \frac{1}{s+\frac{1}{9}}$$

故得

$$i_1(t) = \left[\frac{20}{3}\delta(t) + \frac{10}{27}e^{-\frac{1}{9}t}\right]A, \qquad t \geqslant 0$$

又

$$I_2(s) = C_2 s U_2(s) = 2s\frac{30}{9s+1}$$

$$= 60\left(\frac{s}{9s+1}\right) = 60\left[\frac{1}{9} - \frac{\frac{1}{9}}{9s+1}\right] = \frac{20}{3} - \frac{20}{27} \times \frac{1}{s+\frac{1}{9}}$$

故得

$$i_2(t) = \left[\frac{20}{3}\delta(t) - \frac{20}{27}e^{-\frac{1}{9}t}\right]A, \qquad t \geqslant 0$$

又

$$I_R(s) = \frac{U_2(s)}{R} = \frac{1}{3} \times \frac{30}{9s+1} = \frac{10}{9} \times \frac{1}{s+\frac{1}{9}}$$

故得

$$i_R(t) = \frac{10}{9}e^{-\frac{1}{9}t}A, \qquad t > 0$$

可以验证有 $i_1(t) = i_2(t) + i_R(t)$。

也可以用以下方法求 $u_1(t)$、$i_1(t)$、$i_2(t)$ 及 $i_R(t)$。从图 4-15(a)可看出有

$$u_1(t) = u_2(t) = \frac{10}{3}e^{-\frac{1}{9}t}V, \qquad t > 0$$

故

$$i_1(t) = -C_1\frac{\mathrm{d}u_1(t)}{\mathrm{d}t} = \left[\frac{20}{3}\delta(t) + \frac{10}{27}e^{-\frac{1}{9}t}\right]A, \qquad t \geqslant 0$$

$$i_2(t) = C_2\frac{\mathrm{d}u_2(t)}{\mathrm{d}t} = \left[\frac{20}{3}\delta(t) - \frac{20}{27}e^{-\frac{1}{9}t}\right]A, \qquad t \geqslant 0$$

$$i_R(t) = \frac{1}{R}u_2(t) = \frac{10}{9}e^{-\frac{1}{9}t}A, \qquad t > 0$$

其波形如图 4-15(c)、(d)、(e)所示。可见 $i_1(t)$ 和 $i_2(t)$ 中出现了冲激,这是因为在电路的换路瞬间(即 $t=0$ 时刻),C_1、C_2 构成了纯电容回路,其上的电压 $u_1(t)$,$u_2(t)$ 发生了突变。

4.5　连续系统的表示与模拟

　　系统的响应与激励有关,也与系统本身有关。系统函数就是描述系统本身特性的,它在电路与系统理论中占有重要地位。本节将介绍系统函数的定义、物理意义、分类、求法,还要介绍系统的框图、信号流图以及系统的模拟。

4.5.1　复频域系统函数的定义与分类

　　1) 定义

　　图 4-16 所示零状态系统,$f(t)$ 为激励,$y_f(t)$ 为零状态响应,设系统的单位冲激响应为 $h(t)$,则有

$$y_f(t) = h(t) * f(t)$$

对上式等号两端同时求拉氏变换,并设 $Y_f(s) = \mathscr{L}[y_f(t)]$,$F(s) = \mathscr{L}[f(t)]$,$H(s) = \mathscr{L}[h(t)]$,则有

$$Y_f(s) = H(s)F(s)$$

故有

$$H(s) = \frac{Y_f(s)}{F(s)} \qquad (4\text{-}50)$$

图 4-16　连续系统

$H(s)$ 称为复频域系统函数,简称**系统函数**(system function)。可见系统函数 $H(s)$ 就是系统零状态响应 $y_f(t)$ 的象函数 $Y_f(s)$ 与激励 $f(t)$ 的象函数 $F(s)$ 之比,也是系统单位冲激响应 $h(t)$ 的拉氏变换。

　　由于 $H(s)$ 是响应与激励的两个象函数之比,所以 $H(s)$ 与系统的激励和响应的具体数值无关,它只与系统本身的结构与元件参数有关。它充分、完整地描述了系统本身的特性。因此,研究系统的特性,也就归结为对 $H(s)$ 进行研究。

　　2) $H(s)$ 的另一个物理意义

　　设系统的激励 $f(t) = \mathrm{e}^{st}$,e^{st} 称为 s 域本征信号或单元信号。此时系统的零状态响应为

$$y_f(t) = h(t) * \mathrm{e}^{st} = \int_{-\infty}^{\infty} h(\tau)\mathrm{e}^{s(t-\tau)}\,\mathrm{d}\tau$$

$$= \mathrm{e}^{st}\int_{-\infty}^{\infty} h(\tau)\mathrm{e}^{-s\tau}\,\mathrm{d}\tau$$

$$= H(s)\mathrm{e}^{st}$$

式中,$H(s) = \displaystyle\int_{-\infty}^{\infty} h(\tau)\mathrm{e}^{-s\tau}\,\mathrm{d}\tau = \mathscr{L}[h(t)]$,为 $h(t)$ 的拉氏变换。可见,$H(s)$ 就是当激励为 e^{st} 时系统零状态响应的加权函数。而且由上式看出,此时零状态响应 $y_f(t)$ 的变化规律与激励 e^{st} 的变化规律相同,且均为同一的复频率 s。

　　3) 分类

　　电子技术中的系统常常是一个电网络。为了易于理解和接受,同时又不失一般性,下面以图 4-17 所示二端口网络为具体对象来介绍。

图 4-17　二端口网络

(1) 驱动(策动)点函数

当响应与激励是在同一个端口时,系统函数称为**驱动点(也称策动点)函数**(driving function)或**输入函数**(input function)。如图 4-17 所示零状态二端口电路,若视 $I_1(s)$ 为响应,$U_1(s)$ 为激励(电压源),则系统函数为

$$H(s) = Y(s) = \frac{I_1(s)}{U_1(s)}$$

称为驱动点导纳,也称输入导纳;若视 $U_1(s)$ 为响应,$I_1(s)$ 为激励(电流源),则系统函数为

$$H(s) = Z(s) = \frac{U_1(s)}{I_1(s)}$$

称为驱动点阻抗,也称输入阻抗。且有 $Z(s) = \frac{1}{Y(s)}$ 或 $Y(s) = \frac{1}{Z(s)}$,即 $Z(s)Y(s) = 1$。

(2) 转移(或传输)函数

当响应与激励是在不同的端口时,系统函数称为**转移(或传输)函数**(transfer function)。如图 4-17 所示零状态二端口电路,若视 $I_2(s)$ 为响应,$U_1(s)$ 为激励(电压源),则系统函数为

$$H(s) = Y_T(s) = \frac{I_2(s)}{U_1(s)}$$

称为转移导纳函数;若视 $U_2(s)$ 为响应,$I_1(s)$ 为激励(电流源),则系统函数为

$$H(s) = Z_T(s) = \frac{U_2(s)}{I_1(s)}$$

称为转移阻抗函数;若视 $U_2(s)$ 为响应,$U_1(s)$ 为激励(电压源),则系统函数为

$$H(s) = \frac{U_2(s)}{U_1(s)}$$

称为电压比函数;若视 $I_2(s)$ 为响应,$I_1(s)$ 为激励(电流源),则系统函数为

$$H(s) = \frac{I_2(s)}{I_1(s)}$$

称为电流比函数。

转移导纳函数、转移阻抗函数、电压比函数和电流比函数统称为转移函数,也称传输函数或传递函数。

驱动点函数与转移函数统称为系统函数,在电路理论中也称**网络函数**(network function),后文中不予区分。

4) $H(s)$ 的求法

(1) 由系统的单位冲激响应 $h(t)$ 求 $H(s)$,即

$$H(s) = \mathscr{L}[h(t)]$$

(2) 由系统的传输算子 $H(p)$ 求 $H(s)$,即

$$H(s) = H(p)\,|_{p=s}$$

(3) 根据 s 域电路模型,按定义式(4-50)求系统响应与激励之比,即得 $H(s)$。

(4) 对零状态系统的微分方程进行拉氏变换,再按定义式(4-50)求 $H(s)$。

(5) 根据系统的模拟图求 $H(s)$。

(6) 由系统的信号流图,根据梅森公式求 $H(s)$。

以上(5)、(6)种求法,将在下文中详细介绍。

4.5.2　连续系统的方框图表示

　　线性时不变连续系统的输入、输出关系可以用微分方程描述,这种描述便于对系统进行数学分析和计算。系统还可以用方框图、信号流图来表示,这种表示避开了系统的内部结构,而着眼于系统的输入、输出关系,使对系统输入、输出关系的研究更加直观明了。另外,如果已知系统的微分方程或系统函数,要求用一些基本单元来构成系统,这称为系统的模拟。系统的表示是系统分析的基础,而系统的模拟是系统综合的基础。

　　一个连续系统可以用一个矩形方框图简单地表示,如图 4-18 所示。方框图左边的有向线段表示系统的输入 $f(t)$,右边的有向线段表示系统的输出 $y(t)$,方框表示联系输入和输出的其他部分,是系统的主体。此外,几个系统的组合连接又可构成一个复杂系统,称为复合系统。组成复合系统的每一个系统又称为子系统。系统的组合连接方式有串联、并联及这两种方式的混合连接。此外,连续系统也可以用一些输入、输出关系简单的基本单元(子系统)连接起来表示。这些基本单元有加法器、数乘器(放大器)、积分器等。

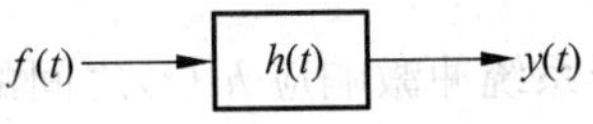

$$f(t) \longrightarrow \boxed{h(t)} \longrightarrow y(t)$$

图 4-18　系统的方框图表示

　　1) 连续系统的串联

　　图 4-19 表示由 n 个子系统串联组成的复合系统,其中图(a)为时域形式,图(b)为复频域形式。图中,$h_i(t)(i=1,2,\cdots,n)$ 为第 i 个子系统的冲激响应,$H_i(s)$ 为 $h_i(t)$ 的拉普拉斯变换。如图所示,每个子系统的输出又是与它相连的后一个子系统的输入。设复合系统的冲激响应为 $h(t)$,根据线性连续系统时域分析的结论,$h(t)$ 与 $h_i(t)$ 的关系为

$$h(t) = h_1(t) * h_2(t) * \cdots * h_n(t) \tag{4-51}$$

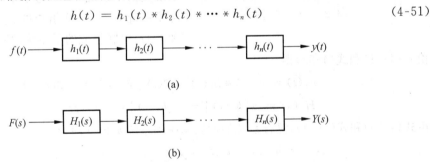

(a)

(b)

图 4-19　连续系统的串联

　　若 $h(t)$ 和 $h_i(t)$ 为因果函数,$h(t)$ 的拉普拉斯变换即系统函数为 $H(s)$,根据拉普拉斯变换的时域卷积性质,$H(s)$ 与 $H_i(s)$ 的关系为

$$H(s) = H_1(s) \cdot H_2(s) \cdot \cdots \cdot H_n(s) \tag{4-52}$$

　　2) 连续系统的并联

　　图 4-20 表示 n 个连续子系统并联组成的复合系统,图(a)表示时域形式,图(b)表示复频域形式,符号 $\otimes$ 表示加法器,其输出等于各输入之和。复合系统的输入 $f(t)$ 同时又是各子系统的输入,复合系统的输出 $y(t)$ 等于各子系统输出之和。复合系统的冲激响应 $h(t)$ 与

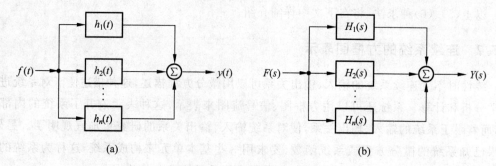

图 4-20　连续系统的并联

子系统冲激响应 $h_i(t)$ 之间的关系为

$$h(t) = h_1(t) + h_2(t) + \cdots + h_n(t) = \sum_{i=1}^{n} h_i(t) \tag{4-53}$$

$h(t)$ 的拉普拉斯变换(即系统函数)$H(s)$ 与 $h_i(t)$ 的拉普拉斯变换 $H_i(s)$ 之间的关系为

$$H(s) = H_1(s) + H_2(s) + \cdots + H_n(s) = \sum_{i=1}^{n} H_i(s) \tag{4-54}$$

例 4-27　某线性连续系统如图 4-21 所示,其中 $h_1(t) = \delta(t)$,$h_2(t) = \delta(t-1)$,$h_3(t) = \delta(t-3)$。

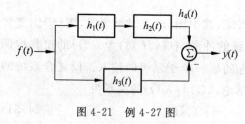

图 4-21　例 4-27 图

(1) 试求系统的冲激响应 $h(t)$;

(2) 若 $f(t) = \varepsilon(t)$,试求系统的零状态响应 $y_f(t)$。

解　(1) 求系统冲激响应 $h(t)$。图示复合系统是由子系统 $h_1(t)$ 与子系统 $h_2(t)$ 串联后再与子系统 $h_3(t)$ 并联组成的。设由子系统 $h_1(t)$ 和 $h_2(t)$ 串联组成的子系统的冲激响应为 $h_4(t)$,由式(4-51)式(4-52)得

$$h_4(t) = h_1(t) * h_2(t) = \delta(t) * \delta(t-1) = \delta(t-1)$$

$$H_4(s) = \mathscr{L}[h_4(t)] = \mathscr{L}[h_1(t)] \cdot \mathscr{L}[h_2(t)] = \mathrm{e}^{-s}$$

由式(4-53)和式(4-54),复合系统的冲激响应和系统函数分别为

$$h(t) = h_4(t) - h_3(t) = \delta(t-1) - \delta(t-3)$$

$$H(s) = \mathscr{L}[h(t)] = \mathscr{L}[h_4(t)] - \mathscr{L}[h_3(t)] = \mathrm{e}^{-s} - \mathrm{e}^{-3s}$$

(2) 求 $f(t) = \varepsilon(t)$ 时系统的零状态响应 $y_f(t)$。设系统零状态响应 $y_f(t)$ 的拉氏变换为 $Y_f(s)$,则

$$Y_f(s) = H(s)F(s) = (\mathrm{e}^{-s} - \mathrm{e}^{-3s})\frac{1}{s}$$

求 $Y_f(s)$ 的拉氏反变换得

$$y_f(t) = \mathscr{L}^{-1}[Y_f(s)] = \varepsilon(t-1) - \varepsilon(t-3)$$

3) 系统的模拟图表示

表示线性连续系统的基本运算器主要有**加法器**(summer)、**标量乘法器**(scalar

multiplier)（简称数乘器）和**积分器**(integrator)。基本运算器的模型及输入输出关系如图 4-22 所示。其中,图(a)表示数乘器的时域和 s 域模型;图(b)表示加法器的时域和 s 域模型;图(c)表示积分器的时域和 s 域模型。图中,$f_1(t)$、$f_2(t)$、$f(t)$ 均为因果信号,并且假定积分器的输出 $y(t)$ 的初始值 $y(0_-)$ 为零（零状态）。若线性连续系统由基本运算器连接组成,则可以根据基本运算器的输入输出关系及它们相互之间的连接关系得到系统微分方程或系统函数。

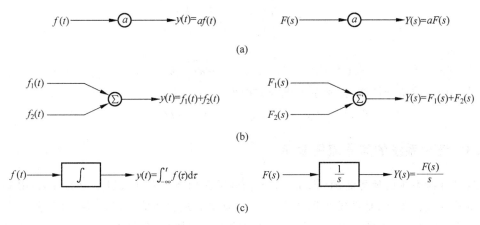

图 4-22　基本运算器的时域和 s 域模型

例 4-28　某线性连续系统如图 4-23 所示,求系统函数 $H(s)$,并写出描述系统输入输出关系的微分方程。

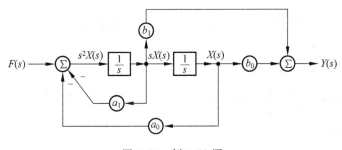

图 4-23　例 4-28 图

解　图示系统是由基本运算器的 s 域模型表示的系统。积分器是零状态情况下的模型,即积分器的输出在 $t=0_-$ 时的值为零。设系统的输入 $f(t)$ 为因果信号,则系统的初始状态 $y(0_-)$、$y'(0_-)$ 为零,系统的输出 $y(t)$ 相当于零状态响应。因此,设右边积分器的输出为 $X(s)$,作为引入的中间变量,根据积分器的 s 域模型,则其输入为 $sX(s)$。左边积分器的输出等于右边积分器的输入,即等于 $sX(s)$,所以其输入为 $s^2X(s)$。左端加法器的输出等于左边积分器的输入,等于 $s^2X(s)$,该加法器的输入有三个,如图 4-23 所示,因此得

$$s^2 X(s) = - a_1 sX(s) - a_0 X(s) + F(s)$$

于是得

$$X(s) = \frac{F(s)}{s^2 + a_1 s + a_0} \tag{4-55}$$

$Y(s)$为右边加法器的输出,该加法器有两个输入,因此有

$$Y(s) = b_1 s X(s) + b_0 X(s) = (b_1 s + b_0) X(s) \tag{4-56}$$

把式(4-55)代入式(4-56)并消去中间变量 $X(s)$,得

$$Y(s) = \frac{b_1 s + b_0}{s^2 + a_1 s + a_0} F(s) \tag{4-57}$$

由式(4-57)得系统函数为

$$H(s) = \frac{Y(s)}{F(s)} = \frac{b_1 s + b_0}{s^2 + a_1 s + a_0}$$

由式(4-57)又得

$$(s^2 + a_1 s + a_0) Y(s) = (b_1 s + b_0) F(s)$$

对上式应用时域微分性质,得到系统微分方程为

$$y''(t) + a_1 y'(t) + a_0 y(t) = b_1 f'(t) + b_0 f(t)$$

4.5.3　连续系统的信号流图表示

　　线性连续系统的**信号流图**(signal flow graph)是由点和有向线段组成的线图,用来表示系统的输入输出关系,是系统框图表示的一种简化形式。在信号流图中,用点表示信号变量,用有向线段表示**支路**(branch)和信号的传输方向,同时在有向线段上方标注信号的**传输值**(transmittance),即信号变量间的传输函数。这样,每一个信号变量就等于所有指向该变量的支路的入端变量与相应的支路传输值的乘积之和,所以每一条支路相当于乘法器。例如图 4-24 就信号流图中信号的表示及其传输具体规则作了简洁描述。

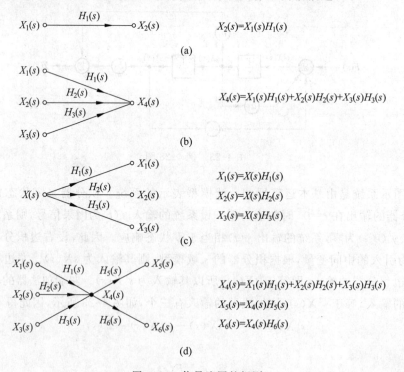

图 4-24　信号流图的规则

1）连续系统的信号流图表示

线性连续系统的方框图表示与信号流图表示有一定的对应关系,根据这种对应关系可以由方框图表示得到信号流图表示。具体的对应关系如图 4-25 所示。

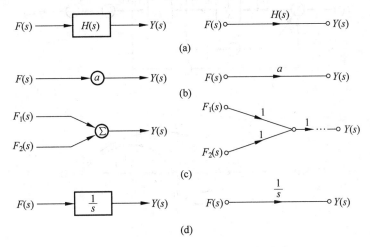

图 4-25　信号流图与方框图的对应关系

例 4-29　某线性连续系统的方框图表示如图 4-26(a)所示,画出该系统的信号流图。

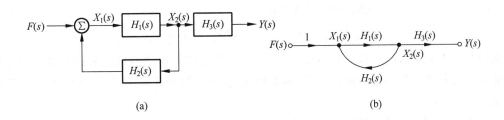

图 4-26　例 4-29 图

解　系统的方框图中,$H_1(s)$、$H_2(s)$、$H_3(s)$分别是三个子系统的系统函数。设加法器的输出为 $X_1(s)$,子系统 $H_1(s)$ 的输出为 $X_2(s)$,则有

$$X_1(s) = F(s) + H_2(s)X_2(s)$$
$$X_2(s) = H_1(s)X_1(s)$$
$$Y(s) = H_3(s)X_2(s)$$

用节点分别表示 $F(s)$、$X_1(s)$、$X_2(s)$、$Y(s)$,然后根据信号流图的规则和方框图与信号流图的对应关系,并利用以上信号之间的传输关系,可得系统的信号流图如图 4-26(b)所示。

例 4-30　某线性连续系统的方框图表示如图 4-27(a)所示,画出该系统的信号流图。

解　设左边加法器的输出为 $X_1(s)$,左边第一和第二个积分器的输出分别为 $X_2(s)$和 $X_3(s)$,则有

$$X_1(s) = F(s) - a_1X_2(s) - a_0X_3(s)$$

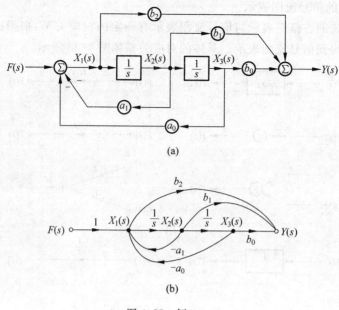

(a)

(b)

图 4-27　例 4-30

$$X_2(s) = \frac{1}{s}X_1(s)$$

$$X_3(s) = \frac{1}{s}X_2(s)$$

$$Y(s) = b_2 X_1(s) + b_1 X_2(s) + b_0 X_3(s)$$

分别用节点表示 $F(s)$、$X_1(s)$、$X_2(s)$、$X_3(s)$、$Y(s)$，根据信号流图的规则和信号流图与方框图的对应关系及上述的信号传输关系，画出相应的支路，得到系统的信号流图如图 4-27(b)所示。

例 4-30 表明，如果系统的方框图由基本运算器组成，那么由系统方框图表示到信号流图表示的方法是：首先选择方框图中的输入 $F(s)$、输出 $Y(s)$、积分器输出、加法器输出用节点表示，然后根据信号流图的规则和信号流图与方框图表示的关系，并利用信号之间的传输关系画出相应的支路，就得到系统的信号流图表示。

信号流图实际上是线性代数方程组的图示形式，即用图把线性代数方程组表示出来。有了系统的信号流图，利用梅森(Mason)公式，即可很容易地求得系统函数 $H(s)$。这要比从解线性代数方程组求 $H(s)$ 容易得多。这种方法由美国麻省理工学院的梅森于 20 世纪 50 年代初首先提出。

信号流图的优点是：

(1) 用它来表示系统要比用模拟图或框图表示系统更加简明、清晰，而且图也易画。

(2) 信号流图也是求系统函数 $H(s)$ 的有力工具。根据信号流图，利用梅森公式，可以很容易地求得系统的系统函数 $H(s)$。这种方法对复杂系统进行分析时优点更为突出。

关于信号流图，有如下常用术语：

(1) 节点

表示信号变量的点称节点(node)。如图 4-24(a)中的点 $X_1(s)$ 和 $X_2(s)$，或者说每一个节点代表一个变量。

(2) 支路

连接两个节点之间的有向线段(或线条)称为**支路**(branch)。每一条支路代表一个子系统,支路的方向表示信号的传输(或流动)方向,写在支路旁边的函数称为支路的传输值或传输函数。

(3) 激励节点

代表系统激励信号的节点,如图 4-25(a)中的节点 $F(s)$。激励节点的特点是,连接在它上面的支路只有流出去的支路,而没有流入它的支路。激励节点也称**源节点**(source node)或源点。

(4) 响应节点

代表所求响应变量的节点,如图 4-25(a)中的节点 $Y(s)$。有时为了把响应节点更突出地显示出来,也可从响应节点上再增加引出一条传输函数为 1 的有向支路,如图 4-25(c)中最右边的虚线条所示。响应节点也称**输出节点**(sink node)。

(5) 混合节点

若在一个节点上既有输入支路,又有输出支路,则该节点为混合节点。混合节点除了代表变量外,还对输入它的信号有求和的功能,它所代表的变量就是所有输入信号的和,即为输出信号。

(6) 通路

从任一节点出发,沿支路箭头方向(不能是相反方向)连续地经过各相连支路达到另一节点的路径称为**通路**(path)。

(7) 开通路

与任一节点相遇的次数不多于 1 的通路称为**开通路**(open path),它的起始节点与终止节点不是同一节点。

(8) 前向开通路

从激励节点至响应节点的开通路,也简称**前向通路**(forward path)。

(9) 环路

信号流通的闭合通路称为**环路**(closed loop)。环路也称回路。只有一个节点和一条支路的环路称为自环路,简称**自环**(self-loop)。

(10) 互不接触的环路

没有公共节点的环路称为互不接触的环路。

(11) 环路传输函数

环路中各支路传输函数的乘积称为环路传输函数。

(12) 前向开通路的传输函数

前向开通路中各支路传输函数的乘积称为前向开通路的传输函数。

2) 梅森公式(Mason's formula)

从系统的信号流图直接求系统函数 $H(s)=\dfrac{Y(s)}{F(s)}$ 的计算公式,称为梅森公式。该公式表示如下:

$$H(s)=\frac{Y(s)}{F(s)}=\frac{1}{\Delta}\sum_k P_k\Delta_k \tag{4-58}$$

式中

$$\Delta = 1 - \sum_i L_i + \sum_{m,n} L_m L_n - \sum_{p,q,r} L_p L_q L_r + \cdots \tag{4-59}$$

称为信号流图的**特征行列式**(characteristic determinant);L_i 为第 i 个环路的传输函数,$\sum_i L_i$ 为所有环路传输函数之和;$L_m L_n$ 为两个互不接触环路传输函数的乘积,$\sum_{m,n} L_m L_n$ 为所有两个互不接触环路传输函数乘积之和;$L_p L_q L_r$ 为三个互不接触环路传输函数的乘积,$\sum_{p,q,r} L_p L_q L_r$ 为所有三个互不接触环路传输函数乘积之和;
$\vdots$

P_k 为由激励节点至所求响应节点的第 k 条前向开通路所有支路传输函数的乘积;Δ_k 为除去第 k 条前向通路中所包含的支路和节点后所剩子流图的特征行列式,求 Δ_k 仍然用式(4-59)。

例 4-31 如图 4-28(a)所示系统,求系统函数 $H(s) = \dfrac{Y(s)}{F(s)}$。

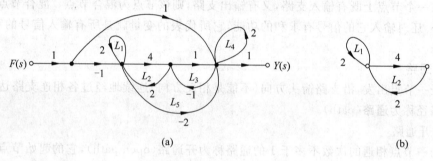

图 4-28 例 4-31 图

解 (1)求 Δ

先求 $\sum_i L_i$。该图共有 5 个环路,其传输函数分别为

$$L_1 = 2 \qquad L_2 = 2 \times 4 = 8 \qquad L_3 = 1 \times (-1) = -1$$
$$L_4 = 2 \qquad L_5 = -2 \times (-1) \times 2 = 4$$

故

$$\sum_i L_i = L_1 + L_2 + L_3 + L_4 + L_5 = 15$$

再求 $\sum_{m,n} L_m L_n$。该图中两两互不接触的环路共有 3 组,分别为

$$L_1 L_3 = 2 \times (-1) = -2$$
$$L_1 L_4 = 2 \times 2 = 4$$
$$L_2 L_4 = 8 \times 2 = 16$$

故

$$\sum_{m,n} L_m L_n = L_1 L_3 + L_1 L_4 + L_2 L_4 = 18$$

该图中没有 3 个和 3 个以上互不接触的环路,故有

$$\sum_{p,q,r} L_p L_q L_r = 0 ; \cdots$$

故得

$$\Delta = 1 - \sum_i L_i + \sum_{m,n} L_m L_n - \sum_{p,q,r} L_p L_q L_r + \cdots$$

$$= 1 - 15 + 18 = 4$$

（2）求 $\sum_k P_k \Delta_k$

先求 P_k。该图共有 3 个前向通路，其传输函数分别为

$$P_1 = 1 \times 1 \times 1 = 1$$

$$P_2 = 1 \times (-1) \times 4 \times 1 \times 1 = -4$$

$$P_3 = 1 \times (-1) \times (-2) \times 1 = 2$$

再求 Δ_k。除去 P_1 前向通路中所包含的支路和节点后，所剩子图如图 4-28(b)所示。该子图共有两个环路，故

$$\sum_i L_i = L_1 + L_2 = 2 + 2 \times 4 = 2 + 8 = 10$$

故

$$\Delta_1 = 1 - \sum_i L_i = 1 - 10 = -9$$

除去 P_2、P_3 前向通路中所包含的支路和节点后，已无子图存在，故有

$$\Delta_2 = \Delta_3 = 1$$

故得

$$\sum_k P_k \Delta_k = P_1 \Delta_1 + P_2 \Delta_2 + P_3 \Delta_3$$

$$= 1 \times (-9) + (-4) \times 1 + 2 \times 1 = -11$$

（3）求 $H(s)$

$$H(s) = \frac{Y(s)}{F(s)} = \frac{1}{\Delta} \sum_k P_k \Delta_k = \frac{1}{4}(-11) = -\frac{11}{4}$$

例 4-32　已知连续系统的信号流图如图 4-29 所示，求系统函数 $H(s)$。

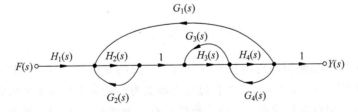

图 4-29　例 4-32 图

解　系统信号流图共有 4 个环路，其传输函数分别为

$$L_1 = H_2(s) G_2(s)$$

$$L_2 = H_3(s) G_3(s)$$

$$L_3 = H_4(s) G_4(s)$$

$$L_4 = H_2(s) H_3(s) H_4(s) G_1(s)$$

该图中两两互不接触的环路共有 2 组,其传输函数乘积分别为

$$L_1 L_2 = H_2(s)G_2(s)H_3(s)G_3(s)$$

$$L_1 L_3 = H_2(s)G_2(s)H_4(s)G_4(s)$$

该图中没有 3 个和 3 个以上互不接触的环路,故有

$$\sum_{p,q,r} L_p L_q L_r = 0, \cdots$$

故信号流图的特征行列式为

$$\Delta = 1 - \sum_i L_i + \sum_{m,n} L_m L_n$$

$$= 1 - (L_1 + L_2 + L_3 + L_4) + (L_1 L_2 + L_1 L_3)$$

$$= 1 - [H_2(s)G_2(s) + H_3(s)G_3(s) + H_4(s)G_4(s) + H_2(s)H_3(s)H_4(s)G_1(s)]$$

$$+ [H_2(s)G_2(s)H_3(s)G_3(s) + H_2(s)G_2(s)H_4(s)G_4(s)]$$

系统信号流图中从 $F(s)$ 到 $Y(s)$ 只有一条前向通路,其传输函数 P_1 和对应的剩余子流图特征行列式分别为

$$P_1 = H_1(s)H_2(s)H_3(s)H_4(s)$$

$$\Delta_1 = 1$$

由式(4-58),得到系统函数为

$$H(s) = \frac{P_1 \Delta_1}{\Delta} = \frac{H_1(s)H_2(s)H_3(s)H_4(s)}{\Delta}$$

例 4-33　如图 4-30(a)所示系统。

(1) 画出该系统的信号流图;

(2) 求系统函数 $H(s) = \dfrac{Y(s)}{F(s)}$。

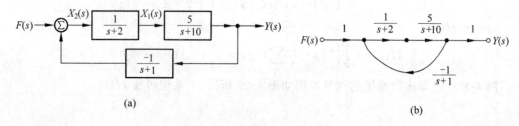

图 4-30　例 4-33 图

　　解　(1) 根据信号流图的规则和框图与信号流图的对应关系及上述信号传输关系,画出其信号流图如图 4-30(b)所示,其中右边传输函数为 1 的支路是为了突出响应节点 $Y(s)$。

(2) **方法一**　用梅森公式求。该信号流图只有一个环路,其传输函数为

$$L_1 = \frac{1}{s+2} \cdot \frac{5}{s+10} \cdot \frac{-1}{s+1}$$

该图中没有 2 个和 2 个以上互不接触的环路,故信号流图的特征行列式为

$$\Delta = 1 - \left(\frac{1}{s+2} \cdot \frac{5}{s+10} \cdot \frac{-1}{s+1} \right)$$

$$= \frac{(s+2)(s+10)(s+1) + 5}{(s+2)(s+10)(s+1)}$$

系统信号流图中从 $F(s)$ 到 $Y(s)$ 只有一条前向通路,其传输函数 P_1 和对应的剩余子流图特征行列式分别为

$$P_1 = \frac{1}{s+2} \cdot \frac{5}{s+10}$$

$$\Delta_1 = 1$$

由梅森公式得到系统函数为

$$H(s) = \frac{P_1 \Delta_1}{\Delta} = \frac{5(s+1)}{(s+2)(s+10)(s+1)+5} = \frac{5s+5}{s^3+13s^2+32s+25}$$

方法二　在系统框图中引入中间变量 $X_1(s)$、$X_2(s)$,如图 4-30(a)所示,故有

$$Y(s) = \frac{5}{s+10}X_1(s)$$

$$X_1(s) = \frac{1}{s+2}X_2(s)$$

即

$$Y(s) = \frac{5}{s+10}X_1(s) = \frac{5}{s+10} \cdot \frac{1}{s+2}X_2(s)$$

由加法器的输出输入关系,得

$$F(s) + \left(\frac{-1}{s+1}\right)Y(s) = \frac{(s+10)(s+2)}{5}Y(s)$$

解之得

$$H(s) = \frac{Y(s)}{F(s)} = \frac{5(s+1)}{(s+10)(s+2)(s+1)+5}$$

$$= \frac{5s+5}{s^3+13s^2+32s+25}$$

4.5.4　连续系统的模拟

在已知系统数学**模型**(model)的情况下,用一些基本单元(基本运算器)组成该系统称为系统的**模拟**(simulation)。系统模拟是严格数学意义下的模拟,即要求模拟系统的数学模型与已知的系统数学模型相同。因此,系统模拟不同于实际中的系统仿制。在实际设计组成系统之前,可以先利用系统模拟进行理论分析与计算,理论分析与计算的结果可以作为指导实际设计组成系统的基础。

线性连续系统的数学模型通常是微分方程,但系统微分方程与系统函数之间有确定的对应关系,因此,下面只讨论根据系统函数 $H(s)$ 模拟系统的方法。由于 $H(s)$ 可以根据系统信号流图和梅森公式得到,所以 $H(s)$ 与信号流图和梅森公式有确定的对应关系。根据这种关系,可以由 $H(s)$ 得到系统的信号流图,可进一步根据信号流图与方框图的对应关系得到用基本运算器组成的系统。根据 $H(s)$ 得到的系统信号流图通常有直接形式、级联形式(串联形式)和并联形式三种,下面分别进行讨论。

(1) 直接形式

以二阶系统为例,设二阶线性连续系统的系统函数为

$$H(s) = \frac{b_2 s^2 + b_1 s + b_0}{s^2 + a_1 s + a_0} \tag{4-60}$$

将 $H(s)$ 的分子分母同时乘以 s^{-2},得到

$$H(s) = \frac{b_2 + b_1 s^{-1} + b_0 s^{-2}}{1 - (-a_1 s^{-1} - a_0 s^{-2})} \tag{4-61}$$

式(4-61)的分母可看作信号流图的特征行列式 Δ,括号内的两项可看作两个互相接触的环路的传输函数之和;分子中的三项可看作从输入节点到输出节点的三条前向开通路的传输函数之和。因此,由 $H(s)$ 描述的系统可用包含两个相互接触的环路和三条前向开通路信号流图来模拟。根据式(4-61)和梅森公式,可以得到图 4-31(a)、(c)所示两种形式的信号流图。图(b)是图(a)所示信号流图对应的方框图表示,图(d)是图(c)所示信号流图对应的方框图表示。图(a)所示信号流图称为直接形式Ⅰ,图(c)所示信号流图称为直接形式Ⅱ。应用时,只需将式(4-60)中各系数直接填入图 4-31(a)或(c)定型流图的各支路即可。若式(4-60)中某一项为零,表示其系数为零,则对应的支路就不存在。

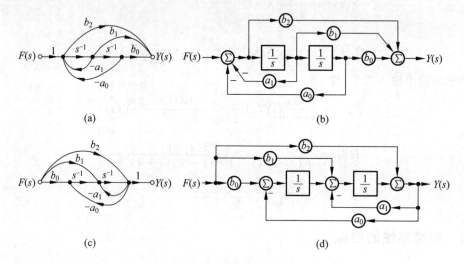

图 4-31　二阶系统直接形式信号流图及对应的模拟框图

(2) 级联(串联)形式

把系统函数 $H(s)$ 写成 n 个子系统函数连乘的形式即为 n 个子系统的级联,其系统函数 $H(s)$ 为

$$H(s) = H_1(s) \cdot H_2(s) \cdot \cdots \cdot H_n(s) \tag{4-62}$$

这种情况下,可先用直接形式信号流图模拟各子系统,然后把各子系统信号流图级联,即得到系统级联形式信号流图。级联的每个子系统因为结构较简单而容易实现,且具有模块化的结构。

例 4-34　已知一个线性连续系统的系统函数为

$$H(s) = \frac{2s^2 + 14s + 24}{s^2 + 3s + 2}$$

求系统级联形式的信号流图。

解　$H(s)$ 又可以表示为

$$H(s) = \frac{2(s+3)}{s+1} \cdot \frac{s+4}{s+2} = H_1(s) \cdot H_2(s)$$

式中，$H_1(s)$ 和 $H_2(s)$ 均表示一阶子系统，它们的表示式为

$$H_1(s) = \frac{2(s+3)}{s+1} = 2 \times \frac{1+3s^{-1}}{1-(-s^{-1})}$$

$$H_2(s) = \frac{s+4}{s+2} = \frac{1+4s^{-1}}{1-(-2s^{-1})}$$

显然，$H_1(s)$ 和 $H_2(s)$ 很容易用直接形式 I 模拟成图 4-32(a)、(b)，把两个子系统级联即得到整个系统级联形式的信号流图，如图 4-32(c)所示。

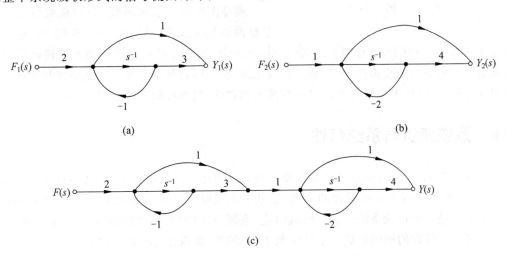

图 4-32　例 4-34 的级联形式信号流图

（3）并联形式

若把系统函数展开成部分分式，即系统函数 $H(s)$ 为

$$H(s) = H_1(s) + H_2(s) + \cdots + H_n(s) \tag{4-63}$$

每个部分分式对应一个子系统，把每个子系统用直接形式信号流图模拟，然后把它们并联，即得到系统并联形式的信号流图。

例 4-35　已知线性连续系统的系统函数 $H(s)$ 为

$$H(s) = \frac{2s+8}{s^3 + 6s^2 + 11s + 6}$$

求系统并联形式信号流图。

解　$H(s)$ 可表示为

$$H(s) = \frac{2s+8}{(s+1)[(s+2)(s+3)]}$$

$$= \frac{3}{s+1} + \frac{-3s-10}{s^2+5s+6}$$

$$= H_1(s) + H_2(s)$$

式中

$$H_1(s) = \frac{3}{s+1} = \frac{3s^{-1}}{1-(-s^{-1})}$$

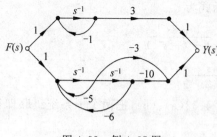

$$H_2(s) = \frac{-3s-10}{s^2+5s+6}$$

$$= \frac{-3s^{-1}-10s^{-2}}{1-(-5s^{-1}-6s^{-2})}$$

图 4-33　例 4-35 图

分别对 $H_1(s)$ 和 $H_2(s)$ 用直接形式 I 模拟,然后把两个子系统并联,即得到系统并联形式信号流图,如图 4-33 所示。

模拟图可以由系统函数 $H(s)$ 根据梅森公式思想得到直接形式信号流图而对应得到;也可以由系统函数 $H(s)$ 分子、分母同乘以 $X(s)$ 后,再由分子、分母特征分别画出系统输出信号部分和输入信号部分的模拟图,即所谓的假设中间变量,结合基本运算器功能构成的方法。读者可逆着例 4-28 解题步骤过程画出该系统的模拟图,其直接形式即为图 4-23。

4.6　系统函数与系统特性

系统函数 $H(s)$ 是线性连续系统的重要概念。前面已经讨论了系统函数 $H(s)$ 与系统微分方程、系统响应以及系统模拟的关系,这些关系反映了系统函数在系统分析中的重要地位。本节将进一步讨论系统函数与时域响应、系统频率特性和系统稳定性的关系。系统函数对上述系统特性的影响取决于系统函数 $H(s)$ 的零、极点在复平面上的分布。

4.6.1　$H(s)$ 的零点和极点

描述一般 n 阶零状态系统的微分方程为

$$\frac{d^n y_f(t)}{dt^n} + a_{n-1}\frac{d^{n-1} y_f(t)}{dt^{n-1}} + \cdots + a_1\frac{dy_f(t)}{dt} + a_0 y_f(t)$$

$$= b_m\frac{d^m f(t)}{dt^m} + b_{m-1}\frac{d^{m-1} f(t)}{dt^{m-1}} + \cdots + b_1\frac{df(t)}{dt} + b_0 f(t)$$

式中,$f(t)$、$y_f(t)$ 分别为系统的激励与零状态响应。由于已设系统为零状态系统,故必有

$$y_f(0_-) = y_f'(0_-) = y_f''(0_-) = \cdots = y_f^{(n-1)}(0_-) = 0$$

又由于 $t<0$ 时 $f(t)=0$,故必有

$$f(0_-) = f'(0_-) = f''(0_-) = \cdots = f^{(m-1)}(0_-) = 0$$

对上式等号两端同时取拉氏变换得

$$(s^n + a_{n-1}s^{n-1} + \cdots + a_1 s + a_0)Y_f(s)$$

$$= (b_m s^m + b_{m-1}s^{m-1} + \cdots + b_1 s + b_0)F(s)$$

故得

$$H(s) = \frac{Y_f(s)}{F(s)} = \frac{b_m s^m + b_{m-1}s^{m-1} + \cdots + b_1 s + b_0}{s^n + a_{n-1}s^{n-1} + \cdots + a_1 s + a_0} \tag{4-64}$$

式中

$$Y_f(s) = \mathscr{L}[y_f(t)], \qquad F(s) = \mathscr{L}[f(t)]$$

可见 $H(s)$ 的一般形式为复数变量 s 的两个实系数多项式之比。令

$$D(s) = s^n + a_{n-1}s^{n-1} + \cdots + a_1 s + a_0$$

$$N(s) = b_m s^m + b_{m-1} s^{m-1} + \cdots + b_1 s + b_0$$

则式(4-64)即可写为

$$H(s) = \frac{N(s)}{D(s)} \tag{4-65}$$

对于线性连续系统,式(4-64)中的 n、m 均为正整数;系数 $a_r(r=1,2,\cdots,n-1)$,$b_i(i=1,2,\cdots,m)$ 均为实数;式中的 n 可大于、等于或小于 m。

将式(4-65)等号右边的分子 $N(s)$、分母 $D(s)$ 多项式各分解因式(设为单根情况),即可将其写成如下形式:

$$H(s) = \frac{b_m(s-z_1)(s-z_2)\cdots(s-z_i)\cdots(s-z_m)}{(s-p_1)(s-p_2)\cdots(s-p_r)\cdots(s-p_n)}$$

$$= H_0 \frac{\prod\limits_{i=1}^{m}(s-z_i)}{\prod\limits_{r=1}^{n}(s-p_r)} \tag{4-66}$$

式中,H_0 为实常数;符号 $\prod$ 表示连乘;$p_r(r=1,2,\cdots,n)$ 为 $D(s)=0$ 的根;$z_i(i=1,2,\cdots,m)$ 为 $N(s)=0$ 的根。

由上式可见,当复数变量 $s=z_i$ 时,即有 $H(s)=0$,故称 z_i 为系统函数 $H(s)$ 的零点(zero);当复数变量 $s=p_r$ 时,即有 $H(s)=\infty$,故称 p_r 为 $H(s)$ 的极点(pole)。

将 $H(s)$ 的零点与极点画在 s 平面(复频率平面)上所构成的图形称为 $H(s)$ 的零、极点分布图,或简称为函数 $H(s)$ 的**零、极点图**(zero-pole diagram)。其中零点用符号"。"表示,极点用符号"×"表示,同时在图中将 H_0 的值也标出。若 $H_0=1$,则不予标出。

零极点图表示了 $H(s)$ 的特性,由零、极点在复平面上处的位置,可定性确定相应的时间函数及其波形。由此不难看出,在描述系统特性方面,$H(s)$ 与零、极点图是等价的。

例 4-36　求图 4-34(a)所示电路的驱动点阻抗 $Z(s)$,并画出零、极点图。已知 $R=3\Omega$,$L=0.5\mathrm{H}$,$C=\dfrac{1}{17}\mathrm{F}$。

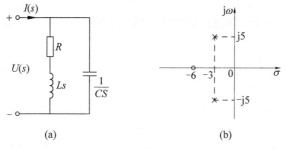

图 4-34　例 4-36 图

解　由图可得

$$Z(s) = \frac{\dfrac{17}{s}(3+0.5s)}{\dfrac{17}{s}+3+0.5s} = \frac{17(s+6)}{s^2+6s+34} = \frac{17(s+6)}{(s+3-\mathrm{j}5)(s+3+\mathrm{j}5)}$$

其中 $H_0=17$。可见 $Z(s)$ 有一个零点 $z_1=-6$;有两个极点 $p_1=-3+\mathrm{j}5$,$p_2=-3-\mathrm{j}5=p_1^*$。其零、极点分布如图 4-34(b)所示。

例 4-37　求图 4-35(a)所示网络的转移导纳函数 $H(s) = \dfrac{I_2(s)}{U_1(s)}$，并画出零、极点图。已知 $R_1 = R_2 = R_3 = 1\Omega, C_1 = C_2 = 1\text{F}$。

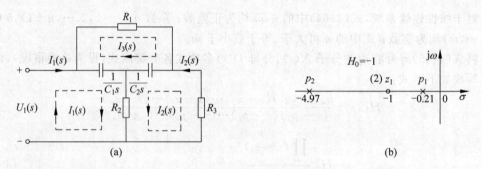

图 4-35　例 4-37 图

解　对三个网孔列 KVL 方程为

$$\left(\frac{1}{C_1 s} + R_2\right) I_1(s) + R_2 I_2(s) - \frac{1}{C_1 s} I_3(s) = U_1(s)$$

$$R_2 I_1(s) + \left(R_2 + R_3 + \frac{1}{C_2 s}\right) I_2(s) + \frac{1}{C_2 s} I_3(s) = 0$$

$$-\frac{1}{C_1 s} I_1(s) + \frac{1}{C_2 s} I_2(s) + \left(\frac{1}{C_1 s} + \frac{1}{C_2 s} + R_1\right) I_3(s) = 0$$

代入数据联解得

$$H(s) = \frac{I_2(s)}{U_1(s)} = -\frac{s^2 + 2s + 1}{s^2 + 5s + 1} = -\frac{(s+1)^2}{(s+0.21)(s+4.79)}$$

其中 $H_0 = -1$。可见 $H(s)$ 有一个二重零点 $z_1 = -1$；有两个极点：$p_1 = -0.21, p_2 = -4.79$，其分布如图 4-35(b)所示。图中零点旁边写以(2)，表示该零点为二重零点。

由于该电路中只有一种性质的动态元件(即只有电容而无电感)，故其极点一定位于负实轴上。

例 4-38　图 4-36(a)所示电路，求电压比函数 $H(s) = \dfrac{U_2(s)}{U_1(s)}$，并画出零、极点图。

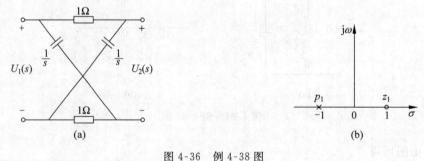

图 4-36　例 4-38 图

解　由图可得

$$U_2(s) = \frac{U_1(s)}{1 + \dfrac{1}{s}} \frac{1}{s} - \frac{U_1(s)}{\dfrac{1}{s} + 1} \times 1 = -\frac{s-1}{s+1} U_1(s)$$

故得

$$H(s) = \frac{U_2(s)}{U_1(s)} = -\frac{s-1}{s+1}$$

其中 $H_0 = -1$。可见 $H(s)$ 有一个零点 $z_1 = 1$，一个极点 $p_1 = -1$，其分布如图 4-36(b)所示。图中零点与极点的分布是以 $j\omega$ 轴左右对称，具有这种特点的网络称为全通网络或**全通系统**(allpass system)。

4.6.2　$H(s)$ 的极点、零点与冲激响应

如前所述，线性连续系统的系统函数 $H(s)$ 的原函数是系统冲激响应 $h(t)$，$H(s)$ 极点的性质(实数、虚数、复数、阶数)以及极点在复平面上的具体位置决定 $h(t)$ 的形式，$H(s)$ 的零点影响 $h(t)$ 的幅度和相位。此外，由于 $H(s)$ 的分母多项式 $D(s) = 0$ 是系统的特征方程，其特征根即为 $H(s)$ 的极点，因此，$H(s)$ 的极点也决定系统自由响应(固有响应)的形式。也就是说，一般情况下 $h(t)$ 的特性就是时域响应中自由分量的特性，而 $h(t) = \mathscr{L}^{-1}[H(s)]$，所以分析系统函数的极点与冲激响应的关系即可预见时域响应的特点。

若系统函数为真分式且分母具有单根，则系统的冲激响应为

$$h(t) = \mathscr{L}^{-1}[H(s)] = \mathscr{L}^{-1}\left[\sum_{i=1}^{n} \frac{K_i}{s - p_i}\right] = \sum_{i=1}^{n} K_i e^{p_i t} \tag{4-67}$$

式中 p_i 为 $H(s)$ 的极点。从式(4-67)可以看出，当 p_i 为负实根时，$e^{p_i t}$ 为衰减指数函数；当 p_i 为正实根时，$e^{p_i t}$ 为增长的指数函数；而且 $|p_i|$ 越大，衰减或增长的速度越快。这说明若 $H(s)$ 的极点都位于负实轴上，则 $h(t)$ 将随 t 的增大而衰减，这种系统是稳定的；若有一个极点位于正实轴上，则 $h(t)$ 将随 t 的增长而增长，这种系统是不稳定的。当极点 p_i 为共轭复数时，根据式(4-67)可知 $h(t)$ 是以指数曲线为包络线的正弦函数，其实部的正或负确定增长或衰减的正弦项。当 p_i 为虚根时，$h(t)$ 为纯正弦项。图 4-37 画出了系统函数的一阶极

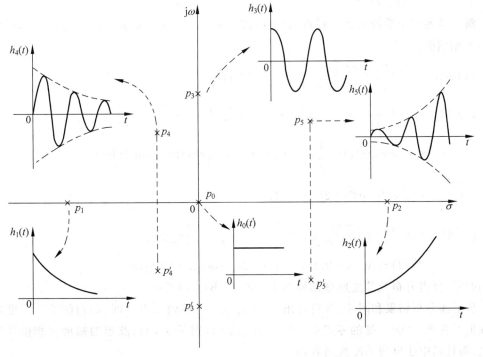

图 4-37　$H(s)$ 的极点与冲激响应的对应关系

点分别为负实数、正实数、虚数以及共轭复数时,对应的时域响应的波形。图中"×"号表示极点。

由以上讨论得到如下结论:

(1) $H(s)$ 在左半平面的极点无论为一阶极点或重极点,它们对应的时域函数都是按指数规律衰减的。当 $t \to \infty$ 时,时域函数的值趋于零,故系统是稳定的。

(2) $H(s)$ 在虚轴上的一阶极点对应的时域函数是幅度不随时间变化的阶跃函数或正弦函数,故系统是临界稳定的。$H(s)$ 在虚轴上的二阶极点或二阶以上极点对应的时域函数随时间的增长而增大。当 $t \to \infty$ 时,时域函数的值趋于无穷大,故系统是不稳定的。

(3) $H(s)$ 在右半平面极点无论一阶极点或重极点,它们对应的时域函数随时间的增长而增大。当 $t \to \infty$ 时,时域函数的值趋于无穷大,故系统是不稳定的。

从式(4-67)还可以看出,p_i 仅由系统的结构及元件值确定,因而将 p_i 称为系统的自然频率或固有频率。

$H(s)$ 的零点分布只影响 $h(t)$ 波形的幅度和相位,不影响 $h(t)$ 的时域波形模式。但 $H(s)$ 零点阶次的变化不仅影响 $h(t)$ 的波形幅度和相位,还可能使其波形中出现冲激函数 $\delta(t)$。

例 4-39 分别画出下列各系统函数的零、极点分布及冲激响应 $h(t)$ 的波形。

(1) $H(s) = \dfrac{s+1}{(s+1)^2 + 2^2}$

(2) $H(s) = \dfrac{s}{(s+1)^2 + 2^2}$

(3) $H(s) = \dfrac{(s+1)^2}{(s+1)^2 + 2^2}$

解 所给三个系统函数的极点均相同,即均为 $p_1 = -1 + j2$,$p_2 = -1 - j2 = p_1^*$,但零点是各不相同的。

(1) $h(t) = \mathscr{L}^{-1}\left[\dfrac{s+1}{(s+1)^2 + 2^2}\right] = e^{-t}\cos 2t\, \varepsilon(t)$

(2) $h(t) = \mathscr{L}^{-1}\left[\dfrac{s}{(s+1)^2 + 2^2}\right] = \mathscr{L}^{-1}\left[\dfrac{s+1}{(s+1)^2 + 2^2} - \dfrac{1}{2}\dfrac{2}{(s+1)^2 + 2^2}\right]$

$\qquad = e^{-t}\cos 2t\, \varepsilon(t) - \dfrac{1}{2} e^{-t}\sin 2t\, \varepsilon(t) = e^{-t}\left(\cos 2t - \dfrac{1}{2}\sin 2t\right)\varepsilon(t)$

$\qquad = \dfrac{\sqrt{5}}{2} e^{-t}\cos(2t + 26.57°)\varepsilon(t)$

(3) $h(t) = \mathscr{L}^{-1}\left[\dfrac{(s+1)^2}{(s+1)^2 + 2^2}\right] = \mathscr{L}^{-1}\left[1 - 2\dfrac{2}{(s+1)^2 + 2^2}\right]$

$\qquad = \delta(t) - 2e^{-t}\sin 2t\, \varepsilon(t) = \delta(t) - 2e^{-t}\cos(2t - 90°)\varepsilon(t)$

它们的零、极点分布及其波形分别如图 4-38(a)、(b)、(c)所示。

从上述分析结果和图 4-38 可看出,当零点从 -1 移到原点 0 时,$h(t)$ 的波形幅度与相位发生了变化;当 -1 处的零点由一阶变为二阶时,则不仅 $h(t)$ 波形的幅度和相位发生了变化,而且其中还出现了冲激函数 $\delta(t)$。

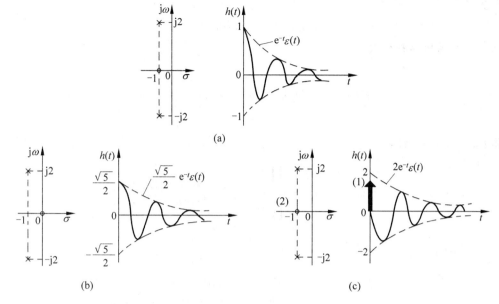

图 4-38 $H(s)$ 的零点对冲激响应的影响

4.6.3 $H(s)$ 与系统的频率特性

由线性连续系统的频域分析可知,系统冲激响应 $h(t)$ 的傅里叶变换 $H(j\omega)$ 表示系统的**频率特性**(frequency property),也称为系统的**频率响应**(frequency response)。若 $h(t)$ 为因果信号,且对应系统函数 $H(s)$ 的收敛域包含 $j\omega$ 轴,即意味着 $H(s)$ 的极点全部在左半平面。在这种情况下,$H(s)$ 对应的系统称为**稳定系统**(stable system)。对于稳定和临界稳定系统,可令 $H(s)$ 中的 $s=j\omega$ 而求得 $H(j\omega)$[①],即

$$
\begin{aligned}
H(j\omega) &= H(s) \mid_{s=j\omega} = \left. \frac{b_m s^m + b_{m-1} s^{m-1} + \cdots + b_1 s + b_0}{s^n + a_{n-1} s^{n-1} + \cdots + a_1 s + a_0} \right|_{s=j\omega} \\
&= \frac{b_m (j\omega)^m + b_{m-1} (j\omega)^{m-1} + \cdots + b_1 j\omega + b_0}{(j\omega)^n + a_{n-1} (j\omega)^{n-1} + \cdots + a_1 j\omega + a_0}
\end{aligned}
\tag{4-68}
$$

$H(j\omega)$ 一般为 $j\omega$ 的复数函数,故可写为

$$
H(j\omega) = \mid H(j\omega) \mid e^{j\varphi(\omega)} = \mid H(j\omega) \mid \underline{/\varphi(\omega)}
$$

式中,$\mid H(j\omega) \mid$ 和 $\varphi(\omega)$ 分别称为系统的**幅频特性**(幅频响应)与**相频特性**(相频响应)。

根据式(4-66)有

$$
H(j\omega) = H_0 \frac{\prod\limits_{i=1}^{m} (j\omega - z_i)}{\prod\limits_{r=1}^{n} (j\omega - p_r)}
\tag{4-69}
$$

设零点矢量因子

$$
(j\omega - z_i) = N_i e^{j\psi_i}
$$

---

① 对于不稳定的系统不存在 $H(j\omega)$,不能用式 $H(s) \mid_{s=j\omega} = H(j\omega)$ 求 $H(j\omega)$。

极点矢量因子

$$(j\omega - p_r) = M_r e^{j\theta_r}$$

则式（4-69）又可以表示为

$$H(j\omega) = |H(j\omega)| e^{j\varphi(\omega)} = H_0 \frac{\prod\limits_{i=1}^{m} N_i e^{j\psi_i}}{\prod\limits_{r=1}^{n} M_r e^{j\theta_r}} \tag{4-70}$$

故得幅频与相频特性为

$$|H(j\omega)| = H_0 \cdot \frac{\prod\limits_{i=1}^{m} N_i}{\prod\limits_{r=1}^{n} M_r} = H_0 \frac{N_1 N_2 \cdots N_i \cdots N_m}{M_1 M_2 \cdots M_r \cdots M_n}$$

$$\varphi(\omega) = \sum_{i=1}^{m} \psi_i - \sum_{r=1}^{n} \theta_r$$

$$= (\psi_1 + \psi_2 + \cdots + \psi_i + \cdots + \psi_m) - (\theta_1 + \theta_2 + \cdots + \theta_r + \cdots + \theta_n)$$

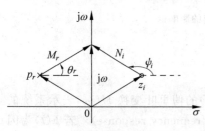

图 4-39　$H(s)$ 零、极点的矢量表示
及差矢量表示

故若已知系统函数的零点和极点，则按式（4-70）便可以计算对应的频率响应，同时还可以通过 s 平面上作图的方法定性描绘出频率响应。也就是说，式（4-70）中的 N_i、ψ_i、M_r、θ_r 均可用图解法求得，如图 4-39 所示。故当 ω 沿 $j\omega$ 轴变化时，即可根据上式求得 $|H(j\omega)|$ 与 $\varphi(\omega)$。

系统函数的频率特性可用解析法或图解法求得。具体求法用以下例子说明。

例 4-40　用解析法求图 4-40 所示两个电路的频率特性。图 4-40(a)所示为一阶低通滤波电路，图 4-40(b)所示为一阶高通滤波电路。

解　图(a)中

$$H(s) = \frac{U_2(s)}{U_1(s)} = \frac{\dfrac{1}{Cs}}{R + \dfrac{1}{Cs}} = \frac{1}{1 + CRs}$$

故得

$$H(j\omega) = |H(j\omega)| e^{j\varphi(\omega)} = \frac{1}{1 + j\omega RC}$$

即

$$|H(j\omega)| = \frac{1}{\sqrt{1 + (\omega RC)^2}}$$

$$\varphi(\omega) = -\arctan(RC\omega)$$

根据上两式即可画出幅频特性与相频特性，如图 4-41 所示，为低通滤波器。当 $\omega = \omega_c = \dfrac{1}{RC}$

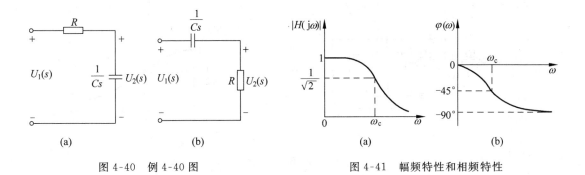

图 4-40　例 4-40 图　　　　　　　　　图 4-41　幅频特性和相频特性

时，$|H(j\omega)| = \dfrac{1}{\sqrt{2}}$，$\varphi(\omega) = -45°$。$\omega_c = \dfrac{1}{RC}$ 称为截止角频率，0 到 ω_c 的频率范围称为低通滤波器的通频带。通频带就等于 ω_c。

图(b)中

$$H(s) = \frac{U_2(s)}{U_1(s)} = \frac{R}{R + \dfrac{1}{Cs}} = \frac{RCs}{RCs + 1}$$

故得

$$H(j\omega) = |H(j\omega)|\, e^{j\varphi(\omega)} = \frac{j\omega RC}{j\omega RC + 1}$$

即

$$|H(j\omega)| = \frac{RC\omega}{\sqrt{1 + (RC\omega)^2}}$$

$$\varphi(\omega) = \text{acrtan}\,\frac{1}{RC\omega}$$

其幅频特性与相频特性如图 4-42 所示，为高通滤波器。当 $\omega = \omega_c = \dfrac{1}{RC}$ 时，$|H(j\omega)| = \dfrac{1}{\sqrt{2}}$，$\varphi(\omega) = 45°$。$\omega_c = \dfrac{1}{RC}$ 为其截止角频率，ω_c 到 ∞ 的频率范围为其通频带。

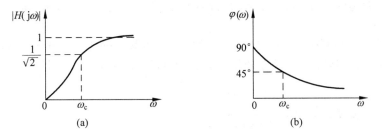

图 4-42　幅频特性与相频特性

例 4-41　用解析法求图 4-43(a)所示有源二阶电路的频率特性。

解　对节点①、②列写 KCL 方程为

节点①

$$\frac{U_1(s) - U(s)}{2} + \frac{U_1(s) - U_2(s)}{2} + \frac{U_1(s) - U_0(s)}{\dfrac{2}{s}} = 0$$

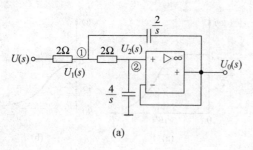 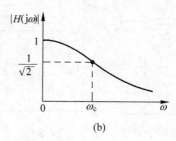

图 4-43　例 4-41 图

节点 ②

$$\frac{U_2(s)}{\frac{4}{s}} + \frac{U_2(s) - U_1(s)}{2} = 0$$

联立解得

$$H(s) = \frac{U_0(s)}{U(s)} = \frac{2}{s^2 + 2s + 2}$$

由于 $H(s)$ 的分母为二次多项式,各项中的系数均为正实数,故电路是稳定的,得

$$H(j\omega) = |H(j\omega)| e^{j\varphi(\omega)} = \frac{2}{(j\omega)^2 + j2\omega + 2} = \frac{2}{(2 - \omega^2) + j2\omega}$$

$$= \frac{2}{\sqrt{(2 - \omega^2)^2 + 4\omega^2}} e^{-j\arctan\frac{2\omega}{2 - \omega^2}}$$

故

$$|H(j\omega)| = \frac{2}{\sqrt{(2 - \omega^2)^2 + 4\omega^2}} = \frac{2}{\sqrt{4 + \omega^4}}$$

$$\varphi(\omega) = -\arctan\frac{2\omega}{2 - \omega^2}$$

当 $\omega = 0$ 时,$|H(j\omega)| = 1$;当 $\omega = \omega_c = \sqrt{2}\,\mathrm{rad/s}$ 时,$|H(j\omega)| = \frac{1}{\sqrt{2}}$;当 $\omega = \infty$ 时,$|H(j\omega)| = 0$。

其幅频特性如图 4-43(b)所示,为有源二阶 RC 低通滤波器,$\omega_c = \sqrt{2}\,\mathrm{rad/s}$ 为其截止角频率。

需要指出,含有运算放大器的 RC 电路,其 $|H(j\omega)|$ 的最大值是可以设计成大于或等于 1 的。

例 4-42 已知 $H(s) = 4 \times \dfrac{s}{s^2 + 2s + 2}$。

(1) 用解析法求幅频与相频特性 $|H(j\omega)|$ 和 $\varphi(\omega)$,并画出曲线;

(2) 用图解法求 $|H(j2)|$,$\varphi(2)$ 及其幅频特性 $|H(j\omega)|$ 与相频特性 $\varphi(\omega)$。

解 (1) 由于 $H(s)$ 的分母为二次多项式且各项中的系数均为正实数,故系统是稳定的,有

$$H(j\omega) = H(s)\big|_{s = j\omega} = \frac{4j\omega}{(j\omega)^2 + 2j\omega + 2} = \frac{4\omega\underline{/90°}}{2 - \omega^2 + j2\omega}$$

故得

$$| H(j\omega) | = \frac{4\omega}{\sqrt{(2-\omega^2)^2 + (2\omega)^2}}$$

$$\varphi(\omega) = 90° - \arctan \frac{2\omega}{2-\omega^2}$$

根据上两式画出的曲线如图 4-44(b)、(c)所示,为带通滤波器。

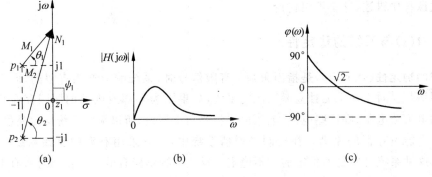

图 4-44 例 4-42 图

(2) 由

$$H(s) = 4 \times \frac{s}{(s+1+j1)(s+1-j1)}$$

得一个零点 $z_1 = 0$,两个极点 $p_1 = -1-j1$ 及 $p_2 = -1+j1 = p_1^*$。其零、极点分布如图 4-44(a)所示,故得

$$H(j\omega) = | H(j\omega) | e^{j\varphi(\omega)} = 4 \times \frac{j\omega}{(j\omega + 1 + j1)(j\omega + 1 - j1)}$$

当 $\omega = 2$ rad/s 时,可画出零、极点矢量因子如图 4-44(a)所示。于是由图 4-44(a)得

$$N_1 = 2 \qquad \psi_1 = 90°$$
$$M_1 = \sqrt{2} \qquad \theta_1 = 45°$$
$$M_2 = \sqrt{10} \qquad \theta_2 = 71.57°$$

故得

$$| H(j2) | = 4 \times \frac{N_1}{M_1 M_2} = 1.79$$

$$\varphi(2) = \psi_1 - (\theta_1 + \theta_2) = -26.57°$$

用同样的方法,可求得 ω 取不同值时的 $|H(j\omega)|$ 和 $\varphi(\omega)$,如表 4-4 中所示;其相应的曲线仍如图 4-44(b)、(c)所示,为带通滤波器。

表 4-4 例 4-42 计算值

ω/(rad/s)	0	1	$\sqrt{2}$	2	3	5	10	∞
$| H(j\omega) |$	0	1.79	2	1.79	1.3	0.8	0.4	0
$\varphi(\omega)$	90°	25.8°	0°	-26.57°	-50°	-66°	-78.5°	-90°

上述实例分析计算的过程表明,对于 $H(s)$ 的零、极点数目较少的一阶和二阶系统,用复平面上表示零、极点的矢量随频率变化的规律分析系统的频率特性是可行的。对于 $H(s)$ 的零、极点数目较多的高阶系统,用上述方法分析系统频率特性将是十分困难的。通常系统的频率特性用波特图描述。这种方法用 $H(\omega)$ 的自然对数表示幅频特性,因而把求 $H(\omega)$ 中的乘除运算变成加、减运算,大大简化了系统频率特性的分析计算。频率特性的波特图表示在其他有关课程中讲述,这里不再讨论。

4.6.4　$H(s)$ 与系统的稳定性

系统的**稳定性**(stability)是指当激励是有限信号时,系统响应亦为有限的,而不可能随时间无限增长。对于一个无独立激励源的系统,如果因为外部或内部的原因存在某种随时间变化的电流或电压,则这些电流、电压值终将趋向于零值,所以无源系统必定是稳定的,否则就不符合能量守恒的原则。在控制和通信系统中,广泛采用有源的**反馈系统**(feedback system),这种系统可能是不稳定的。不稳定的反馈系统不能有效地工作。对所有工程实际系统的工作都应该具有稳定性,否则系统将不能正常工作。所以,判别一个系统是否稳定,或者判别它在何种情况下是稳定或不稳定的,就成为一个设计者必须考虑的问题。这里将主要介绍线性时不变系统稳定的条件及其判定方法。

1) 系统的稳定及其条件

若系统对有界激励 $f(t)$ 产生的零状态响应 $y_f(t)$ 也是有界的,即当 $|f(t)| \leqslant M_f$ 时,若有 $|y_f(t)| \leqslant M_y$(式中 M_f 和 M_y 均为有界的正实常数),则称系统为**稳定系统**(stable system)或系统具有稳定性[①],否则即为**不稳定系统**(nonstable system)或系统具有不稳定性。

在时域中,系统具有稳定性的必要与充分条件是系统的单位冲激响应 $h(t)$ 绝对可积,即

$$\int_{-\infty}^{\infty} |h(t)| \, \mathrm{d}t < \infty \tag{4-71}$$

证明　设激励 $f(t)$ 为有界,即

$$|f(t)| \leqslant M_f$$

式中,M_f 为有界的正实常数。又因有

$$y_f(t) = f(t) * h(t) = \int_{-\infty}^{\infty} h(\tau) f(t-\tau) \mathrm{d}\tau$$

故有

$$|y_f(t)| = \left| \int_{-\infty}^{\infty} h(\tau) f(t-\tau) \mathrm{d}\tau \right| \leqslant \int_{-\infty}^{\infty} |h(\tau)| \cdot |f(t-\tau)| \, \mathrm{d}\tau$$

$$\leqslant M_f \int_{-\infty}^{\infty} |h(\tau)| \, \mathrm{d}\tau \tag{4-72}$$

由此式看出,若满足

$$\int_{-\infty}^{\infty} |h(\tau)| \, \mathrm{d}\tau < \infty$$

则一定有

---

① 研究不同问题时,"稳定"的定义不尽相同。这里的定义是"有界输入、有界输出"意义下的稳定。

$$| y_f(t) | \leqslant M_y$$

即 $y_f(t)$ 也一定有界。

证毕。

由式(4-71)还可看出,系统具有稳定性的必要条件是

$$\lim_{t \to \pm\infty} h(t) = 0 \tag{4-73}$$

式(4-71)和式(4-73)都说明系统的稳定性描述的是系统本身的特性,它只取决于系统的结构与参数,与系统的激励和初始状态均无关。

若系统为因果系统,则式(4-71)和式(4-73)可写为

$$\int_{0_-}^{\infty} | h(t) | \, dt < \infty \tag{4-74}$$

$$\lim_{t \to \infty} h(t) = 0 \tag{4-75}$$

2) 系统稳定性的判定

判断系统是否稳定,可以在时域中进行,如上所述;也可以在 s 域中进行。下文研究如何从 s 域中判断。

(1) 从 $H(s)$ 的极点[即 $D(s) = 0$ 的根]分布来判定

若系统函数 $H(s)$ 的所有极点均位于 s 平面的左半平面,则 $h(t)$ 是按指数规律衰减的因果函数,$h(t)$ 是绝对可积的,所以 $H(s)$ 对应的系统是稳定的系统。

若 $H(s)$ 在 $j\omega$ 轴上有单阶极点分布,而其余的极点都位于 s 平面的左半平面,则系统是临界稳定的。

若 $H(s)$ 的极点中至少有一个极点位于 s 平面的右半平面,则系统就是不稳定的;若在 $j\omega$ 轴上有重阶极点分布,则系统也是不稳定的。

(2) 用罗斯准则判定

用上述方法判定系统的稳定与否,必须先要求出 $H(s)$ 的极点值。但当 $H(s)$ 分母多项式 $D(s)$ 的幂次较高时,要具体求得 $H(s)$ 的极点比较困难。因而用 $H(s)$ 的极点分布判断系统的稳定性很不方便,必须寻求另外的方法。其实,在判定系统的稳定性时,并不要求知道 $H(s)$ 极点的具体数值,而是只需要知道 $H(s)$ 极点的分布区域就可以了。利用罗斯准则(全称**罗斯-霍维茨判据**,Routh-Hurwitz criterion)即可解决此问题。这个准则避开了求 $H(s)$ 的极点,而是根据 $H(s)$ 的分母多项式的系数判断系统的稳定性,应用起来比较方便。罗斯准则的内容如下。

多项式 $D(s)$ 的各项系数均为大于零的实常数,多项式中无缺项(即 s 的幂从 n 到 0,一项也不缺),是系统稳定的必要条件。

若多项式 $D(s)$ 各项的系数均为正实常数,则对于二阶系统肯定是稳定的;但若系统的阶数 $n > 2$ 时,系统是否稳定,还须排出如下的罗斯阵列。

设

$$D(s) = a_n s^n + a_{n-1} s^{n-1} + \cdots + a_1 s + a_0$$

则罗斯阵列的排列规则如下(共有 $n+1$ 行):

第 1 行	s^n	a_n	a_{n-2}	a_{n-4}	$\cdots$
第 2 行	s^{n-1}	a_{n-1}	a_{n-3}	a_{n-5}	$\cdots$
第 3 行	s^{n-2}	b_{n-1}	b_{n-3}	b_{n-5}	$\cdots$
第 4 行	s^{n-3}	c_{n-1}	c_{n-3}	c_{n-5}	$\cdots$
$\vdots$	$\vdots$	$\vdots$	$\vdots$	$\vdots$	$\vdots$
第 $n+1$ 行	s^0	$\cdots$	$\cdots$	$\cdots$	$\cdots$

阵列中第 1、第 2 行各元素的意义不言而喻,第 3 行及以后各行的元素按以下各式计算:

$$b_{n-1} = -\frac{1}{a_{n-1}} \begin{vmatrix} a_n & a_{n-2} \\ a_{n-1} & a_{n-3} \end{vmatrix}$$

$$b_{n-3} = -\frac{1}{a_{n-1}} \begin{vmatrix} a_n & a_{n-4} \\ a_{n-1} & a_{n-5} \end{vmatrix}$$

$$\vdots$$

$$c_{n-1} = -\frac{1}{b_{n-1}} \begin{vmatrix} a_{n-1} & a_{n-3} \\ b_{n-1} & b_{n-3} \end{vmatrix}$$

$$c_{n-3} = -\frac{1}{b_{n-1}} \begin{vmatrix} a_{n-1} & a_{n-5} \\ b_{n-1} & b_{n-5} \end{vmatrix}$$

$$\vdots$$

依次排列下去,共有 $(n+1)$ 行,最后一行中将只留有一个不等于零的数字。

若所排出的数字阵列中第一列的 $(n+1)$ 个数字全部是正的,则 $H(s)$ 的极点即全部位于 s 平面的左半平面,系统是稳定的;若第一列 $(n+1)$ 个数字的符号不完全相同,则符号改变的次数即等于在 s 平面右半平面上出现的 $H(s)$ 极点的个数,因而系统是不稳定的。

在排列罗斯阵列时,有时会出现如下的两种特殊情况:

(1) 阵列的第一列中出现数字为零的元素。此时可用一个无穷小量 ε(认为 ε 是正或负均可)来代替该零元素,这不影响所得结论的正确性。

(2) 阵列的某一行元素全部为零。当 $D(s)=0$ 的根中出现有共轭虚根 $\pm j\omega_0$ 时,就会出现此种情况。此时可利用前一行的数字构成一个辅助的 s 多项式 $P(s)$,然后将 $P(s)$ 对 s 求导一次,再用该导数的系数组成新的一行,来代替全为零元素的行即可;而辅助多项式 $P(s)=0$ 的根就是 $H(s)$ 极点的一部分。

例 4-43　若 $H(s)$ 的分母多项式 $D(s)$ 是三阶的,即 $D(s) = a_3 s^3 + a_2 s^2 + a_1 s + a_0$。试证明系统稳定的条件是 $a_1 a_2 > a_3 a_0$。

证明　排出罗斯阵列如下:

s^3	a_3	a_1
s^2	a_2	a_0
s^1	$-\dfrac{a_3 a_0 - a_1 a_2}{a_2}$	0
s^0	a_0	0

可见,为使阵列中第一列的数字符号均为正的(即系统为稳定系统),则必须满足

$$a_1 a_2 > a_3 a_0$$

证毕。

例 4-44　已知 $H(s)$ 的分母多项式 $D(s)$,试判断以下各系统的稳定性:

(1) $D(s) = s^5 + 3s^4 + 4s^3 + 2s^2 + 5s - 1$

(2) $D(s) = 7s^6 + 6s^5 + 5s^3 + 4s^2 + 3s + 2$

(3) $D(s) = s^3 + 3s^2 + 2s + 8$

(4) $D(s) = (s-2)(s+1)(s+3)$

(5) $D(s) = s^3 + 5s^2 + 6s$

解　(1) 因 s^0 的系数是 -1,故为不稳定系统。

(2) 因 $D(s)$ 中缺 s^4 项(即 s^4 项的系数为零),故为不稳定系统。

(3) 因有 $a_1 a_2 < a_3 a_0$,即 $3 \times 2 < 1 \times 8$,故为不稳定系统。

(4) 因 $H(s)$ 有一个极点 $p_1 = 2$ 位于 s 平面的右半平面,故为不稳定系统。

(5) 因 $a_0 = 0$,而别的系数均不为零,表示有一个零根,即有一个单阶极点在虚轴上,故系统为临界稳定(若缺奇数项或偶数项时,系统也属临界稳定,读者自行验证)。

例 4-45　已知 $H(s)$ 的分母 $D(s) = s^4 + 2s^3 + 3s^2 + 2s + 1$,试判断系统的稳定性。

解　因 $D(s)$ 中无缺项且各项系数均为大于零的实常数,满足系统为稳定的必要条件,故进一步排出罗斯阵列如下:

$$
\begin{array}{llll}
s^4 & 1 & 3 & 1 \\
s^3 & 2 & 2 & 0 \\
s^2 & -\dfrac{1 \times 2 - 2 \times 3}{2} = 2 & -\dfrac{1 \times 0 - 2 \times 1}{2} = 1 & 0 \\
s^1 & -\dfrac{2 \times 1 - 2 \times 2}{2} = 1 & -\dfrac{2 \times 0 - 2 \times 0}{2} = 0 & 0 \\
s^0 & -\dfrac{2 \times 0 - 1 \times 1}{1} = 1 & -\dfrac{2 \times 0 - 1 \times 0}{2} = 0 & 0
\end{array}
$$

可见阵列中的第一列数字符号无变化,故该 $H(s)$ 所描述的系统是稳定的,即 $H(s)$ 的极点全部位于 s 平面的左半平面上。

例 4-46　已知 $H(s) = \dfrac{s^3 + 2s^2 + s + 2}{s^4 + 2s^3 + 8s^2 + 20s + 1}$,试判断系统的稳定性。

解　因 $D(s) = s^4 + 2s^3 + 8s^2 + 20s + 1$ 中无缺项,且各项系数均为大于零的实常数,满足系统稳定的必要条件,故进一步排出罗斯阵列如下:

$$
\begin{array}{llll}
s^4 & 1 & 8 & 1 \\
s^3 & 2 & 20 & 0 \\
s^2 & -\dfrac{1 \times 20 - 2 \times 8}{2} = -2 & -\dfrac{1 \times 0 - 2 \times 1}{2} = 1 & 0 \\
s^1 & -\dfrac{2 \times 1 - (-2) \times 20}{-2} = 21 & -\dfrac{2 \times 0 - (-2) \times 0}{-2} = 0 & 0 \\
s^0 & -\dfrac{-2 \times 0 - 1 \times 21}{21} = 1 & -\dfrac{2 \times 0 - 21 \times 0}{21} = 0 & 0
\end{array}
$$

可见阵列中的第一列数字符号有两次变化,即从 $+2$ 变为 -2,又从 -2 变为 21,故 $H(s)$ 的极点中有两个极点位于 s 平面的右半平面上,该系统是不稳定的。

例 4-47　已知 $H(s) = \dfrac{s^3 + 2s^2 + s + 1}{s^5 + 2s^4 + 2s^3 + 4s^2 + 11s + 10}$,试判断系统是否稳定。

解 因 $D(s)=s^5+2s^4+2s^3+4s^2+11s+10$ 中的系数均为大于零的实常数且无缺项，满足系统为稳定的必要条件，故进一步排出罗斯阵列如下：

$$
\begin{array}{cccc}
s^5 & 1 & 2 & 11 \\
s^4 & 2 & 4 & 10 \\
s^3 & 0 & 6 & 0 \\
s^2 & -\dfrac{12}{0} & &
\end{array}
$$

由于第 3 行的第一个元素为 0，从而使第 4 行的第一个元素 $\left(-\dfrac{12}{0}\right)$ 成为 $(-\infty)$，使阵列无法继续排列下去。对于此种情况，可用一个任意小的正数 ε 来代替第 3 行的第一个元素 0，然后照上述方法继续排列下去。在计算过程中可忽略含有 $\varepsilon,\varepsilon^2,\varepsilon^3,\cdots$ 的项。最后将发现，阵列第一列数字符号改变的次数将与 ε 无关。按此种处理方法，继续完成上面的阵列如下：

$$
\begin{array}{cccc}
s^5 & 1 & 2 & 11 \\
s^4 & 2 & 4 & 10 \\
s^3 & \varepsilon & 6 & 0 \\
s^2 & -\dfrac{12}{\varepsilon} & 10 & 0 \qquad \left(-\dfrac{12-4\varepsilon}{\varepsilon}\approx-\dfrac{12}{\varepsilon}\right)\\
s^1 & 6 & 0 & 0 \qquad \left[-\dfrac{10\varepsilon-\left(-\dfrac{12}{\varepsilon}\right)\times6}{-\dfrac{12}{\varepsilon}}\approx6\right]\\
s^0 & 10 & 0 & 0
\end{array}
$$

可见阵列中第一列数字的符号有两次变化，即从 ε 变为 $\left(-\dfrac{12}{\varepsilon}\right)$，又从 $\left(-\dfrac{12}{\varepsilon}\right)$ 变为 6。故 $H(s)$ 的极点中有两个极点位于 s 平面的右半平面上，系统是不稳定的。

例 4-48 已知 $H(s)=\dfrac{2s^2+3s+5}{s^4+3s^3+4s^2+6s+4}$，试判断系统的稳定性。

解 因 $D(s)=s^4+3s^3+4s^2+6s+4$ 中无缺项，且各项系数均为大于零的实常数，满足系统稳定的必要条件，故进一步排出罗斯阵列如下：

$$
\begin{array}{cccc}
s^4 & 1 & 4 & 4 \\
s^3 & 3 & 6 & 0 \\
s^2 & 2 & 4 & 0 \\
s^1 & 0 & 0 & 0
\end{array}
$$

可见第 4 行全为零元素。以前一行的元素值构建一个 s 的多项式 $P(s)$，即

$$P(s)=2s^2+4 \tag{4-76}$$

将上式对 s 求一阶导数，即

$$\frac{\mathrm{d}P(s)}{\mathrm{d}s}=4s+0$$

现以此一阶导数的系数组成原阵列中全零行（s^1 行）的元素，然后再按原方法继续排列下去，即

$$
\begin{array}{llll}
s^4 & 1 & 4 & 4 \\
s^3 & 3 & 6 & 0 \\
s^2 & 2 & 4 & 0 \\
s^1 & 4 & 0 & 0 \\
s^0 & 4 & 0 & 0
\end{array}
$$

可见阵列中的第一列数字符号没有变化,故 $H(s)$ 在 s 平面的右半平面上无极点,因而系统肯定不是不稳定的。但还无法确定它是稳定的还是临界稳定的。

　　令

$$
P(s) = 2s^2 + 4 = 2(s - \mathrm{j}\sqrt{2})(s + \mathrm{j}\sqrt{2}) = 0
$$

解之得两个纯虚数的极点

$$
p_1 = \mathrm{j}\sqrt{2}, \qquad p_2 = -\mathrm{j}\sqrt{2} = p_1^*
$$

说明系统是临界稳定的。

　　实际上,若将 $D(s)$ 分解因式,即

$$
\begin{aligned}
D(s) &= s^4 + 3s^3 + 4s^2 + 6s + 4 \\
&= (s^2 + 2)(s + 1)(s + 2) \\
&= (s + \mathrm{j}\sqrt{2})(s - \mathrm{j}\sqrt{2})(s + 1)(s + 2)
\end{aligned}
$$

可见 $H(s)$ 共有 4 个极点:$p_1 = \mathrm{j}\sqrt{2}$,$p_2 = -\mathrm{j}\sqrt{2}$,位于 $\mathrm{j}\omega$ 轴上;$p_3 = -1$,$p_4 = -2$,位于 s 平面的左半平面,故该系统是临界稳定的。

　　例 4-49　已知 $H(s) = \dfrac{2s^2 + s + 2}{s^5 + s^4 + 3s^3 + 3s^2 + 2s + 2}$,试判断系统的稳定性。

　　解　由于 $D(s) = s^5 + s^4 + 3s^3 + 3s^2 + 2s + 2$ 中无缺项,且各项系数均为大于零的实常数,满足系统稳定的必要条件,故进一步排出罗斯阵列如下:

$$
\begin{array}{llll}
s^5 & 1 & 3 & 2 \\
s^4 & 1 & 3 & 2 \\
s^3 & 0 & 0 & 0
\end{array}
$$

由于第 3 行全为零元素,故构建多项式

$$
P(s) = s^4 + 3s^2 + 2
$$

再对 $P(s)$ 求一阶导数,即

$$
\frac{\mathrm{d}P(s)}{\mathrm{d}s} = 4s^3 + 6s + 0
$$

故将阵列重新排列如下:

$$
\begin{array}{llll}
s^5 & 1 & 3 & 2 \\
s^4 & 1 & 3 & 2 \\
s^3 & 4 & 6 & 0 \\
s^2 & 1.5 & 2 & 0 \\
s^1 & \dfrac{2}{3} & 0 & 0 \\
s^0 & 2 & 0 & 0
\end{array}
$$

可见阵列中的第一列数字符号无变化,故 $H(s)$ 在 s 平面的右半平面上无极点,故系统肯定

不是不稳定的。再令

$$P(s) = s^4 + 3s^2 + 2 = (s - j1)(s + j1)(s - j\sqrt{2})(s + j\sqrt{2}) = 0$$

解之得 4 个虚数极点为：$p_1 = j1$，$p_2 = -j1$，$p_3 = j\sqrt{2}$，$p_4 = -j\sqrt{2}$，故该系统为临界稳定系统。

例 4-50　如图 4-45 所示系统，试分析反馈系数 K 对系统稳定性的影响。

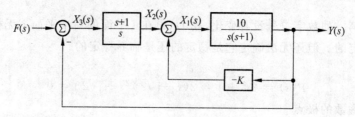

图 4-45　例 4-50 图

解

$$Y(s) = \frac{10}{s(s+1)} X_1(s) = \frac{10}{s(s+1)} [X_2(s) - KY(s)]$$

$$= \frac{10}{s(s+1)} \left[\frac{s+1}{s} X_3(s) - KY(s) \right]$$

$$= \frac{10}{s(s+1)} \left\{ \frac{s+1}{s} [F(s) - Y(s)] - KY(s) \right\}$$

解之得

$$H(s) = \frac{Y(s)}{F(s)} = \frac{10(s+1)}{s^3 + s^2 + 10(K+1)s + 10}$$

欲使此系统稳定的必要条件是 $D(s) = s^3 + s^2 + 10(K+1)s + 10$ 中的各项系数均为大于零的实常数，故应有 $K > -1$。但此条件并不是充分条件，还应进一步排出罗斯阵列如下：

$$
\begin{array}{lll}
s^3 & 1 & 10(K+1) \\
s^2 & 1 & 10 \\
s^1 & 10K & 0 \\
s^0 & 10 & 0
\end{array}
$$

可见，欲使该系统稳定，则必须有 $10K > 0$，即 $K > 0$。

若取 $K = 0$，则阵列中第三行的元素即全为 0，此时系统即变为临界稳定(等幅振荡)，其振荡频率可由辅助方程

$$P(s) = s^2 + 10 = 0$$

求得为 $p_1 = j\sqrt{10}$，$p_2 = -j\sqrt{10}$，即振荡角频率为 $\omega = \sqrt{10}$ rad/s。

用罗斯准则判断系统的稳定性，其优点是简易，但要求系统函数 $H(s)$ 必须是 s 的有理函数。若 $H(s)$ 不是 s 的有理函数，这时可用一些图解法(如波特图)或奈奎斯特准则来判断。关于这些内容，本书不再讨论。

习题

4-1　根据拉普拉斯变换定义，求下列函数的拉普拉斯变换：

(1) $\varepsilon(t-2)$　　　　　　　　　　　　　(2) $(e^{2t} + e^{-2t})\varepsilon(t)$

(3) $2\delta(t-1)-3e^{-at}\varepsilon(t)$

(4) $\cos(\omega t+\theta)$

4-2　求下列函数的拉普拉斯变换：

(1) $2e^{-5t}\varepsilon(t)$

(2) $2e^{-5(t-1)}\varepsilon(t-1)$

(3) $2e^{-5t}\varepsilon(t-1)$

(4) $2e^{-5(t-1)}\varepsilon(t)$

4-3　利用拉普拉斯变换的基本性质,求下列函数的拉普拉斯变换：

(1) t^2+2t

(2) $t\varepsilon(t)*\left[e^{-t}\varepsilon(t)\right]$

(3) $1+(t-2)e^{-t}$

(4) t^2e^{-at}

(5) $e^{-t}\left[\varepsilon(t)-\varepsilon(t-2)\right]$

(6) $5e^{-2t}\cos\left(\omega t+\dfrac{\pi}{4}\right)$

(7) $e^{-2t}+e^{-(t-1)}\varepsilon(t-1)+\delta(t-2)$

(8) $\dfrac{d}{dt}\left[\sin 2t\varepsilon(t)\right]$

(9) $\varepsilon(2t-2)$

(10) $\delta\left(\dfrac{1}{2}t-1\right)$

4-4　求题图 4-1 所示信号的拉普拉斯变换式。

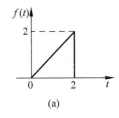
(a)

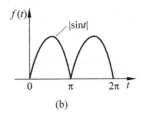
(b)

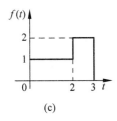
(c)

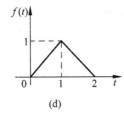
(d)

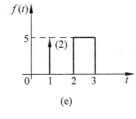
(e)

题图　4-1

4-5　已知因果信号 $f(t)$ 的象函数为 $F(s)$,求下列 $F(s)$ 的原函数 $f(t)$ 的初值 $f(0)$ 和终值 $f(\infty)$：

(1) $F(s)=\dfrac{s+1}{(s+2)(s+3)}$

(2) $F(s)=\dfrac{s+3}{s^2+6s+10}$

(3) $F(s)=\dfrac{2}{s(s+2)^2}$

(4) $F(s)=\dfrac{s^3+s^2+2s+1}{s^3+6s^2+11s+6}$

4-6　求下列函数的拉普拉斯反变换：

(1) $\dfrac{4}{2s+3}$

(2) $\dfrac{4}{s(2s+3)}$

(3) $\dfrac{3s}{s^2+6s+8}$

(4) $\dfrac{e^{-s}+e^{-2s}+1}{s^2+3s+2}$

(5) $\dfrac{s^2+2}{s^2+1}$

(6) $\dfrac{6s^2+19s+15}{(s+1)(s^2+4s+4)}$

4-7　求下列各函数的原函数：

(1) $\dfrac{s-1}{s^2+2s+2}$

(2) $\dfrac{s^2+1}{s^2+2s+2}$

(3) $\dfrac{s^2+2}{(s+2)(s^2+1)}$

(4) $\dfrac{s^2+4s+1}{s(s+1)^2}$

(5) $\dfrac{1}{s^2(s+2)}$

(6) $\dfrac{s}{(s^2+1)^2}$

4-8　已知线性连续系统的冲激响应 $h(t)=(1-e^{-2t})\varepsilon(t)$。

(1) 若系统输入 $f(t)=\varepsilon(t)-\varepsilon(t-2)$，求系统的零状态响应 $y_f(t)$；

(2) 若 $y_f(t)=t^2\varepsilon(t)$，求系统输入 $f(t)$。

4-9　已知线性连续系统的输入 $f(t)=e^{-t}\varepsilon(t)$ 时，零状态响应为

$$y_f(t)=(e^{-t}-2e^{-2t}+3e^{-3t})\varepsilon(t)$$

求系统的阶跃响应 $g(t)$。

4-10　试用拉普拉斯变换法解微分方程 $y'(t)+2y(t)=f(t)$。

(1) 已知 $f(t)=\varepsilon(t)$，$y(0_-)=1$；

(2) 已知 $f(t)=\sin t\varepsilon(t)$，$y(0_-)=0$。

4-11　已知 $x(0)=0$，$y(0)=0$，试用拉普拉斯变换解微分方程组

$$\begin{cases} \dfrac{\mathrm{d}x}{\mathrm{d}t}+y=2 \\[2mm] \dfrac{\mathrm{d}y}{\mathrm{d}t}-x=1 \end{cases}$$

4-12　已知连续系统的微分方程为

$$y''(t)+3y'(t)+2y(t)=2f'(t)+2f(t)$$

求在下列输入时的零状态响应：

(1) $f(t)=\varepsilon(t-2)$

(2) $f(t)=e^{-t}\varepsilon(t)$

(3) $f(t)=t\varepsilon(t)$

4-13　已知连续系统的微分方程为

$$y''(t)+2y'(t)+y(t)=8f'(t)+2f(t)$$

求在下列输入时的零输入响应、零状态响应和完全响应：

(1) $f(t)=\varepsilon(t)$，$y(0_-)=1$，$y'(0_-)=2$

(2) $f(t)=e^{-2t}\varepsilon(t)$，$y(0_-)=0$，$y'(0_-)=1$

(3) $f(t)=\delta(t)$，$y(0_-)=2$，$y'(0_-)=1$

4-14　已知题图 4-2 所示各电路原已达稳态，且图(a)中 $u_{C2}(0)=0$。若 $t=0$ 时开关 S 换接，试画出复频域电路模型。

4-15　如题图 4-3 所示电路，开关 S 在闭合时电路已处于稳定状态，若在 $t=0$ 时将 S 打开，试求 $t\geqslant0$ 时的 $u_C(t)$。

4-16　如题图 4-4 所示电路，开关 S 在闭合时电路已处于稳定状态，在 $t=0$ 时将 S 打开。试求 $t\geqslant0$ 时的 $i_{L1}(t)$ 和 $u(t)$。

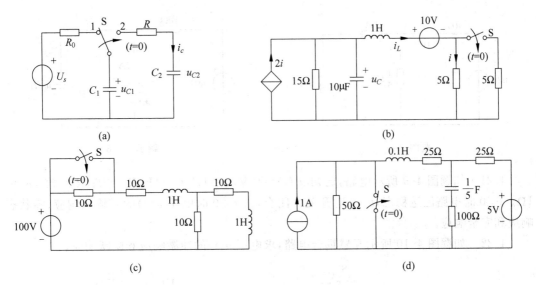

题图　4-2

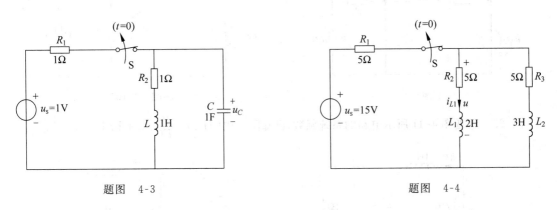

题图　4-3　　　　　　　　　　　　　　　题图　4-4

4-17　如题图 4-5 所示电路，$f(t)$ 为激励，$i(t)$ 为响应。求单位冲激响应 $h(t)$ 与单位阶跃响应 $g(t)$。

4-18　如题图 4-6 所示电路，已知 $i(0_-)=1\mathrm{A}$，$u_C(0_-)=2\mathrm{V}$，求零输入响应 $u_{Cx}(t)$。

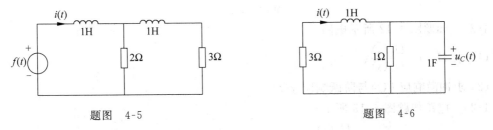

题图　4-5　　　　　　　　　　　　　　　题图　4-6

4-19　如题图 4-7 所示电路，已知 $u_S(t)=10\varepsilon(t)$，求零状态响应 $i(t)$。

4-20　如题图 4-8 所示电路，已知 $u_S(t)=\mathrm{e}^{-t}\cos 2t\varepsilon(t)\mathrm{V}$，$u_C(0_-)=10\mathrm{V}$，试用复频域分析法求 $u_C(t)$。

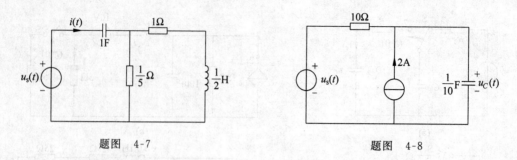

题图　4-7　　　　　　　　　　　　　题图　4-8

4-21　如题图 4-9 所示电路,已知 $u_s(t)=12\text{V},L=1\text{H},C=1\text{F},R_1=3\Omega,R_2=2\Omega,R_3=1\Omega$。$t<0$ 时电路已达稳态,$t=0$ 时开关 S 闭合,求 $t\geqslant0$ 时电压 $u(t)$ 的零输入响应、零状态响应和完全响应。

4-22　如题图 4-10 所示互感耦合电路,求电压 $u(t)$ 的冲激响应和阶跃响应。

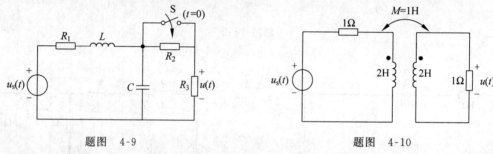

题图　4-9　　　　　　　　　　　　题图　4-10

4-23　求题图 4-11 所示电路的系统函数,已知图(a)中 $H(s)=\dfrac{I(s)}{F(s)}$,图(b)中 $H(s)=\dfrac{U(s)}{F(s)}$。

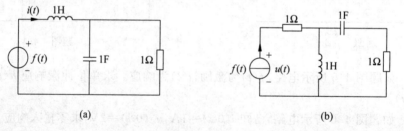

(a)　　　　　　　　　　　　　　　(b)

题图　4-11

4-24　如题图 4-12 所示电路。

(1) 求 $H(s)=\dfrac{U_2(s)}{U_1(s)}$;

(2) 求冲激响应 $h(t)$ 与阶跃响应 $g(t)$。

4-25　电路如题图 4-13 所示。

(1) 求系统函数 $H(s)=\dfrac{U_3(s)}{U_1(s)}$;

(2) 若 $K=2$,求冲激响应。

4-26　题图 4-14 所示系统由三个子系统组成,其中 $H_1(s)=\dfrac{1}{s+1}$,$H_2(s)=\dfrac{1}{s+2}$,$h_3(t)=\varepsilon(t)$。

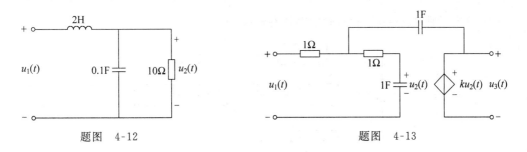

题图　4-12　　　　　　　　　　　　题图　4-13

(1) 求系统的冲激响应；

(2) 若输入 $f(t)=\varepsilon(t)$，求零状态响应 $y(t)$。

4-27　线性连续系统如题图 4-15 所示，已知子系统函数 $H_1(s)=-\mathrm{e}^{-2s}$，$H_2(s)=\dfrac{1}{s}$。

(1) 求系统的冲激响应；

(2) 若 $f(t)=t\varepsilon(t)$，求零状态响应。

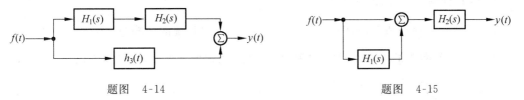

题图　4-14　　　　　　　　　　　　题图　4-15

4-28　如题图 4-16 所示各信号流图，求 $H(s)=\dfrac{Y(s)}{F(s)}$。

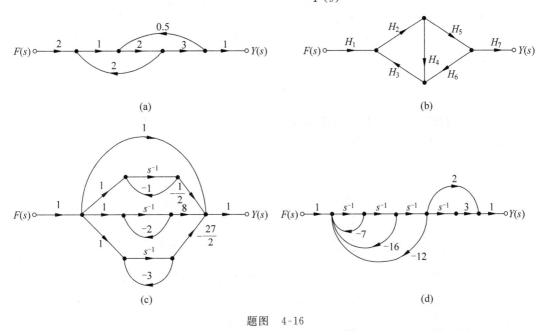

题图　4-16

4-29　如题图 4-17 所示系统。

(1) 求系统函数 $H(s)=\dfrac{Y(s)}{F(s)}$；

（2）求当激励 $f(t)=\mathrm{e}^{-2t}\varepsilon(t)$ 时的零状态响应 $y(t)$。

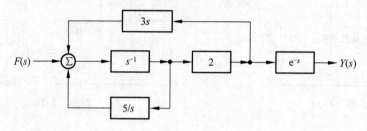

题图　4-17

4-30　已知描述系统输入 $f(t)$ 和输出 $y(t)$ 的微分方程为

$$\frac{\mathrm{d}^2 y(t)}{\mathrm{d}t^2}+5\frac{\mathrm{d}y(t)}{\mathrm{d}t}+6y(t)=\frac{\mathrm{d}f(t)}{\mathrm{d}t}+4f(t)$$

（1）写出系统的传输函数 $H(s)$；

（2）画出级联形式的信号流图；

（3）求当 $f(t)=\mathrm{e}^{-t}\varepsilon(t)$，$\left.\dfrac{\mathrm{d}y(t)}{\mathrm{d}t}\right|_{0_-}=1,y(0_-)=0$ 时系统的全响应 $y(t)$。

4-31　已知两个系统函数 $H(s)$ 的零、极点分布如题图 4-18 所示，且知 $H_0=1$，求 $H(s)$。

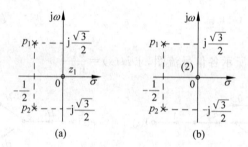

题图　4-18

4-32　已知题图 4-19(a)所示电路驱动点阻抗函数 $Z(s)$ 的零、极点分布如题图 4-19(b)所示，且知 $Z(0)=1$，求 R,L,C 的值。

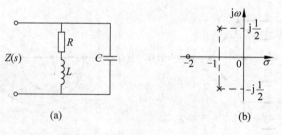

题图　4-19

4-33　如题图 4-20 所示电路。

（1）求 $H(s)=\dfrac{U_2(s)}{U_1(s)}$；

（2）求 $H(\mathrm{j}\omega)$，并说明该电路属于哪一类滤波器；

(3) 求 $|H(j\omega)|$ 的最大值和截止角频率 ω_c。

4-34　已知线性连续系统的系统函数 $H(s)$ 的零、极点分布如题图 4-21 所示。

(1) 若 $H(\infty)=1$，求图(a)对应系统的 $H(s)$；

(2) 若 $H(0)=-\dfrac{1}{2}$，求图(b)对应系统的 $H(s)$；

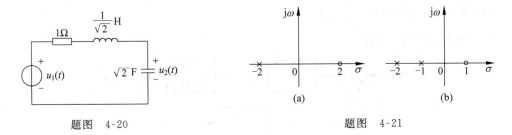

题图　4-20　　　　　　　　　　　题图　4-21

(3) 求系统频率响应 $H(j\omega)$，粗略画出系统幅频特性和相频特性曲线。

4-35　如题图 4-22 所示电路，试求：

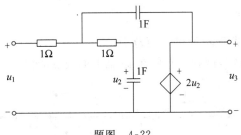

题图　4-22

(1) 网络(系统)函数 $H(s)=\dfrac{U_3(s)}{U_1(s)}$，并绘出幅频特性示意图；

(2) 冲激响应 $h(t)$。

4-36　系统的特征方程如下，试判断系统的稳定性，并指出位于 s 平面右半平面上特征根的个数。

(1) $s^3+s^2+s+6=0$　　　　　(2) $3s^3+5s^2+4s+6=0$

(3) $s^4+5s^3+9s^2+7s+2=0$　　(4) $s^5+4s^4+8s^3+9s^2+6s+2=0$

(5) $s^4+3s^3+2s^2+s+1=0$　　　(6) $8s^4+2s^3+3s^2+s+5=0$

4-37　系统的特征方程如下，欲使系统稳定，求 K 的取值范围。

(1) $s^3+4s^2+4s+K=0$　　　　(2) $s^3+5s^2+(K+8)s+10=0$

(3) $s^4+9s^3+20s^2+Ks+K=0$　(4) $s^2+(K-2)s+2K-6=0$

4-38　如题图 4-23 所示系统。

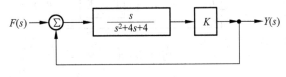

题图　4-23

（1）求 $H(s)=\dfrac{Y(s)}{F(s)}$；

（2）K 满足什么条件时系统稳定；

（3）在临界稳定条件下，求系统的 $h(t)$。

4-39　如题图 4-24 所示系统。

（1）求系统函数 $H(s)=\dfrac{Y(s)}{F(s)}$；

（2）判断系统的稳定性。

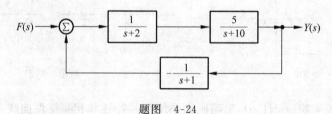

题图　4-24

4-40　如题图 4-25 所示系统。

（1）求 $H(s)=\dfrac{Y(s)}{F(s)}$；

（2）欲使系统稳定，试确定 K 的取值范围；

（3）若系统属临界稳定，试确定它们在 $j\omega$ 轴上的极点的值。

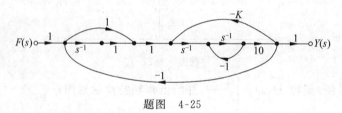

题图　4-25

4-41　题图 4-26 所示电路。

（1）求 $H(s)=\dfrac{U_2(s)}{U_1(s)}$；

（2）求幅频特性 $|H(j\omega)|$ 与相频特性 $\varphi(\omega)$，画出幅频特性曲线，说明是何类滤波器；

（3）求 $|H(j\omega)|$ 的最大值与截止角频率 ω_c；

（4）若激励 $u_1(t)=10\sqrt{5}\cos(2t+63.13°)\varepsilon(t)\mathrm{V}$，求正弦稳态响应 $u_2(t)$。

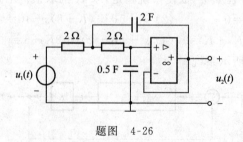

题图　4-26

4-42　如题图 4-27 所示系统，$K>0$，若系统具有 $y(t)=2f(t)$ 的特性。

（1）求 $H_1(s)$；

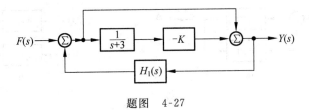

题图 4-27

（2）若使 $H_1(s)$ 是稳定系统的系统函数，求 K 值范围。

4-43 如题图 4-28 所示有源反馈网络，求保证该网络稳定工作的 K 值范围。

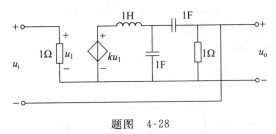

题图 4-28

4-44 如题图 4-29 所示电路，设放大倍数为 K 的运算放大器，其输入阻抗为 ∞，输出阻抗为零。

（1）求 $H(s) = \dfrac{U_2(s)}{U_1(s)}$；

（2）为使系统稳定，求 K 的取值范围。提示：$U_2(s) = KU_0(s)$。

4-45 如题图 4-30 所示电路，设放大器为理想的，即输入阻抗为 ∞，输出阻抗为零。

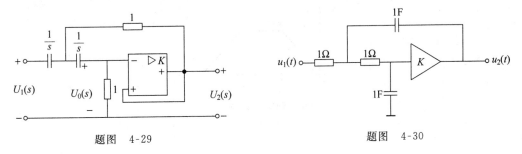

题图 4-29　　　　　　　　　　题图 4-30

（1）求 $H(s) = \dfrac{U_2(s)}{U_1(s)}$；

（2）欲使电路稳定，求 K 的取值范围；

（3）欲使电路为临界稳定，求 K 值，并求此时电路的单位冲激响应 $h(t)$。

4-46 题图 4-31(a)所示系统中两个子系统如图(b)所示，它们的微分方程分别为

$$\frac{\mathrm{d}y_1(t)}{\mathrm{d}t} + 2y_1(t) = \frac{\mathrm{d}f_1(t)}{\mathrm{d}t} + 3f_1(t)$$

$$\frac{\mathrm{d}^2 y_2(t)}{\mathrm{d}t^2} + 4\frac{\mathrm{d}y_2(t)}{\mathrm{d}t} + 3y_2(t) = \frac{\mathrm{d}f_2(t)}{\mathrm{d}t} + Kf_2(t)$$

试求：

（1）$H_1(s)$、$H_2(s)$ 和图(a)系统的总系统函数 $H(s)$；

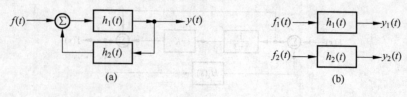

题图　4-31

(2) 求 K 为何值时系统稳定。

*4-47　题图 4-32(a)所示线性非时变系统,已知 $f(t)=\varepsilon(t)$ 时,系统的全响应为

$$y(t) = (1 - e^{-t} + 3e^{-3t})\varepsilon(t)$$

求:(1) 系统中的参数 a、b、c 的值;

　　(2) 系统的零状态响应 $y_f(t)$;

　　(3) 系统的零输入响应 $y_x(t)$。

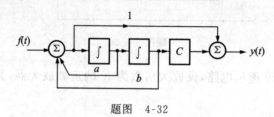

题图　4-32

*4-48　某 LTI 连续系统的冲激响应 $h(t)$ 如题图 4-33 所示,试用积分器、加法器和 $T=1s$ 的延迟器构成该系统的模拟框图。

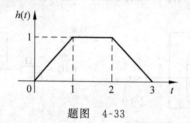

题图　4-33

第 5 章

离散时间信号与系统的时域分析

5.1 离散时间信号——序列

5.1.1 离散时间信号

在信号与系统分析的研究中,数字信号处理技术得到迅速发展,所谓的**数字信号**(digital signal)是指经过量化的离散时间信号。离散时间信号是信号在一些相互分离的时间点上才有确定的数值,而在其他的时间上没有定义。若选取的时间间隔是均匀的,则将信号表示为 $f(kT)$,其中 $k=0,\pm1,\pm2,\cdots$;T 为离散间隔,这种按一定规则有秩序排列的一系列数值称为序列,简记为 $f(k)$。$f(k)$ 具有两重意义,它既代表一个序列,又代表序列中第 k 个数值。例如图 5-1 中

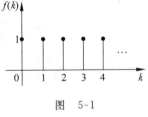

图　5-1

$$f(k) = \begin{cases} 0, & k < 0 \\ 1, & k \geqslant 0 \end{cases}$$

离散时间信号可以由连续时间信号离散化得到,也可以直接由计算机储存的记录或其他统计记录得到。

5.1.2 常用的典型序列

(1) 单位序列 $\delta(k)$

$$\delta(k) = \begin{cases} 1, & k = 0 \\ 0, & k \neq 0 \end{cases}$$

此序列仅在 $k=0$ 处取单位值,其余点均为零值,因此又称为**单位样值**(unit sample)**序列**或**单位脉冲**(unit impulse)**序列**。$\delta(k)$ 与连续时间系统中单位冲激信号 $\delta(t)$ 有本质的区别:$\delta(t)$ 可理解为在 $t=0$ 点处脉宽趋零,幅度趋为无限大,面积为 1 的信号;而 $\delta(k)$ 在 $k=0$ 点取有限值,其值等于 1,如图 5-2 所示。

(2) 单位阶跃序列 $\varepsilon(k)$

$$\varepsilon(k) = \begin{cases} 1, & k \geqslant 0 \\ 0, & k < 0 \end{cases}$$

$\varepsilon(k)$ 类似于连续时间系统中的单位阶跃信号 $\varepsilon(t)$，但需要注意，$\varepsilon(t)$ 在 $t=0$ 点发生跃变，往往不予定义 $\left(\text{或定义为} \dfrac{1}{2}\right)$；而 $\varepsilon(k)$ 在 $k=0$ 点明确规定为 $\varepsilon(0)=1$，如图 5-3 所示。

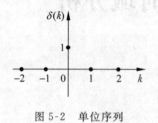

图 5-2　单位序列

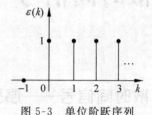

图 5-3　单位阶跃序列

(3) 单位矩形序列(门序列)$G_N(k)$

$$G_N(k) = \begin{cases} 1, & 0 \leqslant k \leqslant N-1 \\ 0, & \text{其他} \end{cases}$$

对应图形如图 5-4 所示。

以上三种序列之间有如下关系：

$$\varepsilon(k) = \sum_{n=0}^{\infty} \delta(k-n) \tag{5-1}$$

$$\delta(k) = \varepsilon(k) - \varepsilon(k-1) \tag{5-2}$$

$$G_N(k) = \varepsilon(k) - \varepsilon(k-N) \tag{5-3}$$

(4) 斜变序列

$$r(k) = k\varepsilon(k) \tag{5-4}$$

对应图形如图 5-5 所示，它与连续时间系统中的斜变函数 $f(t)=t$ 相像。

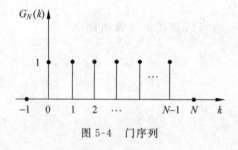

图 5-4　门序列

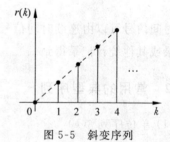

图 5-5　斜变序列

(5) 单边实指数序列

$$f(k) = a^k \varepsilon(k) \tag{5-5}$$

其中，a 为实数。

若 $|a|>1$，则 $f(k)$ 为一发散序列，如图 5-6(a)所示；

若 $|a|<1$，则 $f(k)$ 为一收敛序列，如图 5-6(b)所示；

若 $|a|=1$，则 $f(k)=\varepsilon(k)$。

类似地，可画出 $f(k)=a^{-k}\varepsilon(k)$ 的图形。

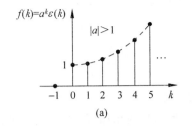

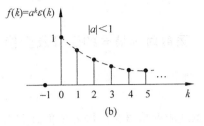

图 5-6 单边实指数序列

（6）正弦序列

$$f(k) = A\sin(\omega_0 k + \varphi)$$
$$f(k) = A\cos(\omega_0 k + \theta)$$

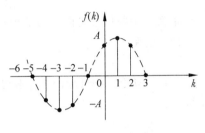

图 5-7 正弦序列

对应图形如图 5-7 所示。式中，A,φ 或 θ 为正弦序列的振幅和初相；ω_0 为正弦序列的频率，它反映序列值周期性重复的速率。例如 $\omega_0 = \dfrac{2\pi}{10}$，则序列值每经过 10 个点重复一次；若 $\omega_0 = \dfrac{2\pi}{100}$，则序列每经过 100 个点循环一次。显然，若 $\dfrac{2\pi}{\omega_0}$ 为整数时，正弦序列具有周期 $\dfrac{2\pi}{\omega_0}$；若 $\dfrac{2\pi}{\omega_0}$ 不是整数而为有理数，则正弦序列还是周期性的，但周期大于 $\dfrac{2\pi}{\omega_0}$；若 $\dfrac{2\pi}{\omega_0}$ 不是有理数，则正弦序列不具有周期性。因此，离散时间信号从其值的重复性可分为周期序列和非周期序列。若 $f(k)$ 满足 $f(k) = f(k \pm N)$（N 为大于零的整数），则 $f(k)$ 为周期离散时间信号，最小的 N 值称为周期 T。据此可算出正弦序列的周期，例如

$$f(k) = 10\cos\left(\frac{2\pi}{11}k - \frac{\pi}{3}\right)$$

则

$$f(k \pm N) = 10\cos\left[\frac{2\pi}{11}(k \pm N) - \frac{\pi}{3}\right]$$
$$= 10\cos\left[\frac{2\pi}{11}k \pm \frac{2\pi N}{11} - \frac{\pi}{3}\right]$$

当 $\dfrac{2\pi N}{11} = 2k\pi$ 时

$$f(k \pm N) = f(k)$$

得 $N = 11k$，N 取最小值为 11，所以 $T = 11$。

又如

$$f(k) = 2\cos\left(\frac{3\pi}{7}k\right)$$

则

$$f(k \pm N) = 2\cos\left[\frac{3\pi}{7}(k \pm N)\right] = 2\cos\left[\frac{3\pi}{7}k \pm \frac{3\pi N}{7}\right]$$

取 $\dfrac{3\pi N}{7} = 2k\pi$，$N = \dfrac{14}{3}k$，$N$ 的最小值为 14，所以 $T = 14$。同理可知，$f(k) = 3\cos\dfrac{k}{8}$ 不是周期

序列。

5.1.3　离散时间信号的运算及变换

（1）相加

$$f(k) = f_1(k) + f_2(k) \tag{5-6}$$

注意式中两信号是同序号的值逐项对应相加。离散信号的相加可用加法器实现。

（2）相乘

$$f(k) = f_1(k) \cdot f_2(k) \tag{5-7}$$

注意式中两信号是同序号的值逐项相乘。离散信号的相乘可用乘法器实现。

（3）数乘

$$y(k) = af(k) \tag{5-8}$$

上式是将每一个取样值均乘以实常数 a。离散信号的数乘可用数乘器或比例器来实现。

（4）累加和

$$y(k) = \sum_{i=-\infty}^{k} f(i) \tag{5-9}$$

累加和的运算可用累加器实现。

（5）移位

$$y(k) = f(k \pm m) \tag{5-10}$$

式中，m 为大于零的整数。

若 $y(k) = f(k+m)$，则指序列 $f(k)$ 左移（向前移）m 位后得到的一个新序列 $y(k)$；若 $y(k) = f(k-m)$，则为 $f(k)$ 延迟 m 位，即 $f(k)$ 右移（向后移）m 位得到的 $y(k)$，如图 5-8 所示。信号的这种变换可用延时器实现。

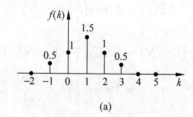

(a)

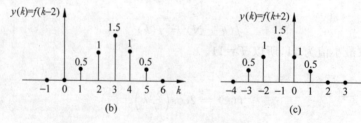

(b)　　　　　　　　　　　(c)

图 5-8　移位示例

（6）折叠

$$y(k) = f(-k)$$

将 $f(k)$ 以纵坐标为轴翻转 $180°$ 所得,例如图 5-8 由(a)图反折以后的图形为(c)。

（7）倒相

$$y(k) = - f(k)$$

将 $f(k)$ 以横坐标为轴翻转 $180°$ 所得,图 5-8(a)所示 $f(k)$ 的倒相结果如图 5-9(a)所示。

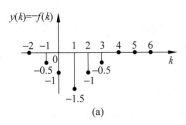

(a)

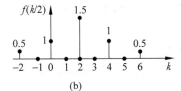

(b)

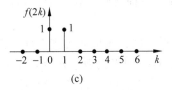

(c)

图 5-9　倒相、展缩示例

（8）展缩

$$y(k) = f(ak)$$

其中 a 为非零值的正实常数。

若 $a>1$,则 $y(k)$ 为 $f(k)$ 在时间上压缩为原来的 $\frac{1}{a}$；若 $a<1$,则 $y(k)$ 为 $f(k)$ 在时间上扩展 $\frac{1}{a}$ 倍所得。必须注意,对 $f(k)$ 进行展缩变换后,要除去 k 为非整数的点或补足没有数值的点处的零值。如图 5-9(c)中,$y(k)=f(2k)$ 出现 $k=\frac{1}{2}$ 的非整数序号,故舍去该点及其值；图 5-9(b)中,$k=-1,1,3,5$ 处没有数值,则应添补这些点处的数值为零值。

上述变换也称为序列的重排。离散信号压缩后再展宽不能恢复为原序列,在信号处理时需注意。

（9）差分

离散信号的差分运算是指相邻的两样值相减,分为后向差分和前向差分两种。

$f(k)$ 的后向差分记为

$$\nabla f(k) = f(k) - f(k-1) \quad （一阶后向差分）$$

$$\begin{aligned}\nabla^2 f(k) &= \nabla f(k) - \nabla f(k-1)\\ &= f(k) - 2f(k-1) + f(k-2) \quad （二阶后向差分）\end{aligned}$$

$f(k)$ 的前向差分记为

$$\Delta f(k) = f(k+1) - f(k) \quad （一阶前向差分）$$

$$\begin{aligned}\Delta^2 f(k) &= \Delta f(k+1) - \Delta f(k)\\ &= f(k+2) - 2f(k+1) + f(k) \quad （二阶前向差分）\end{aligned}$$

差分实际上是离散信号时域运算与变换的综合形式。

5.2　离散时间系统的数学模型

5.2.1　线性时不变离散时间系统

离散时间系统是激励(输入)和响应(输出)都是离散时间信号的系统,如图 5-10 所示, $f(k)$ 为激励信号, $y(k)$ 为响应信号。系统的输入输出关系可表示为

$$y(k) = T[f(k)]$$

图 5-10　离散时间系统框图

按离散时间系统的性能,系统可以划分为线性、非线性、时不变、时变等各种类型。本书讨论线性时不变离散时间系统,即 LTI **系统**。

(1) 线性

线性离散时间系统应满足齐次性和叠加性,即若 $f_1(k)$、$y_2(k)$ 和 $f_2(k)$、$y_2(k)$ 分别代表两对激励和响应,则当激励序列为 $C_1 f_1(k) + C_2 f_2(k)$(C_1、C_2 分别为常数时),则系统的响应为 $C_1 y_1(k) + C_2 y_2(k)$,如图 5-11 所示。

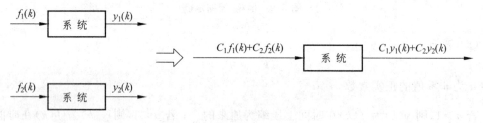

图 5-11　线性离散时间系统框图

(2) 时不变性

时不变系统在同样起始状态下的响应与激励施加于系统的时刻无关。若 $f(k)$ 产生响应 $y(k)$,则 $f(k-N)$ 产生响应为 $y(k-N)$,即激励延迟 N 位,则响应也延迟 N 位。

5.2.2　离散时间系统的数学模型

在连续时间系统中,信号是时间变量的连续函数,系统可用微分积分方程式来描述。对于离散时间系统,信号的变量 k 是离散的整型值。描述系统输入、输出序列关系的方程称为**差分方程**(difference equation),因此,离散时间系统的数学模型需用差分方程表示。在离散时间系统中的基本运算单元是加法器、乘法器和延时器等。根据基本运算单元可以建立描述系统的差分方程。

(1) 基本运算单元

基本运算单元在时间域的定义和描述如图 5-12 所示。图 5-13 为相应的信号流图。

单位延时器(移位器)是将输入信号延迟一个时间单位后再输出,用符号 D 或移位算子 $\dfrac{1}{E}$ 表示,是具有"记忆"能力的元件。加法器与数乘器的功能与相应的连续时间系统相同。

(2) 系统的模拟

利用基本运算单元,可以在时域模拟一个离散时间系统。利用差分方程可描述一个离

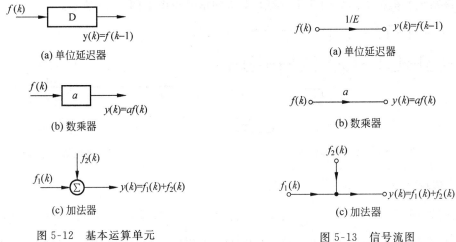

图 5-12　基本运算单元　　　　　　　　　　图 5-13　信号流图

散时间系统。

例 5-1　一个离散时间系统如图 5-14 所示,试写出描述系统的差分方程。

解　图中 $y(k)$ 经单位延时得到 $y(k-1)$,$y(k-1)$ 经数乘后得到 $ay(k-1)$,输入信号 $f(k)$ 与 $ay(k-1)$ 经加法器相加后得到 $y(k)$。由于系统中信号只有经过运算单元才能改变,如该系统中,加法器输出和系统的输出及延时器输入都为同一个信号 $y(k)$,所以

$$y(k) = ay(k-1) + f(k)$$

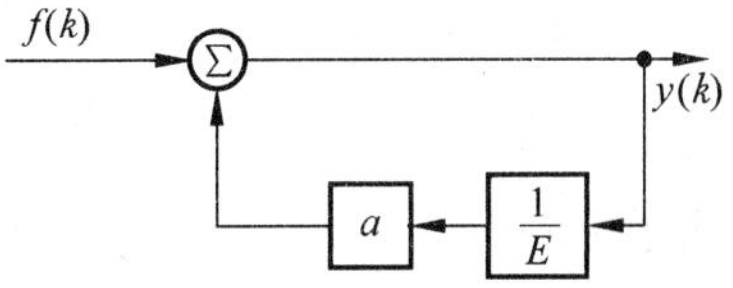

整理后得到

$$y(k) - ay(k-1) = f(k)$$

图 5-14　例 5-1 框图

这是一个常系数线性差分方程。一般情况下,等式的左端由未知序列 $y(k)$ 及其移位序列构成,右端由已知激励序列 $f(k)$ 及其延时序列构成。

此方程中未知序列仅相差一个移位序数,因此称为一阶差分方程。如果方程式还包括未知序列的移位项 $y(k-2)$,$y(k-3)$,$\cdots$,$y(k-N)$ 则构成 N 阶差分方程式。

如果差分方程中各未知序列之序号自 N 开始以递减方式给出,则称为后向形式的(或向右移序的)差分方程;也可从 N 开始以递增方式给出,即由 $y(k)$,$y(k+1)$,$y(k+2)$,$\cdots$,$y(k+W)$ 等项组成,称为前向形式的(或向左移序的)差分方程。通常,对于因果系统用后向形式的差分方程较为方便,而在状态变量的分析中,习惯上用前向形式的差分方程。

已知系统的差分方程,可画出由基本运算单元组成的模拟框图。

例 5-2　已知某系统的差分方程为

$$y(k) + a_1 y(k-1) + a_0 y(k-2) = b_1 f(k) + b_0 f(k-1)$$

试画出其时域模拟框图。

解　方程可变形为

$$y(k) = -a_1 y(k-1) - a_0 y(k-2) + b_1 f(k) + b_0 f(k-1)$$

由此式知系统的输出由四路信号相加所得。一路为输出信号自身延时一个单位后再数乘 $(-a_1)$ 所得 $-a_1 y(k-1)$;一路为 $y(k-1)$ 再延时一个单位后数乘 $(-a_0)$ 得 $-a_0 y(k-2)$;一路为 $f(k)$ 数乘 b_1 后所得 $b_1 f(k)$;一路为 $f(k)$ 延时一个单位后数乘所得 $b_0 f(k-1)$。由

此可得该系统的模拟框图如图 5-15 所示,对应的信号流图如图 5-16 所示。

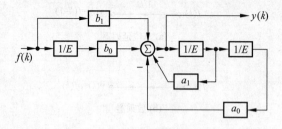

图 5-15　系统模拟框图

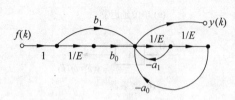

图 5-16　系统信号流图

(3) 传输算子

在离散时间系统中,以符号 $\dfrac{1}{E}$(即 E^{-1})表示单位延时,即 $E^{-1}[f(k)] = f(k-1)$,表示将相应序列延时一个单位时间的运算。E 则表示单位前移,即 $E[f(k)] = f(k+1)$,表示将相应序列提前一个单位时间的运算。一般称 E 为差分算子,也称为移位算子。

利用差分算子可将差分方程写成更为简洁的形式,如

$$y(k) - (1+\beta)y(k-1) = f(k)$$

可写为

$$y(k) - (1+\beta)E^{-1}y(k) = f(k)$$

或

$$[1 - (1+\beta)E^{-1}]y(k) = f(k)$$

或表示为

$$y(k) = H(E)f(k)$$

其中 $H(E) = \dfrac{1}{1-(1+\beta)E^{-1}} = \dfrac{E}{E-(1+\beta)}$,称为离散时间系统的**传输算子**(transfer operator)。

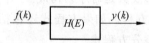

图 5-17　传输算子描述系统的输入-输出模型

对于 n 阶离散时间系统,也可用传输算子 $H(E)$ 描述系统的输入-输出模型,如图 5-17 所示。应注意差分算子仅表示对信号的移位运算,并不表示数量意义,用差分算子表示的方程称为**算子方程**,它不是普通的代数方程,方程中等号两边的算子 E 不能随意消去。

例 5-3 设离散系统的差分方程为

$$y(k) - 2y(k-1) + y(k-2) = f(k-1) + f(k-2)$$

求其传输算子 $H(E)$。

解　因为相应的算子方程为

$$y(k) - 2E^{-1}y(k) + E^{-2}y(k) = E^{-1}f(k) + E^{-2}f(k)$$

即

$$(1 - 2E^{-1} + E^{-2})y(k) = (E^{-1} + E^{-2})f(k)$$

所以

$$H(E) = \frac{E^{-1} + E^{-2}}{1 - 2E^{-1} + E^{-2}} = \frac{E+1}{E^2 - 2E + 1}$$

5.3　常系数线性差分方程的求解

5.3.1　常系数线性差分方程的求解方法

一般而言,对于一个单输入-单输出 n 阶线性时不变离散时间系统,若激励为 $f(k)$,响应为 $y(k)$,则该系统的数学模型是 n 阶常系数差分方程

$$a_n y(k) + a_{n-1} y(k-1) + \cdots + a_1 y(k-n+1) + a_0 y(k-n)$$
$$= b_m f(k) + b_{m-1} f(k-1) + \cdots + b_1 f(k-m+1) + b_0 f(k-m)$$

式中,a 和 b 为常数;输入信号 $f(k)$ 的移位阶次为 m;输出信号 $y(k)$ 的移位阶次为 n。

对于因果离散时间系统,激励函数最高序号不能大于响应函数的最高序号,即 $m \leqslant n$,因此差分方程的阶次为 n,利用求和符号方程可缩写为

$$\sum_{p=0}^{n} a_{n-p} y(k-p) = \sum_{q=0}^{m} b_{m-q} f(k-q) \tag{5-11}$$

求解常系数线性差分方程的方法一般有以下几种。

（1）迭代法

此方法根据系统的初始状态及递推式不断迭代所得。这种方法对于高阶系统常常难以写成一个闭合的解析表示式。

（2）时域经典法

与微分方程的时域经典法类似,先分别求齐次解与特解,然后代入边界条件求待定系数。这种方法求解过程比较麻烦,在解决具体问题时不宜采用。

（3）分别求零输入响应与零状态响应

利用求齐次解的方法得到零输入响应,利用卷积和的方法求零状态响应。

（4）变换域方法

类似于连续时间系统分析中的拉氏变换方法,利用 Z 变换方法解差分方程有许多优点,在实际应用中简便有效。

本章着重介绍离散时间系统的求齐次解的方法和求卷积和的方法。

5.3.2　齐次差分方程的求解

在差分方程中,若 $f(k)$ 及其各移位项均为零,则方程为

$$a_n y(k) + a_{n-1} y(k-1) + \cdots + a_1 y(k-n+1) + a_0 y(k-n) = 0$$

上式称为齐次差分方程。其对应的特征方程为

$$a_n \lambda^n + a_{n-1} \lambda^{n-1} + \cdots + a_1 \lambda + a_0 = 0$$

特征方程有 n 个根 $\lambda_i (i = 1, 2, \cdots, n)$,称为特征根。根据特征根的不同,差分方程的解有两种类型。

（1）特征根有 n 个互异的单根,则齐次差分方程的解为

$$y(k) = C_1 \lambda_1^k + C_2 \lambda_2^k + \cdots + C_{n-1} \lambda_{n-1}^k + C_n \lambda_n^k$$

式中,待定常数 $C_i (i = 1, 2, \cdots, n)$ 由初始条件确立。

（2）特征根中有 r 个重根 $\lambda_1 = \lambda_2 = \cdots = \lambda_r$ 及 $n-r$ 个互异单根，则齐次差分方程解的形式为

$$y(k) = (C_1 + C_2 k + C_3 k^2 + \cdots + C_r k^{r-1})\lambda_1^k + \sum_{j=r+1}^{n} C_j \lambda_j^k$$

式中，待定常数 $C_i(i=1,2,\cdots,n)$ 由初始条件决定。

例 5-4　已知差分方程为 $y(k) - 5y(k-1) + 6y(k-2) = 0$，$y(0)=1$，$y(1)=4$，求 $y(k)$。

解　该差分方程的特征方程为

$$\lambda^2 - 5\lambda + 6 = 0$$

可求得特征根为 $\lambda_1 = 2$，$\lambda_2 = 3$，故

$$y(k) = C_1 2^k + C_2 3^k, \qquad k \geqslant 0$$

由

$$y(0) = C_1 + C_2 = 1$$
$$y(1) = 2C_1 + 3C_2 = 4$$

解得

$$C_1 = -1, \quad C_2 = 2$$

所以

$$y(k) = [-(2)^k + 2(3)^k], \qquad k \geqslant 0$$

例 5-5　若某离散时间系统的传输算子为

$$H(E) = \frac{1}{E^2 + 4E + 4}$$

且 $y(0)=2$，$y(1)=0$。求对应齐次差分方程的解。

解　因该系统的特征方程为

$$\lambda^2 + 4\lambda + 4 = 0$$

其特征根 $\lambda_1 = \lambda_2 = -2$。对应齐次差分方程解的形式为

$$y(k) = (C_1 + C_2 k)(-2)^k$$

由

$$y(0) = C_1 = 2$$
$$y(1) = (C_1 + C_2)(-2) = 0$$

解得

$$C_1 = 2, \qquad C_2 = -2$$

故

$$y(k) = 2(1-k)(-2)^k, \qquad k \geqslant 0$$

讨论　① 例 5-4、例 5-5 两例中，其解均为二阶齐次差分方程的解，这里给出的条件均可认为是初始条件。若两例中差分方程的右边不等于零，即非齐次差分方程，则两题给出的条件即为初始值。求零输入响应时，待定系数 C_1、C_2 不能用给定的初始值确定，而必须根据给出的初始值通过非齐次差分方程推导出该系统的初始条件来确定待定系数 C_1、C_2 值（详见例 5-8）。

② 上述两例中的二阶齐次差分方程的特征根均为两个实数根；当特征根为共轭复数时，通过欧拉公式，齐次解可化为等幅、增幅或衰减等形式的正弦（余弦）序列。读者自行推导。

例 5-6　如图 5-18 所示离散时间系统的模拟框图,求当 $f(k)=0,y(1)=1,y(2)=0,$
$y(3)=1,y(5)=1$ 时,$y(k)=?$

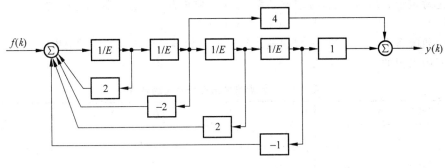

图 5-18　例 5-6 图

解　由该系统的模拟框图可知系统的传输算子为

$$H(E)=\frac{y(k)}{f(k)}=\frac{4E^2+1}{E^4-2E^3+2E^2-2E+1}$$

对应的特征方程

$$\lambda^4-2\lambda^3+2\lambda^2-2\lambda+1=0$$

其特征根 $\lambda_1=\lambda_2=1,\lambda_2=j,\lambda_3=-j$,故响应的形式为

$$y(k)=[(C_1+C_2k)\cdot 1^k+C_3(j)^k+C_4(-j)^k],\qquad k\geqslant 1$$

由

$$\begin{cases}y(1)=C_1+C_2+jC_3-jC_4=1\\y(2)=C_1+2C_2-C_3-C_4=0\\y(3)=C_1+3C_2-jC_3+jC_4=1\\y(5)=C_1+5C_2+jC_3-jC_4=1\end{cases}$$

可得

$$C_1=1,\quad C_2=0,\quad C_3=C_4=\frac{1}{2}$$

故

$$y(k)=\left[1+\frac{1}{2}(j)^k+\frac{1}{2}(-j)^k\right]$$

$$=1+\frac{1}{2}e^{j\frac{\pi}{2}k}+\frac{1}{2}e^{-j\frac{\pi}{2}k},\qquad k\geqslant 1$$

或

$$y(k)=\left[1+\cos\left(\frac{\pi}{2}k\right)\right],\qquad k\geqslant 1$$

注释　① 要特别注意初始条件(初始状态)与初始值不是同一概念。初始条件是系统
对"历史"的记忆,反映激励加入前系统所处的状态,故初始条件亦称初始状态;初始值是由
初始条件与激励共同产生的响应值。此例中给出的初始值,由于 $f(k)=0$,故初始值实际上
就是初始条件,在此条件下用待定系数求出的解即是系统的零输入响应。

② 在后续内容中,当外施激励不为零时,在待定零输入响应解的系数时,要用与外施激
励无关的初始条件确定。

5.3.3　非齐次差分方程的求解

非齐次差分方程的解也称完全解,由两部分组成:一部分为原差分方程对应的齐次方

程的通解 $y_0(k)$;另一部分为方程自身的特解 $y_d(k)$,特解的形式与激励序列的形式有关。表 5-1 列出了几种典型的激励 $f(k)$ 所对应的特解 $y_d(k)$ 的形式。

选定特定形式后,代入方程求出特解 $y_d(k)$,则非齐次差分方程的完全解为

$$y(k) = y_0(k) + y_d(k)$$

此解中的通解含有待定系数,可根据系统给定的初始条件解出。注意,通解中的待定系数是在完全解中求得的。

表 5-1　几种典型的激励所对应的特解

激励 $f(k)$	特解 $y_d(k)$
C	A_0
Ck	$A_1 k + A_0$
Ck^m	$A_m k^m + A_{m-1} k^{m-1} + \cdots + A_1 k + A_0$
Ca^k	Aa^k(当 a 不是特征根时) $(A_1 k + A_0)a^k$(当 a 是特征单根时) $(Ark^r + A_{r-1}k^{r-1} + \cdots + A_1 k + A_0)a^k$(当 a 是 r 重特征值)
Ce^{ak}	Ae^{ak}(α 为实数)
$Ce^{j\beta k}$	$Ae^{j\beta k}$
$A\cos(\omega_d k + \varphi)$	$A_1 \cos\omega_d k + A_2 \sin\omega_d k$

例 5-7　若描述某离散时间系统的差分方程为

$$y(k) + 3y(k-1) + 2y(k-2) = 2^k \varepsilon(k)$$

初始条件 $y(0)=0$,$y(1)=2$。试求系统的全响应 $y(k)$。

解　(1)求齐次差分方程通解 $y_0(k)$。因差分方程的特征方程为

$$\lambda^2 + 3\lambda + 2 = 0$$

其特征根 $\lambda_1 = -1$,$\lambda_2 = -2$,故齐次方程的通解为

$$y_0(k) = C_1(-1)^k + C_2(-2)^k$$

(2)求非齐次差分方程的特解 $y_d(k)$。因激励 $f(k) = 2^k$,由表 5-1 可知

$$y_d(k) = A2^k$$

将它代入原方程得

$$A2^k + 3A2^{k-1} + 2A2^{k-2} = 2^k$$

消去 2^k 得

$$A + \frac{3}{2}A + \frac{A}{2} = 1$$

可得 $A = \dfrac{1}{3}$,故

$$y_d(k) = \frac{1}{3}(2)^k, \qquad k \geqslant 0$$

(3)求非齐次差分方程在给定初始条件下的完全解。因

$$y(k) = y_0(k) + y_d(k) = C_1(-1)^k + C_2(-2)^k + \frac{1}{3}(2)^k$$

由

$$y(0) = C_1 + C_2 + \frac{1}{3} = 0$$

$$y(1) = -C_1 - 2C_2 + \frac{2}{3} = 2$$

解得 $C_1 = \frac{2}{3}$，$C_2 = -1$，所以所求全响应为

$$y(k) = \frac{2}{3}(-1)^k - (-2)^k + \frac{1}{3}(2)^k, \qquad k \geqslant 0$$

此例中，初始值是 $k=0$ 和 1 的 $y(k)$ 值，是外施激励作用以后的响应值，即全响应中的值，注意与零输入时的初始条件区别。

5.3.4　离散时间系统全响应的分解形式

(1) 零输入响应和零状态响应

零输入响应是激励为零时仅由初始状态引起的响应，记为 $y_x(k)$；零状态响应是系统初始状态为零时仅由激励信号产生的响应，记为 $y_f(k)$。系统全响应为零输入响应与零状态响应之和，即

$$y(k) = y_x(k) + y_f(k) \tag{5-12}$$

零输入响应 $y_x(k)$ 的形式与齐次差分方程解 $y_0(k)$ 的形式完全相同，并由与外施激励无关的初始条件确定 $y_x(k)$ 中的待定系数，一般通过激励作用前的 $y_x(-1)$，$y_x(-2)$，… 确定。

零状态响应 $y_f(k)$ 是系统初始状态为零时系统非齐次差分方程的解，其求解方法如全响应求解，待定系数由 $y_f(-1)=0$，$y_f(-2)=0$，…，$y_f(-n)=0$ 来确定。

例 5-8　对例 5-7 求解其零输入响应和零状态响应。

解　① 零输入响应

$$y_x(k) = C_1(-1)^k + C_2(-2)^k \qquad \text{（与齐次方程解 } y_0(k) \text{ 形式相同）}$$

题中所给初始值是外施激励与初始状态共同产生的全响应的初始值，不能用来确定零输入响应中 $y_x(k)$ 的待定系数，为此，必须求出系统与外施激励无关的初始条件。

在差分方程中令 $k=-1$，得

$$y(-1) + 3y(-2) + 2y(-3) = 0$$

这说明 $y(-1)$、$y(-2)$、$y(-3)$ 的值与外施激励无关，仅由初始状态引起。

若差分方程中令 $k=0$，得

$$y(0) + 3y(-1) + 2y(-2) = 1$$

这说明 $y(0)$ 值与外施激励有关，是由激励与初始状态共同引起的，说明不能用它来确立零输入响应 $y_x(k)$ 中系数。

在差分方程中，令 $k=1$，得

$$y(1) + 3y(0) + 2y(-1) = 2$$

将初始值 $y(0)=0$，$y(1)=2$ 代入上式得 $y(-1)=0$，再将 $y(0)=0$，$y(-1)=0$ 代入上上式得 $y(-2)=\frac{1}{2}$，于是求得零输入响应的初始条件 $y_x(-1)=0$，$y_x(-2)=\frac{1}{2}$，由

$$y_x(-1) = -C_1 - \frac{1}{2}C_2 = 0$$

$$y_x(-2) = C_1 + \frac{1}{4}C_2 = \frac{1}{2}$$

得
$$C_1 = 1, \quad C_2 = -2$$

得
$$y_x(k) = (-1)^k - 2(-2)^k, \qquad k \geqslant 0$$

② 零状态响应

$$y_f(k) = C_1(-1)^k + C_2(-2)^k + \frac{1}{3}(2)^k \quad (非齐次差分方程完全解的形式)$$

由

$$y_f(-1) = -C_1 - \frac{1}{2}C_2 + \frac{1}{6} = 0$$

$$y_f(-2) = C_1 + \frac{1}{4}C_2 + \frac{1}{12} = 0$$

解得

$$C_1 = -\frac{1}{3}, \quad C_2 = 1$$

故
$$y_f(k) = -\frac{1}{3}(-1)^k + (-2)^k + \frac{1}{3}(2)^k, \qquad k \geqslant 0$$

③ 全响应

$$y(k) = y_x(k) + y_f(k)$$

$$= (-1)^k - 2(-2)^k - \frac{1}{3}(-1)^k + (-2)^k + \frac{1}{3}(2)^k$$

$$= \frac{2}{3}(-1)^k - (-2)^k + \frac{1}{3}(2)^k, \qquad k \geqslant 0$$

该例题在求出系统的零输入响应和零状态响应后,通过将这两部分相加而得到系统的全响应,这就是本章介绍的求系统全响应的时域分析法。在求解响应时,必然要利用系统的初始条件 $y(0)$ 和 $y(1)$ 等。这里要指出,系统的初始条件中,一般包含两个部分:一为系统零输入时的初始条件;二为系统零状态时,由外施激励对系统作用而引起的初始响应。在实际应用中,测量到的系统初始条件一般是零输入和零状态的初始条件之和,无法仅对其中的一部分进行测量,所以通常所给的初始值,在没有特别说明的情况下,应该是两部分之和,即系统全响应的初始条件。因此,系统的初始状态(零输入时的初始条件)与响应的初始值(系统的初始条件)不是同一概念,要注意区分。但是,在讨论因果系统对有始信号的响应时,如果给定的初始条件是 $y(-1)$、$y(-2)$ 等小于零的时间点上的值,这些时间点上系统的零状态响应一定是零,所以这时的初始条件同时也是系统零输入响应的初始条件。

（2）自由响应和强迫响应

与连续时间系统类似,离散时间系统的响应又可分为自由响应与强迫响应。自由响应是指仅与系统特征方程根有关的部分响应,即对应齐次差分方程的通解 $y_0(k)$;强迫响应是指响应形式仅由激励信号的形式所决定的部分响应,即非齐次差分方程的特解 $y_d(k)$。

（3）暂态响应和稳态响应

暂态响应是指随序号 k 的增加,响应逐渐消失的部分分量,而稳态响应则指随序号 k 增加,暂态分量消失后响应变化稳定的分量。

上述对差分方程的求解,只是对几种典型的激励 $f(k)$ 下的求解,对于比较复杂的激励,常采用系统单位序列响应与系统激励卷积和的方法求解系统的零状态响应。

5.4　离散系统单位序列(单位冲激)响应

对于线性时不变离散时间系统,激励为单位序列 $\delta(k)$ 时产生的零状态响应 $h(k)$ 称为系统的**单位序列响应**或**单位冲激响应**(impulse response)。下面介绍系统的单位序列响应在时域的求解方法。

5.4.1　迭代法

由于 $\delta(k)$ 信号只有在 $k=0$ 时取 $\delta(0)=1$,在 k 为其他值时都为零,利用这一特点,可以较方便地用迭代法依次求出 $h(0),h(1),\cdots,h(n)$。

例 5-9　对于一阶系统

$$y(k) + a_0 y(k-1) = f(k)$$
$$y(k) = 0, \qquad k < 0$$

求其单位冲激响应 $h(k)$。

解　令 $f(k)=\delta(k)$,则 $y(k)=h(k)$,于是有

$$h(k) + a_0 h(k-1) = \delta(k)$$
$$h(k) = 0, \qquad k < 0$$

可得递推式

$$h(k) = \delta(k) - a_0 h(k-1)$$

所以有

$$h(0) = 1 - a_0 h(-1) = 1$$
$$h(1) = -a_0 h(0) = -a_0$$
$$h(2) = -a_0 h(1) = (-a_0)^2$$
$$h(3) = -a_0 h(2) = (-a_0)^3$$
$$\vdots$$
$$h(k) = -a_0 h(k-1) = (-a_0)^k$$

可知该一阶系统的单位序列响应为 $h(k)=(-a_0)^k \varepsilon(k)$。

当系统的阶数较高时,用迭代法求单位序列响应常常难以写成一个闭合的解析表达式。

5.4.2　等效初值法

若一个零状态系统的激励为单位序列 $\delta(k)$,可知 $k>0$ 时,系统激励为零。因此可将单位序列 $\delta(k)$ 激励的作用等效为系统的初始值进一步递推。下面以例说明这种方法。

例 5-10　系统的差分方程式为

$$y(k) - y(k-1) + \frac{1}{2} y(k-2) = f(k)$$

求系统的单位序列响应。

解 当 $f(k)=\delta(k)$ 时，$y(k)=h(k)$，即

$$h(k)-h(k-1)+\frac{1}{2}h(k-2)=\delta(k)$$

且有

$$h(k)=0, \qquad k<0$$

由迭代法可知等效初始值为

$$h(0)=1, \qquad h(1)=1$$

当 $k>1$ 时，有

$$h(k)-h(k-1)+\frac{1}{2}h(k-2)=0$$

这是一个二阶齐次差分方程，其特征方程为

$$\lambda^2-\lambda+\frac{1}{2}=0$$

解得特征根为

$$\lambda_1=\frac{1}{2}+j\frac{1}{2}, \qquad \lambda_2=\frac{1}{2}-j\frac{1}{2}$$

故单位序列响应 $h(k)$ 为

$$h(k)=C_1\left(\frac{1}{2}+j\frac{1}{2}\right)^k+C_2\left(\frac{1}{2}-j\frac{1}{2}\right)^k$$

$$=C_1\left(\frac{\sqrt{2}}{2}\right)^k e^{j\frac{k\pi}{4}}+C_2\left(\frac{\sqrt{2}}{2}\right)^k e^{-j\frac{k\pi}{4}}$$

根据等效初值

$$h(0)=C_1+C_2=1$$

$$h(1)=C_1\frac{\sqrt{2}}{2}e^{j\pi/4}+C_2\frac{\sqrt{2}}{2}e^{j\pi/4}=1$$

求得

$$C_1=\frac{1}{2}-j\frac{1}{2}=\frac{\sqrt{2}}{2}e^{-j\pi/4}$$

$$C_2=\frac{1}{2}+j\frac{1}{2}=\frac{\sqrt{2}}{2}e^{j\pi/4}$$

所以

$$h(k)=\left(\frac{\sqrt{2}}{2}\right)^{k+1}\left[e^{j(k-1)\pi/4}+e^{-j(k-1)\pi/4}\right]=2\left(\frac{\sqrt{2}}{2}\right)^{k+1}\cos\frac{(k-1)\pi}{4}, \qquad k\geq 0$$

在此例中，把单位序列 $\delta(k)$ 的激励作用等效为一个初值 $h(0)$，进而递推出 $h(1)$，从而较方便地得到单位序列响应 $h(k)$ 的闭合式解。

5.4.3 传输算子法

离散时间系统在时域可用传输算子 $H(E)$ 来描述

$$H(E)=\frac{b_mE^m+b_{m-1}E^{m-1}+\cdots+b_1E+b_0}{a_nE^n+a_{n-1}E^{n-1}+\cdots+a_1E+a_0} \tag{5-13}$$

若式(5-13)为一阶系统

$$H(E) = \frac{1}{1 + a_0 E^{-1}} = \frac{E}{E + a_0}$$

即

$$y(k) + a_0 y(k-1) = f(k)$$

由迭代法知其单位序列响应为

$$h(k) = (-a_0)^k \varepsilon(k)$$

根据系统的时不变性,可以推得其他一阶系统的传输算子所对应的单位序列响应,如 $H(E) = \dfrac{1}{E + a_0}$ 对应差分方程为

$$y(k) + a_0 y(k-1) = f(k-1)$$

知其单位序列响应为

$$h(k) = (-a_0)^{k-1} \varepsilon(k-1)$$

若式(5-13)为二阶系统,其传输算子为

$$H(E) = \frac{E^2}{(E + a_0)^2}$$

则其对应的差分方程为

$$y(k) + 2a_0 y(k-1) + a_0^2 y(k-2) = f(k)$$

当 $f(k) = \delta(k)$, $y(k) = h(k)$,由迭代法知其等效初始值为

$$h(0) = 1, h(1) = -2a_0$$

由传输算子 $H(E)$ 知其特征根为重根

$$\lambda = -a_0$$

故单位序列响应 $h(k)$ 为

$$h(k) = (C_1 + C_2 k)(-a_0)^k$$

代入等效初始值,得

$$\begin{cases} h(0) = C_1 = 1 \\ h(1) = (C_1 + C_2)(-a_0) = -2a_0 \end{cases}$$

解得

$$C_1 = 1$$
$$C_2 = 1$$

所以

$$h(k) = (k+1)(-a_0)^k \varepsilon(k)$$

根据系统的时移性,可推得 $H(E) = \dfrac{E}{(E + a_0)^2}$ 和 $H(E) = \dfrac{1}{(E + a_0)^2}$ 的单位序列响应。

依照此方法可解得 $H(E) = \dfrac{E^n}{(E + a_0)^n}$ 等对应的单位序列响应。

由此,如果知道一些常用的 $H(E)$ 和 $h(k)$ 的关系,就可将传输算子用部分分式展开,求得其各分式对应的 $h(k)$,就可得到系统的单位序列响应。

表 5-2 列出一些常用的 $H(E)$ 与 $h(k)$ 的对应关系。

表 5-2 $H(E)$ 与 $h(k)$ 的对应关系

$H(E)$	$h(k)$
E^m	$\delta(k+m)$
$\dfrac{E}{E+a_0}$	$(-a_0)^k \varepsilon(k)$
$\dfrac{1}{E+a_0}$	$(-a_0)^{k-1} \varepsilon(k-1)$
$\dfrac{E^2}{(E+a_0)^2}$	$(k+1)(-a_0)^k \varepsilon(k)$
$\dfrac{E}{(E+a_0)^2}$	$k(-a_0)^{k-1} \varepsilon(k-1)$
$\dfrac{1}{(E+a_0)^2}$	$(k-1)(-a_0)^{k-2} \varepsilon(k-2)$
$\dfrac{E^3}{(E+a_0)^3}$	$\dfrac{1}{2}(k+1)(k+2)(-a_0)^k \varepsilon(k)$
$\dfrac{E^2}{(E+a_0)^3}$	$\dfrac{1}{2}k(k+1)(-a_0)^{k-1} \varepsilon(k-1)$
$\dfrac{E}{(E+a_0)^3}$	$\dfrac{1}{2}(k-1)k(-a_0)^{k-2} \varepsilon(k-2)$
$\dfrac{1}{(E+a_0)^3}$	$\dfrac{1}{2}(k-2)(k-1)(-a_0)^{k-3} \varepsilon(k-3)$
$\dfrac{E^n}{(E+a_0)^n}$	$\dfrac{1}{(n-1)!}(k+1)(k+2)\cdots(k+n-1)(-a_0)^k \varepsilon(k)$
$\vdots$	$\vdots$
$\dfrac{E}{(E+a_0)^n}$	$\dfrac{1}{(n-1)!}(k-n+2)\cdots(k-2)(k-1)k(-a_0)^{k-n+1} \varepsilon(k-n+1)$

例 5-11 已知某时间系统的传输算子为

$$H(E) = \frac{1}{E^2 - 5E + 6}$$

求单位序列响应 $h(k)$。

解 $H(E) = \dfrac{1}{(E-2)(E-3)} = \dfrac{1}{E-3} - \dfrac{1}{E-2}$

查表 5-2 得

$$\frac{1}{E-3} \longleftrightarrow 3^{k-1}\varepsilon(k-1)$$

$$\frac{1}{E-2} \longleftrightarrow 2^{k-1}\varepsilon(k-1)$$

故所求单位序列响应为

$$h(k) = (3^{k-1} - 2^{k-1})\varepsilon(k-1)$$

例 5-12 已知系统传输算子为

$$H(E) = \frac{11E^3 - 3E^2 + 0.25E}{E^3 - 1.2E^2 + 0.45E - 0.05}$$

求其单位序列响应。

解

$$H(E) = E\Big(\frac{11E^2 - 3E + 0.25}{E^3 - 1.2E^2 + 0.5E - 0.05} \Big)$$

$$= E\Big(\frac{1}{E - 0.2} + \frac{10}{E - 0.5} + \frac{1}{(E - 0.5)^2} \Big)$$

$$= \frac{E}{E - 0.2} + \frac{10E}{E - 0.5} + \frac{5E}{(E - 0.5)^2}$$

系统的单位序列响应

$$h(k) = \big[0.2^k + 10(0.5)^k + 5k(0.5)^{k-1} \big] \varepsilon(k)$$

上题中,注意因式分解时有多重极点的情况,在展开时应包含重极点项的各次分式。另外,据部分分式的展开形式不同,单位序列响应可以有不同的表示形式,但其本质是一致的。

5.5　卷积和

在连续时间系统中,利用卷积的方法可求出系统的零状态响应,在离散时间系统中,可以采用大体相同的方法来分析离散系统的零状态响应。

5.5.1　离散时间信号的脉冲序列分解

由单位序列 $\delta(k)$ 的特性知

$$f(k)\delta(k) = f(0)\delta(k)$$

$$f(k)\delta(k - m) = f(m)\delta(k - m)$$

上式也称为抽样性。利用这一性质可将任意序列表示为单位序列及其移位序列的叠加,即

$$f(k) = \cdots + f(-1)\delta(k+1) + f(0)\delta(k) + f(1)\delta(k-1) + \cdots$$

$$= \sum_{i=-\infty}^{\infty} f(i)\delta(k - i)$$

例如

$$f(k) = 3\delta(k) + 2\delta(k-1) + 5\delta(k-2)$$

设 $f(k)$ 是系统的激励信号,则它可表示为单位信号加权取和形式。又设系统对单位序列 $\delta(k)$ 的响应为 $h(k)$,由时不变特性知,对于 $\delta(k-i)$ 的延时响应为 $h(k-i)$;再由线性系统的齐次性,对 $f(i)\delta(k-i)$ 序列的响应为 $f(i)h(k-i)$;再根据系统的叠加性,对于 $f(k) = \sum_{i=-\infty}^{\infty} f(i)\delta(k-i)$ 序列的总的响应为

$$y(k) = \sum_{i=-\infty}^{\infty} f(i)h(k - i) \tag{5-14}$$

上式表示系统响应 $y(k)$ 与激励 $f(k)$ 及单位序列响应 $h(k)$ 之间的关系。式(5-14)即为**卷积和**(convolution sum)。

5.5.2　卷积和

设两个离散时间序列为 $f_1(k)$ 和 $f_2(k)$,定义 $f_1(k)$、$f_2(k)$ 的卷积和运算为

$$f_1(k) * f_2(k) = \sum_{i=-\infty}^{\infty} f_1(i) f_2(k-i)$$

容易证明，卷积和的代数运算也服从下列基本运算规律：

交换律　$f_1(k) * f_2(k) = f_2(k) * f_1(k)$

分配律　$f_1(k) * [f_2(k) + f_3(k)] = f_1(k) * f_2(k) + f_1(k) * f_3(k)$

结合律　$f_1(k) * [f_2(k) * f_3(k)] = [f_1(k) * f_2(k)] * f_3(k)$

位移性　若 $y(k) = f_1(k) * f_2(k)$，则 $f_1(k-m_1) * f_2(k-m_2) = y(k-m_1-m_2)$

特　例　$f(k) * \delta(k) = f(k)$，$f(k) * \delta(k \pm m) = f(k \pm m)$

　　卷积和通过图解法计算也可分解为反折、平移、相乘、求和四个步骤，以下通过例题说明卷积和的具体求解过程。

　　例 5-13　图 5-19(a)、(b)所示离散信号 $f_1(k)$ 和 $f_2(k)$，求 $y(k) = f_1(k) * f_2(k)$。

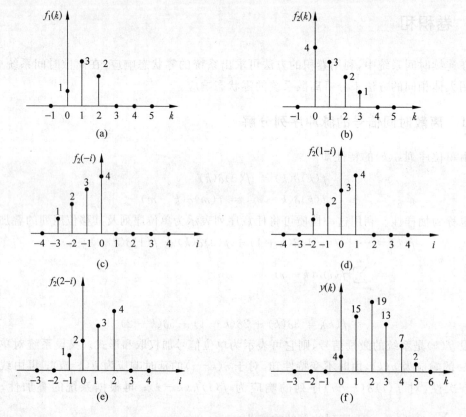

图 5-19　例 5-13 图

　　解　图解法求解卷积和步骤：

　　(1) 将其中的一个信号反折，如 $f_2(i)$ 反折为 $f_2(-i)$，如图 5-19(c)所示。

　　(2) 将 $f_2(-i)$ 图形沿 i 轴右移，得 $f_2(k-i)$，若令 k 由 $-\infty$ 到 ∞ 变化，则 $f_2(k-i)$ 图形沿 i 轴自左向右进行平移，如图 5-19(d)、(e)所示。对任给定的一个 k 值，将 $f_1(i)$ 与 $f_2(k-i)$ 同序号的值逐项对应相乘再作求和运算得到给定 k 的卷积和 $y(k)$ 值，如图 5-19(f)所示。

　　具体计算过程如下：

　　当 $k < 0$ 时

$$f_1(i)f_2(k-i) = 0$$
$$y(k) = 0$$

当 $k=0$ 时

$$y(0) = \sum_{i=-\infty}^{\infty} f_1(i)f_2(0-i) = 1 \times 4 = 4$$

当 $k=1$ 时，$f_2(1-i)$ 如图 5-19(d)所示，有

$$y(1) = \sum_{i=-\infty}^{\infty} f_1(i)f_2(1-i) = 1 \times 3 + 3 \times 4 = 15$$

当 $k=2$ 时，$f_2(2-i)$ 如图 5-19(e)所示，有

$$y(2) = \sum_{i=-\infty}^{\infty} f_1(i)f_2(2-i) = 1 \times 2 + 3 \times 3 + 2 \times 4 = 19$$

同理可得 $y(3)=13$，$y(4)=7$，$y(5)=2$，以及当 $k>5$ 时，$y(k)=0$，故卷积和可表示为

$$y(k) = \begin{cases} 4, & k=0 \\ 15, & k=1 \\ 19, & k=2 \\ 13, & k=3 \\ 7, & k=4 \\ 2, & k=5 \\ 0, & 其他 \end{cases}$$

卷积和的计算有许多种方法，其中对位相乘求和的方法可以较快地求出卷积结果。如上例，将 $f_1(k)$、$f_2(k)$ 写成序列

$$f_1(k) = \{1,3,2\}$$
$$f_2(k) = \{4,3,2,1\}$$

其数值排列顺序为其序号的顺序，如 $0,1,2,3,\cdots$，将两序列值以各自序号 (k) 的最高值按右端对齐，排列如下：

$f_1(k)$:			1	3	2	
$f_2(k)$:		4	3	2	1	$\times$
			1	3	2	
		2	6	4		
	3	9	6			
4	12	8				
$y(k)$	4	15	19	13	7	2

然后将序列的值像做乘法一样逐个相乘，但不要进位，最后将同一列上的乘积值按对位求和，即得

$$y(k) = \{4 \quad 15 \quad 19 \quad 13 \quad 7 \quad 2\}$$

其序号从被卷积序列的起始序号之和开始，此例从 0 开始。在用此法时，中间序号没有的值，以零计。此外，序列表格法也是常用求卷积和方法之一。这种方法是先将两个序列 $f_1(k)$，$f_2(k)$ 按次序分别以行、列排列，然后对应的行列值相乘得到一个表格，最后将对应对角线上的数值相加，即可得到相应卷积和值。上例计算过程如表 5-3 所示。

表 5-3　序列表格法求解过程

k		k	0	1	2	3	4	5	6	...
		$f_2(k)$	4	3	2	1	0	0	0	...
	$f_1(k)$									
0	1		4	3	2	1	0	0	0	
1	3		12	9	6	3	0	0	0	
2	2		8	6	4	2	0	0	0	
3	0		0	0	0	0	0	0	0	
4	0		0	0	0	0	0	0	0	
5	0		0	0						
6	0									
⋮	⋮									

由表 5-3 可得

$$y(0) = 4$$
$$y(1) = 12 + 3 = 15$$
$$y(2) = 8 + 9 + 2 = 19$$
$$y(3) = 0 + 6 + 6 + 1 = 13$$
$$y(4) = 0 + 0 + 4 + 3 = 7$$
$$y(5) = 0 + 0 + 0 + 2 + 0 + 0 = 2$$

并且

$$y(k) = 0, \qquad k > 5$$

对于可用解析表达式表示的序列进行卷积求和,可直接用解析法求解,并根据序列特征写成闭合式。如此例中,有

$$
\begin{aligned}
y(k) &= f_1(k) * f_2(k) \\
&= [\delta(k) + 3\delta(k-1) + 2\delta(k-2)] * \\
&\quad [4\delta(k) + 3\delta(k-1) + 2\delta(k-2) + \delta(k-3)] \\
&= 4\delta(k) + 3\delta(k-1) + 2\delta(k-2) + \delta(k-3) \\
&\quad + 12\delta(k-1) + 9\delta(k-2) + 6\delta(k-3) + 3\delta(k-4) \\
&\quad + 8\delta(k-2) + 6\delta(k-3) + 4\delta(k-4) + 2\delta(k-5) \\
&= 4\delta(k) + 15\delta(k-1) + 19\delta(k-2) + 13\delta(k-3) \\
&\quad + 7\delta(k-4) + 2\delta(k-5)
\end{aligned}
$$

表 5-4 列出了常用因果序列卷积和。

表 5-4　常用因果序列卷积和

$f_1(k), k \geqslant 0$	$f_2(k), k \geqslant 0$	$f_1(k) * f_2(k), k \geqslant 0$
$f(k)$	$\delta(k)$	$f(k)$
$f(k)$	$\varepsilon(k)$	$\sum_{i=0}^{k} f(i)$
$\varepsilon(k)$	$\varepsilon(k)$	$k+1$
a^k	$\varepsilon(k)$	$(1 - a^{k+1})/(1-a), a \neq 1$

$f_1(k),k\geqslant0$	$f_2(k),k\geqslant0$	$f_1(k)*f_2(k),k\geqslant0$
a_1^k	a_2^k	$(a_1^{k+1}-a_2^{k+1})/(a_1-a_2),a_1\neq a_2$
a^k	a^k	$(k+1)a^k$
a^k	k	$\dfrac{k}{1-a}+\dfrac{a(a^k-1)}{(1-a)^2}$
k	k	$\dfrac{1}{6}(k-1)k(k+1)$
$a_1^k\cos(\omega_0 k+\theta)$	a_2^k	$\dfrac{a_1^{k+1}\cos[\omega_0(k+1)+\theta-\varphi]-a_2^{k+1}\cos(\theta-\varphi)}{\sqrt{a_1^2+a_2^2-2a_1a_2\cos\omega_0}}$ $\varphi=\arctan[a_1\sin\omega_0/(a_1\cos\omega_0-a_2)]$

此外,在实际应用中借助快速傅里叶变换算法,利用计算机可以较简便地求解两序列的卷积和。

5.5.3　离散时间系统的零状态响应卷积和法求解

求解离散时间系统的零状态响应,首先求得系统的单位序列响应 $h(k)$,方法见 5.4 节,然后求出单位序列响应 $h(k)$ 与激励序列 $f(k)$ 的卷积和,即得所求零状态响应。

例 5-14　描述离散时间系统的差分方程为

$$y(k)-0.9y(k-1)=0.05\varepsilon(k)$$

已知 $y(-1)=1$,求系统的零状态响应 $y(k)$。

解　(1) 求系统单位序列响应 $h(k)$

$$\begin{cases}h(k)-0.9h(k-1)=0.05\delta(k)\\ h(k)=0,\quad k<0\end{cases}$$

利用前面介绍的方法,可得

$$h(k)=0.05(0.9)^k\varepsilon(k)$$

(2) 求激励 $f(k)=\varepsilon(k)$ 时零状态响应

$$y_f(k)=f(k)*h(k)=\varepsilon(k)*0.05(0.9)^k\varepsilon(k)$$

可得

$$y_f(k)=0.5[1-(0.9)^{k+1}]\varepsilon(k)$$

若要求系统的全响应,则按 5.3 节所讲方法求解零输入响应

$$y_x(k)=(0.9)^{k+1},\quad k\geqslant-1$$

$$y(k)=y_x(k)+y_f(k)$$

即

$$y(k)=\underbrace{(0.9)^{k+1}\varepsilon(k+1)}_{\text{零输入响应}}+\underbrace{0.5[1-(0.9)^{k+1}]\varepsilon(k)}_{\text{零状态响应}}$$

$$=\underbrace{\delta(k+1)+0.5(0.9)^{k+1}\varepsilon(k)}_{\substack{\text{暂态响应}\\\text{(自由响应)}}}+\underbrace{0.5\varepsilon(k)}_{\substack{\text{稳态响应}\\\text{(强迫响应)}}}$$

例 5-15　描述离散系统的差分方程为

$$y(k) - \frac{1}{4}y(k-1) - \frac{1}{8}y(k-2) = 2\varepsilon(k) + \varepsilon(k-1)$$

已知 $y(k)=0, k<0$，求系统的响应。

解法 1　由已知条件 $k<0$ 时，$y(k)=0$ 知系统为零状态响应，先用卷积和的方法求解。

令 $f(k)=2\varepsilon(k)+\varepsilon(k-1)$，则系统的传输算子

$$H(E) = \frac{1}{1 - \frac{1}{4}E^{-1} - \frac{1}{8}E^{-2}} = \frac{\frac{2}{3}E}{E - \frac{1}{2}} + \frac{\frac{1}{3}E}{E + \frac{1}{4}}$$

得单位序列响应

$$h(k) = \left[\frac{2}{3} \left(\frac{1}{2} \right)^k + \frac{1}{3} \left(-\frac{1}{4} \right)^k \right] \varepsilon(k)$$

系统的零状态响应

$$\begin{aligned}
y(k) &= f(k) * h(k) \\
&= [2\varepsilon(k) + \varepsilon(k-1)] * \left[\frac{2}{3} \left(\frac{1}{2} \right)^k + \frac{1}{3} \left(-\frac{1}{4} \right)^k \varepsilon(k) \right] \\
&= \frac{4}{3} \left(\frac{1}{2} \right)^k \varepsilon(k) * \varepsilon(k) + \frac{2}{3} \left(-\frac{1}{4} \right)^k \varepsilon(k) * \varepsilon(k) \\
&\quad + \frac{2}{3} \left(\frac{1}{2} \right)^k \varepsilon(k) * \varepsilon(k-1) + \frac{1}{3} \left(-\frac{1}{4} \right)^k \varepsilon(k) * \varepsilon(k-1) \\
&= \frac{24}{5} - \frac{8}{3} \left(\frac{1}{2} \right)^k - \frac{2}{15} \left(-\frac{1}{4} \right)^k, \quad k \geqslant 0
\end{aligned}$$

解法 2　直接解非齐次差分方程。

由激励形式，可先求出在单位冲激序列 $\varepsilon(k)$ 作用下的零状态响应，此时非齐次差分方程为

$$y(k) - \frac{1}{4}y(k-1) - \frac{1}{8}y(k-2) = \varepsilon(k) \qquad ①$$

此方程的特解为一常数，令 $y_d(k)=A$，代入方程① 有

$$A - \frac{1}{4}A - \frac{1}{8}A = 1$$

得

$$y_d(k) = A = \frac{8}{5}$$

对应齐次差分方程的特征方程为

$$\lambda^2 - \frac{1}{4}\lambda - \frac{1}{8} = 0$$

解得特征根

$$\lambda_1 = \frac{1}{2}, \quad \lambda_2 = -\frac{1}{4}$$

故差分方程① 的解为

$$y_1(k) = C_1\left(\frac{1}{2}\right)^k + C_2\left(-\frac{1}{4}\right)^k + \frac{8}{5}$$

代入初始条件 $y(-1)=0, y(-2)=0$ 得

$$\begin{cases} 0 = 2C_1 - 4C_2 + \dfrac{8}{5} \\ 0 = 4C_1 - 16C_2 + \dfrac{8}{5} \end{cases}$$

解得

$$C_1 = -\frac{2}{3}, \quad C_2 = \frac{1}{15}$$

故差分方程①的解为

$$y_1(k) = -\frac{2}{3}\left(\frac{1}{2}\right)^k + \frac{1}{15}\left(-\frac{1}{4}\right)^k + \frac{8}{5}$$

应用线性系统的线性与时不变性知，当 $f(k)=2\varepsilon(k)+\varepsilon(k-1)$ 时，则原差分方程的解为

$$y(k) = 2y_1(k) + y_1(k-1)$$

$$= \left[-\frac{4}{3}\left(\frac{1}{2}\right)^k + \frac{2}{15}\left(-\frac{1}{4}\right)^k + \frac{16}{5}\right]\varepsilon(k) +$$

$$\left[-\frac{2}{3}\left(\frac{1}{2}\right)^{k-1} + \frac{1}{15}\left(-\frac{1}{4}\right)^{k-1} + \frac{8}{5}\right]\varepsilon(k-1)$$

$$= \frac{24}{5} - \frac{8}{3}\left(\frac{1}{2}\right)^k - \frac{2}{15}\left(-\frac{1}{4}\right)^k, \quad k \geqslant 0$$

评注　① 差分方程的求解，在时域里有经典法、零输入响应与零状态响应叠加求法；求零状态响应，常用卷积和法计算（如本例解法 1）。

② 差分方程解表达式中的待定系数如何确定，是由初始条件还是初始值，这个问题要特别注意区分：求零输入响应时，必须要用初始条件，本例求零状态响应，解表达式中待定系数 C_1、C_2 是由代入初始条件 $[y(-1)=0, y(-2)=0]$ 得到的（如本例解法 2）。能否用据题意推得的初始值求出待定系数呢？读者可自行练习自然得出结论。

习题

5-1　画出下列各序列的图形：

(1) $f_1(k) = k\varepsilon(k+2)$

(2) $f_2(k) = (2^{-k}+1)\varepsilon(k+1)$

(3) $f_3(k) = \begin{cases} k+2, & k\geqslant 0 \\ 3(2)^k, & k<0 \end{cases}$

(4) $f_4(k) = f_2(k) + f_3(k)$

(5) $f_5(k) = f_1(k)f_3(k)$

(6) $f_6(k) = f_1(2-k)$

5-2　写出题图 5-1 所示各序列的表示式。

5-3　判断以下序列是否为周期序列，若是周期序列，试求其周期。

(1) $f(k) = B\cos\left(\frac{3\pi}{7}k - \frac{\pi}{8}\right)$

(2) $f(k) = e^{j\left(\frac{k}{8}-\pi\right)}$

(3) $f(k) = A\sin\omega_0 k\varepsilon(k)$　　$(A, B$ 为正数$)$

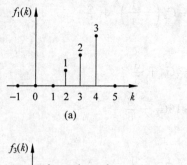

(a)

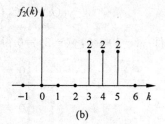

(b)

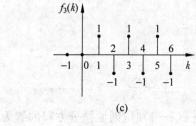

(c)

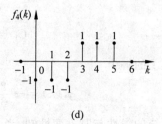

(d)

题图 5-1

5-4 列出题图 5-2 所示系统的差分方程,指出其阶次。

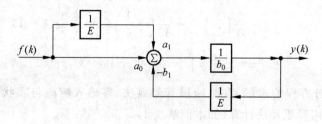

题图 5-2

5-5 列出题图 5-3 所示系统的差分方程,指出其阶次。

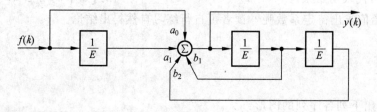

题图 5-3

5-6 如果在第 k 个月初向银行存款 $x(k)$ 元,月息为 α,每月利息不取出,试用差分方程写出第 k 月初的本利和 $y(k)$。设 $x(k)=10$ 元,$\alpha=0.0018$,$y(0)=20$ 元,求 $y(k)$。若 $k=12$,求 $y(12)$。

5-7 设 $x(0)$、$f(k)$ 和 $y(k)$ 分别表示离散时间系统的初始状态、输入序列和输出序列,试判断以下各系统是否为线性时不变系统:

(1) $y(k)=f(k)\sin\left(\dfrac{2\pi}{7}k+\dfrac{\pi}{6}\right)$ (2) $y(k)=\displaystyle\sum_{i=-\infty}^{k}f(i)$

(3) $y(k)=6x(0)+8kf(k)$ (4) $y(k)=6x(0)+8f^2(k)$

5-8　根据差分方程式写出下列系统的传输算子 $H(E)$：

(1) $y(k)=ay(k-1)+by(k-2)+cf(k-1)+df(k-2)$

(2) $y(k)-2y(k-2)=f(k-2)-3f(k-3)$

(3) $y(k)-y(k-1)+2y(k-2)=5f(k)$

(4) $y(k)=2y(k-1)-y(k-2)+f_1(k-1)+f_1(k-2)+2f_2(k-2)$

5-9　画出用基本运算单元模拟下列离散时间系统的方框图，并画出对应的信号流图：

(1) $y(k)+3y(k-1)+5y(k-2)=f(k)$

(2) $H(E)=\dfrac{3E^2+2E}{E^2-4E-5}$

5-10　试求由下列差分方程描述的离散系统的响应：

(1) $y(k)+3y(k-1)+2y(k-2)=0,\quad y(-2)=2,y(-1)=1$

(2) $y(k)+2y(k-1)+2y(k-2)=0,\quad y(-2)=0,y(-1)=1$

(3) $y(k)+4y(k-1)+4y(k-2)=\varepsilon(k)-\varepsilon(k-1)$
　　　$-\infty<k<\infty,\quad y(0)=1,\quad y(1)=2$

(4) $y(k)-y(k-2)=\delta(k-2)+k-2,\quad y(k)=0,k<0$

5-11　某离散时间系统的输入输出关系可由二阶常系数线性差分方程描述，且已知该系统单位阶跃序列响应为

$$y(k)=\left[2^k+3(5)^k+10\right]\varepsilon(k)$$

(1) 求此二阶差分方程；

(2) 若激励为 $f(k)=2\varepsilon(k)-2\varepsilon(k-10)$，求响应 $y(k)$。

5-12　求下列差分方程式所描述的离散时间系统的单位序列响应：

(1) $y(k)+y(k-2)=f(k-2)$

(2) $y(k)-7y(k-1)+6y(k-2)=6f(k)$

(3) $y(k)+3y(k-1)+3y(k-2)+y(k-3)=f(k)+f(k-2)+f(k-3)$

(4) $y(k)=b_0f(k)+b_1f(k-1)+\cdots+b_mf(k-m)$

5-13　求下列序列的卷积和：

(1) $\varepsilon(k)*\varepsilon(k)$　　　　　　　　　　(2) $0.5^k\varepsilon(k)*\varepsilon(k)$

(3) $2^k\varepsilon(k)*3^k\varepsilon(k)$　　　　　　　　(4) $k\varepsilon(k)*\delta(k-1)$

5-14　题图 5-4 所示离散系统由两个子系统级联组成，若描述两个子系统的差分方程分别为

$$x(k)=0.4f(k)+0.6f(k-1)$$
$$y(k)=3f(k-1)+x(k-2)$$

试分别求出两个子系统及整个系统的单位序列响应。

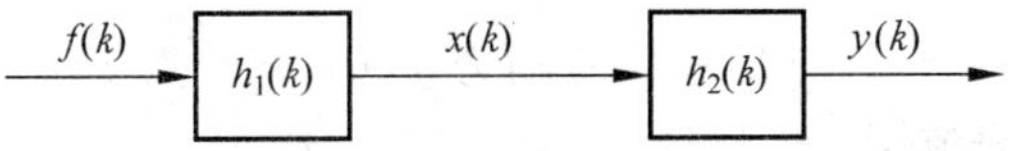

题图　5-4

5-15　离散时间信号的图形如题图 5-5 所示，试求下列卷积和，并画出卷积和图形。

(1) $f_1(k)*f_2(k)$　　　　　　　　　　(2) $f_2(k)*f_3(k)$

(3) $[f_2(k)-f_1(k)]*f_3(k)$

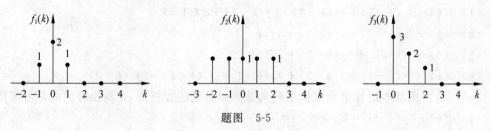

题图　5-5

5-16　已知系统的单位序列响应 $h(k)$ 和激励 $f(k)$ 如下,试求各系统的零状态响应 $y_f(k)$,并画出其图形。

(1) $f(k)=h(k)=\varepsilon(k)-\varepsilon(k-4)$

(2) $f(k)=\varepsilon(k)$, $h(k)=\delta(k)-\delta(k-3)$

(3) $f(k)=\left(\dfrac{1}{2}\right)^k\varepsilon(k)$, $h(k)=\left[2\left(\dfrac{1}{2}\right)^k-\left(\dfrac{1}{4}\right)^k\right]\varepsilon(k)$

(4) $f(k)=\varepsilon(k)$, $h(k)=\varepsilon(k)$

5-17　一离散系统当激励 $f(k)=\varepsilon(k)$ 时的零状态响应为 $2(1-0.5^k)\varepsilon(k)$,求当激励为 $f(k)=0.5^k\varepsilon(k)$ 时的零状态响应。

5-18　求下列差分方程所描述系统的单位序列响应 $h(k)$:

(1) $y(k+3)-2\sqrt{2}\,y(k+2)+y(k+1)=f(k)$

(2) $y(k+2)-y(k+1)+\dfrac{1}{4}y(k)=f(k)$

5-19　如题图 5-6 所示系统由几个子系统组成,它们的单位序列响应分别为

$$h_1(k)=\varepsilon(k),\qquad h_2(k)=\delta(k-3),\qquad h_3(k)=(0.8)^k\varepsilon(k)$$

试证明图(a)和图(b)是互相等效的,并求出系统单位序列响应 $h(k)$。

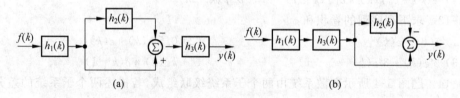

题图　5-6

5-20　设离散时间系统的传输算子为

$$H(E)=\dfrac{E^2+E}{E^2+3E+2}$$

激励为零时初始值 $y(0)=-1$, $y(1)=4$,激励为 $f(k)=(-2)^k\varepsilon(k)$。

(1) 画出系统的信号流图;

(2) 求系统的零输入响应 $y_x(k)$、零状态响应 $y_f(k)$ 及全响应 $y(k)$。

5-21　离散 LTI 系统如题图 5-7 所示。

(1) 写出描述系统的差分方程;(2) 求系统单位序列响应 $h(k)$。

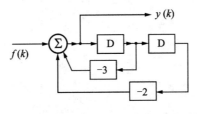

题图　5-7

5-22　已知离散系统,当激励门序列 $f(k) = G_5(k)$ 时,其零状态响应 $y(k) =$ $[2-(2)^{-k}]\varepsilon(k)-[2-(2)^{-(k-5)}]\varepsilon(k-5)$。现欲使题图 5-8 所示系统与该系统等效,求 a 的值。

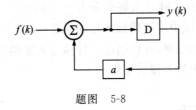

题图　5-8

第 6 章

离散系统的 z 域分析

在连续时间系统分析中,为了避开求解微分方程的困难,可以通过拉普拉斯变换将问题转化为在复频域中求解代数方程的问题;在离散时间系统分析中,为了避开求解差分方程的困难,可以通过一种称为 **Z 变换**(Z transform)的办法,将问题转化为解线性代数方程的工作。

6.1 离散信号的 Z 变换

6.1.1 Z 变换定义

对于离散时间信号,即序列 $f(k)$,其 Z 变换定义为

$$F(z) = \sum_{k=-\infty}^{\infty} f(k) z^{-k} \tag{6-1}$$

式中,z 是一个复变量。

由式(6-1)定义的 Z 变换可将时域离散时间序列 $f(k)$ 变换为 z 域的连续函数 $F(z)$;$F(z)$ 称为序列 $f(k)$ 的象函数,$f(k)$ 称为函数 $F(z)$ 的原序列。

由 $f(k)$ 求其象函数 $F(z)$ 的过程称为正变换,简称 Z 变换,记作

$$F(z) = \mathscr{Z}\{f(k)\}$$

反之,由 $F(z)$ 确立 $f(k)$ 的过程称为反变换,记作

$$f(k) = \mathscr{Z}^{-1}\{F(z)\}$$

当 $k<0$ 时,$f(k)=0$,$f(k)$ 称右边序列或因果序列,其 Z 变换为

$$\mathscr{Z}\{f(k)\} = F(z) = \sum_{k=0}^{\infty} f(k) z^{-k} \tag{6-2}$$

当 $k \geqslant 0$,$f(k)=0$,$f(k)$ 称左边序列,则其 Z 变换为

$$F(z) = \sum_{k=-\infty}^{-1} f(k) z^{-k}$$

上式可写为

$$F(z) = \sum_{k=1}^{\infty} f(-k) z^{k} \tag{6-3}$$

式(6-2)、式(6-3)称为单边 Z 变换。实际中,单边 Z 变换用得较多,对于一个同时包含右边及左边的双边序列,它的双边 Z 变换可看成右边序列的变换和左边序列变换的叠加,即

$$F(z) = \sum_{k=0}^{\infty} f(k) z^{-k} + \sum_{k=1}^{\infty} f(-k) z^{k} \tag{6-4}$$

实际应用中的单边 Z 变换可写为一个幂级数

$$F(z) = f(0) + f(1) z^{-1} + f(2) z^{-2} + \cdots + f(k) z^{-k} + \cdots$$

6.1.2　收敛域

双边和单边的 Z 变换都是复变量 z 的无穷幂级数,只有当级数绝对收敛时,Z 变换才能存在,即 Z 变换才有意义,故存在一个 Z 变换的收敛域问题。Z 变换的收敛域不仅与序列 $f(k)$ 有关,而且与 z 值的范围有关,以具体例子说明。

(1) 对一个右边(因果)序列,如

$$f(k) = \begin{cases} 0, & k < 0, \ a > 0 \\ a^{k}, & k \geqslant 0, \ a > 0 \end{cases}$$

由式(6-2)及等比数列求和公式 $S = \dfrac{a_0 (1 - q^k)}{1 - q}$ 得,其 Z 变换为

$$F(z) = \sum_{k=0}^{\infty} a^{k} z^{-k} = \sum_{k=0}^{\infty} (a z^{-1})^{k} = \frac{1 - (a z^{-1})^{\infty}}{1 - a z^{-1}}$$

该级数的收敛条件为 $|a z^{-1}| < 1$,即

$$|z| > a$$

当 z 在收敛域内时有

$$F(z) = \frac{1}{1 - a z^{-1}} = \frac{z}{z - a}$$

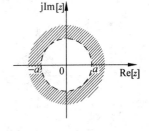

图 6-1　右边序列的收敛域

因为 z 是一个复变量,其取值所在复平面称为 z 平面。$|z| > a$ 在 z 平面上为以原点为中心、半径 $\rho = a$ 的圆外部区域(不包含圆周),如图 6-1 所示。

(2) 对于一个左边序列,如

$$f(k) = \begin{cases} -a^{k}, & k < 0, \ a > 0 \\ 0, & k \geqslant 0, \ a > 0 \end{cases}$$

由式(6-3),其 Z 变换为

$$F(z) = \sum_{k=1}^{\infty} (-a^{-k}) \cdot z^{k} = -\sum_{k=1}^{\infty} (a^{-1} z)^{k}$$

$$= -\left[(a^{-1} z)^{0} + \sum_{k=1}^{\infty} (a^{-1} z)^{k} \right] + (a^{-1} z)^{0}$$

$$= 1 - \sum_{k=0}^{\infty} (a^{-1} z)^{k} = 1 - \frac{1 - (a^{-1} z)^{\infty}}{1 - a^{-1} z}$$

该级数的收敛条件为 $|z| < a$,在 z 平面上是以原点为中心、半径 $\rho = a$ 的圆内部区域(不包含圆周),如图 6-2 所示。在此收敛条件下,其 Z 变换为

$$F(z) = 1 - \frac{1}{1-a^{-1}z} = \frac{z}{z-a}$$

（3）对于一个双边序列，如

$$f(k) = \begin{cases} b^k, & k < 0, \quad b > 0 \\ a^k, & k \geqslant 0, \quad a > 0 \end{cases} \qquad (0 < a < b)$$

由式(6-4)得其 Z 变换为

$$F(z) = \sum_{k=0}^{\infty} a^k z^{-k} + \sum_{k=1}^{\infty} b^{-k} z^k$$

$$= \sum_{k=0}^{\infty} (az^{-1})^k + \sum_{k=1}^{\infty} (b^{-1}z)^k = \frac{1-(az^{-1})^\infty}{1-az^{-1}} + \frac{1-(b^{-1}z)^\infty}{1-b^{-1}z} - (b^{-1}z)^0$$

该级数的收敛条件为 $|az^{-1}| < 1$ 且 $|b^{-1}z| < 1$，即 $|z| > a$ 且 $|z| < b$，收敛域在 z 平面上是一个以原点为中心的圆环域，不包含圆周，如图 6-3 所示。在此收敛条件下，其 Z 变换为

$$F(z) = \sum_{k=0}^{\infty} (az^{-1})^k + \sum_{k=0}^{\infty} (b^{-1}z)^k - 1$$

$$= \frac{z}{z-a} + \frac{1}{1-b^{-1}z} - 1 = \frac{z}{z-a} - \frac{z}{z-b}, \quad a < |z| < b$$

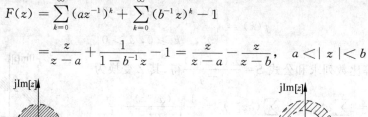

图 6-2　左边序列的收敛域　　　　　　　图 6-3　双边序列的收敛域

通过以上分析可得结论如下：

（1）Z 变换收敛域取决于序列 $f(k)$ 和 z 值；

（2）$F(z)$ 与 $f(k)$ 不一定一一对应，故只有 $F(z)$ 和其收敛域一起才可确定序列 $f(k)$；

（3）右边序列的 Z 变换一般位于 z 平面半径为 ρ 的圆外区域，不包括圆周，ρ 为 $F(z)$ 最大极值点；

（4）左边序列的 Z 变换一般位于 z 平面半径为 ρ 的圆内，不包括圆周，ρ 为 $F(z)$ 的最小极值点；

（5）双边序列的 Z 变换位于 z 平面的圆环域内；

（6）有限长双边序列的 Z 变换为除原点以外的全部区域。

6.1.3　常用典型序列的 Z 变换

（1）单位序列 $\delta(k)$

$$\mathscr{Z}\{\delta(k)\} = \sum_{k=-\infty}^{\infty} \delta(k) z^{-k} = \delta(0) z^0 = 1$$

（2）单位阶跃序列 $\varepsilon(k)$

$$\mathscr{Z}\{\varepsilon(k)\} = \sum_{k=0}^{\infty} z^{-k} = 1 + z^{-1} + z^{-2} + \cdots$$

当 $|z^{-1}| < 1$，即 $|z| > 1$ 时，该级数收敛。

$$\mathscr{L}\{\varepsilon(k)\} = \lim_{k \to \infty} \frac{(1 - z^{-k})}{1 - z^{-1}} = \frac{1}{1 - z^{-1}} = \frac{z}{z - 1}, \qquad |z| > 1$$

（3）单位门序列 $G_N(k)$

$$\mathscr{L} = \{G_N(k)\} = \frac{1 - z^{-N}}{1 - z^{-1}}, \qquad |z| > 0$$

（4）斜边序列 $k\varepsilon(k)$

已知

$$\sum_{k=0}^{\infty} z^{-k} = \frac{z}{z - 1} = \frac{1}{1 - z^{-1}}, \qquad |z| > 1$$

上式两边对 z^{-1} 求导得

$$\sum_{k=0}^{\infty} k(z^{-1})^{k-1} = \frac{1}{(1 - z^{-1})^2}, \qquad |z| > 1$$

两边再同时乘以 z^{-1} 得

$$\sum_{k=0}^{\infty} kz^{-k} = \frac{z^{-1}}{(1 - z^{-1})^2} = \frac{z}{(z - 1)^2}, \qquad |z| > 1$$

即

$$\mathscr{L}\{k\varepsilon(k)\} = \frac{z}{(z - 1)^2}, \qquad |z| > 1$$

（5）单边指数序列 $a^k\varepsilon(k)$

$$\mathscr{L}\{a^k\varepsilon(k)\} = \sum_{k=0}^{\infty} (az^{-1})^k = \frac{z}{z - a}, \qquad |z| > |a|$$

（6）左序列 $-a^k\varepsilon(-k-1)$

$$\mathscr{L}\{-a^k\varepsilon(-k-1)\} = \sum_{k=-1}^{-\infty} (-a^k)z^{-k} = 1 - \sum_{k=0}^{\infty} (a^{-1}z)^k$$

$$= 1 - \frac{1}{1 - a^{-1}z} = \frac{z}{z - a}, \qquad |z| < |a|$$

（7）复指数序列 $\mathrm{e}^{\mathrm{j}k\omega_0 T}\varepsilon(k)$（$\omega_0$ 为采样角频率）

$$\mathscr{L}\{\mathrm{e}^{\mathrm{j}k\omega_0 T}\varepsilon(k)\} = \frac{z}{z - \mathrm{e}^{\mathrm{j}\omega_0 T}}, \qquad |z| > 1$$

（8）单边正弦序列和单边余弦序列

$$\mathscr{L}\{\cos\omega_0 k\varepsilon(k)\} = \frac{z(z - \cos\omega_0)}{z^2 - 2z\cos\omega_0 + 1}, \qquad |z| > 1$$

$$\mathscr{L}\{\sin\omega_0 k\varepsilon(k)\} = \frac{z(\sin\omega_0)}{z^2 - 2z\cos\omega_0 + 1}, \qquad |z| > 1$$

6.2　Z 变换的基本性质

对于较为复杂的离散时间信号 $f(k)$ 的 Z 变换，若也用几何级数求和法求解则显得较为麻烦和困难，若掌握 Z 变换的一些基本性质，利用序列与其 Z 变换之间存在的关系，就可方便地求序列 Z 变换的象函数，而且也可由象函数求得原序列。

1. 线性

Z 变换的线性表现为它的叠加性与齐次性,若 $f_1(k)$、$f_2(k)$ 为双边序列,并且

$$\mathscr{L}\{f_1(k)\} = F_1(z), \qquad \rho_{11} < |z| < \rho_{12}$$
$$\mathscr{L}\{f_2(k)\} = F_2(z), \qquad \rho_{21} < |z| < \rho_{22}$$

则

$$\mathscr{L}\{af_1(k) + bf_2(k)\} = aF_1(z) + bF_2(z) \tag{6-5}$$

式中,a、b 为任意常数。其收敛域一般为两个收敛域的重叠部分,即为 $\max(\rho_{11}, \rho_{21}) < |z| < \min(\rho_{12}, \rho_{22})$。如果在这些线性组合中某些零点与极点相抵消,则收敛域有可能扩大。

例 6-1　求余弦序列 $\cos\omega_0 k\varepsilon(k)$ 的 Z 变换。

解　因

$$\cos\omega_0 k\varepsilon(k) = \frac{1}{2}(e^{jk\omega_0} + e^{-jk\omega_0})\varepsilon(k)$$

根据 Z 变换的线性性质,并利用式(6-5)可得

$$\mathscr{L}\{\cos\omega_0 k\varepsilon(k)\} = \mathscr{L}\left\{\frac{1}{2}(e^{jk\omega_0} + e^{-jk\omega_0})\varepsilon(k)\right\}$$
$$= \mathscr{L}\left\{\frac{1}{2}e^{jk\omega_0}\varepsilon(k)\right\} + \mathscr{L}\left\{\frac{1}{2}e^{-jk\omega_0}\varepsilon(k)\right\}$$
$$= \frac{1}{2}\frac{z}{z - e^{j\omega_0}} + \frac{1}{2}\frac{z}{z - e^{-j\omega_0}}$$
$$= \frac{z(z - \cos\omega_0)}{z^2 - 2z\cos\omega_0 + 1}, \qquad |z| > 1$$

同理,可推得

$$\mathscr{L}\{\sin\omega_0 k\varepsilon(k)\} = \frac{z\sin\omega_0}{z^2 - 2z\cos\omega_0 + 1}, \qquad |z| > 1$$

例 6-2　求序列 $a^k\varepsilon(k) - a^k\varepsilon(k-1)$ 的 Z 变换。

解　令

$$f_1(k) = a^k\varepsilon(k)$$
$$f_2(k) = a^k\varepsilon(k-1)$$

已知

$$F_1(z) = \frac{z}{z - a}, \qquad |z| > |a|$$

$$F_2(z) = \frac{a}{z - a}, \qquad |z| > |a|$$

所以

$$\mathscr{L}\{a^k\varepsilon(k) - a^k\varepsilon(k-1)\} = F_1(z) - F_2(z) = 1$$

可见,线性叠加后序列的 Z 变换收敛域可能扩大,此例中由 $|z| > |a|$ 扩展到全 z 平面。

2. 移位性

序列的移位有左移(超前)或右移(延迟)两种情况,所取的变换形式有单边 Z 变换与双边 Z 变换,它们的变换各具特点。

（1）双边 Z 变换

若

$$\mathscr{Z}\{f(k)\} = F(z), \quad \rho_1 < |z| < \rho_2$$

则据 Z 变换定义有

$$\mathscr{Z}\{f(k \pm m)\} = \sum_{k=-\infty}^{\infty} f(k \pm m) z^{-k}$$

$$= z^{\pm m} \sum_{k=-\infty}^{\infty} f(k \pm m) z^{-(k \pm m)}$$

$$= z^{\pm m} \sum_{n=-\infty}^{\infty} f(n) z^{-n} = z^{\pm m} F(z)$$

即移位序列 $f(k \pm m)$ 的双边 Z 变换为

$$\mathscr{Z}\{f(k \pm m)\} = z^{\pm m} F(z), \quad \rho_1 < |z| < \rho_2$$

可见，序列 $f(k)$ 移位以后的 Z 变换为原序列的 Z 变换与 z^{+m} 或 z^{-m} 的乘积，通常称 $z^{\pm m}$ 为位移因子。位移因子仅影响变换式在 $z=0$ 或 $z=\infty$ 处的收敛情况。对于收敛域为环形区域的双边序列，位移不改变其 Z 变换的收敛域。

（2）单边 Z 变换

若 $f(k)$ 为双边序列，则其单边 Z 变换为

$$\mathscr{Z}\{f(k)\varepsilon(k)\} = \sum_{k=0}^{\infty} f(k) z^{-k} = F(z), \quad |z| > \rho_0$$

序列左移后，单边 Z 变换为

$$\mathscr{Z}\{f(k+m)\varepsilon(k)\} = \sum_{k=0}^{\infty} f(k+m) z^{-k} = z^m \sum_{k=0}^{\infty} f(k+m) z^{-(k+m)}$$

$$= z^m \sum_{n=m}^{\infty} f(n) z^{-n} = z^m \left[\sum_{n=0}^{\infty} f(n) z^{-n} - \sum_{n=0}^{m-1} f(n) z^{-n} \right]$$

$$= z^m \left[F(z) - \sum_{k=0}^{m-1} f(k) z^{-k} \right], \quad |z| > \rho_0 \tag{6-6}$$

序列右移后，其单边 Z 变换为

$$\mathscr{Z}\{f(k-m)\varepsilon(k)\} = \sum_{k=0}^{\infty} f(k-m) z^{-k} = z^{-m} \sum_{k=0}^{\infty} f(k-m) z^{-(k-m)}$$

$$= z^{-m} \sum_{n=-m}^{\infty} f(n) z^{-n} = z^{-m} \left[\sum_{n=0}^{\infty} f(n) z^{-n} + \sum_{n=-m}^{-1} f(n) z^{-n} \right]$$

$$= z^{-m} \left[F(z) + \sum_{k=-m}^{-1} f(k) z^{-k} \right], \quad |z| > \rho_0 \tag{6-7}$$

若 $f(k)$ 为因果序列，则右移序后的单边 Z 变换为

$$\mathscr{Z}\{f(k-m)\varepsilon(k-m)\} = \sum_{k=m}^{\infty} f(k-m) z^{-k}$$

$$= z^{-m} \sum_{k=m}^{\infty} f(k-m) z^{-(k-m)}$$

$$= z^{-m} \sum_{n=0}^{\infty} f(n) z^{-n} = z^{-m} F(z), \quad |z| > \rho_0$$

左移序后的单边 Z 变换为

$$\mathscr{L}\{f(k+m)\varepsilon(k+m)\} = \sum_{k=0}^{\infty} f(k+m)z^{-k} = z^m\Big[F(z) - \sum_{k=0}^{m-1} f(k)z^{-k}\Big], \qquad |z| > \rho_0$$

与式(6-6)的双边序列左移序后的单边 Z 变换相同,根据移位性,显然有

$$\delta(k-m) \longleftrightarrow z^{-m}, \qquad |z| > 0$$

$$\varepsilon(k-m) \longleftrightarrow z^{-m}\frac{z}{z-1}, \qquad |z| > 1$$

3. 周期性

若 $f_1(k)$ 为一有限长序列,其长度为 $0 \leqslant k < N$,且

$$f_1(k) \longleftrightarrow F_1(z)$$

则其单边周期延拓后序列 $f(k) = \sum_{n=0}^{\infty} f_1(k-nN)$ 的 Z 变换为

$$\mathscr{L}\Big\{\sum_{n=0}^{\infty} f_1(k-nN)\Big\} = z\{f_1(k)\} + z\{f_1(k-N)\} + z\{f_1(k-2N)\} + \cdots$$

$$= F_1(z)[1 + z^{-N} + z^{-2N} + \cdots] = F_1(z)\frac{1}{1-z^{-N}}, \qquad |z| > 1$$

即

$$f(k) = \sum_{n=0}^{\infty} f_1(k-nN) \longleftrightarrow \frac{F_1(z)}{1-z^{-N}}, \qquad |z| > 1 \tag{6-8}$$

例 6-3 求单边周期性单位序列 $\delta_N(k)\varepsilon(k) = \delta(k) + \delta(k-N) + \cdots \delta(k-2N) + \cdots$ 的 Z 变换。

解 因为

$$\delta(k) \longleftrightarrow 1$$

$$\delta_N(k)\varepsilon(k) = \sum_{n=0}^{\infty} \delta(k-nN)$$

即

$$\delta_N(k)\varepsilon(k) \longleftrightarrow \frac{1}{1-z^{-N}} = \frac{z^N}{z^N-1}, \qquad |z| > 1$$

4. z 域尺度变换

若

$$f(k) \longleftrightarrow F(z), \qquad \rho_1 < |z| < \rho_2$$

则

$$\mathscr{L}\{a^k f(k)\} = \sum_{k=-\infty}^{\infty} a^k f(k)z^{-k} = \sum_{k=-\infty}^{\infty} f(k)\Big(\frac{z}{a}\Big)^{-k} = F\Big(\frac{z}{a}\Big), \qquad \rho_1 < \Big|\frac{z}{a}\Big| < \rho_2$$

即

$$a^k f(k) \longleftrightarrow F\Big(\frac{z}{a}\Big), \qquad \rho_1 < \Big|\frac{z}{a}\Big| < \rho_2 \tag{6-9}$$

式中 a 为常量。

这说明时域中序列 $f(k)$ 乘以指数序列 a^k 后的 Z 变换为 $f(k)$ 的 Z 变换 $F(z)$ 在尺度上

缩 a 位,即 $F\left(\dfrac{z}{a}\right)$。

5. z 域微分

$$f(k) \longleftrightarrow F(z), \qquad \rho_1 < |z| < \rho_2$$

$$kf(k) \longleftrightarrow -z\frac{\mathrm{d}F(z)}{\mathrm{d}z}, \qquad \rho_1 < |z| < \rho_2 \qquad (6\text{-}10)$$

证明 据定义

$$F(z) = \sum_{k=0}^{\infty} f(k)z^{-k}$$

将上式两边对 z 求导数得

$$\frac{\mathrm{d}F(z)}{\mathrm{d}z} = \frac{\mathrm{d}}{\mathrm{d}z}\sum_{k=0}^{\infty} f(k)z^{-k}$$

交换求导与求和次序,上式变为

$$\frac{\mathrm{d}F(z)}{\mathrm{d}z} = \sum_{k=0}^{\infty} f(k)\frac{\mathrm{d}}{\mathrm{d}z}(z^{-k}) = \sum_{k=0}^{\infty} f(k)(-k)z^{-k-1}$$

$$= -z^{-1}\sum_{k=0}^{\infty} kf(k)z^{-k} = -z^{-1}\mathscr{Z}\big[kf(k)\big]$$

所以

$$\mathscr{Z}\big[kf(k)\big] = -z\frac{\mathrm{d}F(z)}{\mathrm{d}z}$$

可见序列线性加权(乘以 k)的 Z 变换为其 Z 变换求导后再乘以 $(-z)$。

上述结果可推广到 $f(k)$ 乘以 k 的任意正整数 m 次幂的 Z 变换

$$k^m f(k) \longleftrightarrow \left(-z\frac{\mathrm{d}}{\mathrm{d}z}\right)^m F(z), \qquad \rho_1 < |z| < \rho_2$$

式中,$\left[-z\dfrac{\mathrm{d}}{\mathrm{d}z}\right]^m$ 表示

$$-z\frac{\mathrm{d}}{\mathrm{d}z}\left\{-z\frac{\mathrm{d}}{\mathrm{d}z}\left\{-z\frac{\mathrm{d}}{\mathrm{d}z}\cdots\left[-z\frac{\mathrm{d}}{\mathrm{d}z}F(z)\right]\right\}\right\}$$

即对 $F(z)$ 求导并乘以 $(-z)$ 共 m 次。

例 6-4 求斜变序列 $k\varepsilon(k)$ 的 Z 变换。

解 已知

$$\varepsilon(k) \longleftrightarrow \frac{z}{z-1}$$

则

$$k\varepsilon(k) \longleftrightarrow -z\frac{\mathrm{d}}{\mathrm{d}z}\left(\frac{z}{z-1}\right) = \frac{z}{(z-1)^2}$$

例 6-5 求序列 $\dfrac{k(k+1)}{2}\varepsilon(k)$ 的 Z 变换。

解 由

$$\frac{k(k+1)}{2}\varepsilon(k) = \frac{1}{2}k^2\varepsilon(k) + \frac{1}{2}k\varepsilon(k)$$

$$k^2 \varepsilon(k) = -z \frac{\mathrm{d}}{\mathrm{d}z}\left[-z \frac{\mathrm{d}}{\mathrm{d}z}\left(\frac{z}{z-1} \right) \right]$$

$$= -z \frac{\mathrm{d}}{\mathrm{d}z}\left[\frac{z}{(z-1)^2} \right] = \frac{z^2 + z}{(z-1)^3}, \qquad |z| > 1$$

所以

$$\frac{k(k+1)}{2} \varepsilon(k) \longleftrightarrow \frac{1}{2} \frac{z^2+z}{(z-1)^3} + \frac{1}{2} \frac{z}{(z-1)^2} = \frac{z^2}{(z-1)^3}, \qquad |z| > 1$$

6. z 域积分性

若

$$f(k) \longleftrightarrow F(z), \qquad \rho_1 < |z| < \rho_2$$

则

$$\frac{f(k)}{k+m} \longleftrightarrow z^m \int_z^\infty \frac{F(x)}{x^{m+1}} \mathrm{d}x, \qquad \rho_1 < |z| < \rho_2$$

式中,m 为整数,且 $k+m>0$。令 $m=0$ 则有

$$\frac{f(k)}{k} \longleftrightarrow \int_z^\infty \frac{F(x)}{x} \mathrm{d}x \tag{6-11}$$

证明 据定义

$$\mathscr{L}\left\{ \frac{f(k)}{k+m} \right\} = \sum_{k=-\infty}^{\infty} \frac{f(k)}{k+m} z^{-k} = z^m \sum_{k=-\infty}^{\infty} f(k) \frac{z^{-(k+m)}}{k+m}$$

$$= z^m \sum_{k=-\infty}^{\infty} f(k) \int_z^\infty x^{-(k+m+1)} \mathrm{d}x$$

$$= z^m \int_z^\infty \sum_{k=-\infty}^{\infty} f(k) x^{-(k+m+1)} \mathrm{d}x$$

$$= z^m \int_z^\infty \frac{F(x)}{x^{m+1}} \mathrm{d}x$$

可见,$f(k)$ 除以因子 $k+m$ 的 Z 变换为原序列的 Z 变换除以变量的 $m+1$ 次幂后积分再乘以 z^m,注意积分的下限为 z,上限为 ∞。

例 6-6 求下列序列的 Z 变换。

(1) $f_1(k) = \dfrac{\varepsilon(k)}{k+1}$

(2) $f_2(k) = \dfrac{\varepsilon(k-1)}{k}, \qquad k \geqslant 1$

解 (1) 由 z 域积分性得

$$F_1(z) = z \int_z^\infty \frac{x}{x-1} \cdot x^{-2} \mathrm{d}x = z \int_z^\infty \frac{1}{x(x-1)} \mathrm{d}x$$

$$= z \int_z^\infty \left(\frac{1}{x-1} - \frac{1}{x} \right) \mathrm{d}x = z \left(\ln \frac{1}{z-1} - \ln \frac{1}{z} \right)$$

$$= z \ln \frac{z}{z-1}, \qquad |z| > 1$$

(2) 因为

$$\mathscr{L}\{\varepsilon(k-1)\} = \frac{1}{z-1}, \qquad |z| > 1$$

根据 z 域积分性式(6-11),可得

$$F_2(z) = \int_z^\infty \frac{1}{x-1} \cdot x^{-1} \mathrm{d}x = \int_z^\infty \frac{1}{x(x-1)} \mathrm{d}x$$

$$= \ln \frac{z}{z-1}, \qquad |z| > 1$$

7. 时域折叠性

若

$$f(k) \longleftrightarrow F(z)$$

则

$$f(-k) \longleftrightarrow F(z^{-1}) \tag{6-12}$$

上式表示序列 $f(k)$ 反折后的 Z 变换即为将原序列 Z 变换中 z 置换为 z^{-1}。

证明 $\mathscr{Z}\{f(-k)\} = \displaystyle\sum_{k=-\infty}^{\infty} f(-k)z^{-k} = \sum_{n=-\infty}^{\infty} f(n)(z^{-1})^{-n} = F(z^{-1})$

8. 初值定理

若 $f(k)$ 是因果序列

$$F(z) = \mathscr{Z}[f(n)] = \sum_{k=0}^{\infty} f(k)z^{-k}$$

则

$$f(0) = \lim_{z \to \infty} F(z) \tag{6-13}$$

证明 $F(z) = \displaystyle\sum_{k=0}^{\infty} f(k)z^{-k} = f(0) + f(1)z^{-1} + f(2)z^{-2} + \cdots$

当 $z \to \infty$,在上式的级数中除了第一项 $f(0)$ 外,其余项都趋于零,所以

$$\lim_{z \to \infty} F(z) = \lim_{z \to \infty} \sum_{k=0}^{\infty} f(k)z^{-k} = f(0)$$

类似地,可推得

$$f(1) = \lim_{z \to \infty} z[F(z) - f(0)]$$

$$f(m) = \lim_{z \to \infty} z^m \left[F(z) - \sum_{k=0}^{m-1} f(k)z^{-k} \right]$$

9. 终值定理

若 $f(k)$ 是因果序列

$$f(k) \longleftrightarrow F(z) = \sum_{k=0}^{\infty} f(k)z^{-k}$$

则

$$f(\infty) = \lim_{k \to \infty} f(k) = \lim_{z \to 1}[(z-1)F(z)] \tag{6-14}$$

证明 因为

$$\mathscr{Z}[f(k+1) - f(k)] = zF(z) - zf(0) - F(z)$$

$$= (z-1)F(z) - zf(0)$$

$$(z-1)F(z) = \mathscr{Z}[f(k+1)-f(k)] + zf(0)$$

$$= zf(0) + \sum_{k=0}^{\infty}[f(k+1)-f(k)]z^{-k}$$

$$\lim_{z\to1}(z-1)F(z) = f(0) + \lim_{z\to1}\sum_{k=0}^{\infty}[f(k+1)-f(k)]z^{-k}$$

$$= f(0) + [f(1)-f(0)]$$

$$+ [f(2)-f(1)] + [f(3)-f(2)] + \cdots f(\infty)$$

$$= f(\infty)$$

所以

$$\lim_{z\to1}(z-1)F(z) = f(\infty)$$

初值定理表明,序列 $f(k)$ 的初值 $f(0)$ 可以用其象函数的终值 $F(\infty)$ 来求;终值定理表明,序列的终值 $f(\infty)$ 可用象函数 $F(z)$ 与 $(z-1)$ 的乘积在 $z=1$ 点的值来等效。注意,终值定理只有当 $k\to\infty$ 时 $f(k)$ 收敛才可应用,也就是要求 $F(z)$ 的极点必须处在单位圆内(在单位圆上只能位于 $z=+1$ 点且是一阶极点)。

例 6-7 设序列 $f(k)$ 的 Z 变换为

$$F(z) = \frac{z}{z-a}, \qquad |z|>a$$

求 $f(0)$、$f(1)$ 和 $f(\infty)$(a 为正实数)。

解 $f(0) = \lim_{z\to\infty}\dfrac{z}{z-a} = 1$

$$f(1) = \lim_{z\to\infty}z\left[\frac{z}{z-a} - f(0)\right] = \lim_{z\to\infty}\frac{az}{z-a} = a$$

$$f(\infty) = \lim_{z\to1}\frac{z-1}{z}\cdot\frac{z}{z-a} = \lim_{z\to1}\frac{(z-1)z}{z-a}$$

当 $a<1$

$$f(\infty) = 0$$

当 $a=1$

$$f(\infty) = 1$$

当 $a>1$

$$f(\infty) \doteq \lim_{z\to1}\frac{z-1}{z-a} \to \infty$$

而实际上 $f(\infty)\to\infty$,即不存在终值,这是由于 $z=1$ 已不在 $F(z)$ 的收敛域 $|z|>a$ 内,因而取 $z\to1$ 的极限无意义。

10. 时域卷积定理

若

$$f_1(k) \longleftrightarrow F_1(z)$$

$$f_2(k) \longleftrightarrow F_2(z)$$

则

$$f_1(k) * f_2(k) \longleftrightarrow F_1(z)\cdot F_2(z) \tag{6-15}$$

其收敛域为 $F_1(z)$、$F_2(z)$ 收敛域的公共部分,若某一 Z 变换收敛域边缘上的极点被另一 Z 变换的零点抵消,则收敛域将会扩大。

上式表明,两序列在时域卷积的 Z 变换为其各自的 Z 变换在 z 平面上的乘积。

例 6-8 求 $f(k)=a^k\varepsilon(k)*a^k\varepsilon(k)$ 的 Z 变换 $F(z)$。

解 因为

$$a^k\varepsilon(k) \longleftrightarrow \frac{z}{z-a}, \qquad |z|>a$$

式中,a 为正实数。根据卷积定理得

$$a^k\varepsilon(k)*a^k\varepsilon(k) \longleftrightarrow \left(\frac{z}{z-a}\right)^2, \qquad |z|>a$$

表 6-1 列出了常用 Z 变换的基本性质和定理。

表 6-1 常用 Z 变换的基本性质和定理

名　称	时域序列关系	z 域象函数关系
线　性	$c_1 f_1(k)+c_2 f_2(k)$	$c_1 F_1(z)+c_2 F_2(z)$
移位性	$f(k\pm m)$	$z^{\pm m}F(z)$
	$f(k-m)\varepsilon(k)^*$	$z^{-m}\left[F(z)+\sum\limits_{k=-m}^{-1}f(k)z^{-k}\right]$
	$f(k-m)\varepsilon(k-m)^*$	$z^{-m}F(z)$
	$f(k+m)\varepsilon(k)^*$	$z^{m}\left[F(z)-\sum\limits_{k=0}^{m-1}f(k)z^{-k}\right]$
周期性	$f_1(k)$ $f(k)=\sum\limits_{n=0}^{\infty}f_1(k-nN)$	$F_1(z)$ $F(z)=\dfrac{F_1(z)}{1-z^{-N}}$
z 域尺度变换性	$a^k f(k)$	$F\left(\dfrac{z}{a}\right)$
z 域微分性	$k^m f(k)$	$\left(-z\dfrac{\mathrm{d}}{\mathrm{d}z}\right)^m F(z)$
z 域积分性	$\dfrac{f(k)}{k+m}$ $\quad k+m>0$	$z^m\displaystyle\int_z^{\infty}\dfrac{F(x)}{x^{m+1}}\mathrm{d}x$
	$\dfrac{f(k)}{k}$ $\quad k>0$	$\displaystyle\int_z^{\infty}\dfrac{F(x)}{x}\mathrm{d}x$
折叠性	$f(-k)$	$F(z^{-1})$
时域卷积定理	$f_1(k)*f_2(k)$	$F_1(z)\cdot F_2(z)$
*初值定理	$f(0)=\lim\limits_{z\to\infty}F(z)$	$f(m)=\lim\limits_{z\to\infty}z^m\left[F(z)-\sum\limits_{k=0}^{m-1}f(k)z^{-k}\right]$
*终值定理	$f(\infty)=\lim\limits_{z\to 1}(z-1)F(z)$	

表 6-1 中,$F(z)$、$F_1(z)$ 和 $F_2(z)$ 分别表示序列 $f(k)$、$f_1(k)$ 和 $f_2(k)$ 的 Z 变换;c_1、c_2、a 为实常量;m 为整数;表中带"*"的性质对单边 Z 变换成立。该表省略了收敛域,在使用时应明确这些基本性质适用于 Z 变换收敛域内。

6.3　Z 逆变换

若已知序列 $f(k)$ 的 Z 变换为 $F(z)=\mathscr{Z}\left[f(k)\right]$,则 $F(z)$ 的逆变换(inverse transform)记作 $\mathscr{Z}^{-1}\left[F(z)\right]$,并有

$$f(k) = \frac{1}{2\pi j} \oint_C F(z) z^{k-1} dz$$

式中,C 为 $F(z)z^{k-1}$ 收敛域内任一简单闭合曲线,通常选择 z 平面收敛域内以原点为中心的圆。

由于工程中出现的离散时间信号一般为因果序列,所以本节重点研究单边 Z 反变换,即

$$f(k) = \mathscr{Z}^{-1}\left[F(z)\right] = \begin{cases} 0, & k < 0 \\ \dfrac{1}{2\pi j} \oint_C F(z) z^{k-1} dz, & k \geqslant 0 \end{cases}$$

求 Z 反变换的方法一般有幂级数展开法、部分分式法和围线积分法。

6.3.1　幂级数展开法(长除法)

根据 Z 变换的定义

$$F(z) = \sum_{k=0}^{\infty} f(k) z^{-k}$$

可知,若将 $F(z)$ 展开为 z^{-1} 的幂级数,则对应的 z^{-k} 的系数 $f(k)$ 就是原序列相应值。一般情况下,$F(z)$ 是有理函数,令分子多项式为 $N(z)$,分母多项式为 $D(z)$,若 $f(k)$ 是因果序列,则 z 收敛域为 $|z|>\rho$,此时将 $N(z)$、$D(z)$ 按 z 的降幂(或 z^{-1} 的升幂)次序进行排列,然后用长除法,将 $F(z)$ 展成幂级数,从而得到 $f(k)$。

例 6-9　已知

$$F(z) = \frac{z}{(z-1)(z-2)}, \qquad |z| > 2$$

求其 Z 反变换 $f(k)$。

解　将 $F(z)$ 的分子、分母按降幂排列为

$$F(z) = \frac{z}{z^2 - 3z + 2}$$

用长除法得

$$
\begin{array}{r}
z^{-1}+3z^{-2}+7z^{-3}+15z^{-4}+\cdots \\
z^2-3z+2 \overline{\big)\; z } \\
\underline{z-3+2z^{-1}} \\
3-2z^{-1} \\
\underline{3-9z^{-1}+6z^{-2}} \\
7z^{-1}-6z^{-2} \\
\underline{7z^{-1}-21z^{-2}+14z^{-3}} \\
15z^{-2}-14z^{-3} \\
\vdots
\end{array}
$$

可得

$$F(z) = z^{-1} + 3z^{-2} + 7z^{-3} + 15z^{-4} + \cdots$$

所以

$$f(k) = \{0 \quad 1 \quad 3 \quad 7 \quad 15 \quad \cdots\}$$
$$\uparrow$$
$$k = 0$$

观察序列可知

$$f(k) = (2^k - 1)\varepsilon(k)$$

若收敛域为 $|z| < \rho$，则 $f(k)$ 必然是左边序列，此时将 $N(z)$、$D(z)$ 按 z 的升幂(或 z^{-1} 的降幂)次序排列。幂级数展开法的缺点在于序列一般难以写成闭合形式。

6.3.2　部分分式展开法

序列 Z 变换通常是 z 的有理函数，可表示为有理分式形式，如

$$F(z) = \frac{N(z)}{D(z)} = \frac{b_0 + b_1 z + \cdots + b_{r-1} z^{m-1} + b_r z^m}{a_0 + a_1 z + \cdots + a_{k-1} z^{n-1} + a_k z^n}$$

对于因果序列，它的 Z 变换收敛域为 $|z| > \rho$，为保证 $z = \infty$ 处收敛，其分母多项式的阶次不应低于分子多项式的阶次，即 $n \geqslant m$。将 $F(z)$ 展成一些简单而常见的部分分式之和，然后分别求出各部分分式的逆变换，将各逆变换相加可得到 $f(k)$。Z 变换的基本形式为 $\frac{z}{z - p_i}$，因此，在利用 Z 变换部分分式展开法的时候，常先将 $\frac{F(z)}{z}$ 展开，然后将各个分式乘以 z 即可得 $F(z)$ 的部分分式表示式。

（1）$\dfrac{F(z)}{z}$ 仅含有单实极点

若 $\dfrac{F(z)}{z}$ 仅含有单实极点 $p_0, p_1, p_2, \cdots, p_n$，则

$$\frac{F(z)}{z} = \sum_{i=0}^{n} \frac{k_i}{z - p_i}$$

式中令 $p_0 = 0$，k_i 为待定系数，可用下式求得：

$$k_i = \left[(z - p_i) \frac{F(z)}{z} \right]_{z = p_i}$$

$$k_0 = \left[F(z) \right]_{z=0} = \frac{b_0}{a_0}$$

所以有

$$F(z) = \sum_{i=0}^{n} \frac{k_i z}{z - p_i} = k_0 + \frac{k_1 z}{z - p_1} + \frac{k_2 z}{z - p_2} + \cdots + \frac{k_n z}{z - p_n}$$

根据 Z 变换线性性质和 $\dfrac{z}{z - a}$ 的 Z 反变换得

$$f(k) = k_0 \delta(k) + (k_1 p_1^k + k_2 p_2^k + \cdots + k_n p_n^k) \varepsilon(k)$$

$$= k_0 \delta(k) + \sum_{i=1}^{n} k_i p_i^k \varepsilon(k)$$

上式中,若有共轭单极点,则利用欧拉公式写成余弦形式,若

$$F(z) = \frac{|K_1| \, e^{j\theta} z}{z - re^{j\omega_0}} + \frac{|K_1| \, e^{-j\theta} z}{z - re^{-j\omega_0}}$$

则

$$f(k) = 2 |K_1| r^k \cos(\omega_0 k + \theta)$$

例 6-10 已知

$$F(z) = \frac{z}{z^2 + 4}, \qquad |z| > 2$$

求其 Z 反变换 $f(k)$。

解 因

$$\frac{F(z)}{z} = \frac{1}{z^2 + 4} = \frac{1}{(z - j2)(z + j2)} = \frac{K_1}{z - j2} + \frac{K_2}{z + j2}$$

$$K_1 = (z - j2) \left. \frac{F(z)}{z} \right|_{z = j2} = \frac{1}{4} \underline{/-90^\circ}$$

$$K_2 = K_1^* = \frac{1}{4} \underline{/90^\circ}$$

$$F(z) = \frac{\frac{1}{4} \underline{/-90^\circ}}{z - j2} z + \frac{\frac{1}{4} \underline{/90^\circ}}{z + j2} z, \qquad |z| > 2$$

故

$$f(k) = \frac{1}{2} (2)^k \cos\left(\frac{\pi k}{2} - 90^\circ\right) \varepsilon(k)$$

(2) $\dfrac{F(z)}{z}$ 含有重极点

设 $\dfrac{F(z)}{z}$ 在 $z = p_1$ 处有 r 阶重极点,其余 $p_0, p_{r+1}, p_{r+2}, \cdots, p_n$ 均为单实极点,则 $\dfrac{F(z)}{z}$ 可展成

$$\frac{F(z)}{z} = \frac{K_0}{z} + \frac{K_{11}}{(z - p_1)^r} + \frac{K_{12}}{(z - p_1)^{r-1}} + \cdots + \frac{K_{1r}}{z - p_1} + \sum_{i=r+1}^{N} \frac{K_i}{z - p_i}$$

则有

$$F(z) = K_0 + \sum_{n=1}^{r} \frac{K_{1n} z}{(z - p_1)^{r-n+1}} + \sum_{i=r+1}^{n} \frac{k_i}{z - p_i}$$

式中 K_0、K_i 计算式与前面相同,而 K_{1n} 由下式确定:

$$K_{1n} = \frac{1}{(n-1)!} \cdot \frac{d^{n-1}}{dz^{n-1}} \left[(z - p_1)^r \frac{F(z)}{z} \right]_{z = p_1}, \qquad n = 1, 2, \cdots, r$$

根据常用 Z 变换可知

$$f(k) = K_0 \delta(k) + \sum_{n=1}^{r} \frac{k(k-1)(k-2)\cdots(k-r+n+1)}{(r-n)!}$$

$$\cdot K_{1n}(p_1)^{k-r+n} \varepsilon(k-r+n) + \sum_{i=r+1}^{n} K_i (p_i)^k \varepsilon(k)$$

例 6-11 求象函数

$$F(z) = \frac{z^3 + z^2}{(z-1)^3}, \qquad |z| > 1$$

的 Z 反变换。

解　因

$$\frac{F(z)}{z} = \frac{z^2 + z}{(z-1)^3} = \frac{K_{11}}{(z-1)^3} + \frac{K_{12}}{(z-1)^2} + \frac{K_{13}}{z-1}$$

$$K_{13} = \frac{1}{2!} \frac{d^2}{dz^2} \left[(z-1)^3 \frac{F(z)}{z} \right] \Big|_{z=1} = 1$$

$$K_{12} = \frac{d}{dz} \left[(z-1)^3 \frac{F(z)}{z} \right] \Big|_{z=1} = 3$$

$$K_{11} = \left[(z-1)^3 \frac{F(z)}{z} \right] \Big|_{z=1} = 2$$

有

$$F(z) = \frac{2z}{(z-1)^3} + \frac{3z}{(z-1)^2} + \frac{z}{z-1}, \qquad |z| > 1$$

故

$$f(k) = k(k-1)\varepsilon(k-2) + 3k\varepsilon(k-1) + \varepsilon(k)$$

$$= \begin{cases} 1, & k = 0 \\ 4, & k = 1 \\ k(k-1) + 3k + 1, & k \geqslant 2 \end{cases}$$

$$= \begin{cases} 1, & k = 0 \\ 4, & k = 1 \\ (k+1)^2, & k \geqslant 2 \end{cases}$$

$$= \delta(k) + 4\delta(k-1) + (k+1)^2 \varepsilon(k-2)$$

6.3.3　围线积分法（留数法）

在 Z 反变换式中

$$f(k) = \frac{1}{2\pi j} \oint_C F(z) z^{k-1} dz, \qquad k \geqslant 0$$

中，围线 C 在 $F(z)$ 的收敛域中，且包围着坐标原点，而 $F(z)$ 又在 $|z| \geqslant 0$ 的区域内收敛，因此 C 包围了 $F(z)$ 的极点，通常 $F(z)z^{k-1}$ 是 z 的有理函数，其变量都是孤立奇点（极点）。由复变函数的留数定理，把上积分式表示为围线 C 内所包含 $F(z)z^{k-1}$ 的各极点留数之和，即

$$f(k) = \frac{1}{2\pi j} \oint_C F(z) z^{k-1} dz$$

$$= \sum_i \text{Res}[F(z) z^{k-1}] \big|_{z=z_i} \tag{6-16}$$

式中，Res() 表示极点的留数；z_i 为 $F(z)z^{k-1}$ 的极点。

如果 $F(z)z^{k-1}$ 在 $z = z_i$ 处有一阶极点，则其留数为

$$\text{Res}[F(z) z^{k-1}] \big|_{z=z_i} = (z - z_i) F(z) z^{k-1} \big|_{z=z_i} \tag{6-17}$$

如果 $F(z)z^{k-1}$ 在 $z = z_i$ 处有 r 阶极点，则其留数为

$$\text{Res}[F(z) z^{k-1}] \big|_{z=z_i} = \frac{1}{(r-1)!} \frac{d^{r-1}}{dz^{r-1}} [(z - z_i)^r F(z) z^{k-1}] \big|_{z=z_i} \tag{6-18}$$

在使用式（6-16）和式（6-18）时，应注意收敛域内围线所包围的极点情况，特别要注意对于

不同的 k 值,在 $z=0$ 处的极点可能有不同阶次。

根据 $F(z)$ 的收敛域不同,其逆变换 $f(k)$ 有下面三种不同情况。

(1) $F(z)$ 的收敛域为 $|z|>\rho_1$,$f(k)$ 为因果序列,$F(z)z^{k-1}$ 的极点均位于围线 C 内时

$$f(k) = \begin{cases} 0, & k<0 \\ \displaystyle\sum_{C内极点} \mathrm{Res}[F(z)z^{k-1}], & k\geqslant 0 \end{cases}$$

(2) $F(z)$ 的收敛域为 $|z|<\rho_2$,$f(k)$ 为左边序列,$F(z)z^{k-1}$ 的极点均位于围线 C 以外时

$$f(k) = \begin{cases} -\displaystyle\sum_{C外极点} \mathrm{Res}[F(z)z^{k-1}], & k<0 \\ 0, & k\geqslant 0 \end{cases}$$

(3) $F(z)$ 的收敛域 $\rho_1<|z|<\rho_2$,$f(k)$ 为双边序列,$F(z)z^{k-1}$ 的极点在围线 C 内外都有时

$$f(k) = \begin{cases} -\displaystyle\sum_{C外极点} \mathrm{Res}[F(z)z^{k-1}], & k<0 \\ \displaystyle\sum_{C内极点} \mathrm{Res}[F(z)z^{k-1}], & k\geqslant 0 \end{cases}$$

例 6-12　求

$$F(z) = \frac{z^2}{(z-1)(z-0.5)}, \qquad |z|>1$$

的逆变换。

解　由式(6-16)得 $F(z)$ 的逆变换为

$$f(k) = \sum_i \mathrm{Res}\left[\frac{z^{k+1}}{(z-1)(z-0.5)}\right]_{z=z_i}$$

当 $k\geqslant-1$ 时,在 $z=0$ 处无极点,仅在 $z=1$ 和 $z=0.5$ 处有一阶极点,其留数为

$$\mathrm{Res}\left[\frac{z^{k+1}}{(z-1)(z-0.5)}\right]_{z=1} = 2$$

$$\mathrm{Res}\left[\frac{z^{k+1}}{(z-1)(z-0.5)}\right]_{z=0.5} = -(0.5)^k$$

所以有

$$f(k) = [2-0.5^k]\varepsilon(k+1)$$

实际上,当 $k=-1$ 时,$f(k)=0$,因此上式可写为

$$f(k) = [2-0.5^k]\varepsilon(k)$$

当 $k<-1$ 时,$f(k)$ 等于零,所以本题求得的序列 $f(k)$ 是一个因果序列,与收敛条件($|z|>1$)一致。

若本题收敛域改为 $|z|<0.5$,则积分围线应选在半径为 0.5 的圆之内。当 $k>-1$ 时,围线积分为零,相应的 $\varepsilon(k)$ 为零;而当 $k<-1$ 时,$z=0$ 处有极点存在,求解围线积分后可知 $f(k)$ 为左边序列。

若本题收敛域为圆环($0.5<|z|<1$)时,这时积分围线应选在半径为 0.5 至 1 的圆环之内,所求得 $f(k)$ 为双边序列。

6.4　Z 变换与拉普拉斯变换的关系

傅里叶变换、拉普拉斯变换和 Z 变换之间并不是孤立的,它们之间有密切的联系,在一定条件下可以相互转换。下面分析 Z 变换与拉普拉斯变换间的关系。

6.4.1　Z 变换与拉氏变换表达式之间的关系

在 Z 变换的定义式中,可以看出 Z 变换和傅里叶变换之间的关系为

$$F(z)\mid_{z=\mathrm{e}^{\mathrm{j}\omega T}} = F(\mathrm{j}\omega)$$

此式表明,在一个离散序列的 Z 变换式中,令 $z=\mathrm{e}^{\mathrm{j}\omega T}$ 时,变换式就成为与序列相对应的连续时间函数 $f(t)$ 按时间间隔 T 进行理想抽样后所得函数的傅里叶变换;如果把傅里叶变换中的虚变量 $\mathrm{j}\omega$ 推广为复变量 s,则 Z 变换式又可写成

$$F(z)\mid_{z=\mathrm{e}^{st}} = F(s)$$

这同样说明,当把 Z 变换中的变量 z 换为 e^{st} 时,变换式就成为相应时间函数 $f(t)$ 经过理想抽样所得函数的拉普拉斯变换。

在实际工作中,常常需要知道 Z 变换和拉普拉斯变换之间的直接关系,以便它们之间直接进行相互转换。

拉普拉斯反变换积分式为

$$f(t) = \frac{1}{2\pi\mathrm{j}}\int_{\sigma-\mathrm{j}\infty}^{\sigma+\mathrm{j}\infty} F(s)\mathrm{e}^{st}\,\mathrm{d}s$$

当把函数 $f(t)$ 以间隔 T 抽样后,得其抽样函数为

$$f(kT) = \frac{1}{2\pi\mathrm{j}}\int_{\sigma-\mathrm{j}\infty}^{\sigma+\mathrm{j}\infty} F(s)\mathrm{e}^{skT}\,\mathrm{d}s, \quad k = 0,1,2,\cdots$$

此抽样信号的 Z 变换为

$$F(z) = \sum_{k=0}^{\infty} f(kT)z^{-k}$$

将前面 $f(kT)$ 代入上式,并变换积分与求和的次序,得

$$F(z) = \frac{1}{2\pi\mathrm{j}}\int_{\sigma-\mathrm{j}\infty}^{\sigma+\mathrm{j}\infty} F(s)\sum_{k=0}^{\infty}(\mathrm{e}^{sT}z^{-1})^{k}\,\mathrm{d}s$$

此式的收敛条件为 $|z|>|\mathrm{e}^{sT}|$,当这一条件满足时

$$\sum_{k=0}^{\infty}(\mathrm{e}^{sT}z^{-1})^{k} = \frac{1}{1-\mathrm{e}^{sT}z^{-1}}$$

则有 Z 变换式

$$\begin{aligned}
F(z) &= \frac{1}{2\pi\mathrm{j}}\int_{\sigma-\mathrm{j}\infty}^{\sigma+\mathrm{j}\infty} \frac{F(s)}{1-\mathrm{e}^{sT}z^{-1}}\,\mathrm{d}s \\
&= \frac{1}{2\pi\mathrm{j}}\int_{\sigma-\mathrm{j}\infty}^{\sigma+\mathrm{j}\infty} \frac{zF(s)}{z-\mathrm{e}^{sT}}\,\mathrm{d}s
\end{aligned} \tag{6-19}$$

式(6-19)即为连续函数的拉普拉斯变换直接求抽样后所得离散序列的 Z 变换关系式,这个积分式可用留数计算,即

$$F(z) = \sum \text{Res}\left[\frac{zF(s)}{z - e^{sT}}\right]_{F(s)\text{的诸留数}} \tag{6-20}$$

6.4.2 z 平面与 s 平面的映射关系

Z 变换和拉普拉斯变换间的关系可由图 6-4 所示二者在 z 平面和 s 平面极点间的关系来考查,将 $s_r = \sigma_r + j\omega_r$ 代入 $z_r = e^{s_r T}$,则有

$$z_r = e^{(\sigma_r + j\omega_r)T} = e^{\sigma_r T} e^{j\omega_r T} = |z_r| e^{j\theta_r}, \quad |z_r| = e^{\sigma_r T}, \quad \theta_r = \omega_r T \tag{6-21}$$

上式表示了 z 平面内极点的模量和辐角与 s 平面中极点的实部和虚部的关系。

当 $F(s)$ 的极点位于 s 平面的虚轴上时,则与之相应的 $F(z)$ 的极点将位于 z 平面中的单位圆上。s 平面的虚轴映射为 z 平面的单位圆;s 平面的左半面和右半面分别映射为 z 平面中单位圆内和单位圆外;s 平面中的极点 a 和 b 分别映射为 z 平面中的 a' 和 b';s 平面中的极点 c、d、e 具有相同的实部,而虚部相差为 $\frac{2\pi}{T}$(或其倍数),映射到 z 平面的同一点 $c' = d' = e'$,如图 6-4 所示。

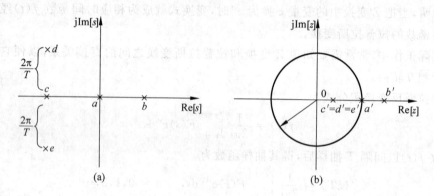

图 6-4 z 平面与 s 平面的映射关系

6.5 利用 Z 变换求解差分方程

描述离散时间系统工作情况的差分方程可通过 Z 变换转变成代数方程求解,由于一般的激励及响应都是有始序列,所以下面只讨论单边 Z 变换求解差分方程的问题。

6.5.1 零输入响应的 z 域求解

对于线性时不变离散时间系统,在零输入条件下,即激励 $f(k) = 0$ 时,其差分方程为

$$\sum_{i=0}^{n} a_i y(k - i) = 0 \tag{6-22}$$

考虑响应为 $k \geqslant 0$ 时的值,则初始条件为 $y(-1), y(-2), \cdots, y(-n)$。将式(6-22)两边取单边 Z 变换,并根据 Z 变换的移位性式(6-7),可得

$$\sum_{i=0}^{n} a_i z^{-i}\left[Y(z) + \sum_{k=-i}^{-1} y(k) z^{-k}\right] = 0$$

故

$$Y(z) = \frac{- \sum_{i=0}^{n} \left[a_i z^{-i} \cdot \sum_{k=-i}^{-1} y(k) z^{-k} \right]}{\sum_{i=0}^{n} a_i z^{-i}} \qquad (6\text{-}23)$$

响应的序列可由 Z 反变换求得

$$y(k) = \mathscr{Z}^{-1}\left[Y(z)\right]$$

由上可知,对于离散时间系统零输入响应的求解,可先将系统的齐次方程进行 Z 变换,代入初始条件,写成式(6-23)的形式,再将其展开为部分分式,最后进行 Z 反变换,即得到系统的零输入响应。

例 6-13　若已知描述某离散时间系统的差分方程为

$$y(k) - 5y(k-1) + 6y(k-2) = f(k)$$

初始条件为 $y(-2)=1, y(-1)=4$,求零输入响应 $y_x(k)$。

解　零输入时,$f(k)=0$,有

$$y(k) - 5y(k-1) + 6y(k-2) = 0$$

若记 $Y(z) = \mathscr{Z}\{y(k)\}$,则对上式两边取单边 Z 变换,有

$$Y(z) - 5z^{-1}\left[Y(z) + y(-1)z\right] + 6z^{-2}\left[Y(z) + y(-1)z + y(-2)z^2\right] = 0$$

可得

$$Y(z) = \frac{5y(-1) - 6z^{-1}y(-1) - 6y(-2)}{1 - 5z^{-1} + 6z^{-2}} = \frac{14z^2 - 24z}{z^2 - 5z + 6}$$

因

$$\frac{Y(z)}{z} = \frac{14z - 24}{(z-2)(z-3)} = \frac{-4}{z-2} + \frac{18}{z-3}$$

$$Y(z) = \frac{-4z}{z-2} + \frac{18z}{z-3}$$

故零输入响应

$$y_x(k) = 18(3)^k - 4(2)^k, \quad k \geqslant 0$$

6.5.2　零状态响应的 z 域求解

n 阶线性时不变离散时间系统的差分方程为

$$\sum_{i=0}^{n} a_i y(k-i) = \sum_{r=0}^{m} b_r f(k-r) \qquad (6\text{-}24)$$

在零状态条件下,即 $y(-1) = y(-2) = \cdots = y(-n) = 0$ 时,将等式(6-24)两边取单边 Z 变换可得

$$\sum_{i=0}^{n} a_i z^{-i} Y(z) = \sum_{r=0}^{m} b_r F(z) z^{-r} \qquad (6\text{-}25)$$

其中设激励序列 $f(k)$ 为因果序列,即当 $k<0$ 时,$f(k)=0$,且 $m \leqslant n$,则有

$$Y(z) = F(z) \frac{\sum_{r=0}^{m} b_r z^{-r}}{\sum_{i=0}^{n} a_i z^{-i}} \qquad (6\text{-}26)$$

故零状态响应为

$$y_f(k) = \mathscr{Z}^{-1}\{Y(z)\}$$

由上式知,求解离散时间系统的零状态响应时,先将系统的非齐次差分方程的两边进行 Z 变换,并写成式(6-26)的形式,再将其展开为部分分式,最后进行 Z 反变换,即得到系统的零状态响应。

例 6-14 若已知

$$y(k) - 5y(k-1) + 6y(k-2) = f(k)$$

且

$$f(k) = 4^k\varepsilon(k), \quad y(-1) = y(-2) = 0$$

求零状态响应 $y_f(k)$。

解 设

$$Y(z) = \mathscr{Z}\{y(k)\}, \quad F(z) = \mathscr{Z}\{f(k)\} = \frac{z}{z-4}$$

则

$$Y(z) = \frac{z}{z-4} \cdot \frac{1}{1 - 5z^{-1} + 6z^{-2}} = \frac{z^3}{(z-4)(z^2 - 5z + 6)}$$

$$\frac{Y(z)}{z} = \frac{z^2}{(z-4)(z-3)(z-2)} = \frac{2}{z-2} - \frac{9}{z-3} + \frac{8}{z-4}$$

有

$$Y(z) = \frac{2z}{z-2} - \frac{9z}{z-3} + \frac{8z}{z-4}$$

故所求零状态响应为

$$y_f(k) = [2(2)^k - 9(3)^k + 8(4)^k]\varepsilon(k)$$

6.5.3 全响应的 z 域求解

对于线性时不变离散时间系统,若激励和初始状态均不为零,则对应的响应称为全响应。根据线性时不变特性,全响应可按下式计算:

$$y(k) = y_x(k) + y_f(k) \tag{6-27}$$

$y_x(k)$ 和 $y_f(k)$ 的求解方法如前所述。也可直接由时域差分方程求 Z 变换而进行计算,即在激励为 $f(k)$,初始条件 $y(-1), y(-2), \cdots, y(-n)$ 不全为零时,对方程式(6-24)进行单边 Z 变换,有

$$\sum_{i=0}^{n} a_i z^{-i} \left[Y(z) + \sum_{k=-i}^{-1} y(k) z^{-k} \right] = \sum_{r=0}^{m} b_r z^{-r} \left[F(z) + \sum_{j=-r}^{-1} f(j) z^{-j} \right] \tag{6-28}$$

可见式(6-28)为一个代数方程,由此可解得全响应的象函数 $Y(z)$,从而求得全响应 $y(k)$。

例 6-15 已知

$$y(k) - 5y(k-1) + 6y(k-2) = f(k)$$

且

$$y(-1) = 4, \quad y(-2) = 1, \quad f(k) = 4^k\varepsilon(k)$$

求全响应 $y(k)$。

解　设

$$Y(z) = \mathscr{L}\{y(k)\}, \quad F(z) = \mathscr{L}\{f(k)\} = \frac{z}{z-4}$$

对差分方程两边取单边 Z 变换,有

$$Y(z) - 5z^{-1}Y(z) - 5y(-1) + 6z^{-2}Y(z) + 6y(-1)z^{-1} + 6y(-2) = F(z)$$

得

$$Y(z) = \frac{F(z) + 5y(-1) - 6y(-2) - 6y(-1)z^{-1}}{1 - 5z^{-1} + 6z^{-2}}$$

$$= \frac{15z^3 - 80z^2 + 96z}{(z-4)(z^2 - 5z + 6)}$$

$$\frac{Y(z)}{z} = \frac{15z^2 - 80z + 96}{(z-4)(z-3)(z-2)} = \frac{8}{z-4} + \frac{9}{z-3} - \frac{2}{z-2}$$

有

$$Y(z) = \frac{8z}{z-4} + \frac{9z}{z-3} - \frac{2z}{z-2}$$

故全响应为

$$y(k) = 8(4)^k + 9(3)^k - 2(2)^k, \quad k \geqslant 0$$

结果与例 6-13 和例 6-14 结果之和相同。

6.6　z 域的系统函数 $H(z)$

6.6.1　$H(z)$ 的定义

一个线性时不变离散时间系统的零状态响应时域表达式为

$$y_f(k) = f(k) * h(k) \tag{6-29}$$

根据 Z 变换时域卷积定理可知

$$Y_f(z) = F(z)H(z) \tag{6-30}$$

式中,$Y_f(z)$、$F(z)$ 和 $H(z)$ 分别表示 $y_f(k)$、$f(k)$ 和 $h(k)$ 的 Z 变换。因此定义

$$H(z) = \frac{Y_f(z)}{F(z)} \tag{6-31}$$

为离散时间系统的系统函数,它表示系统零状态响应的 Z 变换与其对应的激励的 Z 变换之比值。这个函数的 Z 反变换就是离散时间系统的单位序列响应,即

$$H(z) = \mathscr{L}\{h(k)\}$$

例 6-16　已知描述某线性时不变因果离散时间系统的差分方程为

$$y(k) - \frac{3}{4}y(k-1) + \frac{1}{8}y(k-2) = 2f(k) + 3f(k-1), k \geqslant 0$$

$f(k) = \varepsilon(k), y(-1) = 2, y(-2) = -1$,在 z 域求解系统函数 $H(z)$ 及单位冲激响应 $h(k)$。

解　对差分方程两边进行 Z 变换得

$$Y(z) - \frac{3}{4}[z^{-1}Y(z) + y(-1)] + \frac{1}{8}[z^{-2}Y(z) + z^{-1}y(-1) + y(-2)]$$

$$= (2 + 3z^{-1})F(z)$$

经整理后得

$$Y(z) = \frac{\frac{3}{4}y(-1) - \frac{1}{8}z^{-1}y(-1) - \frac{1}{8}y(-2)}{1 - \frac{3}{4}z^{-1} + \frac{1}{8}z^{-2}} + \frac{2 + 3z^{-1}}{1 - \frac{3}{4}z^{-1} + \frac{1}{8}z^{-2}}F(z)$$

根据系统函数的定义,有

$$H(z) = \frac{Y_f(z)}{F(z)} = \frac{2 + 3z^{-1}}{1 - \frac{3}{4}z^{-1} + \frac{1}{8}z^{-2}} = \frac{2z^2 + 3z}{z^2 - \frac{3}{4}z + \frac{1}{8}}$$

$$= \frac{16z}{z - \frac{1}{2}} - \frac{14z}{z - \frac{1}{4}}$$

进行 Z 反变换得

$$h(k) = [16(0.5)^k - 14(0.25)^k]\varepsilon(k)$$

6.6.2 $H(z)$的求解

(1) 若已知激励和响应的 Z 变换,据定义式求。

(2) 已知差分方程,对两边取 Z 变换,并且 $k<0$ 时,$f(k)$,$y(k)$均取为零,再据定义求得。

(3) 已知系统的单位冲激响应序列,求其 Z 变换。

(4) 已知系统的传输算子 $H(E)$,将 E 换为 z 即可。

(5) 已知系统的模拟图或信号流图,将 E 换为 z,用梅森公式求。

例 6-17 离散系统的模拟框图如图 6-5(a)所示。

(1) 画出该系统的信号流图;

(2) 求系统函数 $H(z)$。

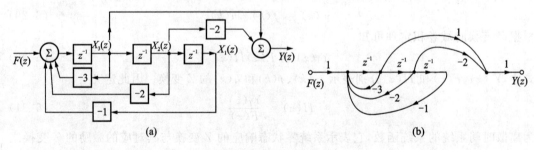

(a) **(b)**

图 6-5 例 6-17 图

解 (1)由模拟框图画出其信号流图如图 6-5(b)所示。

(2) **解法 1** 根据梅森公式直接写出系统函数

$$H(z) = \frac{z^{-1} - 2z^{-2}}{1 + 3z^{-1} + 2z^{-2} + z^{-3}} = \frac{z^2 - 2z}{z^3 + 3z^2 + 2z + 1}$$

解法 2 中间变量法

设延时器输出端的变量分别为 $X_3(z)$、$X_2(z)$、$X_1(z)$,其输入端变量依次为

$$X_2(z) = zX_1(z)$$

$$X_3(z) = z^2 X_1(z)$$

左边加法器的输入输出关系有

$$F(z) + 3X_3(z) - 2X_2(z) - X_1(z) = zX_3(z)$$

经整理得

$$F(z) = (z^3 + 3z^2 + 2z + 1)X_1(z)$$

右边加法器输入输出关系有

$$Y(z) = X_3(z) - 2X_2(z) = (z^2 - 2z)X_1(z)$$

消去中间变量 $X_1(z)$ 得

$$H(z) = \frac{Y(z)}{F(z)} = \frac{z^2 - 2z}{z^3 + 3z^2 + 2z + 1}$$

6.6.3　$H(z)$ 的应用

系统函数 $H(z)$ 是离散时间系统中的重要的一个参量,在实际工程分析中有广泛的应用。

(1) 可求得系统的单位序列响应

$$h(k) = \mathscr{Z}^{-1}\big[H(z)\big]$$

(2) 在给定激励 $f(k)$ 时可求得其零状态响应

$$y_f(k) = \mathscr{Z}^{-1}\big[H(z)F(z)\big]$$

(3) 当给定系统初始状态时,可由 $H(z)$ 求得零输入响应 $y_x(k)$。

(4) 由 $H(z)$ 可求得系统的模拟图,方法同连续时间系统,只是将 s 换为 z。

(5) 由 $H(z)$ 可写出系统的差分方程,将 z 换为位移算子 E。

(6) 由 $H(z)$ 可进行系统的稳定性判别。对于因果系统而言,若 $H(z)$ 的极点全部位于 z 平面单位圆内,则 $H(z)$ 描述的系统一定稳定。对于极点值求解困难的情况,可用 Jury 判别法判断,方法如下:

若 $H(z)$ 的分母多项式为

$$D(z) = a_n z^n + a_{n-1} z^{n-1} + \cdots + a_1 z + a_0$$

则依 z 的降幂排出下列表格:

列\行	z^n	z^{n-1}	z^{n-2}	$\cdots$	z^2	z^1	z^0
1	a_n	a_{n-1}	a_{n-2}	$\cdots$	a_2	a_1	a_0
2	a_0	a_1	a_2	$\cdots$	a_{n-2}	a_{n-1}	a_n
3	c_{n-1}	c_{n-2}	c_{n-3}	$\cdots$	c_1	c_0	
4	c_0	c_1	c_2	$\cdots$	c_{n-2}	c_{n-1}	
5	d_{n-2}	d_{n-3}	d_{n-4}	$\cdots$	d_0		
6	d_0	d_1	d_2	$\cdots$	d_{n-2}		
$\vdots$	$\vdots$	$\vdots$	$\vdots$	$\cdots$	$\vdots$		
$2n-3$	r_2	r_1	r_0				

$$c_{n-1} = \begin{vmatrix} a_n & a_0 \\ a_0 & a_n \end{vmatrix} \qquad c_{n-2} = \begin{vmatrix} a_n & a_1 \\ a_0 & a_{n-1} \end{vmatrix}$$

$$c_{n-3} = \begin{vmatrix} a_n & a_2 \\ a_0 & a_{n-2} \end{vmatrix} \quad \cdots \quad c_1 = \begin{vmatrix} a_n & a_{n-2} \\ a_0 & a_2 \end{vmatrix}$$

$$c_0 = \begin{vmatrix} a_n & a_{n-1} \\ a_0 & a_1 \end{vmatrix}$$

$$d_{n-2} = \begin{vmatrix} c_{n-1} & c_0 \\ c_0 & c_{n-1} \end{vmatrix} \qquad d_{n-3} = \begin{vmatrix} c_{n-1} & c_1 \\ c_0 & c_{n-2} \end{vmatrix}$$

$$d_{n-4} = \begin{vmatrix} c_{n-1} & c_2 \\ c_0 & c_{n-3} \end{vmatrix} \quad \cdots \quad d_0 = \begin{vmatrix} c_{n-1} & c_{n-2} \\ c_0 & c_1 \end{vmatrix}$$

...

则系统稳定的条件为

$$D(1) > 0$$
$$(-1)^n D(-1) > 0$$
$$a_n > |a_0|$$
$$c_{n-1} > |c_0|$$
$$d_{n-2} > |d_0|$$
$$\vdots$$
$$r_2 > |r_0|$$

其中，$D(1)$ 和 $D(-1)$ 是 z 为 1 和 -1 时多项式的值。若满足上述各不等式，即表中各奇数行的第一个系数必大于最后一个系数的绝对值，则系统稳定，称为 Jury 准则。

（7）根据 $H(z)$ 可对稳定系统的频率特性进行分析，将 $H(z)$ 中的复变量 z 换成 $e^{j\omega T}$，所得函数 $H(e^{j\omega T})$ 就是离散时间系统的频率响应特性，模量 $|H(e^{j\omega T})|$ 是系统的幅频特性，相角 $\varphi(\omega) = \arg H(e^{j\omega T})$ 是系统的相频特性。

（8）由 $H(z)$ 可求得稳定系统的正弦稳态响应。

与连续时间系统正弦激励下的响应类似，$H(e^{j\omega T})$ 也可看作离散时间系统激励为正弦序列时的稳态响应"加权"。因当 $f(k) = A\sin(k\omega T)\varepsilon(k)$ 时

$$F(z) = \frac{Az\sin\omega T}{(z - e^{j\omega T})(z - e^{-j\omega T})}$$

有

$$Y(z) = F(z)H(z) = \frac{Az\sin\omega T}{(z - e^{j\omega T})(z - e^{-j\omega T})}H(z)$$

仅考虑 $H(z)$ 极点位于单位圆内的情况，则

$$Y(z) = \frac{az}{z - e^{j\omega T}} + \frac{bz}{z - e^{-j\omega T}} + \sum_{i=1}^{n}\frac{A_i z}{z - p_i}$$

式中，$a = b^*$。对于稳态响应部分，可求得

$$y_s(k) = A|H(e^{j\omega T})|\sin[k\omega T + \varphi(\omega T)]$$

因此，当激励是正弦序列时，系统的稳态响应也是同频率正弦序列，其幅值为激励幅值与系统幅频特性幅值的乘积，其相位为激励初相位与系统相频特性相位之和。

例 6-18　某离散时间系统模拟图如图 6-6 所示。

（1）求系统函数 $H(z)$；

（2）求单位序列响应 $h(k)$；

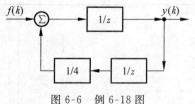

图 6-6　例 6-18 图

（3）求 $f(k) = \left(\dfrac{1}{2}\right)^k \varepsilon(k)$ 时的零状态响应 $y_{\mathrm{f}}(k)$。

解　（1）由图 6-6 可知

$$Y(z) = \left[F(z) + \frac{1}{4}z^{-1}Y(z) \right]z^{-1}$$

有

$$Y(z) = \frac{F(z)z^{-1}}{1 - \dfrac{1}{4}z^{-2}}$$

故系统函数

$$H(z) = \frac{Y(z)}{F(z)} = \frac{z}{z^2 - \dfrac{1}{4}} = \frac{z}{\left(z + \dfrac{1}{2}\right)\left(z - \dfrac{1}{2}\right)}$$

（2）因

$$\frac{H(z)}{z} = \frac{1}{z - \dfrac{1}{2}} - \frac{1}{z + \dfrac{1}{2}}$$

有

$$H(z) = \frac{z}{z - \dfrac{1}{2}} - \frac{z}{z + \dfrac{1}{2}}$$

因此单位序列响应

$$h(k) = \mathscr{L}\{H(z)\} = \left[\left(\frac{1}{2}\right)^k - \left(-\frac{1}{2}\right)^k \right]\varepsilon(k)$$

（3）当激励 $f(k) = \left(\dfrac{1}{2}\right)^k \varepsilon(k)$ 时，有

$$F(z) = \frac{z}{z - \dfrac{1}{2}}$$

由 Z 变换时域卷积定理，得

$$Y_{\mathrm{f}}(z) = F(z) \cdot H(z) = \frac{z^2}{\left(z + \dfrac{1}{2}\right)\left(z - \dfrac{1}{2}\right)^2} = \frac{-\dfrac{1}{2}z}{z + \dfrac{1}{2}} + \frac{\dfrac{1}{2}z}{\left(z - \dfrac{1}{2}\right)^2} + \frac{\dfrac{1}{2}z}{z - \dfrac{1}{2}}$$

零状态响应为

$$y_{\mathrm{f}}(k) = \frac{1}{2}(k+1)\left(\frac{1}{2}\right)^k - \frac{1}{2}\left(-\frac{1}{2}\right)^k, \qquad k \geqslant 0$$

例 6-19　某离散时间系统的系统函数

$$H(z) = \frac{z(z+2)}{(z-0.8)(z-0.6)(z+0.4)}$$

试分别用直接型、级联型和并联型模拟此系统。

解　因

$$H(z) = \frac{z^2 + 2z}{z^3 - z^2 - 0.08z + 0.192} = \frac{z^{-1} + 2z^{-2}}{1 - z^{-1} - 0.08z^{-2} + 0.192z^{-3}}$$

故可得此系统直接型模拟图如图 6-7(a)所示。

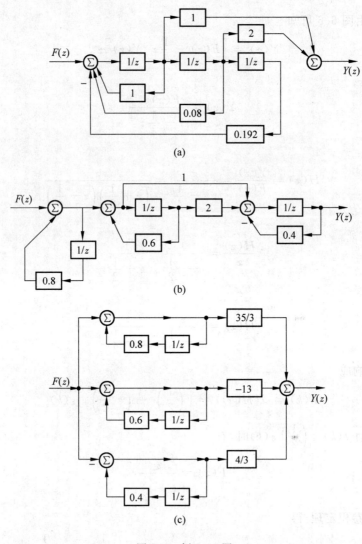

图 6-7　例 6-19 图

又有

$$H(z) = \frac{z}{z-0.8} \cdot \frac{z+2}{z-0.6} \cdot \frac{1}{z+0.4}$$

$$= \frac{35}{3}\left(\frac{z}{z-0.8}\right) - 13\left(\frac{z}{z-0.6}\right) + \frac{4}{3}\left(\frac{z}{z+0.4}\right)$$

因此系统的级联型和并联型模拟图分别如图 6-7(b)和(c)所示。

例 6-20　图 6-8(a)所示线性时不变因果离散系统框图。

(1) 求系统函数 $H(z)$；

(2) 写出系统的输入输出差分方程；

(3) 若输入 $f(k)=\varepsilon(k)-\varepsilon(k-2)$，求零状态响应 $y_f(k)$。

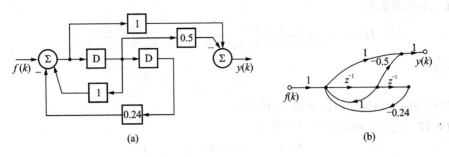

图 6-8　例 6-20 图

解　(1) 由框图画出其信号流图如图 6-8(b)所示,应用梅森公式列写出系统函数为

$$H(z) = \frac{1 - 0.5z^{-1}}{1 - z^{-1} + 0.24z^{-2}} = \frac{z^2 - 0.5z}{z^2 - z + 0.24}$$

(2) 由系统函数定义

$$H(z) = \frac{Y_f(z)}{F(z)} = \frac{1 - 0.5z^{-1}}{1 - z^{-1} + 0.24z^{-2}}$$

故差分方程

$$y(k) - y(k-1) + 0.24y(k-2) = f(k) - 0.5f(k-1)$$

(3) 将 $H(z)$ 部分分式展开

$$H(z) = \frac{z(z - 0.5)}{(z - 0.4)(z - 0.6)} = \frac{0.5z}{z - 0.4} + \frac{0.5z}{z - 0.6}$$

$$h(k) = \mathscr{Z}^{-1}[H(z)] = 0.5[(0.4)^k + (0.6)^k]\varepsilon(k)$$

因

$$f(k) = \varepsilon(k) - \varepsilon(k-2) = \delta(k) + \delta(k-1)$$

故时域法有

$$\begin{aligned}
y_f(k) &= h(k) * f(k) = h(k) * [\delta(k) + \delta(k-1)] \\
&= h(k) + h(k-1) \\
&= 0.5[(0.4)^k + (0.6)^k]\varepsilon(k) + 0.5[(0.4)^{k-1} + (0.6)^{k-1}]\varepsilon(k-1)
\end{aligned}$$

或 z 域法

$$\begin{aligned}
Y_f(z) &= H(z)F(z) = \left(\frac{0.5z}{z - 0.4} + \frac{0.5z}{z - 0.6}\right)(1 + z^{-1}) \\
&= \frac{0.5z}{z - 0.4} + \frac{0.5z}{z - 0.6} + \frac{0.5}{z - 0.4} + \frac{0.5}{z - 0.6}
\end{aligned}$$

其逆变换为

$$y_f(k) = 0.5[(0.4)^k + (0.6)^k]\varepsilon(k) + \left[1.25(0.4)^k + \frac{5}{6}(0.6)^k\right]\varepsilon(k-1)$$

$$= 0.5[(0.4)^k + (0.6)^k]\varepsilon(k) + 0.5[(0.4)^{k-1} + (0.6)^{k-1}]\varepsilon(k-1)$$

例 6-21　离散时间系统的差分方程为

$$y(k) + 0.2y(k-1) - 0.24y(k-2) = f(k) + f(k-1)$$

求系统函数 $H(z)$,说明其收敛域,并判断系统稳定性。

解　系统函数为

$$H(z) = \frac{1+z^{-1}}{1+0.2z^{-1}-0.24z^{2}} = \frac{z(z+1)}{(z-0.4)(z+0.6)}$$

收敛域为

$$|z| > 0.6$$

$H(z)$的极点均位于单位圆内,系统稳定。

例 6-22　已知系统函数分母多项式

$$D(z) = 4z^{4} - 4z^{3} + 2z - 1$$

判断系统稳定性。

解　极点求解困难,用 Jury 判别法,过程如下:

$$D(1) = 4-4+2-1 = 1 > 0$$

$$(-1)^{4}D(-1) = 4+4-2-1 = 5 > 0$$

行 \ 列	z^4	z^3	z^2	z^1	z^0	
1	4	−4	0	2	−1	
2	−1	2	0	−4	4	
3	15	−14	0	4		
4	4	0	−14	15		
5	209	−210	56			

第一行系数　　$4 > |-1|$

第三行系数　　$15 > |4|$

第五行系数　　$209 > |56|$

满足 Jury 准则,系统稳定。

习题

6-1　求下列序列的 Z 变换,并标明收敛域。

(1) $f_1(k) = 2^{-k}\varepsilon(k)$

(2) $f_2(k) = \left(\dfrac{1}{3}\right)^{k}\varepsilon(-k)$

(3) $f_3(k) = \left(\dfrac{1}{3}\right)^{-k}\varepsilon(-k-1)$

(4) $f_4(k) = \delta(k) - \dfrac{1}{8}\delta(k-3)$

(5) $f_5(k) = \left(\dfrac{1}{2}\right)^{k}\varepsilon(k) + \left(\dfrac{1}{3}\right)^{-k}\varepsilon(k)$

(6) $f_6(k) = \sin\left(\dfrac{k\pi}{2} + \dfrac{\pi}{4}\right)\varepsilon(k)$

6-2　运用 Z 变换的性质求下列序列的 Z 变换。

(1) $f_1(k) = \varepsilon(k) - \varepsilon(k-8)$

(2) $f_2(k) = k(k-1)\varepsilon(k)$

(3) $f_3(k) = \varepsilon(k) * \varepsilon(k)$

(4) $f_4(k) = \dfrac{a^{k} - b^{k}}{k}\varepsilon(k-1)$

(5) $f_5(k) = \dfrac{a^{k}\varepsilon(k)}{k+1}$

(6) $f_6(k) = \left(\dfrac{1}{2}\right)^{k}\cos\dfrac{k\pi}{2}\varepsilon(k)$

(7) $f_7(k) = e^{j\frac{\pi}{2}k}\varepsilon(k)$ 　　　　　　　　(8) $f_8(k) = 5(-1)^k[\varepsilon(k) - \varepsilon(k-m)]$

6-3　用终值定理求序列 $f(k) = b(1 - e^{-akT})$ 的终值。

6-4　直接从下列 Z 变换看出其对应的序列。

(1) $F_1(z) = 1$,　$|z| \leqslant \infty$ 　　　　　　　(2) $F_2(z) = z^{-1}$,　$0 < |z| \leqslant \infty$

(3) $F_3(z) = -2z^{-2} + 2z + 1$,　$0 < |z| < \infty$ 　　(4) $F_4(z) = \dfrac{1}{1 - az^{-1}}$,　$|z| < |a|$

6-5　若序列的 Z 变换如下,求该序列的前三项。

(1) $F(z) = \dfrac{z^2}{(z-2)(z-1)}$,　$|z| > 2$ 　　　(2) $F_2(z) = \dfrac{z^2 + z + 1}{(z-1)(z+0.5)}$,　$|z| > 1$

(3) $F_3(z) = \dfrac{z^2 - z}{(z-1)^3}$,　$|z| > 1$ 　　　(4) $F_4(z) = \dfrac{z^2 - z}{(z-1)^3}$,　$|z| < 1$

6-6　已知因果序列的 Z 变换,求序列的初值 $f(0)$ 与终值 $f(\infty)$。

(1) $F_1(z) = \dfrac{1 + z^{-1} + z^{-2}}{(1 - z^{-1})(1 - 2z^{-1})}$ 　　　(2) $F_2(z) = \dfrac{1}{(1 - 0.5z^{-1})(1 + 0.5z^{-1})}$

(3) $F_3(z) = \dfrac{z^{-1}}{1 - 1.5z^{-1} + 0.5z^{-2}}$

6-7　利用幂函数展开法求下列 $F(z)$ 的 Z 反变换。

(1) $F_1(z) = \dfrac{z^2 + 2z}{z^2 - 2z + 1}$,　$|z| > 1$ 　　(2) $F_2(z) = \dfrac{z^2 + 2z}{z^2 - 2z + 1}$,　$|z| < 1$

(3) $F_3(z) = \dfrac{5z}{7z - 3z^2 - 2}$,　$|z| > 2$ 　　(4) $F_4(z) = \dfrac{5z}{7z - 3z^2 - 2}$,　$\dfrac{1}{3} < |z| < 2$

6-8　利用部分分式展开法求下列 $F(z)$ 对应的原右边序列。

(1) $F_1(z) = \dfrac{10z^2}{(z-1)(z+1)}$ 　　　　　(2) $F_2(z) = \dfrac{z^2 + 2z}{(z^2 - 1)(z + 0.5)}$

(3) $F_3(z) = \dfrac{2z^2 - 3z + 1}{z^2 - 4z - 5}$ 　　　　(4) $F_4(z) = \dfrac{4z^3 + 7z^2 + 3z + 1}{z^3 + z^2 + z}$

(5) $F_5(z) = \dfrac{8(1 - z^{-1} - z^{-2})}{2 + 5z^{-1} + 2z^{-2}}$ 　　　(6) $F_6(z) = \dfrac{1 + z^{-1}}{1 - z^{-1} - z^{-2}}$

6-9　用留数法求下列 $F(z)$ 的 Z 反变换。

(1) $F_1(z) = \dfrac{1}{z^2 + 1}$,　$|z| > 1$ 　　　　(2) $F_2(z) = \dfrac{z}{z^2 - \sqrt{3}z + 1}$,　$|z| > 1$

(3) $F_3(z) = \dfrac{z}{(z-1)(z^2-1)}$,　$|z| > 1$ 　　(4) $F_4(z) = \dfrac{z+2}{2z^2 - 7z + 3}$,　$|z| < 0.5$

(5) $F(z) = \dfrac{12}{(z+1)(z-2)(z-3)}$,　$1 < |z| < 2$

6-10　求 $F(z) = \dfrac{2z^3}{\left(z - \dfrac{1}{2}\right)^2(z-1)}$ 的原序列,收敛域分别为

(1) $|z| > 1$ 　　　　(2) $|z| < \dfrac{1}{2}$ 　　　　(3) $\dfrac{1}{2} < |z| < 1$

6-11　用卷积定理求下列卷积和。

(1) $a^k\varepsilon(k) * \delta(k-2)$ 　　　　　　　(2) $a^k\varepsilon(k) * \varepsilon(k+1)$

(3) $a^k \varepsilon(k) * b^k \varepsilon(k)$ 　　　　　　　　　　　(4) $a^k \varepsilon(k) * b^k \varepsilon(-k)$

6-12　用 Z 变换与拉普拉斯变换间的关系。

(1) 由 $f(t) = t e^{-at} \varepsilon(t)$ 的 $F(s) = \dfrac{1}{(s+a)^2}$，求 $k e^{-ak} \varepsilon(k)$ 的 Z 变换；

(2) 由 $f(t) = t^2 \varepsilon(t)$ 的 $F(s) = \dfrac{2}{s^3}$，求 $k^2 \varepsilon(k)$ 的 Z 变换。

6-13　已知下列 Z 变换式 $X(z)$ 和 $Y(z)$，利用 z 域卷积定理求 $x(k)$ 与 $y(k)$ 的乘积的 Z 变换。

(1) $X(z) = \dfrac{1}{1-0.5z^{-1}}$, 　$|z| > 0.5$

　　$Y(z) = \dfrac{1}{1-2z}$, 　$|z| < 0.5$

(2) $X(z) = \dfrac{0.99}{(1-0.1z^{-1})(1-0.1z)}$, 　$0.1 < |z| < 10$

　　$Y(z) = \dfrac{1}{1-10z}$, 　$|z| > 0.1$

(3) $X(z) = \dfrac{z}{z-e^{-b}}$, 　$|z| > e^{-b}$

　　$Y(z) = \dfrac{z\sin\omega_0}{z^2 - 2z\cos\omega_0 + 1}$, 　$|z| > 1$

6-14　利用单边 Z 变换求解下列差分方程。

(1) $y(k) - 2.5y(k-1) + y(k-2) = 0$, 　　　　　　$y(-1) = -1$, 　$y(-2) = 1$

(2) $y(k+2) + y(k+1) + y(k) = \varepsilon(k)$, 　　　　　　$y(0) = 1$, 　$y(1) = 2$

(3) $y(k) + y(k-1) + y(k-2) = \varepsilon(k-1)$, 　　　　$y(-2) = 0$, 　$y(-1) = 0$

(4) $y(k) + 0.1y(k-1) - 0.02y(k-2) = 10\varepsilon(k)$, 　$y(-1) = 4$, 　$y(-2) = 6$

(5) $y(k) = -5y(k-1) + k\varepsilon(k)$, 　　　　　　　　　　　　　$y(-1) = 0$

(6) $y(k) + 2y(k-1) = (k-2)\varepsilon(k)$, 　　　　　　　　　　　$y(0) = 1$

6-15　某离散时间 LTI 系统，当其输入为 $f(k) = \delta(k) + \dfrac{1}{2}\delta(k-1)$ 时，相应的输出为

$y(k) = \left(\dfrac{1}{2}\right)^k \varepsilon(k)$。

(1) 系统的传输算子 $H(E)$；

(2) 用 Z 变换方法求此系统的单位序列响应 $h(k)$；

(3) 写出此系统的差分方程，并画出模拟框图。

6-16　离散时间 LTI 因果系统的差分方程为

$$y(k) + 3y(k-1) + 2y(k-2) = 2f(k) + f(k-1)$$

已知系统的初始状态 $y(-1) = 0.5, y(-2) = 0.25$，输入 $f(k) = \varepsilon(k)$。

(1) 由 z 域求系统的零输入响应 $y_x(k)$ 和零状态响应 $y_f(k)$；

(2) 求系统的系统函数 $H(z)$，并判断系统是否稳定。

6-17　如题图 6-1 所示离散时间系统，求：

(1) 系统的差分方程式；

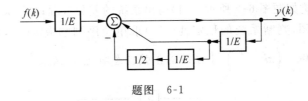

题图　6-1

（2）系统函数 $H(z)$，并作出零、极点分布图；

（3）系统的单位序列响应 $h(k)$，并画出波形图；

（4）保持 $H(z)$ 不变，画出一个节省延时单元的等效模拟框图。

6-18　因果系统的系统函数 $H(z)$ 如下所示，试说明这些系统是否稳定。

（1）$\dfrac{z+2}{8z^2-2z-3}$
　　　　　　　　　　（2）$\dfrac{2z-4}{2z^2+z-1}$

（3）$\dfrac{8(1-z^{-1}-z^{-2})}{2+5z^{-1}+2z^{-2}}$
　　　　　　　　（4）$\dfrac{1+z^{-1}}{1-z^{-1}+z^{-2}}$

（5）$\dfrac{z^4}{4z^4+3z^3+2z^2+z+1}$
　　　　　　　（6）$\dfrac{z^2+2z+1}{z^4+6z^3+3z^2+4z+5}$

6-19　已知离散时间系统

$$H(z) = \frac{z^2+3z+2}{2z^2-(k-1)z+1}$$

为使系统稳定，常数 k 应满足何条件？

6-20　对于下列差分方程所表示的离散系统

$$y(k)+y(k-1)=f(k)$$

（1）求系统函数 $H(z)$ 及单位序列响应 $h(k)$，并说明系统的稳定性；

（2）若系统的初始状态为零，$f(k)=10\varepsilon(k)$，求系统的响应。

6-21　已知系统函数如下，试绘其直接形式，并联形式及串联形式的模拟框图。

（1）$H(z)=\dfrac{3+3.6z^{-1}+0.6z^{-2}}{1+0.1z^{-1}-0.2z^{-2}}$
　　　　（2）$H(z)=\dfrac{1+z^{-1}+z^{-3}}{1-0.2z^{-1}+z^{-2}}$

（3）$H(z)=\dfrac{z^2}{(z+0.5)^3}$

6-22　粗略绘出下列系统函数的幅频响应曲线。

（1）$H(z)=\dfrac{1}{1+z^{-1}}$
　　　　　　　　　　（2）$H(z)=\dfrac{z^2}{z^2+0.5}$

6-23　已知某线性时不变离散时间系统，当初始状态一定，激励 $f(k)=\varepsilon(k)$ 时，系统全响应 $y_1(k)=[1+(2)^k]\varepsilon(k)$；若初始状态不变，激励增大 1 倍时，系统全响应 $y_2(k)=[2-(2)^k+(-0.5)^k]\varepsilon(k)$。

（1）求描述系统的差分方程；

（2）当初始状态增大 1 倍，激励 $f(k)=-\varepsilon(k)$ 时，求系统的全响应 $y_3(k)$；

（3）判断系统是否稳定，指明原因；

（4）画出系统直接模拟框图。

6-24　离散系统如题图 6-2 所示。(1)写出系统的差分方程；(2)求系统函数 $H(z)$，画出 $H(z)$ 的零、极点图，判断系统的稳定性；(3)求单位序列响应 $h(k)$，画出 $h(k)$ 的波形；(4)若激励 $f(k)=50\cos\left(\pi k-\dfrac{\pi}{2}\right)$，求系统的正弦稳态响应 $y_{\mathrm{s}}(k)$。

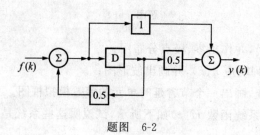

题图　6-2

第 7 章

离散信号的傅里叶变换及数字滤波器

通过 Z 变换可以把离散系统的数学模型——差分方程转化为较简单的代数方程求解。但由于 $F(z)$ 是 z 的连续函数,用计算机处理仍有一定的困难,因此可将离散信号在频域内抽样,使频谱离散化。与连续信号相似,可以对有限长序列导出其**离散傅里叶变换**,简称 **DFT**(discrete Fourier transform);对周期序列导出其**离散傅里叶级数**,简称 **DFS**(discrete Fourier series)。离散傅里叶变换是解决频谱离散化的有效手段,并因存在快速算法——**快速傅里叶变换**,简称 **FFT**(fast Fourier transform),在各种数字信号处理中得到广泛应用。

7.1 序列的傅里叶变换(DTFT)

7.1.1 定义

已知离散时间序列 $f(k)$ 的 Z 变换为

$$F(z) = \sum_{k=-\infty}^{\infty} f(k) z^{-k}$$

若 $F(z)$ 在单位圆上收敛,则把单位圆上的 Z 变换定义为序列的傅里叶变换,即

$$F(z) \mid_{z=\mathrm{e}^{\mathrm{j}\Omega}} = F(\mathrm{e}^{\mathrm{j}\Omega}) = \sum_{k=-\infty}^{\infty} f(k) \mathrm{e}^{-\mathrm{j}k\Omega} \tag{7-1}$$

序列的傅里叶变换定义为单位圆上的 Z 变换,因此与 Z 变换具有相同的性质。

序列的傅里叶变换也称为离散时间傅里叶变换,简称 DTFT(Discrete Time Fourier Transform)。必须指出,这里定义的离散时间傅里叶变换不要与"离散傅里叶变换"相混淆。

7.1.2 物理意义与存在条件

Z 逆变换的围线积分公式为

$$f(k) = \frac{1}{2\pi\mathrm{j}} \oint_C F(z) z^{k-1} \mathrm{d}z$$

若把积分围线 C 取在单位圆上,则有

$$f(k) = \frac{1}{2\pi\mathrm{j}} \oint_{z=e^{\mathrm{j}\Omega}} F(e^{\mathrm{j}\Omega}) e^{\mathrm{j}k\Omega} e^{-\mathrm{j}\Omega} \mathrm{d}(e^{\mathrm{j}\Omega}) = \frac{1}{2\pi} \int_{-\pi}^{\pi} F(e^{\mathrm{j}\Omega}) e^{\mathrm{j}k\Omega} \mathrm{d}\Omega \tag{7-2}$$

而连续信号的傅里叶反变换为

$$f(t) = \frac{1}{2\pi} \int_{-\infty}^{\infty} F(\mathrm{j}\omega) e^{\mathrm{j}\omega t} \mathrm{d}\omega$$

将上式与式(7-2)比较会发现:

(1) $e^{\mathrm{j}\omega t}$ 是连续信号不同频率的复指数分量,$e^{\mathrm{j}k\Omega}$ 是序列不同频率的复指数分量。

(2) ω 和 Ω 都是频域中频率的概念,只不过 ω 是模拟角频率,而 Ω 是数字角频率。

(3) 连续信号可以分解为一系列不同频率的复指数分量的叠加,分量的复振幅为 $F(\mathrm{j}\omega)$;序列可以分解为一系列不同数字角频率分量的叠加,分量的复振幅为 $F(e^{\mathrm{j}\Omega})$。

(4) $F(\mathrm{j}\omega)$ 是连续信号的频谱密度函数,是频谱的概念,$F(e^{\mathrm{j}\Omega})$ 也可以看作是序列的频谱。一个明显的区别是 ω 是模拟角频率,变化范围是没有限制的;而数字角频率 Ω 的变化虽然是连续的,但变化范围却限制在 $\pm\pi$ 内。

式(7-1)和式(7-2)构成了序列的傅里叶变换对,可写为

$$f(k) \longleftrightarrow F(e^{\mathrm{j}\Omega}) \tag{7-3}$$

其中

$$F(e^{\mathrm{j}\Omega}) = \sum_{k=-\infty}^{\infty} f(k) e^{-\mathrm{j}k\Omega}$$

称为序列的傅里叶正变换;而

$$f(k) = \frac{1}{2\pi} \int_{-\pi}^{\pi} F(e^{\mathrm{j}\Omega}) e^{\mathrm{j}k\Omega} \mathrm{d}\Omega$$

称为序列的傅里叶反变换。

序列的傅里叶变换存在条件是序列的 Z 变换必须在单位圆上收敛,即

$$F(z)\big|_{|z|=1} = \left[\sum_{k=-\infty}^{\infty} |f(k) z^{-k}| \right]_{|z|=1} < \infty \tag{7-4}$$

即

$$\sum_{k=-\infty}^{\infty} |f(k)| < \infty \tag{7-5}$$

上式说明序列的傅里叶变换存在的条件是序列绝对可和,并非所有序列都能满足此条件以使式(7-1)的级数收敛。例如 $f(k)$ 为一个单位阶跃序列或为实或复的指数序列(对所有 k)时,就不收敛。

7.1.3　特点与应用

由序列的傅里叶变换(频谱)的定义式(7-1)可知:$F(e^{\mathrm{j}\Omega})$ 是 $e^{\mathrm{j}k\Omega}$ 的函数,而 $e^{\mathrm{j}k\Omega}$ 是 Ω 的以 2π 为周期的函数;$e^{\mathrm{j}k\Omega}$ 独立分量的频率 Ω 在 $-\pi$ 至 $+\pi$ 之区间内,其他均是重复的,这也是式(7-2)中积分范围 Ω 在 $-\pi$ 至 $+\pi$ 区间,而不是 $-\infty$ 至 $+\infty$ 的原因。

因为 $F(e^{\mathrm{j}\Omega})$ 是连续周期函数,对它作连续傅里叶级数展开,式(7-1)正是序列频谱傅里叶级数的展开式,而序列 $f(k)$ 正是这一级数的各项系数。这是对序列傅里叶变换的另一种理解,在后面的 FIR 数字滤波器的设计中要用到这个概念。

序列可以表示为复指数序列分量的叠加,在线性时不变系统的分析中,这一概念极为重要。系统对复指数序列的响应完全由系统的频率响应 $H(e^{j\Omega})$ 确定。序列 $f(k)$ 既然可以看作一系列幅度不同的复指数序列分量的叠加,那么一个线性时不变系统对于输入 $f(k)$ 的输出响应 $y(k)$ 为

$$y(k) = \frac{1}{2\pi} \int_{-\pi}^{\pi} H(e^{j\Omega}) F(e^{j\Omega}) e^{jk\Omega} \, d\Omega$$

则输出序列的傅里叶变换为

$$Y(e^{j\Omega}) = F(e^{j\Omega}) H(e^{j\Omega}) \tag{7-6}$$

上式从傅里叶变换的角度说明了系统频率响应的意义。

7.2　离散傅里叶级数(DFS)

在连续系统中,已经讨论过连续非周期信号的频谱、连续周期信号的频谱,上节又讨论了离散非周期信号的频谱,本节将讨论离散周期信号的频谱,即离散傅里叶级数。

7.2.1　傅里叶变换在时域与频域中的对称规律

如图 7-1(a)所示,连续非周期信号 $f_a(t)$ 的傅里叶变换(频谱)$F_a(j\omega)$ 是非周期的连续谱,即时域上的非周期对应频域上的连续,或频域上的连续对应时域上的非周期。

如图 7-1(b)所示,连续周期信号 $f_T(t)$ 的频谱是非周期的离散谱 $F_T(k\omega_1)$,$f_T(t)$ 可看作是 $f_a(t)$ 的周期延拓而构成。这样的对应结果是:$F_T(k\omega_1)$ 是对图 7-1(a)中的频谱 $F_a(j\omega)$ 以采样频率 ω_1 的抽样,相应的时域上周期延拓波形的周期为 $T_1 = 2\pi\omega_1$。由此可以得到连续信号的时、频域的对称规律:时域上的周期化将产生频域的离散化。

如图 7-1(c)所示,非周期序列是对 7-1(a)中 $f_a(t)$ 抽样所得(设抽样周期为 T),可以有两种描述:一是冲激抽样信号 $f_s(kT)$;二是直接表示为抽样序列 $f(k)$,频谱相应为 $F_s(j\omega)$ 与 $F(e^{j\Omega})$。二者在数值上是相等的,但频率之间要满足映射关系(反映在频谱图上只是频率轴的坐标比例不同)。根据时域抽样的结果:时域上的抽样将产生原连续信号频谱 $F_s(j\omega)$ 在频率轴上的周期延拓,延拓周期为抽样频率 $\omega_s = 2\pi/T$。由此可得到时、频域的另一个对称规律:时域上的离散化将产生频谱的周期化。

由上述规律,可定性得出离散周期序列频谱的基本特点。离散周期序列在时域上可用连续周期信号的冲激抽样 $f_{ps}(kT)$ 表示,也可直接用周期序列 $f_p(k)$ 来描述,频谱相应地表示为 $F(e^{jk\Omega_1})$ 或 $F_p(k\omega_1)$。两种形式的表示结果除频谱图上横坐标比例不同外,其他都相同。这个规律可有两种理解:

(1) 离散周期序列时域上看作连续周期信号 $f_t(t)$ 的离散化。根据时域上的离散化产生频谱的周期化,可知其频谱是非周期离散谱的周期化 $F_p(k\omega_1)$,即周期的离散谱。

(2) 在时域上可以看作是离散非周期信号 $f_s(kT)$ 或 $f(k)$ 的周期化。根据时域的周期化将产生频谱的离散化的规律,也可得出离散周期信号的频谱是周期离散谱的结论。

总之,对于时域上的离散周期信号,其频谱是周期离散的。

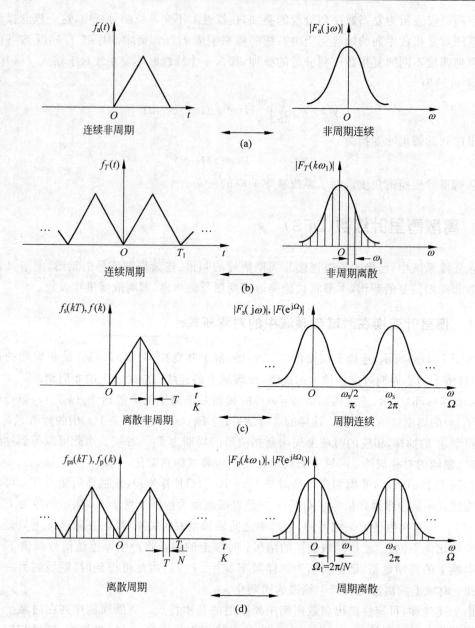

图 7-1　信号在时、频域中的对称规律

四种信号在时、频域的对称规律归纳如表 7-1 所示。

由表 7-1 可以得到信号傅里叶变换在时域上关于离散性与周期性方面的对称规律如下：

（1）在一个域中（时域或频域）是连续的，对应在另一个域中（频域或时域）是非周期的。

表 7-1　信号在时、频域的对称规律

时　域	频　域
连续非周期	非周期连续
连续周期	非周期离散
离散非周期	周期连续
离散周期	周期离散

（2）在一个域中（时域或频域）是离散的，对应在另一个域中（频域或时域）是周期性的。

7.2.2　离散傅里叶级数

知道离散周期信号的频谱特点，将其定量地用数字定义式表达出来，就得到周期序列的傅里叶级数展开式。

由序列的傅里叶变换，即非周期序列的频谱的物理含义可知

$$f(k) = \frac{1}{2\pi} \int_{-\pi}^{\pi} F(e^{j\Omega}) e^{jk\Omega} d\Omega \tag{7-7}$$

即一个非周期序列 $f(k)$ 可以在频域上分解为一系列连续的、不同频率的复指数序列 $e^{jk\Omega}$ 的叠加积分，其频谱 $F(e^{j\Omega})$ 表示了这些不同频率指数序列分量的复幅度，频率 Ω 是周期性的，它的独立分量的频率 Ω 在 $-\pi$ 到 $+\pi$ 之间，或者在 $0 \sim 2\pi$ 之间。

周期序列的频谱是非周期序列频谱的离散化，根据频谱的含义，一个周期序列可以分解成一系列 Ω 为离散（$n\Omega_1$）的指数序列分量 $e^{jn\Omega_1 k}$ 的叠加，其频率间隔由图 7-1(d) 中可求得为

$$\Omega_1 = \omega_1 T, \quad \omega_1 = \frac{2\pi}{T_1}, \quad T_1 = NT \tag{7-8}$$

所以

$$\Omega_1 = \frac{2\pi}{T_1} T = \frac{2\pi}{NT} T = \frac{2\pi}{N} \tag{7-9}$$

式中，ω_1 为模拟角频率间隔或抽样频率；Ω_1 为数字角频率间隔；T_1 为冲激抽样周期信号的周期；T 为序列的间隔（时域采样间隔）；n 为谐波阶次（$n=0,1,2,\cdots$）；N 为周期序列的周期（序列中一个周期的样点总数）。

若任意 n 次频率的复指数序列分量的 $e^{jn\Omega_1 k}$ 的复幅度用 $F_p(n)$ 表示，则可写出其各次频率分量及其复幅度：

直流分量 $e^{j0\Omega_1 k} = e^{j\frac{2\pi}{N}0 \cdot k}$，幅度为 $F_p(0)$；

基频分量 $e^{j1\Omega_1 k} = e^{j\frac{2\pi}{N}1 \cdot k}$，幅度为 $F_p(1)$；

二次分量 $e^{j2\Omega_1 k} = e^{j\frac{2\pi}{N}2 \cdot k}$，幅度为 $F_p(2)$；

$\vdots$

n 次分量 $e^{jn\Omega_1 k} = e^{j\frac{2\pi}{N}n \cdot k}$，幅度为 $F_p(n)$；

$\vdots$

$N-1$ 次分量 $e^{j(N-1)\Omega_1 k} = e^{j\frac{2\pi}{N}(N-1) \cdot k}$，幅度为 $F_p(N-1)$。

由于复指数序列具有周期性，且周期为 N，即

$$e^{j\frac{2\pi}{N}(N+n)k} = e^{j\frac{2\pi}{N}nk} \tag{7-10}$$

所以独立分量只有 N 个，即离散频率 $k\Omega_1$ 分布在 $0 \sim 2\pi$ 之间，只有 N 个独立频率分量。因此一个周期为 N 的周期序列 $f_p(k) = f_p(k+mN)$ 可以用此 N 个复指数序列分量来表示，即

$$f_p(k) = \frac{1}{N}\Big[F_p(0)e^{j\frac{2\pi}{N}0 \cdot k} + F_p(1)e^{j\frac{2\pi}{N}1 \cdot k} + \cdots + F_p(n)e^{j\frac{2\pi}{N}n \cdot k} + \cdots + F_p(N-1)e^{j\frac{2\pi}{N}(N-1) \cdot k}\Big]$$

$$f_p(k) = \frac{1}{N}\sum_{n=0}^{N-1} F_p(n)e^{j\frac{2\pi}{N}n \cdot k} \tag{7-11}$$

上式即为周期序列的傅里叶级数展开式，它表明一个周期为 N 的周期序列可以用 N

个不同频率的复指数序列分量的叠加和来表示,这些分量的系数 $F_p(n)$ 就是周期序列的频谱。式中 $1/N$ 是习惯用法,它对表示各分量的相对组成没有影响。

根据式(7-11)可推得 $F_p(n)$ 的解析表达式。将式(7-11)的两边同乘以 $e^{-j\frac{2\pi}{N}rk}$,再进行 $\sum\limits_{k=0}^{N-1}$ 的运算,可得

$$\sum_{k=0}^{N-1} f_p(k) e^{-j\frac{2\pi}{N}rk} = \sum_{k=0}^{N-1} \left[\frac{1}{N} \sum_{n=0}^{N-1} F_p(n) e^{j\frac{2\pi}{N}nk} \right] e^{-j\frac{2\pi}{N}rk} = \sum_{k=0}^{N-1} F_p(n) \left[\frac{1}{N} \sum_{k=0}^{N-1} e^{j\frac{2\pi}{N}(n-r)k} \right] \quad (7\text{-}12)$$

而

$$\frac{1}{N} \sum_{k=0}^{N-1} e^{j\frac{2\pi}{N}(n-r)k} = \frac{1}{N} \frac{1-e^{j\frac{2\pi}{N}(n-r)N}}{1-e^{j\frac{2\pi}{N}(n-r)}} = \begin{cases} 1, & n=r \\ 0, & n \neq r \end{cases} \quad (7\text{-}13)$$

因此,有

$$\sum_{k=0}^{N-1} f_p(k) e^{-j\frac{2\pi}{N}rk} = F_p(r) \quad (7\text{-}14)$$

若将变量 r 换成 n,可得

$$F_p(n) = \sum_{k=0}^{N-1} f_p(k) e^{-j\frac{2\pi}{N}nk} \quad (7\text{-}15)$$

对于式(7-15)有两种理解。一种理解为:对于 N 点长的有限长序列,它代表 $n=0,1$, $2,\cdots,N-1$ 个复指数分量的系数,其他 n 值均为零。另一种理解为:对于所有 k 值均有定义的周期序列(周期为 N),该式表示求取 $f_p(k)$ 的复指数分量的系数,起正变换的作用,是与 $f_p(k)$ 对应的频谱。后一种理解表明了周期序列的频谱也是周期序列。式(7-11)和式(7-15)构成了离散傅里叶级数的变换对。式(7-15)是傅里叶级数的正变换,以符号 DFS[·]表示,式(7-11)是离散傅里叶级数的反变换,以符号 IDFS[·]表示,写成

$$F_p(n) = \text{DFS}[f_p(k)] = \sum_{k=0}^{N-1} f_p(k) e^{-j\frac{2\pi}{N}kn} \quad (7\text{-}16)$$

$$f_p(k) = \text{IDFS}[F_p(n)] = \frac{1}{N} \sum_{n=0}^{N-1} F_p(n) e^{j\frac{2\pi}{N}nk} \quad (7\text{-}17)$$

为了表达简洁,引入符号 W_N,令

$$W_N = e^{-j\frac{2\pi}{N}} \quad (7\text{-}18)$$

从而可将式(7-16)和式(7-17)改写为

$$F_p(n) = \text{DFS}[f_p(k)] = \sum_{k=0}^{N-1} f_p(k) W_N^{kn} \quad (7\text{-}19)$$

$$f_p(k) = \text{IDFS}[F_p(n)] = \frac{1}{N} \sum_{n=0}^{N-1} F_p(n) W_N^{-nk} \quad (7\text{-}20)$$

7.3 离散傅里叶变换(DFT)

离散傅里叶级数的正、反变换 DFS、IDFS 都是无限长的周期序列,要解决离散信号的分析处理或离散系统的设计实现等实用化方面的问题,还需要在理论上对序列的有限长化问题进一步研究。离散傅里叶变换就是对有限长序列进行的傅里叶变换。

7.3.1　DFT 的定义式

对于一个周期序列 $f_p(k)$,定义它的第一个周期的有限长序列为其主值序列,用 $f(k)$ 表示(去掉 $f_p(k)$ 的下标 p)为

$$f(k) = \begin{cases} f_p(k), & 0 \leqslant k \leqslant N-1 \\ 0, & \text{其他} \end{cases} \tag{7-21}$$

主值序列也可以表示为周期序列和一个矩形序列(门序列)相乘的结果,即

$$f(k) = f_p(k)G_N(k) \tag{7-22}$$

周期序列 $f_p(k)$ 也可以看作是有限长序列 $f(k)$ 以 N 为周期的延拓,其关系为

$$f_p(k) = \sum_{r=-\infty}^{\infty} f(k+rN) \tag{7-23}$$

为了书写方便,也将式(7-23)表示为

$$f_p(k) = f((k))_N \tag{7-24}$$

式中,$((k))_N$ 表示 k 对 N 取余数,或称 k 对 N 取模值。

如 $f_p((13))_8 = f((8+5))_8 = f(5)$,　$f_p((-22))_8 = f((-3\times8+2))_8 = f(2)$

相应地,主值序列 $F(n)$ 和 $F_p(n)$ 的关系为

$$F(n) = F_p(n)G_N(N) \tag{7-25}$$

$$F_p(n) = \sum_{r=-\infty}^{\infty} F(n+rN) = F((n))_N \tag{7-26}$$

有了主值序列的概念,再来考查 DFS 的定义式

$$F_p(n) = \text{DFS}[f_p(k)] = \sum_{k=0}^{N-1} f_p(k)W_N^{kn}$$

$$f_p(k) = \text{IDFS}[F_p(n)] = \frac{1}{N}\sum_{n=0}^{N-1} F_p(n)W_N^{-nk}$$

因此只用主值序列 $F(n)$ 和 $f(k)$ 就可完全表达周期无限长序列 $F_p(n)$ 和 $f_p(k)$,即上两式的周期序列 $F_p(n)$ 和 $f_p(k)$ 换成主值序列 $F(n)$ 和 $f(k)$,运算式仍然成立,这样就得到任意有限长序列的变换对

$$F(n) = \text{DFT}[f(k)] = \sum_{k=0}^{N-1} f(k)W_N^{kn}, \qquad 0 \leqslant n \leqslant N-1 \tag{7-27}$$

$$f(k) = \text{IDFT}[F(n)] = \frac{1}{N}\sum_{n=0}^{N-1} F(n)W_N^{-nk}, \qquad 0 \leqslant k \leqslant N-1 \tag{7-28}$$

式(7-27)称为离散傅里叶正变换,以 $\text{DFT}[\cdot]$ 表示;式(7-28)称为离散傅里叶反变换,以 $\text{IDFT}[\cdot]$ 表示。

以上两式写成矩阵形式为

$$\begin{bmatrix} F(0) \\ F(1) \\ \vdots \\ F(N-1) \end{bmatrix} = \begin{bmatrix} W^0 & W^0 & W^0 & \cdots & W^0 \\ W^0 & W^{1\times1} & W^{2\times1} & \cdots & W^{(N-1)\times1} \\ \vdots & \vdots & \vdots & \ddots & \cdots \\ W^0 & W^{1\times(N-1)} & W^{2\times(N-1)} & \cdots & W^{(N-1)\times(N-1)} \end{bmatrix} \begin{bmatrix} f(0) \\ f(1) \\ \vdots \\ f(N-1) \end{bmatrix} \tag{7-29}$$

$$\begin{bmatrix} f(0) \\ f(1) \\ \vdots \\ f(N-1) \end{bmatrix} = \frac{1}{N} \begin{bmatrix} W^0 & W^0 & W^0 & \cdots & W^0 \\ W^0 & W^{-1\times1} & W^{-2\times1} & \cdots & W^{-(N-1)\times1} \\ \vdots & \vdots & \vdots & \ddots & \cdots \\ W^0 & W^{-1\times(N-1)} & W^{-2\times(N-1)} & \cdots & W^{-(N-1)\times(N-1)} \end{bmatrix} \begin{bmatrix} F(0) \\ F(1) \\ \vdots \\ F(N-1) \end{bmatrix}$$

$$(7\text{-}30)$$

或写成

$$\boldsymbol{F}(n) = \boldsymbol{W}^{kn} \boldsymbol{f}(k) \tag{7-31}$$

$$\boldsymbol{f}(k) = \frac{1}{N} \boldsymbol{W}^{-nk} \boldsymbol{F}(n) \tag{7-32}$$

式中，$\boldsymbol{F}(n)$ 与 $\boldsymbol{f}(k)$ 分别表示为 N 行的列矩阵；$\boldsymbol{W}^{kn}$ 和 $\boldsymbol{W}^{-nk}$ 分别为 $N\times N$ 的对称方阵。

例 7-1　用矩阵表示式求矩阵序列 $f(k)=G_4(k)$ 的 DFT，再由所得 $F(n)$ 经 IDFT 反求 $f(k)$，并验证所求结果的正确性。

解　$N=4$，故 $W_N = \mathrm{e}^{-\mathrm{j}\frac{2\pi}{N}} = \mathrm{e}^{-\mathrm{j}\frac{2\pi}{4}} = -\mathrm{j}$

$$\begin{bmatrix} F(0) \\ F(1) \\ F(2) \\ F(3) \end{bmatrix} = \begin{bmatrix} W^0 & W^0 & W^0 & W^0 \\ W^0 & W^1 & W^2 & W^3 \\ W^0 & W^2 & W^4 & W^6 \\ W^0 & W^3 & W^6 & W^9 \end{bmatrix} \begin{bmatrix} f(0) \\ f(1) \\ f(2) \\ f(3) \end{bmatrix} = \begin{bmatrix} 1 & 1 & 1 & 1 \\ 1 & -\mathrm{j} & -\mathrm{j} & \mathrm{j} \\ 1 & -1 & 1 & -\mathrm{j} \\ 1 & \mathrm{j} & -1 & 1 \end{bmatrix} \begin{bmatrix} 1 \\ 1 \\ 1 \\ 1 \end{bmatrix} = \begin{bmatrix} 4 \\ 0 \\ 0 \\ 0 \end{bmatrix}$$

再由 $F(n)$ 反变换求 $f(k)$

$$\begin{bmatrix} f(0) \\ f(1) \\ f(2) \\ f(3) \end{bmatrix} = \frac{1}{N} \begin{bmatrix} W^0 & W^0 & W^0 & W^0 \\ W^0 & W^{-1} & W^{-2} & W^{-3} \\ W^0 & W^{-2} & W^{-4} & W^{-6} \\ W^0 & W^{-3} & W^{-6} & W^{-9} \end{bmatrix} \begin{bmatrix} F(0) \\ F(1) \\ F(2) \\ F(3) \end{bmatrix} = \frac{1}{4} \begin{bmatrix} 1 & 1 & 1 & 1 \\ 1 & \mathrm{j} & -1 & -\mathrm{j} \\ 1 & -1 & 1 & -1 \\ 1 & -\mathrm{j} & -1 & \mathrm{j} \end{bmatrix} \begin{bmatrix} 4 \\ 0 \\ 0 \\ 0 \end{bmatrix} = \begin{bmatrix} 1 \\ 1 \\ 1 \\ 1 \end{bmatrix}$$

$f(k)$ 与 $F(n)$ 的图形如图 7-2 所示。

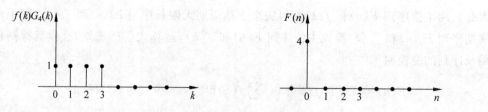

图 7-2　DFT 和 IDFT 变换结果

7.3.2　DFT 的物理意义

连续信号的傅里叶变换称为信号的频谱函数，有限长序列的频谱即傅里叶变换正如 7.1 节所述，是一个连续的、周期性的频谱，而有限长序列的离散傅里叶变换 DFT 却是离散序列。可以证明：有限长序列的 DFT 是其频谱的抽样值。

设有限长序列 $f(k)$ 的长度为 N 点，其 Z 变换为

$$F(z) = \sum_{k=0}^{N-1} f(k) z^{-k}$$

因序列为有限长,满足绝对可和的条件,其 Z 变换的收敛域必定包含单位圆,则序列的傅里叶变换(即单位圆上的 Z 变换)为

$$F(z) = F(z)\,|_{z=e^{j\Omega}} = \sum_{k=0}^{N-1} f(k) e^{-jk\Omega}$$

现以 $\Omega_1 = \dfrac{2\pi}{N}$ 为间隔,把单位圆均匀等分为 N 个点,则在第 n 个等分点 $\Omega = n\Omega_1 = n\dfrac{2\pi}{N}$ 点上的值为

$$F(e^{j\Omega})\,|_{\Omega=\frac{2\pi}{N}n} = \sum_{k=0}^{N-1} f(k) e^{-j\frac{2\pi}{N}kn} = \mathrm{DFT}[f(k)] = F(n) \tag{7-33}$$

或

$$F(n) = F(e^{j\Omega})\,|_{\Omega=\frac{2\pi}{N}n} = F(z)\,|_{z=e^{j\frac{2\pi}{N}n}} \tag{7-34}$$

上式证明了有限长序列的 DFT 就是序列在单位圆上的 Z 变换(即有限长序列的傅里叶变换或频谱)以 $\Omega_1 = \dfrac{2\pi}{N}$ 为间隔的抽样值,如图 7-3 所示。

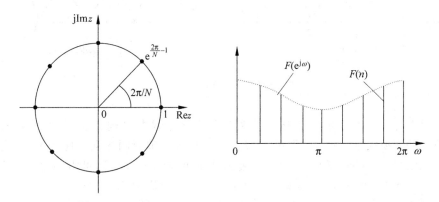

图 7-3　DFT 与序列傅里叶变换的对比

例 7-2　已知某长度为 4 的离散时间信号 $f(k) = \{1, 1, 1, 1; k = 0, 1, 2, 3\}$。

(1) 计算信号 $f(k)$ 的傅里叶变换 $F(e^{j\Omega})$ 和离散傅里叶变换 $F(n)$,并比较两者之间的关系。

(2) 在序列 $f(k)$ 后补 0 得到序列 $f_1(k) = \{1, 1, 1, 1, 0, 0, 0, 0; k = 0, 1, 2, 3, 4, 5, 6, 7\}$,试计算其傅里叶变换 $F_1(e^{j\Omega})$ 和离散傅里叶变换 $F_1(n)$,与(1)的结果比较,可得出何结论?

解　(1) 因为 $F(e^{j\Omega}) = \displaystyle\sum_{k=-\infty}^{\infty} f(k) e^{-jk\Omega}$

故　　$F(e^{j\Omega}) = \displaystyle\sum_{k=-\infty}^{\infty} f(k) e^{-jk\Omega} = \sum_{k=0}^{3} f(k) e^{-jk\Omega} = e^{-j\frac{3}{2}\Omega} \cdot \left[2\cos\left(\dfrac{3}{2}\Omega\right) + 2\cos\left(\dfrac{1}{2}\Omega\right) \right]$

又根据离散傅里叶变换的定义,可得长度为 4 的 DFT,$F(n)$ 为

$$F(n) = \sum_{k=0}^{N-1} f(k) \cdot e^{-j\frac{2\pi}{N} \cdot mk} = \sum_{k=0}^{3} f(k) \cdot e^{-j\frac{2\pi}{4} \cdot mk} = \begin{cases} 4, & m = 0 \\ 0, & m = 1, 2, 3 \end{cases}$$

比较 $F(e^{j\Omega})$ 与 $F(n)$,可以验证式(7-34)成立,即有

$$F(n) = F(e^{j\Omega})\mid_{\Omega=\frac{2\Omega}{4}n} \quad n = 0,1,2,3$$

(2) $F_1(e^{j\Omega}) = \sum_{k=0}^{7} f_1(k) \cdot e^{-jk\Omega} = \sum_{k=0}^{3} e^{-jk\Omega} = e^{-j\frac{3}{2}\Omega}\left[2\cos\left(\frac{3}{2}\Omega\right) + 2\cos\left(\frac{1}{2}\Omega\right)\right]$

长度为 8 的序列 $f_1(k)$，对应的 $F_1(n)$ 为

$$F_1(n) = \sum_{k=0}^{7} f_1(k) \cdot e^{-j\frac{2\pi}{8}mk} = \sum_{k=0}^{3} e^{-j\frac{2\pi}{8}\cdot mk}$$

将 $m=0,1,2,3,4,5,6,7$ 分别代入得

$$F_1(n) = \{4, 1-(1+\sqrt{2})j, 0, 1+(1-\sqrt{2})j, 0, 1+(-1+\sqrt{2})j, 0, 1+(1+\sqrt{2})j\}$$

序列 $f(k)$ 和 $f_1(k)$ 的傅里叶变换及离散傅里叶变换的幅度频谱如图 7-4 所示,其中曲线表示 $f(k)$ 及 $f_1(k)$ 的傅里叶变换 $|F(e^{j\Omega})|$ 及 $|F_1(e^{j\Omega})|$,圆点表示 $|F(n)|$ 及 $|F_1(n)|$。

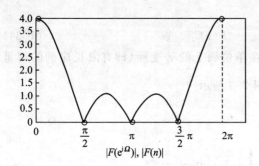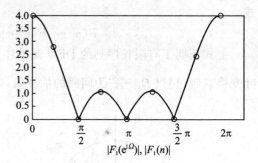

图 7-4　例 7-2 图

比较以上计算结果可见,在有限长序列后补 0,不会增加任何信息,补 0 前后的两序列对应的傅里叶变换完全一致,即 $F(e^{j\Omega}) = F_1(e^{j\Omega})$,但补 0 前后两序列对应的 DFT 则存在明显差别。从信号表示的角度来看,对于长度为 N 的时域序列 $f(k)$,可由 N 点的 DFT $F(n)$ 唯一表示,$F(n)$ 是序列 $f(k)$ 的傅里叶变换 $F(e^{j\Omega})$ 在一个周期 2π 内的等间隔抽样。由于抽样间隔不同,所以 $F(n)$ 和 $F_1(n)$ 不同。但以信号频谱分析的角度,在序列 $f(k)$ 后补 0,可以在 $F(e^{j\Omega})$ 的一个周期 2π 内获得更多的抽样值,从 $F_1(n)$ 中可以观察到 $F(e^{j\Omega})$ 更多的细节。

7.4　离散傅里叶变换的性质

1. 线性特性

若

$$F_1(n) = \text{DFT}[f_1(k)], \quad F_2(n) = \text{DFT}[f_2(k)]$$

则

$$\text{DFT}[af_1(k) + bf_2(k)] = aF_1(n) + bF_2(n) \tag{7-35}$$

式中 a,b 为任意常数。如果两个序列的长度不相等,以最长的序列为基准,对短序列补零,使序列长度相等后再进行线性相加,经过补零的序列频谱会变密,但不影响问题的实质。

2. 移位特性

一个有限长序列 $x(k)$ 向左移动 m 位的圆周移位定义为

$$f(k) = x((k+m))_N G_N(k) \tag{7-36}$$

上式可以理解为将 $x(k)$ 以 N 为周期延拓,构成周期序列 $x((k))_N$,然后对周期序列作 m 位平行移位处理,得移位序列 $x((k+m))_N$,再取其主值(与一门序列 $G_N(k)$ 相乘),得到的 $x((k+m))_N G_N(k)$ 就是圆周移位序列。有限长序列经过延拓后,当序列的第一个周期左移 m 位后,紧靠第一个周期右边的序列值就依次填补了第一个周期序列左移后右边的空位,如同序列 $x(k)$ 排列在一个 N 等分的圆周上,N 个点首尾相衔接。如果想象将序列 $x(k)$ 按逆时针方向排列在一个 N 等分的圆周上,向左移动 m 位相当于将序列在圆周上顺时针旋转 m 位,圆周移位简称圆移位或循环移位。图 7-5 所示为将序列 $x(k)$($N=8$)圆周左移 $m=2$ 位。

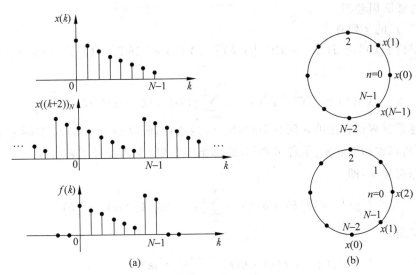

图 7-5　序列的圆周移位

由图 7-5 可以看出:当序列 $x(k)$ 左移 $m=2$ 时,空出右边两个空位,被右边另一周期的序列值依次填补,就好像序列 $x(k)$ 排列在 8 等分的圆周上,8 个序列点首尾相连,当序列左移 $m=2$ 位时,相当于 $x(k)$ 在圆周上顺时针旋转 $m=2$ 位。

3. 时移特性

若

$$\text{DFT}[f(k)] = F(n)$$

则

$$\text{DFT}[f((k+m))_N G_N(k)] = W_N^{-mn} F(n) \tag{7-37}$$

式中,W_N^{-mn} 指序列在频域中的相移。时移特性表明:序列在时域上圆周移位,频域上将产生附加相移。对式(7-37)进行反变换可以得到

$$\text{IDFT}[W_N^{-mn} F(n)] = f((k+m))_N G_N(k) \tag{7-38}$$

4. 频移特性

若

$$\text{DFT}[f(k)] = F(n)$$

则

$$\text{DFT}[f(k)W_N^{-kl}] = F_p(n-l)G_N(n) \tag{7-39}$$

且

$$\text{IDFT}[F((n-l))_N G_N(n)] = f(k)W_N^{-kl} \tag{7-40}$$

上述特性说明：若序列在时域上乘以复指数序列 W_N^{-kl}，则在频域上 $F(n)$ 将圆周移 l 位，这可以看作调制信号的频谱搬移，因而又称为**调制定理**。

5. 圆周卷积特性

（1）时域圆周卷积

若对 N 点的序列有

$$F(n) = \text{DFT}[f(k)], \quad H(n) = \text{DFT}[h(k)], \quad Y(n) = \text{DFT}[y(k)], \quad Y(n) = X(n)H(n)$$

则

$$y(k) = \text{IDFT}[Y(n)] = \sum_{m=0}^{N-1} f(m)h((k-m))_N G_N(k) \tag{7-41}$$

上述卷积过程仅在主值区间 $0 \leqslant m \leqslant N-1$ 内进行，所以 $h((k-m))_N$ 实际上是 $h(m)$ 的圆周移位，所以称圆周卷积，简称圆卷积，或称循环卷积。常用符号 $\circledast$ 表示圆周卷积，以区别于线性卷积符号 $*$，即

$$y(k) = f(k) \circledast h(k) = \sum_{m=0}^{N-1} f(m)h((k-m))G_N(k) \tag{7-42}$$

而线性卷积是

$$y(k) = f(k) * h(k) = \sum_{m=-\infty}^{\infty} f(m)h(k-m)$$

圆周卷积的过程如图 7-6 所示。

（2）频域圆卷积

若

$$y(k) = f(k)h(k)$$

则

$$Y(n) = \text{DFT}[y(k)] = \frac{1}{N} \sum_{l=0}^{N-1} F(l)H((n-l))_N G_N(n) \tag{7-43}$$

6. 实数序列奇偶性(对称性)

设 $f(k)$ 为实序列，$F(n) = \text{DFT}[f(k)]$，则

$$F(n) = \sum_{k=0}^{N-1} f(k)e^{-j\frac{2\pi}{N}kn}$$

$$= \sum_{k=0}^{N-1} f(k)\cos\frac{2\pi}{N}kn - j\sum_{k=0}^{N-1} f(k)\sin\frac{2\pi}{N}kn = F_R(n) + jF_I(n)$$

其中，$F(n)$ 的实部

$$F_R(n) = \sum_{k=0}^{N-1} f(k)\cos\frac{2\pi}{N}kn \tag{7-44}$$

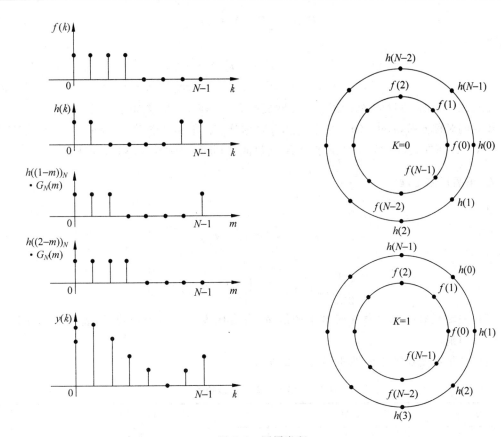

图 7-6　圆周卷积

是 n 的偶函数；$F(n)$ 的虚部

$$F_I(n) = -\sum_{k=0}^{N-1} f(k)\sin\frac{2\pi}{N}kn \tag{7-45}$$

是 n 的奇函数。于是有

$$F(n) = F_R(n) + jF_I(n) = F^*((-n))_N G_N(n) \tag{7-46}$$

式中，$F^*(\cdot)$ 为 $F(\cdot)$ 的共轭函数。

$F(n)$ 的幅度和相位分别为

$$\mid F(n)\mid = \sqrt{F_R^2(n) + F_I^2(n)}$$

$$\arg[F(n)] = \arctan\frac{F_I(n)}{F_R(n)}$$

它们分别为 n 的偶函数和奇函数，并分别具有半周期偶对称和奇对称的特点。设 $f(k)$ 是实序列，其 DFT 可以写成

$$F(n) = \mathrm{DFT}[f(k)] = \sum_{k=0}^{N-1} f(k)W_N^{kn} = \left[\sum_{k=0}^{N-1} f(k)W_N^{-kn}\right]^*$$

$$= \left[\sum_{k=0}^{N-1} f(N-k)W_N^{-n(N-k)}\right]^* = F^*(N-n) \tag{7-47}$$

即

$$F(n) = F^*(N-n) \tag{7-48}$$

从而有

$$\mid F(n) \mid = \mid F^*(N-n) \mid = \mid F(N-n) \mid \tag{7-49}$$

$$\arg[F(n)] = \arg[F^*(N-n)] = -\arg[F(N-n)] \tag{7-50}$$

上述式子表明：实数序列的离散傅里叶变换 $F(n)$，在 $0\sim N$ 范围内，对于 $N/2$ 点，$\mid F(n) \mid$ 呈半周期偶对称分布，$\arg[F(n)]$ 呈半周期奇对称分布。但由于长度为 N 的 $F(n)$ 有值区间是 $0\sim N-1$，而在式(7-48)中增加了第 N 点数值，因此其对称性并不是很严格。

7. 帕塞瓦尔定理

若

$$F(n) = \mathrm{DFT}[f(k)]$$

则

$$\sum_{k=0}^{N-1} \mid f(k) \mid^2 = \frac{1}{N}\sum_{n=0}^{N-1} \mid F(n) \mid^2 \tag{7-51}$$

式(7-51)左端代表离散信号在时域中的能量，右端代表在频域中的能量，表明变换过程中能量是守恒的。

离散傅里叶变换的主要性质如表 7-2 所示。

表 7-2　离散傅里叶变换的性质

特　性	时域表示	DFT 性质
	$f(k)$	$F(n)$
	$y(k)$	$Y(n)$
线性	$af(k)+by(k)$	$aF(n)+bY(n)$
时移	$f((k\pm m)_N G_N(k)$	$F(n)W^{\mp nm}$
频移	$f(k)W^{\pm kl}$	$F((n\pm l))_N G_N(n)$
时域圆卷积	$f(k)\circledast y(k)$	$F(n)Y(n)$
频域圆卷积	$f(k)y(k)$	$(1/N)F(n)\circledast Y(n)$
奇偶性	设 $f(k)$ 为实数序列	$F(n)=F^*(N-n)$ $\mid F(n) \mid = \mid F^*(N-n) \mid = \mid F(N-n) \mid$ $\arg[F(n)]=\arg[F^*(N-n)]=-\arg[F(N-n)]$
帕塞瓦尔定理	$\sum_{k=0}^{N-1} \mid f(k) \mid^2$	$\sum_{n=0}^{N-1} \mid F(n) \mid^2$

7.5　快速傅里叶变换

快速傅里叶变换(FFT)是以较少计算量实现 DFT 的快速算法。离散傅里叶变换实现了频域离散化，在数字信号处理中起着极其重要的作用。DFT 的快速有效的运算方法的发展和完善为其在实际中得到广泛应用奠定了基础。

7.5.1　DFT 运算的特点

(1) DFT 直接运算的工作量

根据定义，N 点序列 $f(k)$ 的 DFT 为

$$F(n) = \sum_{k=0}^{N-1} f(k) e^{-j2\pi kn/N}, \quad n = 0,1,2,\cdots,N-1 \tag{7-52}$$

令 $W_N = e^{-j\frac{2\pi}{N}}$，则式(7-52)可写成

$$F(0) = f(0)W_N^0 + f(1)W_N^0 + \cdots + f(N-1)W_N^0$$
$$F(1) = f(0)W_N^0 + f(1)W_N^1 + \cdots + f(N-1)W_N^{N-1}$$
$$F(2) = f(0)W_N^0 + f(1)W_N^2 + \cdots + f(N-1)W_N^{(N-1)\cdot 2} \tag{7-53}$$
$$\vdots$$
$$F(N-1) = f(0)W_N^0 + f(1)W_N^{N-1} + \cdots + f(N-1)W_N^{(N-1)\cdot(N-1)}$$

上式表明：按定义计算 DFT 时，需作 N^2 次复数乘和 $(N-1)\cdot N$ 次复数加。若 $f(k)$ 为复数序列，则每次复数乘包含 4 次实数乘和 2 次实数加，每次复数加包含 2 次实数加，所以式(7-53)运算共有 $4N^2$ 次实数乘和 $2N^2 + 2(N-1)N$ 次实数和。若 $f(k)$ 的长度为 $N = 1024$，则实数乘和实数加各约 419 万次，可见运算量之大是很惊人的。又假设计算机进行复数乘的时间为每次 $100\mu s$，则仅进行复数乘就约 100s，这给实时实现带来了不少的困难和障碍。

(2) DFT 运算的特点

要改进 DFT 的算法，提高其计算速度，必须寻找 DFT 的运算特点，提出解决问题的方法。

首先考虑到

$$F(n) = \mathrm{DFT}[f(k)] = \sum_{k=0}^{N-1} f(k)W_N^{kn}$$

其中 W_N^{kn} 具有周期性和对称性。

W_N^{kn} 的周期性

$$W_N^{kn} = W_N^{(k+lN)n} = W_N^{k(n+mN)} = W_N^{(k+lN)(n+mN)} \tag{7-54}$$

式中，l 和 m 为整数。如对于 $N=4$ 有 $W_4^2 = W_4^6$，$W_4^1 = W_4^9$ 等。

W_N^{kn} 的对称性

$$\left[W_N^{kn}\right]^* = W_N^{-kn} = W_N^{-nk} = W_N^{(N-k)n} = W_N^{(N-n)k} \tag{7-55}$$

又因为

$$W_N^{N/2} = e^{-j\frac{2\pi}{N}\frac{N}{2}} = e^{-j\pi} = -1$$

所以

$$W_N^{\left(nk+\frac{N}{2}\right)} = W_N^{nk}W_N^{\frac{N}{2}} = -W_N^{nk} \tag{7-56}$$

上式称为 W_N^{kn} 的"负对称"性。如对 $N=4$，有 $W_4^3 = -W_4^1$，$W_4^2 = -W_4^0$ 等。

由 W_N^{kn} 的周期性和对称性可将 $N=4$ 的矩阵 $\boldsymbol{W}$（下标 $N=4$ 未标出）简化为

$$\begin{bmatrix} W^0 & W^0 & W^0 & W^0 \\ W^0 & W^1 & W^2 & W^3 \\ W^0 & W^2 & W^4 & W^6 \\ W^0 & W^3 & W^6 & W^9 \end{bmatrix} = \begin{bmatrix} W^0 & W^0 & W^0 & W^0 \\ W^0 & W^1 & -W^0 & -W^1 \\ W^0 & -W^0 & W^0 & -W^0 \\ W^0 & -W^1 & -W^0 & W^1 \end{bmatrix}$$

观察上式右端矩阵 W,可见其中许多元素是相等的。

快速傅里叶变换就是利用 W_N^{kn} 的特性将长序列(N 个大点数)分解为较短的序列(如 $N/2$ 个小点数),计算短序列的 DFT,然后再组合成原序列的 DFT,使运算法显著减少。如 $N=16$ 的 DFT 对应的复数乘次数为 $16^2=256$ 次。如果将 $N=16$ 点长序列分解成两个 8 点长的序列,通过分别求这两个 8 点长序列的 DFT 来合成 16 点序列的 DFT,则其对应的复数乘次数为 $8^2+8^2=128$ 次。

7.5.2　基-2 时析型 FFT 算法

若 FFT 算法中输入序列的长度是 2 的整数次幂,且按奇偶对分的原则分割序列,则这种 FFT 算法称为基-2 按时间抽取的 FFT 算法,简称基-2 时析型 FFT。

(1) 算法原理

设序列 $f(k)$ 的长度为 $N=2^L$(L 为正整数,若原序列的长度不满足此条件,则可补零填够),按序列序号的奇偶将序列分成两个子序列,即

偶序号序列

$$y(r) = f(2r) \tag{7-57}$$

奇序号序列

$$z(r) = f(2r+1) \tag{7-58}$$

其中 $r=0,1,2,\cdots,\dfrac{N}{2}-1$。则序列 $y(r)$ 和 $z(r)$ 的长度均为 $N/2$ 个点,其 DFT 分别为

$$
\begin{aligned}
Y(n) &= \sum_{r=0}^{\frac{N}{2}-1} y(r)\mathrm{e}^{-\mathrm{j}2\pi rn/\frac{N}{2}} = \sum_{r=0}^{\frac{N}{2}-1} f(2r)W_N^{2rn} \\
&= f(0)W_N^0 + f(2)W_N^{2n} + \cdots + f(N-2)W_N^{(N-2)n}
\end{aligned} \tag{7-59}
$$

$$
\begin{aligned}
Z(n) &= \sum_{r=0}^{\frac{N}{2}-1} z(r)\mathrm{e}^{-\mathrm{j}2\pi rk/\frac{N}{2}} = \sum_{r=0}^{\frac{N}{2}-1} f(2r+1)W_N^{(2r+1)n}W_N^{-n} \\
&= W_N^{-n}\left[f(1)W_N^n + f(3)W_N^{3n} + \cdots + f(N-1)W_N^{(N-1)n} \right]
\end{aligned} \tag{7-60}
$$

上两式中 $n=0,1,2,\cdots,\dfrac{N}{2}-1$。

将式(7-60)两边同乘 W_N^n 后与式(7-59)相加,得

$$Y(n) + W_N^n Z(n) = f(0)W_N^0 + f(1)W_N^n + f(2)W_N^{2n} + \cdots + f(N-1)W_N^{(N-1)n}$$

上式中,右边即为 $f(k)$ 的前一半 DFT 值,即

$$F(n) = Y(n) + W_N^n Z(n), \qquad n = 0,1,2,\cdots,\dfrac{N}{2}-1 \tag{7-61}$$

下面再求 $f(k)$ 的另外 $N/2$ 个点的 DFT,即 $n_1=\dfrac{N}{2},\dfrac{N}{2}+1,\cdots,N-1$ 的 $F(n_1)$,可表示为

$$F(n_1) = F\left(n + \frac{N}{2}\right), \qquad n = 0, 1, 2, \cdots, \frac{N}{2} - 1 \tag{7-62}$$

由于序列 $y(r)$ 和 $z(r)$ 的长度都是 $N/2$ 个点,根据周期性,有

$$Y\left(n + \frac{N}{2}\right) = Y(n) \tag{7-63}$$

$$Z\left(n + \frac{N}{2}\right) = Z(n) \tag{7-64}$$

由对称性知

$$W_N^{n + \frac{N}{2}} = - W_N^n$$

则将 $n_1 = n + N/2$ 代入式(7-60),得

$$F\left(n + \frac{N}{2}\right) = Y\left(n + \frac{N}{2}\right) + W_N^{n + \frac{N}{2}} Z\left(n + \frac{N}{2}\right) = Y(n) - W_N^n Z(n) \tag{7-65}$$

其中 $n = 0, 1, 2, \cdots, \frac{N}{2} - 1$。

式(7-64)给出了 $f(k)$ 的 DFT 后一半值,因此序列 $f(k)$ 的 DFT 全部结果为

$$\begin{cases} F(n) = Y(n) + W_N^n Z(n), & n = 0, 1, 2, \cdots, \frac{N}{2} - 1 \\ F\left(n + \frac{N}{2}\right) = Y(n) - W_N^n Z(n), & n = 0, 1, 2, \cdots, \frac{N}{2} - 1 \end{cases} \tag{7-66}$$

上式说明 $f(k)$ 的 DFT 可由奇偶对分序列的 DFT 合成而得。式(7-66)的计算关系可用信号流图表示成图 7-7 形式。图 7-7(b)是图 7-7(a)的简化形式,图中左面两支路为输入,中间以一个小圆圈表示加减运算,右上支路为相加后的输出,右下支路为相减后的输出,箭头旁边的系数表示相乘的系数。因流图形如蝴蝶,故称蝶形运算。

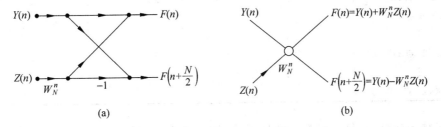

图 7-7　基-2 时析型蝶形运算流图

(2) 算法的具体实现

由上面的序列奇偶对分过程可推知:长度为 $N = 2^L$ 的序列经过逐次奇偶对分后,最后必然能得到 N 个单项序列(序列的长度为 1),而单项序列的 DFT 就是其本身。因此根据蝶形图,只需计算 N 个单项序列的 DFT,按照蝶形算法逐次合成,即由 N 个 1 点长序列的 DFT 合成 $N/2$ 个 2 点长序列的 DFT,再由 $N/2$ 个 2 点长序列的 DFT 合成 $N/4$ 个 4 点长序列的 DFT,如此继续,最后由两个 $N/2$ 点长序列的 DFT 合成 N 点长序列的 DFT。

下面举例说明蝶形运算的具体过程。

当序列 $f(k)$ 的长度为 $N = 2^3 = 8$ 时,根据基-2 时析型 FFT 的算法,可以画出如图 7-8 所示的蝶形图,求得序列 $f(k)$ 的 DFT 值。

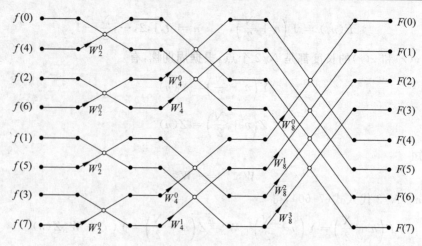

图 7-8　基-2 时析型 8 点 FFT 信号流程图

（3）流程图规律

在基-2 时析型 FFT 的算法中，序列长度 $N=2^L$，L 为运算的级数。每级中，两点组成一个基本的运算单位(一个蝴蝶)，称为蝶形单元，一个或若干个相互交叠的蝶形单元构成了一个蝶群，而每级则由一系列蝶群组成。如上例中，$N=8$，$L=3$，为三级运算，每级均有 $N/2=4$ 个蝶形单元，各级分别有 4，2，1 个蝶群。蝶形单元的宽度为蝶距(即为序号差)，蝶群宽度为蝶群宽，每级的蝶距和蝶群宽是不等的。这些参数之间存在一定关系，如表 7-3 所示。

表 7-3　蝶形图参数

蝶群序号	蝶距(序号差)	蝶群宽(点数)	蝶群数
第一级(2 点 DFT)	2^0	2^1	$N/2^1$
第二级(4 点 DFT)	2^1	2^2	$N/2^2$
⋮	⋮	⋮	⋮
第 i 级(2^i 点 DFT)	2^{i-1}	2^i	$N/2^i$
⋮	⋮	⋮	⋮
第 L 级(2^L 点 DFT)	2^{L-1}	2^L	$N/2^L=1$

L 级蝶形运算中，每一级都是同址运算，即后级不用前级的数值，每级的数值都只用一次，在计算机处理中无须另占存储空间，这对于早期计算机内存资源十分紧张或存储空间有限的单片机情况是非常有意义的。随着计算机技术的发展，为了提高整体运算速度，中间运算的输入输出结果也可以分别占用存储单元。在蝶形图中，中间的运算结果不必标出。

每个蝶形单元的运算，都包括乘 W_N^n，并与相应的 DFT 结果加减各一次。

同一级中，W_N^n 的分布规律相同，各级 W_N^n 的分布规律为

第一级(2 点 DFT)：W_2^0；

第二级(4 点 DFT)：W_4^0；W_4^1；

⋮

第 i 级(2^i 点 DFT)：$W_{2^i}^0$；$W_{2^i}^1$；…；$W_{2^i}^{2^i-1}$。

由于时间序列是按时间先后顺序排列的,是自然顺序,但进行 FFT 运算时,由于要符合快速算法的要求,需要一种"乱序"输入才能获得 $F(n)$ 按自然顺序的输出,因而在应用计算机编程计算时,必须对输入进行相应处理,即所谓的"码位倒置"处理,或进行输入重排。

(4) 输入重排

由上面的讨论可知,由于将输入序列逐次奇偶对分,使得做 FFT 算法时,输入序列的次序不再是原序列的自然顺序,需要进行重新排列。

下面以 8 点长的 FFT 为例说明输入序列按倒序重排的情况。当表示 $N=8$ 点序列 $f(k)$ 的分解过程时,可将序列 $f(k)$ 的序号用 3 位二进制数表示,即 $f(000)$,$f(001)$,$f(010)$,$f(011)$,$f(100)$,$f(101)$,$f(110)$,$f(111)$。若二进制数的 3 位数值分别以 k_2,k_1,k_0 表示,则最低位 k_0 为 0 时对应于偶数序列,最低位为 1 时对应于奇数序列。在第一次分解时,由 k 的最低位 k_0 决定奇、偶序列。在第二次分解时,由 k 的次低位 k_1 决定奇、偶序列,而第三次分解时,由 k 的最高位 k_2 决定奇、偶序列。最后得到的顺序为 $f(000)$,$f(100)$,$f(010)$,$f(110)$,$f(001)$,$f(101)$,$f(011)$,$f(111)$ 的输入序列。对应的十进制序号表示为 $f(0)$,$f(4)$,$f(2)$,$f(6)$,$f(1)$,$f(5)$,$f(3)$,$f(7)$,这些序数恰好是 3 位二进制数 $k_2k_1k_0$ 的倒序表示 $k_0k_1k_2$,上述分析过程可描述为图 7-9 的结构。

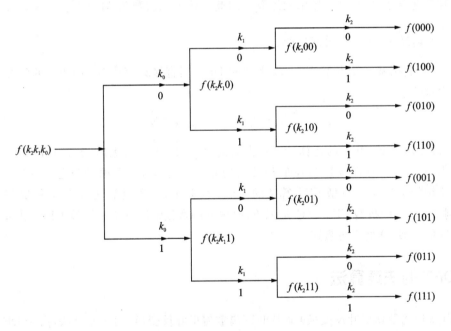

图 7-9

最终,其输入情况如表 7-4 所示。按自然顺序排列的序列,经过二进制倒序处理后,成为基-2 时析型 FFT 所要求的"乱序"输入,经过蝶形运算后,即得到按自然顺序排列的 DFT 结果 $F(n)$。

表 7-4　输入重排的实例(N=8)

序列输入的 自然顺序	十　进　制	二进制码	码位倒置结果 (二进制码)	乱序十进制	序列乱序的 输入顺序
$f(0)$	0	000	000	0	$f(0)$
$f(1)$	1	001	100	4	$f(4)$
$f(2)$	2	010	010	2	$f(2)$
$f(3)$	3	011	110	6	$f(6)$
$f(4)$	4	100	001	1	$f(1)$
$f(5)$	5	101	101	5	$f(5)$
$f(6)$	6	110	011	3	$f(3)$
$f(7)$	7	111	111	7	$f(7)$

(5) 运算量比较

应用上述基-2 时析型 FFT,大大简化和加快了 DFT 的运算过程。下面进行简单的定量分析。

观察图 7-8 可知,图 7-7 的蝶形图运算代表了 FFT 的基本运算,每个蝶形运算包含了一次复数乘和二次复数加。一个 $N(N=2^L)$ 点的 FFT,需要进行 $L=\log_2 N$ 级蝶形运算,每级蝶形运算又包含了 $N/2$ 个蝶形单元运算。因此其运算总次数为 $M_c=\dfrac{N}{2}\log_2 N$ 次复数乘和 $A_c=2\dfrac{N}{2}\log_2 N=N\log_2 N$ 次复数加。

因此得出,利用基-2 时析型 FFT 求序列的 DFT 同直接计算序列的 DFT 的复数乘法运算次数之比为

$$R=\frac{N}{2}\log^2 N/N^2=\log_2 N/2N \tag{7-67}$$

可以看出,FFT 比 DFT 的运算计算量大大减少,尤其当 N 较大时,计算量的减少更为显著。如当 $N=1024$ 时,$R\approx 1/200$,即 FFT 计算量仅为直接计算量的千分之五左右。

本节介绍的是基-2 时析型 FFT 算法的原理。实际上,FFT 的算法有许多种,其思路基本相同,例如,基-2 频析型 FFT 算法是把 $F(n)$ 按 n 的奇偶情况分组来计算 DFT,其过程与按时间抽取的类似,此处不再赘述。

7.6　IDFT 的快速算法

IFFT(快速离散傅里叶反变换)是 IDFT(离散傅里叶反变换)的快速算法,由于 DFT 的正变换和反变换的表达式相似,因此 IDFT 也有相似的快速算法。

7.6.1　IFFT 算法

设

$$f(k)\underset{\text{IDFT}}{\overset{\text{DFT}}{\rightleftharpoons}}F(n)$$

则

$$f(k) = \frac{1}{N} \sum_{n=0}^{N-1} F(n) W_N^{-nk}, \qquad k = 0, 1, \cdots, N-1 \qquad (7\text{-}68)$$

即 IDFT 的输入序列为 $F(n)$，输出序列为 $f(k)$。可见，只要把 DFT 运算中的每一个系数 W_N^{kn} 改为 W_N^{-nk}，并在最后乘以 $\frac{1}{N}$，那么 7.5 节的 FFT 算法就可以用来运算 IDFT，即所谓的 IFFT。经常将 $\frac{1}{N}$ 分解为 $(1/2)^M$，分散于各级运算中，每级运算均分别乘一个 $1/2$ 因子。8 点 IFFT 的信号流程如图 7-10 所示，可见，它只是将图 7-8 中的整个流向反过来，因子 W_N^k 变为 W_N^{-k}，并增加了因子 $1/2$。

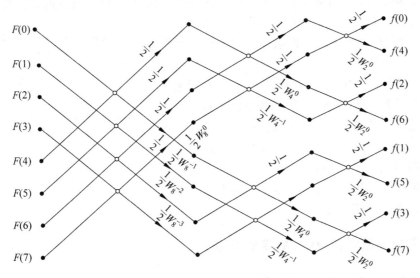

图 7-10　8 点 IFFT 信号流图

7.6.2　利用 FFT 程序求 IFFT 的方法

（1）利用时析型 FFT 程序

先对 DFT 和 IDFT 的定义式

$$\mathrm{DFT}[f(k)] = F(n) = \sum_{k=0}^{N-1} f(k) W_N^{kn}$$

$$\mathrm{IDFT}[F(n)] = f(k) = \frac{1}{N} \sum_{n=0}^{N-1} F(n) W_N^{-nk}$$

进行比较，很容易知道，如果抛开 $f(k)$ 和 $F(n)$ 在信号变换中的物理意义，单从数学运算的角度看，二者都是一种序列的运算表达式，没有本质上的区别，可以利用图 7-8 所示的 FFT 流图来计算 IFFT，即将 $F(n)$ 作为输入序列，$f(k)$ 则为输出序列，将因子 W_N^n 变为 W_N^{-n}，当然最后还必须将输出序列的每个元素除以 N，这样得到的 $f(k)$ 是按自然顺序排列的，而 $F(n)$ 作为输入序列按倒序重排，在这点与图 7-10 的 IFFT 流图相反。

（2）取共轭法

对 DFT 的反变换取共轭，有

$$f^*(n) = \frac{1}{N}\left[\sum_{n=0}^{N-1}F(n)W_N^{-nk}\right]^* = \frac{1}{N}\left[\sum_{n=0}^{N-1}F^*(n)W_N^{nk}\right], \qquad k = 0, 1, \cdots, N-1 \quad (7\text{-}69)$$

与 DFT 的正变换式比较可知,只需将 $F^*(n)$ 作为输入序列就可以利用 FFT 的计算程序,运算最后将结果取共轭,再除以 N 即得到 $f(k)$。

7.7　数字滤波器

FFT 算法在数字信号处理中应用十分广泛。数字信号处理的一种重要作用就是滤波。所谓的数字滤波器就是具有某种选择性的器件、网络或计算机硬件支撑的计算程序。在设计数字滤波器时,首先根据给定技术指标设计出滤波器的系统函数 $H(z)$ 或 $h(n)$,再选择一定的运算结构将它转变为具体的数字系统。

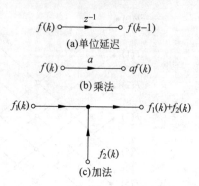

图 7-11　基本运算单元的信号流图

数字滤波器的实现,不管它有多复杂,它所包含的基本运算只有三种,即乘法、加法和单位延迟。数字滤波器就是将这三种基本运算单元按照一定的算法步骤连接起来,构成一定的数字网络系统来实现的。系统的输入输出关系也常用信号流图来表达。图 7-11 所示为三种基本运算单元的信号流图(箭头上方未标出传输函数值时,均认为 1)。

7.7.1　无限冲激响应(IIR)数字滤波器

所谓无限冲激响应系统,就是其冲激响应 $h(k)$ 从 $k=0,\cdots,\infty$ 均有值,其系统函数一般可表示为

$$H(z) = \sum_{k=0}^{\infty}h(k)z^{-k} = \frac{\displaystyle\sum_{r=1}^{M}b_rz^{-r}}{1 + \displaystyle\sum_{n=1}^{N}a_kz^{-n}}$$

对于特定的数字滤波器,表征它的差分方程或系统函数是唯一的,但具体由哪些基本运算构成,算法可以有很多种。

例如,$H(z) = \dfrac{1}{1-0.8z^{-1}+0.15z^{-2}}$ 可以写成 $H(z) = \dfrac{-1.5}{1-0.3z^{-1}} + \dfrac{2.5}{1-0.5z^{-1}}$,也可写成

$H(z) = \dfrac{1}{1-0.3z^{-1}} \cdot \dfrac{1}{1-0.5z^{-1}}$。

尽管它们是同一系统函数,但具体算法却不同,因此对应的网络结构也不同。不同的网络结构将有不同的运算误差、稳定性和运算速度,所以网络结构也是数字滤波器研究的重要内容之一。

IIR 数字滤波器具有下列特点:①单位冲激响应 $h(k)$ 具有无限时宽,即其延伸到无穷长;②系统函数 $H(z)$ 在有限 z 平面($0<|z|<\infty$)上有极点存在;③存在着输出到输入的反馈,在结构上是递归型的。对于同一个 IIR 滤波器,尽管它可以有不同的结构,但都体现

了上述特点。IIR 数字滤波器的基本网络结构有直接型、级联型和并联型三种。

（1）直接型

IIR 数字滤波器的直接型结构是以差分方程的系数 a_q、b_r 为依据的，它可以分为直接 I 型和直接 II 型两类。

直接 I 型是直接由表征 IIR 数字滤波器的差分方程出发所得的网络结构。一个 N 阶 IIR 数字滤波器可以用一个 N 阶差分方程来描述

$$y(k) = \sum_{q=1}^{N} a_q y(k-q) + \sum_{r=0}^{M} b_r f(k-r) \tag{7-70}$$

显然，$y(k)$ 由两部分组成。第一部分 $\sum_{q=1}^{N} a_q y(k-q)$ 是一个对 $y(k)$ 依次延迟反馈 N 个单元的加权和。第二部分 $\sum_{r=0}^{M} b_r f(k-r)$ 是一个对 $f(k)$ 依次延迟 M 个单元的加权和。两者都可以用一个链式延迟结构来构成，具体结构如图 7-12 所示。由图可见，第一个网络实现零点，第二个网络实现极点，且共需 $M+N$ 个延迟单元和相应的乘法器及一个加法器。直接 I 型网络的优点是物理概念清楚，缺点是使用的延迟单元太多。

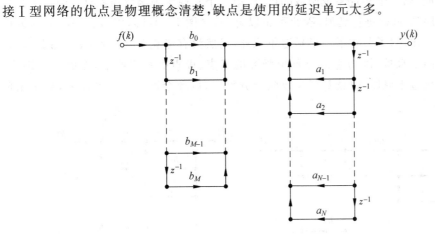

图 7-12　IIR 直接 I 型

直接 II 型（典范型）是由 IIR 数字滤波器的系统函数出发直接得到的网络结构形式。将 $H(z)$ 分解成两个因子相乘，即

$$H(z) = \frac{\sum_{r=0}^{M} b_r z^{-r}}{1 - \sum_{q=1}^{N} a_q z^{-q}} = \frac{1}{1 - \sum_{q=1}^{N} a_q z^{-q}} \cdot \sum_{r=0}^{M} b_r z^{-r} = H_1(z) \cdot H_2(z) \tag{7-71}$$

其相应的框图如图 7-13 所示。

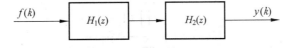

图 7-13　$H(z)$ 的级联分解

式(7-71)中

$$H_1(z) = \frac{1}{1 - \sum\limits_{q=1}^{N} a_q z^{-q}}$$

所对应的差分方程为

$$\omega(k) = f(k) + \sum_{q=1}^{N} a_q \omega(k-q) \tag{7-72}$$

其中 $\omega(k)$ 为中间序列。

$$H_2(z) = \sum_{r=0}^{M} b_r z^{-r}$$

所对应的差分方程为

$$y(k) = \sum_{r=0}^{M} b_r \omega(k-r) \tag{7-73}$$

据式(7-72)和式(7-73)可画出它的网络结构,如图 7-14(a)所示。显然它由两个链式延迟结构级联而成,第一个实现系统函数的极点,第二个实现系统函数的零点。两行串行延时支路都对时间序列 $\omega(k)$ 进行延迟,因此可予以合并,如图 7-14(b),以节省一半的延迟单元。与直接 I 型相比,除了节省了一半延迟单元外,仍然没有能克服其缺点,如:参数 a_q、b_r 对滤波性能的控制不直接,因为它们与系统函数的零点、极点关系不明显,因而调整困难;极点对系数的变化过于灵敏,也就对字长效应十分敏感,以致会产生较大的误差,甚至出现不稳定现象。

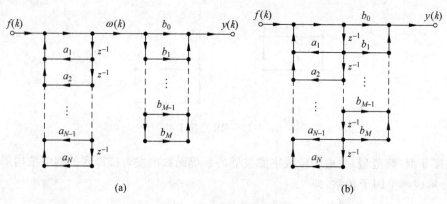

图 7-14   IIR 的直接 II 型

(2) 级联型

级联型是以系统函数 $H(z)$ 经因式分解后的零点和极点 (c_r, d_q) 为主要依据的数字滤波器结构形式,用零点、极点表示的系统函数 $H(z)$ 为

$$H(z) = A \frac{\prod\limits_{r=1}^{M} (1 - c_r z^{-1})}{\prod\limits_{q=1}^{N} (1 - d_q z^{-1})} \tag{7-74}$$

因为 a_q、b_r 都是实数,所以 c_r、d_q 只有两种可能,或是实根或是共轭复根。设有 M_1 个实零点,$2M_2$ 个互为共轭的复零点,N_1 个实极点,$2N_2$ 个互为共轭的复极点,则

$$H(z) = A \frac{\prod\limits_{r=1}^{M_1}(1-g_r z^{-1})\prod\limits_{r=1}^{M_2}(1-h_r z^{-1})(1-h_r^* z^{-1})}{\prod\limits_{q=1}^{N_1}(1-p_q z^{-1})\prod\limits_{q=1}^{N_2}(1-q_q z^{-1})(1-q_q^* z^{-1})} \tag{7-75}$$

式中，$M=M_1+2M_2$，$N=N_1+2N_2$。

每一对复数共轭因子合并起来就可以构成一个实系数的二阶因子，同时实数极点和实数零点也可分别成对合并。如果再将单实根因子也看作二阶因子的一个特例，即二次项系数等于零，那么整个 $H(z)$ 就可以分解为实系数二阶因子的形式，即

$$H(z) = A \prod_{i=1}^{n} \frac{(1+\beta_{1i}z^{-1}+\beta_{2i}z^{-2})}{(1-\alpha_{1i}z^{-1}-\alpha_{2i}z^{-2})} \tag{7-76}$$

因此，整个滤波器可以用 n 个二阶网络级联起来构成，这些二阶网络也称为滤波器的二阶基本节或二阶环，如图 7-15 所示。

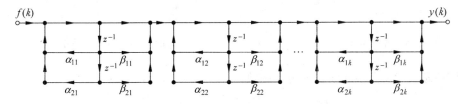

图 7-15　使用直接 Ⅱ 型的级联结构

级联型结构的优点是：所用存储单元少；一个二阶环可以做到时分复用；调整系数 α_{1i}、α_{2i} 就能单独调整滤波器的第 i 对极点；调整系数 β_{1i}、β_{2i} 则可单独调整滤波器第 i 对零点，且调整任何零点或极点都不会影响其他零、极点；调整滤波器频率响应性能十分方便，它所包含的二阶环可以互换位置，零极点之间也可以自由搭配，可以找到最优化的组合，保证性能最佳，字长效应影响最小。级联结构的硬件简单，结构规则，因此是一种主要的实用结构形式。当然它也有缺点，主要是较难控制各二阶环的电平，电平过大会产生溢出，过小则信号会被噪声淹没。

(3) 并联型

如将系统函数 $H(z)$ 展开成部分分式的形式，就可以用并联型的结构构成数字滤波器，即

$$H(z) = \sum_{i=1}^{n} H_i(z) = \sum_{i=1}^{n} \frac{a_{0i}+a_{1i}z^{-1}}{1+b_{1i}z^{-1}+b_{2i}z^{-2}} \tag{7-77}$$

每个子滤波器 $H_i(z)$ 可选用二阶环实现，当然，$H_i(z)$ 也包括以下几种情况：

① $H_i(z)=c$，即 $a_{0i}=c$，$a_{1i}=b_{1i}=b_{2i}=0$；

② $H_i(z)=\dfrac{a_{0i}}{1+b_{1i}z^{-1}}$，$a_{1i}=b_{2i}=0$；

③ $H_i(z)=a_{1i}z^{-1}$，$a_{0i}=b_{1i}=b_{2i}=0$。

并联型数字滤波器的方框图和典型流图分别如图 7-16 和图 7-17 所示。

并联型的优点是运算速度快，可以单独调整极点位置，各二阶环的误差互不影响，因此总的误差较小。缺点是不能直接调整零点，因为多个二阶环的零点并不是整个系统函数的零点，所以当需要准确传输零点时不宜用并联型。

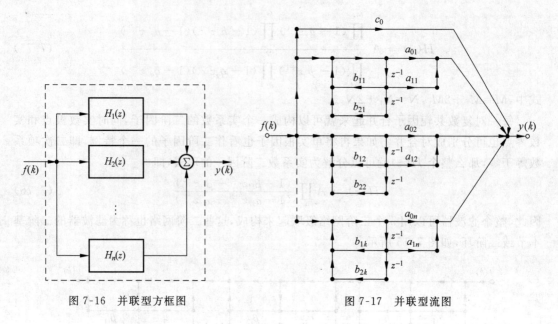

图 7-16 并联型方框图

图 7-17 并联型流图

例 7-3 设 IIR 数字滤波器的传递函数为

$$H(z) = \frac{8z^3 - 4z^2 + 11z - 2}{(z - 1/4)(z^2 - z + 1/2)}$$

试画出它的网络结构。

解 将 $H(z)$ 写成 z^{-1} 的多项式,即

$$H(z) = \frac{8 - 4z^{-1} + 11z^{-2} - 2z^{-3}}{1 - \frac{5}{4}z^{-1} + \frac{3}{4}z^{-2} - \frac{1}{8}z^{-3}}$$

其对应的差分方程为

$$\begin{aligned} y(k) = &\, 8f(k) - 4f(k-1) + 11f(k-2) - 2f(k-3) \\ &+ \frac{5}{4}y(k-1) - \frac{3}{4}y(k-2)\,\frac{1}{8}y(k-3) \end{aligned}$$

据此可以画出直接 Ⅰ 型和直接 Ⅱ 型结构,如图 7-18 所示。

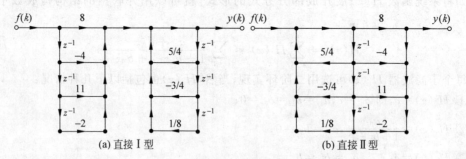

(a) 直接 Ⅰ 型

(b) 直接 Ⅱ 型

图 7-18 网络结构

如欲采用级联型,则须对 $H(z)$ 进行因子分解,得

$$H(z) = \frac{8(z - 0.1899)(z^2 - 0.3100z + 1.3161)}{(z - 0.25)(z^2 - z + 0.5)}$$

$$= \frac{(2 - 0.3799z^{-1})(4 - 1.2402z^{-1} + 5.2644z^{-2})}{(1 - 0.25z^{-1})(1 - z^{-1} + 0.5z^{-2})}$$

据此画出典范型子滤波器结构的级联结构的流图如图 7-19 所示。

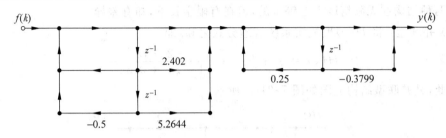

图 7-19 级联型结构

为实现并联形式,首先把 $H(z)$ 写成 z^{-1} 的展开式,然后再用部分分式展开,可得

$$H(z) = \frac{A}{1 - 0.25z^{-1}} + \frac{Bz^{-1} + C}{1 - z^{-1} + 0.5z^{-2}} + D$$

式中,$A = 8$,$B = 20$,$C = -16$,$D = 16$。因此有

$$H(z) = 16 + \frac{8}{1 - 0.25z^{-1}} + \frac{-16 + 20z^{-1}}{1 - z^{-1} + 0.5z^{-2}}$$

若其中每一部分均采用典范型结构,则可得其流图如图 7-20 所示。

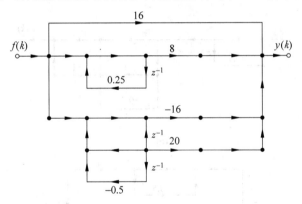

图 7-20 并联结构

例 7-4 已知某三阶 IIR 数字滤波器的传递函数为

$$H(z) = \frac{2 - z^{-1}}{1 + 1.5z^{-1} + z^{-2} + 0.25z^{-3}}$$

试画出其直接型、级联型和并联型结构。

解 (1)直接型:由系统函数 $H(z)$ 可直接得到直接型结构流图,如图 7-21(a)所示。

(2)级联型:滤波器有一个实数极点和一对共轭复数极点,将 $H(z)$ 分母分解为一阶和二阶实系数之积,即

$$H(z) = \frac{1}{1 + 0.5z^{-1}} \cdot \frac{2 - z^{-1}}{1 + z^{-1} + 0.5z^{-2}}$$

因此,其级联型结构流图如图 7-21(b)所示。

滤波器的级联型结构不止一种。本题所述滤波器的级联型结构也可以通过如下两个子

系统的级联得到

$$H_1(z) = \frac{2 - z^{-1}}{1 + 0.5z^{-1}}, \quad H_2(z) = \frac{1}{1 + z^{-1} + 0.5z^{-2}}$$

这两种结构在无限精度下是等价的,但在有限字长下,却有差异。

(3) 并联型:将 $H(z)$ 展成实系统有理分式之和,即

$$H(z) = \frac{4}{1 + 0.5z^{-1}} + \frac{-2 - 4z^{-1}}{1 + z^{-1} + 0.5z^{-2}}$$

因此,其并联型结构流图如图 7-21(c)所示。

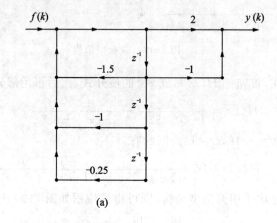

(a)

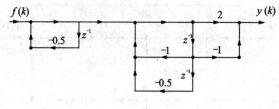

(b)

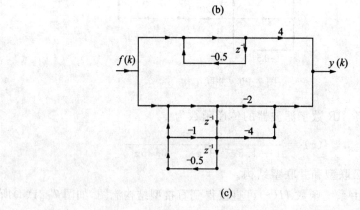

(c)

图 7-21　例 7-4

7.7.2　有限冲激响应(FIR)数字滤波器

所谓有限冲激响应系统,就是其冲激响应 $h(k)$ 只在 $k=0,1,\cdots,N-1$ 的有限个 N 点上

有值,其系统函数一般可表示为

$$H(z) = \sum_{k=0}^{\infty} h(k) z^{-k}$$

FIR 滤波器的主要特点是:①系统的单位冲激响应 $h(k)$ 仅在有限个 k 值处不为零;②系统函数 $H(z)$ 在 $|z|>0$ 处收敛,且有 $(N-1)$ 阶极点在 $z=0$ 处,有 $(N-1)$ 个零点位于有限 z 平面的任何位置。因此 FIR 滤波器没有输出到输入的反馈,结构主要是非递归结构。但在频率采样等某些结构中也包含反馈的递归部分。FIR 滤波器有以下几种基本结构形式。

(1) 直接型

由于表征 FIR 数字滤波器的差分方程为

$$y(k) = \sum_{r=0}^{N-1} b_r f(k-r) = \sum_{n=0}^{N-1} h(n) f(k-n) \tag{7-78}$$

据此可以直接画出其对应的网络结构,它是 $f(k)$ 延时链的横向结构,如图 7-22 所示,称为直接型结构,也可称为卷积型或横截型结构。FIR 数字滤波器的直接型结构也可画成图 7-23 的形式。图 7-23 和图 7-22 互为转置结构。

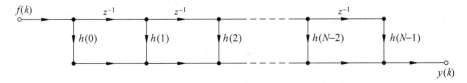

图 7-22　FIR 数字滤波器的直接型结构

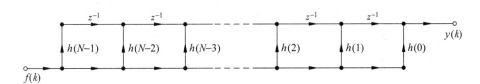

图 7-23　FIR 数字滤波器直接型结构的转置

(2) 级联型

如将 $H(z)$ 写成二阶因式的乘积如下:

$$H(z) = \prod_{n=1}^{[N/2]} (\beta_{0n} + \beta_{1n} z^{-1} + \beta_{2n} z^{-2}) \tag{7-79}$$

即可得 FIR 的级联型结构。式中,$[N/2]$ 表示取整,若 N 为偶数,则 $N-1$ 为奇数,故系数 β_{2n} 中有一个为零,因为这时有奇数个根。与式(7-79)对应的网络结构如图 7-24 所示(N 为奇数),图中每一个二阶因子都用直接型实现,其优点是零点便于调整,因为这种结构的每一节控制一对零点;缺点是其所需的乘法次数比直接型多,因为系数 β_{1n} 的个数比系数 $h(n)$ 的个数多。

(3) 线性相位型

FIR 数字滤波器最重要的特点是可以设计成具有严格的线性相位,这时它的单位冲激响应有如下特性:

$$h(k) = h(N-1-k) \tag{7-80}$$

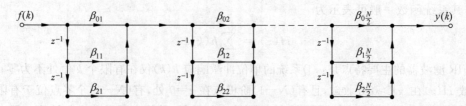

图 7-24　FIR 数字滤波器的级联型结构

因此,当 N 为偶数时

$$H(z) = \sum_{k=0}^{\frac{N}{2}-1} h(k)\left[z^{-k} + z^{-(N-1-k)}\right] \tag{7-81}$$

当 N 为奇数时

$$H(z) = \sum_{k=0}^{\frac{N-3}{2}} h(k)\left[z^{-k} + z^{-(N-1-k)}\right] + h\left(\frac{N-1}{2}\right)z^{-\left(\frac{N-1}{2}\right)} \tag{7-82}$$

式(7-81)意味着实现直接形式网络需 $N/2$ 次乘法,而式(7-82)则仅需 $(N+1)/2$ 次乘法,它们都不像直接型结构那样需要 N 次乘法。图 7-25(a)和(b)分别为它们对应的网络。

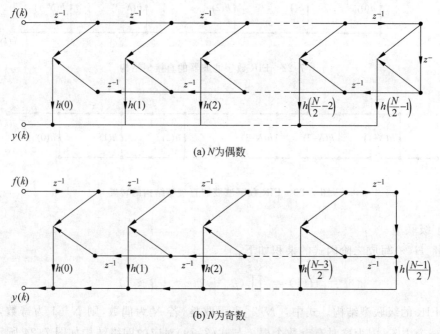

(a) N 为偶数

(b) N 为奇数

图 7-25　线性相位 FIR 数字滤波器的结构

（4）频率采样结构

根据频域采样公式可知,一个 FIR 滤波器的传递函数 $H(z)$ 可由 $H(k)$ 经内插得到,即

$$H(z) = \frac{1-z^{-N}}{N} \sum_{k=0}^{N-1} \frac{H(k)}{1-W_N^{-k}z^{-1}} = \frac{1}{N}H_1(z) \cdot H_2(z) \tag{7-83}$$

式中,$H_1(z) = 1 - z^{-N}$ 为有限单位冲激响应 FIR 系统;$H_2(z) = \sum\limits_{k=0}^{N-1} \dfrac{H(k)}{1-W_N^{-k}z^{-1}}$ 为无限单位

冲激响应 IIR 系统。

因此，数字滤波器的整个频率采样结构如图 7-26 所示。

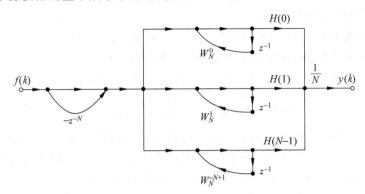

图 7-26　频率采样结构

$H_1(z)$ 是 FIR 型，它在 z 平面单位圆上有 N 个等分的零点，即由 $1-z^{-N}=0$ 得到

$$z_{1k}=(\mathrm{e}^{\mathrm{j}2\pi k})^{1/N}=\mathrm{e}^{\mathrm{j}2\pi k/N},\qquad k=0,1,\cdots,N-1 \tag{7-84}$$

$$H_1(\mathrm{e}^{\mathrm{j}\Omega})=1-z^{-N}\mid_{z=\mathrm{e}^{\mathrm{j}\Omega}}=\mathrm{e}^{\mathrm{j}(\pi-N\Omega)/2}\cdot2\sin(N\Omega/2) \tag{7-85}$$

式(7-85)表明幅度特性 $|H_1(\mathrm{e}^{\mathrm{j}\Omega})|$ 具有正弦波全波整流后的形状，因此 $H_1(z)$ 是由 N 个延迟单元组成的梳状滤波器，如图 7-27 所示。

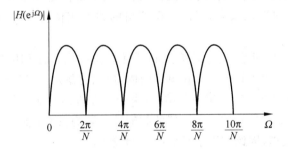

图 7-27　梳状滤波器的幅频特性

$H_2(z)$ 是 IIR 型，它在 z 平面单位圆上有 N 个等分的极点，即由

$$1-z^{-1}W_N^{-k}=0$$

得

$$z_{2k}=W_N^{-k}=\mathrm{e}^{\mathrm{j}2\pi k/N},\qquad k=0,1,\cdots,N-1 \tag{7-86}$$

可见，$H_2(z)$ 对 $\Omega=2\pi k/N$ 处的响应是 ∞，所以说 $H_2(z)$ 是一个谐振频率为 $2\pi k/N$ 的无耗谐振器。

$z_{1k}=z_{2k}$ 表明 $H_1(z)$ 的 N 个零点恰好能抵消 $H_2(z)$ 的 N 个极点，使整个系统变得非常稳定，且零极点的位置能直接控制，这正是频率采样型的特点。

频率采样结构的主要优点是：①在频率采样点 Ω_k，$H(\mathrm{e}^{\mathrm{j}\Omega_k})=H(k)$，只要调整 $H(k)$ 就可以有效地调整频响特性，使实际调整方便；②只要 $h(k)$ 的长度 N 相同，对于任何频响形状，其梳状滤波器部分和 N 个一阶网络部分结构完全相同，只是各支路增益 $H(k)$ 不同，这样，相同部分便于标准化、模块化。它的缺点主要是：①系统稳定是靠位于单位圆上的 N

个零、极点抵消来保持的,但实际上寄存器都是有长度的,由于有限字长效应可能使零极点不能完全对消,从而影响系统的稳定性；②结构中 $H(k)$ 和 W_N^k 一般为复数,要求乘法器完成复数相乘,对硬件实现不方便。

为克服上述提到频率采样结构的第一个缺点,通常进行如下修正。

频率取样不在单位圆上进行,而是在 r 圆上进行($r<1$,但近似等于 1),即用 rz^{-1} 代替 z^{-1},以便极点和相应的零点移到单位圆内,由此式(7-83)可改写为

$$H(z) \approx \frac{1-r^N z^{-N}}{N} \cdot \sum_{k=0}^{N-1} \frac{H(k)}{1-rW_N^{-m} \cdot z^{-1}} \tag{7-87}$$

这样,即使零极点不能抵消,由于极点位于单位圆内,系统仍然能够保持稳定。

此外,当采样点数 N 很大时,修正后的频率采样结构十分复杂,但对于窄带滤波器而言,大部分频率采样值 $H(k)$ 为零,从而使二阶网络个数大大减少,所以频率采样结构特别适用于窄带滤波器。

7.7.3　数字滤波器类型的选择

本节讨论了 FIR 和 IIR 两类数字滤波器的基本网络结构及其实现,选用时应根据滤波器要求作出选择。

首先从频响特性来看,IIR 数字滤波器设计较简单,但其频响特性一般限于片段常数特性的滤波器,如低通、带通、带阻等滤波器,而且相位特性是非线性的；FIR 数字滤波器则在保证幅频特性满足要求同时,可以获得严格的线性相位特性,因此性能较优越,适应范围大。

IIR 滤波器有稳定性问题,设计时极点必须在单位圆内；而 FIR 滤波器的系统函数是 z^{-1} 的多项式,系统函数的所有极点总在单位圆内,所以它是永远稳定的。

在结构上,IIR 滤波器一般采用递归结构,由于存在输出对输入的反馈,因此量化、舍入以及系数不准确等有限字长效应对滤波器的频响性能影响较大；而 FIR 一般采用非递归结构,没有输出对输入反馈,因此有限字长效应影响较小。

在满足同样指标要求下,如果不考虑相位的非线性问题,那么 IIR 数字滤波器所需阶次低,这意味着所需的运算次数少、存储单元少,因而硬件设备少,运算速度较快,经济效益高；相反,FIR 数字滤波器则阶次高,运算次数多,存储器较多,因此成本高,运算速度慢,信号时延长,不过对高阶 FIR 滤波器可以采用 FFT 快速卷积方法来提高速度。

从以上分析可知,两类滤波器各有其优缺点,实现时的经济性和计算设备综合考虑,作出合理选择。

习题

7-1　设 $f(k)=G_4(k)$,$f_p(k)=f((k))_6$,试求 $F_p(n)$,并作图表示 $f_p(k)$ 和 $F_p(n)$。

7-2　计算下列有限长序列 $f(k)$ 的 DFT,假设长度为 N。

(1) $f(k)=\delta(k)$ 　　　　　　(2) $f(k)=\delta(k-k_0),0<k_0<N$

(3) $f(k)=a^k,0\leqslant k<N$ 　　(4) $f(k)=\{1,-1,1,-1\}$

7-3　若周期序列 $x_p(n)$ 为实数序列,则 $\text{DFS}[x_p(n)]=x_p(k)$ 称共轭对称性,即 $x_p(k)=$

$x_p^*(-k)$,试证明此特性。

7-4 周期性实序列 $x_p(n)$ 如题图 7-1 所示,判断下述各结论是否正确。

(1) $x_p(k)=x_p(k+10)$

(2) $x_p(k)=x_p(-k)$

(3) $x_p(0)=0$

(4) $x_p(k)=\mathrm{e}^{\mathrm{j}\left(\frac{2\pi}{5}\right)k}$,对于所有的 k,此式为实数。

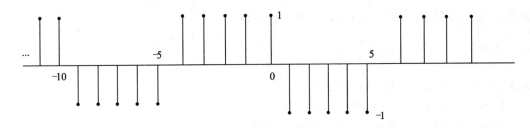

题图　7-1

7-5 已知某 4 点序列 $f(k)$ 的 DFT 为 $F(n)=\{1+\mathrm{j}2,2+\mathrm{j}3,3+\mathrm{j}4,4+\mathrm{j}5\}$,试由快速傅里叶变换(FFT)计算 $F(n)$ 的 IDFT $f(k)$。

7-6 已知某数字滤波器输入与输出关系为

$$y(n)-ay(n-1)=bf(n)$$

求其系统函数,并判断其为何种类型的数字滤波器。

7-7 已知某数字系统的系统函数为

$$H(z)=\frac{z^3}{(z-0.4)(z^2-0.6z+0.25)}$$

试分别画出其直接型、级联型、并联型网络结构。

7-8 若 $\mathrm{DFT}[f(k)]=F(n)$,求证 $\mathrm{DFT}[F(k)]=Nf((-n))_N$。

7-9 设有两个序列 $f(k)=\{1,2,3,4,5\}$,$h(k)=\{1,1,1,1\}$。

(1) 求它们的圆卷积 $y(k)=f(R)\circledast h(R)$;

(2) 求它们的线性卷积 $y(R)=f(R)*h(R)$;

(3) 作出圆卷积与线性卷积的图形并作比较;

(4) 如何用圆卷积来求线性卷积而不失真?

7-10 设有两个序列 $f(k)=\{1,2,3,4,5\}$,$y(k)=\{2,2,2,2,2\}$。

(1) 求它们的圆卷积$(N=5)$;

(2) 求它们的线卷积;

(3) 作出圆卷积与线卷积的图形并比较。

7-11 已知 $F(n)$、$Y(n)$ 是两个 N 点实序列 $f(k)$、$y(k)$ 的 DFT 值,现需要根据 $F(n)$、$Y(n)$ 求 $f(k)$、$y(k)$ 的值,为了提高运算效率,试用一个 N 点 IFFT 运算一次完成。

7-12 研究一个长度为 M 点的有限长序列

$$f(k)=\begin{cases}f(k), & 0\leqslant k\leqslant M-1\\0, & \text{其他}\end{cases}$$

希望计算求 Z 变换 $F(z)=\sum\limits_{k=0}^{M-1}f(k)z^{-k}$ 在单位圆上 N 个等间隔点上的抽样,即在 $z=\mathrm{e}^{\mathrm{j}\frac{2\pi}{N}n}$ ($n=0,1,\cdots,N-1$) 上的抽样。找出只用一个 N 点 DFT 就能计算 $F(z)$ 的 N 个抽样的方法,并证明之。

7-13 如果一台通用计算机的速度为平均每次复数乘 $5\mu\mathrm{s}$,每次复数加 $0.5\mu\mathrm{s}$,用它来计算 512 点的 DFT$[f(k)]$,则直接计算需要多少时间? 用 FFT 运算需要多少时间?

7-14 已知 $f(k)$ 是 N 点长有限序列,$F(n)=$ DFT$[f(k)]$,现将 $f(k)$ 的每两个点之间补进 $r-1$ 个零值点,得到一个 rN 点的有限长序列

$$y(k)=\begin{cases}f(k/r), & k=ir,\ \ i=0,1,\cdots,N-1\\ 0, & \text{其他}\end{cases}$$

试求 rN 点 DFT$[y(k)]$ 与 $F(n)$ 的关系。

7-15 画出 $N=16$ 的 FFT 蝶形运算图。

7-16 用直接 I 型及典范型结构实现系统函数

$$H(z)=\frac{3+4.2z^{-1}+0.8z^{-2}}{2+0.6z^{-1}-0.4z^{-2}}$$

7-17 用级联型结构实现系统函数

$$H(z)=\frac{4(z+1)(z^2-1.4z+1)}{(z-0.5)(z^2+0.9z+0.8)}$$

试问一共能构成几种级联型网络。

7-18 给出系统函数

$$H(z)=\frac{5.2+1.58z^{-1}+1.41z^{-2}-1.6z^{-3}}{(1-0.5z^{-1})(1+0.9z^{-1}+0.8z^{-2})}$$

的并联型实现。

7-19 已知 FIR 滤波器的单位冲激响应为

$$h(k)=\delta(k)+0.3\delta(k-1)+0.72\delta(k-2)+0.11\delta(k-3)+0.12\delta(k-4)$$

试画出其级联型结构实现。

7-20 用频率抽样结构实现系统函数

$$H(z)=\frac{5-2z^{-3}-3z^{-6}}{1-z^{-1}}$$

已知抽样点数 $N=6$,修正半径 $r=0.9$。

7-21 设滤波器差分方程为

$$y(k)=f(k)+f(k-1)+\frac{1}{3}y(k-1)+\frac{1}{4}y(k-2)$$

(1) 试用直接 I 型、典范型及一阶节的级联型、一阶节的并联型结构实现此差分方程;

(2) 求系统的频率响应(幅度及相位);

(3) 设抽样频率为 10kHz,输入正弦波幅度为 5,频率为 1kHz,试求稳态输出。

第 8 章

MATLAB 在信号与系统中的应用

MATLAB 是"矩阵实验室"(MATrix LABoratory)的缩写,它是一种以矩阵运算为基础的交互式程序语言,能够满足科学、工程计算和绘图的需求。该语言具有高效、可视化等优点,是目前工程界流行最广的科学计算语言。因此,MATLAB 已成为当前高校教学和科学研究中必不可少的工具。本章简要介绍 MATLAB 在"信号与系统"课程中的应用。

8.1 MATLAB 使用简介

8.1.1 MATLAB 的工作界面

启动 MATLAB 后,程序的主界面如图 8-1 所示。

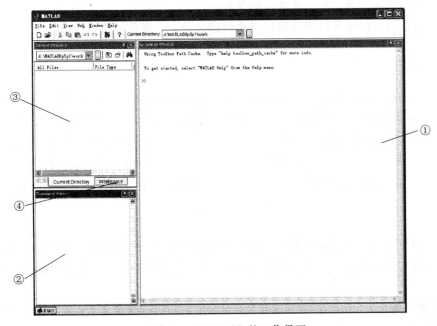

图 8-1　MATLAB 的工作界面

图中①是命令窗口(Command Window),是 MATLAB 的主窗口,用于输入命令、运行命令并显示运行结果。

图中②是历史命令窗口（Command History），该窗口记录用户输入过的所有历史命令行，这些命令行记录可以被复制到命令窗口中再运行。选中该窗口中的任一命令行，单击鼠标右键，则可根据弹出的菜单进行相应的操作。

图中③是当前目录浏览器（Current Directory），该窗口显示当前目录及该目录下所有文件。

图中④是工作空间窗口（Workspace），该窗口中列出了程序计算过程中产生的变量及其对应的数据尺寸、字节和类型。选中一个变量，单击鼠标右键则可根据菜单进行相应的操作。

8.1.2 命令窗口及其基本操作

在命令窗口中的双箭头提示符后可以输入一条命令、变量或函数名，回车后 MATLAB 即执行运算并可以显示运行结果。例如在提示符"≫"后输入：

a＝ones(3,3)

然后回车，即可创建一个 3×3 且元素值为 1 的矩阵，并显示如下运行结果：

a＝

    1   1   1
    1   1   1
    1   1   1

如果在输入结尾加"；"，则计算结果不会显示在命令窗口中。

有的命令可以用来消除不必要的数据，同时释放部分系统资源。例如，输入 clc 命令可以用来清除命令窗口的内容；输入 clear 命令可以用来清除工作空间的所有变量，如果要清除某一特定变量，可在 clear 命令后加上该变量的名称。

在提示符"≫"后使用方向键可以快速得到以前使用过的命令操作并执行。

8.1.3 程序编辑器

MATLAB 有两种运行方式，即命令行运行方式和 M 文件运行方式。如果实现一些简单的功能，输入的语句不多，可以采用命令行方式，即在命令窗口中一行一行地输入命令。但如果实现较复杂的功能，或是一次要执行大量的 MATLAB 指令，且需要经常修改其中的参数或多次调用，就需要采用 M 文件方式来运行。M 文件是用 MATLAB 语言编写的文件，包括命令文件和函数文件，用 MATLAB 的程序编辑器编写，M 文件都可被别的文件调用。

1) 命令文件

命令文件是由 MATLAB 的语句构成的 ASCII 码文本文件，扩展名为. m。运行命令文件的效果等价于从 MATLAB 命令窗口中逐条输入并运行文件中的指令。命令文件的建立过程如下：

（1）进入程序编辑器：从"File"菜单中选择"New"及"m－file"或单击"New m－file"按钮；

（2）在程序编辑器中输入 MATLAB 语句；

（3）保存 M 文件。如果是新建的 M 文件，则系统默认的文件名是"Untitled1. m"，用户可以对要保存的文件重新命名并更改文件保存的位置（系统默认的文件保存目录为

"Work")。

　　在 MATLAB 命令窗口中输入保存的 M 文件的文件名即可执行 M 文件。

　　在 M 文件中,程序的注释是以符号"%"开始直到该行结束,程序执行时会自动忽略注释语句。

　　2) 函数文件

　　函数文件是 M 文件的另一种类型,它也是由 MATLAB 语句构成的 ASCII 码文本文件,扩展名为 . m,其创建、编辑及保存的方法同命令文件。

　　函数文件的第一行必须为函数说明语句,其格式为:

　　function [输出参数列表]＝函数名(输入参数列表)

　　其中函数名为用户自己定义的函数名,而函数文件保存的文件名应与用户定义的函数名一致。例如,若函数文件说明语句中定义的函数名为"f1",则该函数文件保存的文件名应为"f1"。

　　例如,创建如下函数文件:

```
function [s,m]＝f1(a)      %定义函数文件 f1,a 为输入参数; s,m 为输出参数
l＝length(a);             %计算输入向量 a 的长度
s＝sum(a);                %对输入向量 a 求和并赋值给输出参数 s
m＝s/l;                   %计算输入向量 a 的平均值并赋值给输出参数 m
```

　　将上述函数文件以文件名 f1 保存。该函数文件定义了一个新的函数 f1,其作用是对指定向量求和及平均值,并通过参数 m、s 返回计算结果。用户可通过如下所示的命令调用该函数:

```
a＝1: 100;
[s,m]＝f1(a)
```

　　结果:

```
s＝5050
m＝50.5000
```

　　函数文件与命令文件的区别在于:命令文件的变量在文件执行完后保留在内存中;而函数文件中定义的变量仅在函数文件内部起作用,当函数文件执行结束后,这些内部变量将被清除。

8.1.4　MATLAB 基本运算

　　1) 数值运算

　　变量

　　与其他高级语言一样,MATLAB 也是使用变量来保存信息。变量名必须以字母开头且之后可以是字母、数字或下划线的组合,区分字母大小写,且 MATAB 只识别前 31 个字符。

　　MATLAB 的变量分为字符变量和数值变量两种,字符变量必须用单引号括起来。例如:

　　a＝'xyz'　　　%表示将字符串'xyz'赋值给字符变量 a
　　b＝12　　　　%表示将数值12赋值给数值变量 b

与其他高级语言不同,MATLAB 使用变量时不需要预先对变量进行类型定义和声明,而会自动地根据所输入的数据来决定变量的数据类型和分配存储空间。

　　2) 数组、矩阵及其运算

MATLAB 以数组及矩阵方式进行运算,且二者在 MATLAB 中的基本运算性质不同,数组强调元素对元素的运算,而矩阵采用线性代数的运算方式。

矩阵是 MATLAB 进行数据处理和运算的基本元素,MATLAB 的大部分运算或命令都是在矩阵运算的意义下执行的。通常意义上的数量(标量)在 MATLAB 中是作为 1×1 的矩阵来处理的,仅有一行或一列的矩阵在 MATLAB 中被称为向量。

在 MATLAB 中输入矩阵的基本规则如下:

　　① 矩阵元素必须用方括号括起来;

　　② 同一行的元素之间必须用逗号或空格分开;

　　③ 行与行之间用分号或回车分隔。

数组也是 MATLAB 中的一种重要的数据类型,其定义方法和矩阵一样,但运算规则却与矩阵有较大的区别。

表 8-1 列出了 MATLAB 的算术运算符及其功能。

表 8-1　MATLAB 的算术运算符

运算符	名　称	指令示例	功　能
＋	加	A＋B	若 A、B 为同维矩阵,则表示 A 和 B 对应元素相加;若其中一个矩阵为标量,则表示另一矩阵的所有元素加上该标量
－	减	A－B	若 A、B 为同维矩阵,则表示 A 和 B 对应元素相减;若其中一个矩阵为标量,则表示另一矩阵的所有元素减去该标量
＊	矩阵乘	A ＊ B	矩阵 A 与 B 相乘,A 和 B 均可是向量或标量,但 A 和 B 的维数必须符合矩阵乘法的定义
．＊	数组乘	A. ＊ B	矩阵 A 与矩阵 B 对应元素相乘,A 和 B 必须为同维矩阵或其中之一为标量
＾	矩阵乘方	A＾B	A、B 均为标量时,表示 A 的 B 次方幂;A 为方阵,B 为整数时,表示矩阵 A 的 B 次乘积;当 A、B 均为矩阵时,无定义
．＾	数组乘方	A.＾B	矩阵 A 的各元素与矩阵 B 的对应元素的乘方运算,A、B 必须为同维矩阵
＼	矩阵左除	A＼B	方程 A ＊ X＝B 的解 X
．＼	数组左除	A.＼B	矩阵 B 的元素除以矩阵 A 的对应元素,A、B 必须为同维矩阵或其中之一为标量
／	矩阵右除	A／B	方程 X ＊ A＝B 的解 X
．／	数组右除	A. ／B	矩阵 A 的元素除以矩阵 B 的对应元素,A、B 必须为同维矩阵或其中之一为标量
′	共轭转置	A′	矩阵 A 的共轭转置

　　例如:a＝[1 1 1;2 2 2;3 3 3];
　　　　　b＝a;

若执行 a * b,则结果为:

```
 6   6   6
12  12  12
18  18  18
```

若执行 a. * b,则结果为:

```
1  1  1
4  4  4
9  9  9
```

3) 符号运算

工程运算中经常会遇到符号计算的问题,在 MATLAB 中进行符号运算同样简单快捷。符号运算是指符号之间的运算,其运算结果仍以标准的符号形式表达。在使用符号运算之前必须定义符号变量,并创建符号表达式。定义符号变量的语句格式为:

syms 变量名列表;   %如需定义多个符号变量,则各个变量名须用空格隔开

或者用:

sym('变量名')来定义符号变量

例如:

sym('x')

sym 语句还可以用来定义符号表达式,语句格式为:

sym('表达式')

例如:

sym('5 * x^2+3 * x+1')

MATLAB 的 Symbolic Math Toolboxes 工具箱提供了进行符号运算常用的基本函数例如:已知函数 $f(x) = (\sin x)^2$,用 MATLAB 求它的微、积分,命令如下:

```
syms x;                 %定义符号变量 x
f=sym('sin(x)^2')       %定义符号函数 f(x)
df=diff(f)              %求符号函数 f(x) 的微分
intf=int(f)             %求符号函数 f(x) 的积分
```

运行的计算结果为:

```
df=2 * sin(x) * cos(x)
intf=-1/2 * sin(x) * cos(x)+1/2 * x
```

8.1.5 MATLAB 绘图

MATLAB 提供了强大的图形绘制功能。

1) 基本的绘图命令

(1) 线性刻度绘图命令

若 x 轴和 y 轴均为线性刻度,其命令格式为:

plot(x, y, 'option')或 plot(x1, y1, 'option1', x2, y2, 'option2', …)

其中 option 选项可以表示曲线颜色的字符、线型格式的符号和数据点的标记，颜色和线型选项可以组合使用。

（2）非线性刻度

loglog(x,y,'option')：x 轴和 y 轴均为对数刻度；

semilogx(x,y,'option')：x 轴为对数刻度，y 轴为线性刻度；

semilogy(x,y,'option')：x 轴为线性刻度，y 轴为对数刻度.

其他的定义与 plot 命令相同。

2）选择图形窗口、图形窗口分割

figure(n)：创建或打开第 n 个图形窗口，使之成为当前窗口。

另外，可以使用 clf 命令清除当前图形窗口中的所有内容，使用 cla 命令清除当前图形窗口的图形，保留其坐标。

hold on：保留当前窗口的图形；

hold off：解除 hold on 命令。

利用上述两条命令，MATLAB 可以在同一坐标系中绘出多幅图形。

subplot(m,n,k)：将当前绘图窗口分割成 m 行、n 列，并且在其中第 k 个区域绘图，MATLAB 允许每个绘图区域以不同的坐标系单独绘制图形。

3）设定坐标轴的范围

axis([xmin xmax ymin ymax])

该命令将所绘图形的 x 轴的大小限定在 xmin 和 xmax 之间，y 轴的大小限定在 ymin 和 ymax 之间。

4）文字显示

xlabel('字符串')，ylabel('字符串')：标识坐标轴的名称；

title('字符串')：给图形加标题；

text(x,y,'字符串')：在图形的指定坐标位置(x,y)处加注文字；

gtext('字符串')：文本交互输入命令。

5）网格显示

grid on：显示网格；

grid off：去掉网格。

6）其他常用绘图命令

ezplot：绘制符号函数的图形；

stem：绘制离散序列图；

stairs：绘制阶梯图。

8.1.6　MATLAB 的帮助系统

MATLAB 提供了强大而完善的帮助系统，包括命令行帮助、联机帮助和演示帮助。用户可以使用 Help 菜单栏，选择 MATLAB Help 选项，通过索引或查找得到期望的帮助信息，并选择 Demos 选项获得 MATLAB 相关的示例演示。也可以在 Command Window 窗口直接输入帮助命令检索帮助信息。常用的帮助命令如表 8-2 所示。

例如,在 MATLAB 命令窗口中输入命令:

help abs　　　　即可在命令窗口内显示取绝对值函数(abs)的使用形式和说明。

help help　　　　即可打开有关如何使用帮助信息的帮助窗口。

whos　　　　　　即可得到当前工作空间中变量的名称、维数、大小和类型信息。

当用户要查找具有某种功能的命令但不知其准确名字时,help 命令就无能为力了。而 lookfor 命令可以根据用户提供的完整或不完整的关键词,去搜索出一组与之有关的命令。用户可从列表中挑选出满足需要的命令。

例如利用 lookfor 命令查找矩阵求逆函数: lookfor inverse。

表 8-2　常用帮助命令列表

命 令 名	完 成 功 能
help	获得具体函数、命令的帮助信息
path	显示当前搜索路径或增加搜索路径
doc	在帮助浏览器界面显示指定函数的帮助信息
who	列出当前工作空间的变量名
whos	列出当前工作空间变量的详细信息
what	列出当前目录下 M 文件、MEX 文件和 MAT 文件
which	显示指定函数或文件的路径
lookfor	查找指定特征的函数或命令
exist	查找指定函数或变量的存在性
demo	运行演示示例

8.2　信号变换与运算的 MATLAB 实现

严格说来,MATLAB 并不能表示连续信号,因为它给出的是各个样本点的数据,只有当采样时间间隔足够小时才能看成是连续信号。

8.2.1　用 MATLAB 实现连续时间信号的可视化

MATLAB 提供了大量的生成基本信号的函数。

1) 正弦信号

正弦信号 $A\sin(\omega t+\varphi)$ 和 $A\cos(\omega t+\varphi)$ 分别用 MATLAB 的内部函数 sin 和 cos 表示,其调用形式分别为:

$$A * \sin(\omega * t + phi)$$
$$A * \cos(\omega * t + phi)$$

图 8-2 所示正弦、余弦信号 $\sin\left(\dfrac{\pi}{2}t+\dfrac{\pi}{3}\right)$、$\cos\left(\dfrac{\pi}{2}t+\dfrac{\pi}{3}\right)$ 的 MATLAB 实现如下:

```
w=pi/2;
phi=pi/3;
t=0: 0.001: 8;
ft1=sin(w * t+phi);
ft2=cos(w * t+phi);
```

```
subplot(1,2,1);  %绘图
plot(t,ft1);
title('sin(t)');
subplot(1,2,2);
plot(t,ft2);
title('cos(t)')
```

将该文件命名保存,执行所保存的文件名后得到如图 8-2 所示波形。

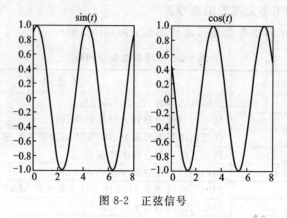

图 8-2　正弦信号

2) 指数信号 Ae^{st}

指数信号 Ae^{st}(其中 $s=a+jb$ 称为复频率;A,a,b 均为实常数)在 MATLAB 中可用 exp 函数表示,其调用形式为

A * exp((a+i * b) * t)

图 8-3 所示单边衰减指数信号 $e^{-0.6t}$ 的 MATLAB 实现如下,本例中 $A=1,a=-0.6$, $b=0$。

```
A=1;
a=-0.6;
t=0: 0.001: 10;
ft=A * exp(a * t);
plot(t,ft);
title('单边衰减指数信号')
```

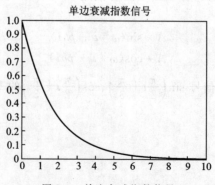

图 8-3　单边衰减指数信号

图 8-4 所示复指数信号 $e^{(-3+j4)t}$ 的 MATLAB 实现如下,本例中 $A=1$, $a=-3$, $b=4$。

```
A=1;
a=-3;
b=4;
t=0: 0.01: 3;
ft=exp((a+i*b)*t);
subplot(2,2,1)
plot(t,real(ft));
title(实部');
subplot(2,2,2)
plot(t,imag(ft));
title('虚部');
subplot(2,2,3)
plot(t,abs(ft));
title('模');
subplot(2,2,4)
plot(t,angle(ft));
title('相角')
```

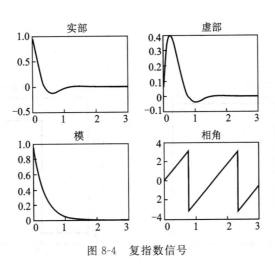

图 8-4　复指数信号

3) 抽样信号

抽样信号 Sa(t) 在 MATLAB 中用 sinc 函数表示,定义为

$$sinc(t) = sin(\pi t)/(\pi t)$$

其调用形式为

$$f = sinc(t)$$

图 8-5 所示抽样信号的 MATLAB 表示如下:

```
t=-3*pi: pi/100: 3*pi;
ft=sinc(t/pi);
plot(t,ft);
```

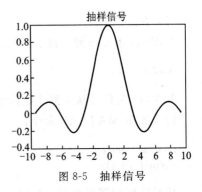

图 8-5　抽样信号

```
title('抽样信号')
```

4) 符号函数

符号函数 sgn(t)在 MATLAB 中可用 sign 函数表示,其调用形式为

```
sign(t-t0)
```

其中,t0 为 sgn(t)在时间轴上的位移量,图 8-6 所示符号函数的 MATLAB 实现如下:

```
t=-2:0.001:5;
ft=sign(t-1);
plot(t,ft);
axis([-2,5,-1.1,1.1]);  %横坐标及纵坐标的范围
title('符号函数')
```

5) 单位阶跃信号

图 8-7 所示单位阶跃信号的 MATLAB 实现如下:

(1) 方法一:

```
t=-0:0.001:4;
ft=(t>1);
plot(t,ft);
axis([0,4,-0.1,1.2]);
title('单位阶跃信号')
```

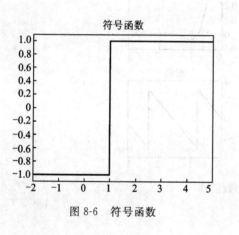

图 8-6　符号函数

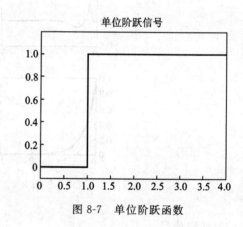

图 8-7　单位阶跃函数

(2) 方法二:

调用 stepfun 函数。该函数的功能是产生一个阶跃信号。其调用格式为

```
stepfun(t,t0)
```

其中,t0 是信号从 0 到 1 跳跃的时刻。

输入如下 MATLAB 命令:

```
f=sym('stepfun(t,1)');
ezplot(f,[0,4])
```

执行后所得图形如图 8-7 所示。

（3）方法三：

在 MATLAB 的 Symbolic Math Toolbox 中调用单位阶跃函数 Heaviside。但实现 Heaviside 函数可视化的 ezplot 函数只能画出既存于 Symbolic Math Toolbox 工具箱中，又存在于总 MATLAB 工具箱中的函数，而 Heaviside 函数仅存在于 Symbolic Math Toolbox 中，因此，需要在自己的工作目录下创建 Heaviside 的 M 文件，该文件如下：

```
function f＝Heaviside(t)
f＝(t＞0)；　　　％t＞0 时 f 为 1,否则为 0
```

将该函数以 Heaviside 为名保存后，就可调用该函数了。如输入：

```
f＝sym('Heaviside(t－1)')；
ezplot(f,[－1,4])
```

执行后所得图形如图 8-7 所示。

6）矩形脉冲信号

矩形脉冲信号在 MATLAB 中用 rectpuls 函数表示，其调用形式为

```
f＝rectpuls(t,width)
```

该函数用以产生一个幅值为 1，宽度为 width，以 t＝0 对称的矩形波。width 的默认值为 1。图 8-8 所示为以 t＝4 为对称中心，宽度为 4 的矩形脉冲信号，其 MATLAB 实现如下：

```
t＝0: 0.001: 8；
ft＝rectpuls(t－4,4)；
plot(t,ft)
axis([0,8,－0.1,1.1])；
title('矩形脉冲信号')
```

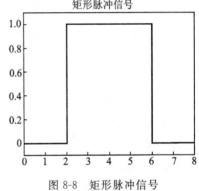

图 8-8　矩形脉冲信号

周期性矩形脉冲（方波）信号在 MATLAB 中用 square 函数表示，其调用形式为

```
f＝square(t,duty)
```

上述函数用以产生一个周期为 2π、幅值为 ±1 的周期性方波信号，其中 duty 参数表示占空比，即在一个周期内脉冲宽度（正值部分）与脉冲周期的比值。占空比默认值为 50％。

图 8-9 为幅值为 ±0.5、频率为 10Hz、占空比为 30％的周期性方波信号，其 MATLAB 实现如下：

```
t＝0: 0.001: 0.3；
ft＝0.5 * square(2 * pi * 10 * t,30)；
plot(t,ft)；
grid on　％设置网格线
axis([0,0.3,－1.2,1.2])；
title('周期性方波信号')
```

7）三角波脉冲信号

非周期性三角波脉冲信号在 MATLAB 中用 tripuls 函数表示，其调用形式为

f＝tripuls(t, width, skew)

该函数用以产生一个最大幅值为 1，宽度为 width，且以 t＝0 为中心左右各展开 width/2 大小，斜度为 skew 的三角波。width 的默认值为 1，skew 取值范围为 $-1 \leqslant$ skew $\leqslant 1$，默认时 skew＝0，此时产生对称三角波。图 8-10 所示三角波的 MATLAB 实现如下：

```
t＝-3: 0.001: 3;
ft＝tripuls(t, 4, -0.5);
plot(t, ft)
title('三角波信号')
```

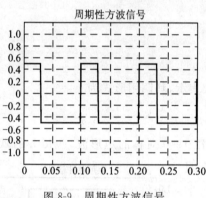

图 8-9　周期性方波信号

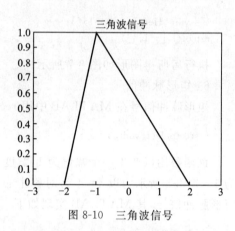

图 8-10　三角波信号

周期性三角波信号在 MATLAB 中用 sawtooth 函数表示，其调用形式为

f＝sawtooth(t, width)

该函数用以产生周期为 2π、峰值为 ± 1 的周期性三角波或锯齿波信号。width 为 0～1 之间的标量，表示一个周期内 f 最大值出现的位置。图 8-11 所示周期性三角波信号峰值为 ± 1、周期为 2。其 MATLAB 实现如下：

```
t＝-6: 0.01: 6;
ft＝sawtooth(pi * t, 0.5);
plot(t, ft);
grid on
axis([-6, 6, -1.2, 1.2]);
title('周期性三角波信号');
```

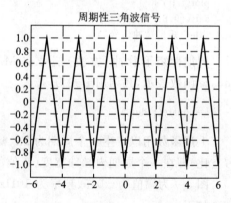

图 8-11　周期性三角波信号

8) 单位冲激信号 $\delta(t)$

严格说来，MATLAB 并不能表示单位冲激信号，但可以用时间宽度为 dt，高度为 1/dt 的矩形脉冲来近似地表示冲激信号。当 dt 趋近于零时，就较好地近似出冲激信号的实际波形。下例是绘制单位冲激信号及其在时间轴上的平移信号 $\delta(t+t0)$ 的程序，其中 $t1$、$t2$ 表示信号的起始时刻及终止时刻，$t0$ 表示信号沿坐标的平移量，$t0 > 0$ 时向左平移，$t0 < 0$ 时向

右平移。绘图命令用 stairs,该命令一般用于绘制类似楼梯形状的步进图形。具体程序如下:

```
function chongji(t1,t2,t0)
dt=0.01;                        %信号时间间隔
t=t1:dt:t2;                     %信号时间样本点向量
n=length(t);                    %时间样本点向量长度
x=zeros(1,n);                   %产生1行全0矩阵,即各样本点信号赋值为0
x(1,(-t0-t1)/dt+1)=1/dt;        %在时间t=-t0处,给样本点赋值1/dt
stairs(t,x);
axis([t1,t2,0,1.2/dt])
```

将该函数以 chongji 命名保存,执行 chongji(−1,5,−1)得到如图 8-12 所示波形。

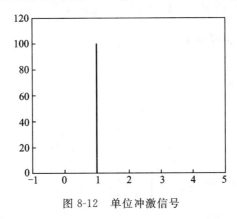

图 8-12　单位冲激信号

8.2.2　用 MATLAB 实现连续时间信号的微分与积分运算

MATLAB 符号运算工具箱具有强大的求导和积分运算功能。

1) 连续时间信号的微分运算

连续时间信号的微分运算如果用符号表达式来表示,可用 diff 函数进行求导运算,其调用形式如下:

```
diff(function,'variable',n)
```

其中,function 是需要进行求导运算的函数,或是被赋值的符号表达式;variable 为求导运算的独立变量;n 为求导阶数,默认值为一阶导数。

例 8-1　用 MATLAB 求下列函数关于变量 x 的一阶导数。

(1) $f_1 = \sin(ax^2)$　　　(2) $f_2 = x\sin x \ln x$

解　本例 MATLAB 实现如下:

```
syms a x f1 f2;
f1=sin(a*x^2);
f2=x*sin(x)*log(x);
df1=diff(f1,'x')
df2=diff(f2,'x')
```

运行结果：

df1＝2＊cos(a＊x＾2)＊a＊x(即 $df1 = 2\cos(ax^2)ax$)

df2＝sin(x)＊log(x)＋x＊cos(x)＊log(x)＋sin(x)(即 $df2 = \sin x\ln x + x\cos x\ln x + \sin x$)

2）连续时间信号的积分运算

连续时间信号的积分运算如果用符号表达式来表示，可用 int 函数进行积分运算，其调用形式如下：

int(function, 'variable', a, b)

其中，function 表示被积函数，或是被赋值的符号表达式；variable 为积分变量；a 为积分下限，b 为积分上限；a 和 b 缺省时则求不定积分。

例 8-2　用 MATLAB 计算不定积分 $\int\left(x^5 - ax^2 + \dfrac{\sqrt{x}}{2}\right)\mathrm{d}x$。

解　本例 MATLAB 实现如下：

```
syms a x f;
f＝x＾5－a＊x＾2＋sqrt(x)/2;
int(f, 'x')
```

运行结果：

ans＝ $1/6 * x\string^6 - 1/3 * a * x\string^3 + 1/3 * x\string^(3/2)$ $\left(即 \dfrac{1}{6}x^6 - \dfrac{1}{3}ax^3 + \dfrac{1}{3}x^{\frac{3}{2}}\right)$

例 8-3　用 MATLAB 计算定积分 $\int_0^1 \dfrac{x\mathrm{e}^x}{(1+x)^2}\mathrm{d}x$。

解　本例 MATLAB 实现如下：

```
syms x f;
f＝(x＊exp(x))/(1＋x)＾2;
int(f, 'x', 0, 1)
```

运行结果：

ans＝1/2＊exp(1)－1

8.2.3　用 MATLAB 实现连续时间信号的基本运算与波形变换

利用 MATLAB 可方便地进行信号的基本运算及观察和分析时移、反折、尺度变换对信号波形的影响。

例 8-4　利用 MATLAB 实现下列连续信号。

（1）$f_1(t) = t\varepsilon(t)$，取 $t = -1 \sim 5$

（2）$f_2(t) = \dfrac{\sin\pi(t-2)}{t-2}$，取 $t = -3 \sim 7$

（3）$f_3(t) = 10\mathrm{e}^{-t} - 5\mathrm{e}^{-2t}$，取 $t = 0 \sim 5$

解　本例 MATLAB 实现如下（其波形图分别如图 8-13（a）、8-13（b）、8-13（c）所示）：

（1）
```
t＝－1: 0.001: 5;
ft1＝(t＞0).＊t;
plot(t, ft1);
```

```
      title('f1(t)');
```
（2）t＝－3: 0.001: 7;
```
      ft2＝(sin(pi * (t－2)))./(t－2);
      plot(t, ft2);
      title('f2(t)')
```
（3）t＝0: 0.001: 5;
```
      ft3＝10 * exp(－t)－5 * exp(－2 * t);
      plot(t, ft3);
      title('f3(t)')
```

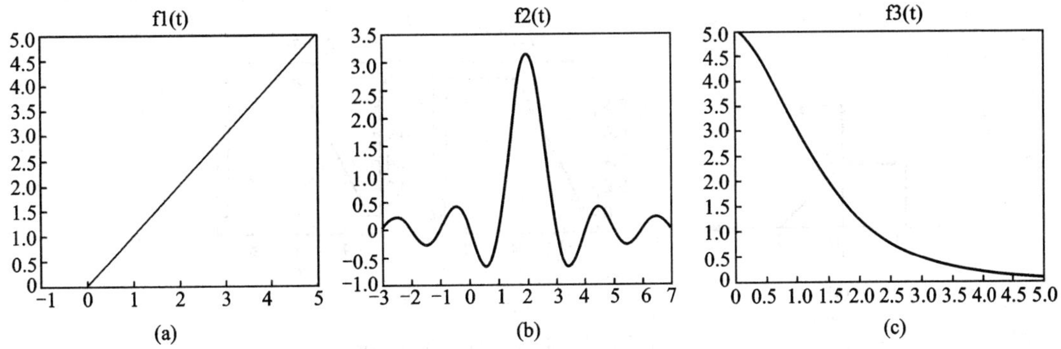

图 8-13　例 8-4 图

例 8-5　已知信号 $f(t)$ 的波形如图 8-14(a)所示，试画出 $f\left(-\dfrac{t}{3}+2\right)$ 的波形。

解　本例可用符号运算来求解。其 MATLAB 实现如下：

```
syms t %定义符号变量
ft1＝sym('(－t＋1) * rectpuls(t－0.5, 1)');
ft2＝sym('rectpuls(t＋0.5, 1)');
ft3＝ft1＋ft2;
subplot(2, 3, 1);
ezplot(ft3, [－1.5, 1.5]);
title('f(t)');
ft4＝subs(ft3, －t); %用新变量－t 替换 ft3 中的默认变量 t
subplot(2, 3, 2);
ezplot(ft4, [－1.5, 1.5]);
title('f(－t)');
ft5＝subs(ft3, －t＋2);
subplot(2, 3, 3);
ezplot(ft5, [0.5, 3.5]);
title('f(－t＋2)');
ft6＝subs(ft3, －t/3);
subplot(2, 3, 4);
ezplot(ft6, [－3.5, 3.5]);
title('f(－t/3)');
ft7＝subs(ft3, －t/3＋2);
subplot(2, 3, 5);
ezplot(ft7, [2.5, 9.5]);
```

```
title('f(-t/3+2)')
```

运行结果如图 8-14(b)所示。

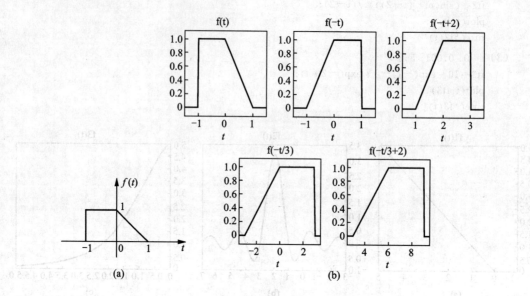

图 8-14　例 8-5 信号的时域变换波形

例 8-6　已知信号 $f_1(t) = \left(\dfrac{t}{2} + 1\right)[\varepsilon(t) - \varepsilon(t-4)]$ 及信号 $f_2(t) = \sin(2\pi t)$，用 MATLAB 绘出满足下列要求的信号波形。

(1) $f_3(t) = f_1(t) + f_1(-t)$　　　　　(2) $f_4(t) = -[f_1(t) + f_1(-t)]$

(3) $f_5(t) = f_2(t)f_3(t)$　　　　　　　(4) $f_6(t) = f_1(t)f_2(t)$

解　本例 MATLAB 实现如下：

```
syms t
f1=sym('(t/2+1) * rectpuls(t-2,4)');
subplot(2,3,1);
ezplot(f1);
title('f1(t)');
f2=sym('sin(2 * pi * t)');
subplot(2,3,4);
ezplot(f2,[-4,4]);
title('f2(t)');
y1=subs(f1,t,-t);
f3=f1+y1;
subplot(2,3,2);
ezplot(f3);
title('f1(-t)+f1(t)');
f4=-f3;
subplot(2,3,3);
ezplot(f4);
title('-[f1(-t)+f1(t)]')
f5=f2 * f3;
```

```
subplot(2,3,5);
ezplot(f5);
title('f2(t) * f3(t)');
f6 = f1 * f2;
subplot(2,3,6);
ezplot(f6);
title('f1(t) * f2(t)')
```

绘制的信号时域波形如图 8-15 所示。

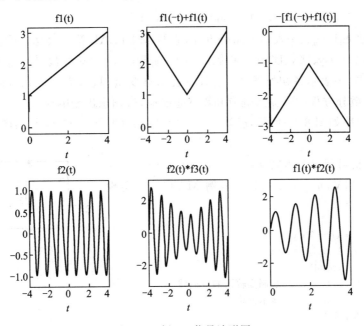

图 8-15　例 8-6 信号波形图

注：使用绘图命令时，绘制连续信号的光滑曲线用 plot 命令，绘制离散信号用 stem 命令，显示连续信号中的不连续点用 stairs 命令效果较好，而绘制用 MATLAB 符号表达式表示的信号用 ezplot 命令。

8.3　连续时间系统时域分析的 MATLAB 实现

8.3.1　利用 MATLAB 求 LTI 连续系统的零输入响应和零状态响应

LTI 连续系统可以用如下微分方程来描述：

$$\sum_{i=0}^{N} a_i y^{(i)}(t) = \sum_{j=0}^{M} b_j f^{(j)}(t)$$

则可以用向量 a 和 b 来表示该系统，即：

$$a = [a_N, a_{N-1}, \cdots, a_1, a_0]$$
$$b = [b_M, b_{M-1}, \cdots, b_1, b_0]$$

注意，在用向量来表示微分方程描述的 LTI 连续系统时，向量 a 和 b 的元素一定要以微分方程时间求导的降幂次序来排列,缺项要用 0 来补齐。

　　该系统的全响应 $y(t)$ 由零输入响应和零状态响应两部分组成。零输入响应是指输入信号为 0,仅由系统的起始状态作用所引起的响应,通常用 $y_x(t)$ 表示;零状态响应是指系统在起始状态为 0 的条件下,仅由激励信号作用所引起的响应,通常用 $y_f(t)$ 表示。即有:

$$y(t) = y_x(t) + y_f(t)$$

　　MATLAB 符号工具箱提供了 dsolve 函数用来实现常系数微分方程的符号求解,其调用格式为:

　　dsolve('eq1,eq2,…','cond1,cond2,…','v')

　　其中,参数 eq1、eq2、…表示各微分方程,它与 MATLAB 符号表达式的输入基本相同,微分或导数的输入 Dy、D2y、D3y、…来表示 y 的一阶导数 y'、二阶导数 y''、三阶导数 y'''、…;参数 cond1、cond2、…表示各初始条件;参数 v 表示自变量,默认为变量 t。可利用 dsolve 函数来求解系统微分方程的零输入响应和零状态响应,进而求出全响应。

　　例 8-7　电路如图 8-16 所示,已知 $u_C(0_-)=1\mathrm{V}$,$i_L(0_-)=-1\mathrm{A}$,求 $t\geq 0$ 时的零输入响应 $u_{Cx}(t)$。

　　解　由分析可得微分方程 $u_C''(t)+5u_C'(t)+6u_C(t)=0$,且 $u_C(0_-)=1\mathrm{V}$,$u_C'(0_-)=1\mathrm{V}$,本例 MATLAB 实现如下:

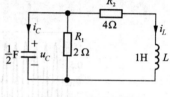

图 8-16　例 8-7 图

```
eq='D2y+5*Dy+6*y=0';
cond='y(0)=1,Dy(0)=1';
ucx=dsolve(eq,cond)
ezplot(ucx,[0,5]);          %绘制零输入响应曲线
grid on                     %显示网格
title('零输入响应')
xlabel('Time(sec)')
ylabel('ucx(t)')
```

运行结果:ucx=−3 * exp(−3 * t)+4 * exp(−2 * t),即 $u_{Cx}=4\mathrm{e}^{-2t}-3\mathrm{e}^{-3t}\mathrm{V}(t\geq 0)$。

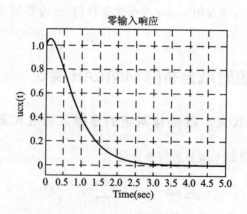

图 8-17　零输入响应曲线

　　图 8-17 为本例零输入响应曲线。

　　在求解该微分方程的零输入响应时,0_- 到 0_+ 是没有跳变的。因此,程序中初始条件选

择 $t=0$ 时刻。

例 8-8　已知输入 $f(t)=\varepsilon(t)$，试用 MATLAB 求解微分方程 $y'''(t)+4y''(t)+8y'(t)=3f'(t)+8f(t)$ 的零状态响应 $y_f(t)$。

解　本题 MATLAB 实现如下：

```
eq1='D3y+4*D2y+8*Dy=3*Df+8*f';
eq2='f=Heaviside(t)';
cond='y(-0.01)=0,Dy(-0.01)=0,D2y(-0.01)=0';
yf=dsolve(eq1,eq2,cond);
yf=simplify(yf.y)
ezplot(yf,[0,5]);          %绘制零输入响应曲线
grid on                    %显示网格
title('零状态响应')
xlabel('Time(sec)')
ylabel('yf(t)')
```

运行结果：

yf=1/8*Heaviside(t)*(exp(-2*t)*cos(2*t)-3*exp(-2*t)*sin(2*t)-1+8*t)

即 $y_f(t)=\dfrac{1}{8}(\cos2t\,e^{-2t}-3\sin2t\,e^{-2t}+8t-1)\varepsilon(t)$。

响应波形如图 8-18 所示。

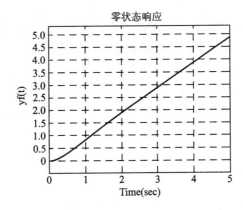

图 8-18　零状态响应曲线

使用 dsolve 函数求解零状态响应和零输入响应时，起始条件的时刻是不同的。求解零状态响应时不能选择 $t=0$，程序中选择了 $t=-0.01$ 时刻。如果用 cond='y(0)'定义起始条件，则实际上是定义了初始条件 $y(0_+)=0$，$y'(0_+)=0$，这样会得出错误的结论。

8.3.2　利用 MATLAB 求 LTI 连续系统的冲激响应及阶跃响应

LTI 连续系统在单位冲激信号 $\delta(t)$ 激励下的零状态响应称为单位冲激响应，记为 $h(t)$。LTI 连续系统在单位阶跃信号 $\varepsilon(t)$ 激励下的零状态响应称为阶跃响应，记为 $g(t)$，如图 8-19 所示。

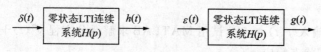

图 8-19 冲激和阶跃响应

对于 LTI 连续系统,设其输入信号为 $f(t)$,冲激响应为 $h(t)$,零状态响应为 $y(t)$,则有:

$$y(t) = f(t) * h(t)$$

即 $h(t)$ 包含了连续系统的固有特性,与系统的输入无关,所以只要知道了系统的冲激响应,即可求得系统在不同输入时产生的输出。对于低阶系统,一般可以通过解析的方法得到响应。但是对于高阶系统,手工计算就比较困难,而 MATLAB 为用户提供了专门用于求 LTI 连续系统冲激响应及阶跃响应,并绘制其时域波形的函数 impulse() 和 step()。

(1) impulse() 函数

函数 impulse() 将绘出由向量 a 和 b 表示的连续系统在指定时间范围内的冲激响应 $h(t)$ 的时域波形图,并能求出指定时间范围内冲激响应的数值解。Impulse() 函数有如下几种调用格式:

① impulse(b,a) 该调用格式以默认方式绘出向量 a 和 b 定义的连续系统的冲激响应的时域波形。

② impulse(b,a,t) 该调用格式将绘出向量 a 和 b 定义的连续系统在 0~t 时间范围内冲激响应的时域波形图。

③ impulse(b,a,t1:p:t2) 该调用格式将绘出向量 a 和 b 定义的连续系统在 t1~t2 时间范围内,且以时间间隔 p 均匀取样的冲激响应的时域波形。

④ y=impulse(b,a,t1:p:t2) 该调用格式并不绘出系统冲激响应的波形,而是求出向量 a 和 b 定义的连续系统在 t1~t2 时间范围内以时间间隔 p 取样的系统冲激响应的数值解。

例 8-9 求系统 $y''(t) + 4y'(t) + 13 = 2f(t) + 10$ 的冲激响应。

解 本例 MATLAB 实现如下:

```
b=[2 10];
a=[1 4 13];
impulse(b,a)
```

系统的冲激响应如图 8-20 所示。

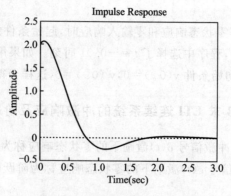

图 8-20 系统的冲激响应曲线

（2）step（）函数

函数 step（）将绘出由向量 a 和 b 表示的 LTI 连续系统的阶跃响应 $g(t)$ 在指定时间范围内的波形图，并能求出其数值解。与 impulse（）函数一样，step（）函数有如下四种调用格式：

step(b,a)
step(b,a,t)
step(b a t1: p: t2)
y＝step(b a t1: p: t2)

上述调用格式的功能和 impulse（）函数完全相同。

8.3.3　连续时间信号卷积的 MATLAB 实现

卷积积分可用信号的分段求和来实现，即：

$$f(t) = f_1(t) * f_2(t) = \int_{-\infty}^{\infty} f_1(\tau) f_2(t-\tau) \mathrm{d}\tau = \lim_{\Delta \to 0} \sum_{k=-\infty}^{\infty} f_1(k\Delta) f_2(t-k\Delta)\Delta$$

如果只求当 $t＝n\Delta$（n 为整数）时 $f(t)$ 的值 $f(n\Delta)$，则由上式可得：

$$f(n\Delta) = \lim_{\Delta \to 0} \sum_{k=-\infty}^{\infty} f_1(k\Delta) f_2(n\Delta - k\Delta)\Delta = \Delta \lim_{\Delta \to 0} \sum_{k=-\infty}^{\infty} f_1(k\Delta) f_2[(n-k)\Delta]$$

上式中的 $\sum_{k=-\infty}^{\infty} f_1(k\Delta) f_2[(n-k)\Delta]$ 实际上就是连续信号 $f_1(t)$ 和 $f_2(t)$ 经等时间隔 Δ 均匀抽样的离散序列 $f_1(k\Delta)$ 和 $f_2(k\Delta)$ 的卷积和。当 Δ 足够小时，$f(n\Delta)$ 就是卷积积分的结果——连续时间信号 $f(t)$ 的较好的数值近似。

MATLAB 具有一个作离散卷积的函数 conv（f_1，f_2），对矩阵（序列）f_1 和 f_2 做卷积运算。这是一个适合做离散卷积的函数，矩阵中元素的步长（间隔）缺省为 1。处理连续信号的卷积时，f_1 和 f_2 取相同的卷积步长（间隔），结果再乘以实际步长（对连续信号取样间隔），例如下例中的 0.001。

例 8-10　已知两个连续时间信号如图 8-21 所示，试用 MATLAB 求 $f(t)＝f_1(t) * f_2(t)$ 的时域波形图。

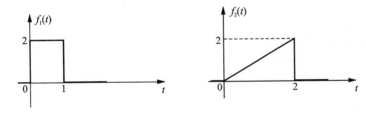

图 8-21　例 8-10 图

解　本例 MATLAB 实现如下：

```
t11＝0;        %f1(t)起始时间
t12＝1;        %f1(t)终止时间
t21＝0;        %f2(t)起始时间
t22＝2;        %f2(t)终止时间
```

```
t1＝t11: 0.001: t12;
ft1＝2 * rectpuls(t1－0.5,1);
t2＝t21: 0.001: t22;
ft2＝t2;
t3＝t11＋t21: 0.001: t12＋t22;
ft3＝conv(ft1,ft2);
ft3＝ft3 * 0.001;
plot(t3,ft3);
title('ft1(t) * ft2(t)')
```

上述命令绘制的波形图如图 8-22 所示。

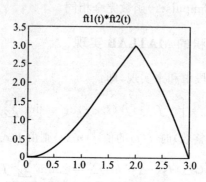

图 8-22　例 8-10 的连续信号卷积波形

例 8-11　已知 $f_1(t)=\begin{cases}1 & 0<t<2 \\ -1 & 2\leqslant t\leqslant 3\end{cases}$，$f_2(t)=\mathrm{e}^{-2t}, 0\leqslant t\leqslant 10$，求 $f(t)=f_1(t) * f_2(t)$ 的时域波形图。

解　本例的 MATLAB 实现如下：

```
t11＝0;
t12＝3;
t21＝0;
t22＝10;
t1＝t11: 0.001: t12;
ft1＝－sign(t1－2);
t2＝t21: 0.001: t22;
ft2＝exp(－2 * t2);
t＝t11＋t21: 0.001: t12＋t22;
ft＝conv(ft1,ft2);
ft＝ft * 0.001;
subplot(2,2,1);
plot(t1,ft1);                    %在子图 1 绘制 f1(t)的时域波形图
title('f1(t)');
subplot(2,2,2);
plot(t2,ft2);                    %在子图 2 绘制 f2(t)的时域波形图
title('f2(t)');
subplot(2,2,3);
plot(t,ft);                      %绘制卷积 f(t)的时域波形图
h＝get(gca,'position');
```

```
h(3)＝2＊h(3);
set(gca,'position',h);        %将第三个子图的横坐标范围扩为原来的 2 倍
title('f1(t)＊f2(t)')
```

上述命令绘制的波形图如图 8-23 所示。

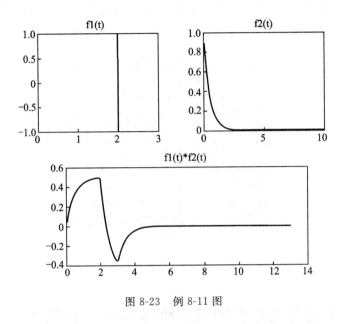

图 8-23　例 8-11 图

8.3.4　利用卷积积分法求系统的零状态响应

线性非时变系统对任意信号 $f(t)$ 激励下的零状态响应,可由系统的单位冲激响应与输入信号卷积积分得到。卷积积分提供了求系统零状态响应的另一途径,利用 MATLAB 可以方便计算。

例 8-12　用卷积积分法求例 8-8 中系统零状态响应 $y_f(t)$ 的波形图。

解　本例的 MATLAB 实现如下:

```
t11＝0;              %f1(t)起始时间
t12＝5;              %f1(t)终止时间
t21＝0;              %f2(t)起始时间
t22＝5;              %f2(t)终止时间
t1＝t11:0.001:t12;
ft1＝Heaviside(t1);
t2＝t21:0.001:t22;
b＝[3,8];
a＝[1,4,8,0];
ft2＝impulse(b,a,t2);
t3＝t11＋t21:0.001:t12＋t22;
yf＝conv(ft1,ft2);
yf＝yf＊0.001;
plot(t3,yf);
axis([0,5,0,5])
```

```
grid on
title('ft1(t) * ft2(t)')
xlabel('Time(sec)')
ylabel('yf(t)')
```

运行结果如图 8-24 所示,与图 8-18 比较可知,通过卷积积分法计算零状态响应,其结果与直接计算的结果相同。

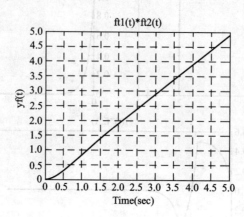

图 8-24 零状态响应曲线

8.4 连续时间信号与系统频域分析的 MATLAB 实现

8.4.1 傅里叶变换及其性质的 MATLAB 实现

MATLAB 的 Symbolic Math Toolbox 提供了能直接求解傅里叶变换及逆变换的函数 fourier() 及 Ifourier()。两者的调用格式如下:

1) Fourier 变换,有如下三种调用格式:

(1) F＝fourier(f):它是符号函数 f 的 Fourier 变换,默认返回关于 ω 的函数。

(2) F＝fourier(f,v):它返回函数 F 是关于符号对象 v 的函数,而不是默认的 ω,即

$$F(v) = \int_{-\infty}^{\infty} f(x)\mathrm{e}^{-jvx}\,\mathrm{d}x \,。$$

(3) F＝fourier(f,u,v):是对关于 u 的函数 f 进行变换,返回函数 F 是关于 v 的函数,即 $F(v) = \int_{-\infty}^{\infty} f(u)\mathrm{e}^{-jvu}\,\mathrm{d}u$。

2) Fourier 逆变换,也有如下三种调用格式:

(1) f＝ifourier(F):它是符号函数 f 的 Fourier 变换,独立变量默认为 ω,默认返回是关于 x 的函数。

(2) f＝ifourier(F,u):它返回函数 f 是 u 的函数,而不是默认的 x。

(3) f＝ifourier(F,u,v):是对关于 v 的函数 F 进行变换,返回关于 u 的函数 f。

需注意,在调用函数 F＝fourier(f) 及 ifourier() 之前,要用 syms 命令对所用到的变量进行说明,即要将这些变量说明成符号变量。对 fourier() 中的函数 f 及 ifourier() 中的函数 F,也要用符号定义符 sym 将 f 或 F 说明为符号表达式;若 f 或 F 是 MATLAB 中的通用

表达式,则不必用 sym 加以说明。

例 8-13　求取样函数 $\mathrm{Sa}(t) = \dfrac{\sin t}{t}$ 的频谱函数。

解　本例 MATLAB 实现如下:

```
syms t;
fourier(sin(t)/t)
```

程序运行结果: pi * (Heaviside(w+1)-Heaviside(w-1)),即 $\pi G_2(\omega)$。

例 8-14　求 $F(\omega) = \dfrac{1}{1 + \omega^2}$ 的傅里叶逆变换。

解　本例 MATLAB 实现如下:

```
syms t;
Fw=sym('1/(1+w^2)');
ft=ifourier(Fw,t)
```

运行结果:

f t=1/2 * exp(-t) * Heaviside(t)+1/2 * exp(t) * Heaviside(-t)

其中 Heaviside(t)为阶跃函数 $\varepsilon(t)$。

例 8-15　求单边指数信号 $f(t) = \mathrm{e}^{-2t}\varepsilon(t)$ 的的幅度谱和相位谱。

解　本例 MATLAB 实现如下:

```
ft=sym('exp(-2 * t) * Heaviside(t)');
Fw=fourier(ft);
subplot(2,1,1)
ezplot(abs(Fw));
grid on
title('幅度谱')
phase=atan(imag(Fw)/real(Fw));
subplot(2,1,2)
ezplot(phase);
grid on
title('相位谱')
```

运行结果如图 8-25 所示。

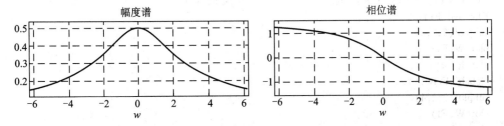

图 8-25　单边指数信号 $f(t) = \mathrm{e}^{-2t}\varepsilon(t)$ 的幅度谱和相位谱

8.4.2　MATLAB 中连续信号傅里叶变换的数值计算方法

理论依据：

$$F(j\omega) = \int_{-\infty}^{\infty} f(t)e^{-j\omega t}\,dt = \lim_{\substack{\tau\to 0 \\ n=-\infty}}^{n=\infty} f(n\tau)e^{-j\omega n\tau}\tau \tag{1}$$

对于一大类信号,当取 τ 足够小时,式(1)的近似情况可以满足实际需要。若信号 $f(t)$ 是时限的,或当 $|t|$ 大于某个给定值时,$f(t)$ 的值已衰减得很厉害,可以近似地看成时限信号时,式(1)中的 n 取值就是有限的,设为 N,有:

$$F(k) = \tau\sum_{n=0}^{N-1} f(n\tau)e^{-j\omega_k n\tau}, 0 \leqslant k \leqslant N \tag{2}$$

式(2)是对式(1)中的频率 ω 进行取样,通常:$\omega_k = \dfrac{2\pi}{N\tau}k$。

采用 MATLAB 实现式(2)时,关键要正确生成 $f(t)$ 的 N 个样本 $f(n\tau)$ 的向量 f 及向量 $e^{-j\omega_k n\tau}$,两矩阵的乘积即完成式(2)的计算。应注意取样间隔 τ 需小于奈奎斯特(Nyquist)取样间隔。

例 8-16　设 $f(t) = \varepsilon(t+1) - \varepsilon(t-1)$,$f_1(t) = f(t)\cos(10\pi t)$,试用 MATLAB 绘出 $f(t)$、$f_1(t)$ 的时域波形及其频谱,并观察变换的频移特性。

解　本例 MATLAB 实现如下:

```
R=0.005; t=−1.2:R:1.2;
f=Heaviside(t+1)−Heaviside(t−1);          %f(t)
f1=f.*cos(10*pi*t);                        %f1(t)
subplot(2,2,1)
plot(t,f)
xlabel('t'); ylabel('f(t)');
subplot(2,2,2)
plot(t,f1)
xlabel('t'); ylabel('f1(t)=f(t)*cos(10*pi*t)');
W1=40;                                     %频率宽度
N=1000;                                    %采样数为 N
k=−N:N;
W=k*W1/N;                                  %W 为频率正半轴的采样点
F=f*exp(−j*t'*W)*R;                        %求 F(jω)
F=real(F);
F1=f1*exp(−j*t'*W)*R;                      %求 F1(jω)
F1=real(F1);
subplot(2,2,3)
plot(W,F);
xlabel('w');
ylabel('F(jw)');
subplot(2,2,4)
plot(W,F1);
xlabel('w');
ylabel('F1(jw)');
```

程序运行结果如图 8-26 所示。由图可见,$f1(t)$ 的频谱 $F1(j\omega)$ 即是将 $f(t)$ 的频谱

$F(\mathrm{j}\omega)$ 搬移到 $\pm 10\pi$ 处,且幅度为 $F(\mathrm{j}\omega)$ 幅度的一半。

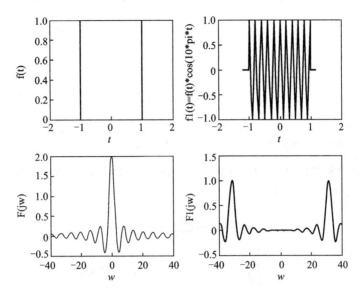

图 8-26　原信号 $f(t)$、调制信号 $f_1(t)$ 的波形及其频谱 $F(\mathrm{j}\omega)$、$F_1(\mathrm{j}\omega)$

8.4.3　连续系统频域分析的 MATLAB 实现

8.3 节中叙述了符号求解系统微分方程的方法,实际工程应用中用的较多的方法是数值求解微分方程。MATLAB 工具箱中提供了对 LTI 连续系统的零状态响应进行数值仿真的函数 lsim(),该函数可求解零初始条件下微分方程的数值解,能绘制系统在指定的任意时间范围内系统响应的时域波形。lsim() 函数有两种调用格式:

(1) lsim(b,a,x,t)

在该调用格式中,a 和 b 是描述系统函数的两个行向量。x 和 t 则是表示输入信号的行向量,其中 t 为表示输入信号时间范围的向量,x 是输入信号在向量 t 定义的时间点上的取样值。例如:

t=0: 0.01: 10;
x=sin(t);

上述命令定义了 0~10 秒范围内的正弦输入信号 $\sin(t)$(取样时间间隔为 0.01 秒)。

该调用格式将绘出由向量 b 和 a 所定义的连续系统在输入为向量 x 和 t 所定义的信号时,系统响应的时域仿真波形,且时间范围与输入信号相同。

(2) y=lsim(b,a,x,t)

该调用格式并不绘出系统的响应曲线,而是求出与向量 t 定义的时间范围相一致的系统响应的数值解。

例 8-17　已知系统函数

$$H(\mathrm{j}\omega) = \frac{2\mathrm{j}\omega}{\mathrm{j}\omega + 0.8}$$

输入信号为 $x=\cos(t)$,求系统在 $t=[0:0.5]$ 期间的响应。

解　本例 MATLAB 实现如下：

```
t=0: 0.1: 0.5;
x=cos(t);
a=[1 0.8];
b=[2 0];
y=lsim(b,a,x,t)
```

所得结果如下：

```
y=2.0000   1.8366   1.6667   1.4910   1.3105   1.1262
```

例 8-18　已知激励信号 $f(t) = (3e^{-2t} - 2)\varepsilon(t)$，试用 MATLAB 求图 8-27 所示电路中电容电压的零状态响应 $u_{Cf}(t)$。

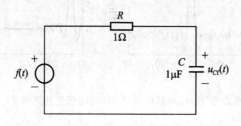

图 8-27　例 8-18 图

解　由分析可得系统函数为

$$H(j\omega) = \frac{1}{1 + j\omega}$$

本例 MATLAB 实现如下：

```
t=0: 0.01: 10;
x=(3*exp(-2*t)-2).*(t>0);
a=[1,1];
b=[1];
lsim(b,a,x,t)
```

所得响应波形如图 8-28 所示。

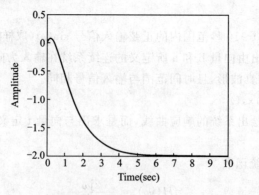

图 8-28　例 8-18 响应波形

8.5　连续时间信号与系统复频域分析的 MATLAB 实现

8.5.1　利用 MATLAB 符号数学工具箱实现 Laplace 正反变换

MATLAB 的符号数学工具箱提供了计算 Laplace 正反变换的的函数 laplace 和 ilaplace,其调用格式分别如下:

F＝laplace(f)
f＝ilaplace(F)

可用符号运算来实现。

例 8-19　用 laplace 函数求 $f(t)＝t\mathrm{e}^{-2t}\varepsilon(t)$ 的拉氏变换。

解　本例 MATLAB 实现如下:

f＝sym('t * exp(−2 * t)');
F＝laplace(f)

运行结果:

$F＝1/(s＋2)^2$,即 $F＝\dfrac{1}{(s＋2)^2}$。

例 8-20　用 ilaplace 函数求 $F(s)＝\dfrac{s＋2}{(s＋1)^2(s＋3)s}$ 的原函数 $f(t)$。

解　本题 MATLAB 实现如下:

F＝sym('(s＋2)/((s＋1)^2 * (s＋3) * s)');
f＝ilaplace(F)

运行结果:

$f＝-1/2 * t * \exp(-t) - 3/4 * \exp(-t) + 1/12 * \exp(-3 * t) + 2/3$

即 $f(t)＝\left(-\dfrac{1}{2}t\mathrm{e}^{-t} - \dfrac{3}{4}\mathrm{e}^{-t} + \dfrac{1}{12}\mathrm{e}^{-3t} + \dfrac{2}{3}\right)\varepsilon(t)$。

8.5.2　基于 MATLAB 部分分式展开法实现 Laplace 反变换

利用 MATLAB 函数 residue 可得到复杂有理分式 F(s) 的部分分式展开式,其调用格式为:

［r,p,k］＝residue(b,a)

其中,b、a 分别表示 $F(s)$ 的分子和分母多项式的系数向量;r 为部分分式的系数;p 为极点;k 为 $F(s)$ 中整式部分的系数。若 $F(s)$ 为有理真分式,则 k 为 0。

例 8-21　利用 MATLAB 部分分式展开法求象函数 $F(s)＝\dfrac{s^2＋s＋2}{s^3＋3s^2＋2s}$ 的原函数 $f(t)$。

解　本例 MATLAB 实现如下:

format rat;　　%设置输出格式,将结果数据以分数的形式表示

```
b=[1,1,2];
a=[1,3,2,0];
[r,p]=residue(b,a)
```

运行结果：

```
r=2      -2      1
p=-2      -1      0
```

从运行结果可知，$F(s)$ 有三个单实极点，即 $p_1 = -2$、$p_2 = -1$、$p_3 = 0$，其对应部分分式展开系数为 $C_1 = 2$、$C_2 = -2$、$C_3 = 1$。由此，$F(s)$ 可展开为：

$$F(s) = \frac{1}{s} + \frac{-2}{s+1} + \frac{2}{s+2}$$

故得

$$f(t) = \varepsilon(t) - 2e^{-t}\varepsilon(t) + 2e^{-2t}\varepsilon(t) = (1 - 2e^{-t} + 2e^{-2t})\varepsilon(t)$$

如果已知多项式的根，则可以利用 poly 函数将根式转换成多项式，其调用格式为

```
b=poly(a)
```

式中，a 为多项式的根，b 为多项式的系数向量。

例如，$(s+2)(s+1)s$，MATLAB 可表示为

```
a=[-2,-1,0];
b=poly(a)
```

运行结果：b=1 3 2 0，即转换成的多项式为 $s^3 + 3s^2 + 2s$。

有时 $F(s)$ 表达式中分子多项式 b 和分母多项式 a 是以因子相乘的形式出现的，这时可用 conv 函数将因子相乘的形式转换成多项式的形式：

```
c=conv(a,b)
```

式中，a 和 b 是两因子多项式的系数向量，c 是因子相乘所得多项式的系数向量。

例 8-22　求象函数 $F(s) = \dfrac{2s^2 + 6s + 6}{(s+2)(s^2 + 2s + 2)}$ 的原函数 $f(t)$。

解　本例 MATLAB 实现如下：

```
b=[2,6,6];
a=conv([1,2],[1,2,2]);
[r,p]=residue(b,a)
```

运行结果：

```
r=1      1/2-1/2i      1/2+1/2i
p=-2      -1+1i         -1-1i
```

由于系数 r 中有一对共轭复数，因此求时域表达式的计算较复杂。为了得到简洁的时域表达式，可以用 cart2pol 函数把共轭复数表示成模和相角形式，其调用格式为

```
[TH,R]=cart2pol(X,Y)
```

表示将笛卡尔坐标转换成极坐标，X、Y 分别为笛卡尔坐标的横坐标和纵坐标。TH 是极坐标的相角，单位为弧度；R 是极坐标的模。

因此在上述程序中增加下面语句,即可得到系数 r 的极坐标形式:

$$[angle,mag] = cart2pol(real(r),imag(r))$$

运行结果:

```
angle=0        −0.7854      0.7854
mag=1.0000    0.7071       0.7071
```

由此可得:

$$F(s) = \frac{1}{s+2} + \frac{0.7071e^{j0.7854}}{s+1+j} + \frac{0.7071e^{-j7854}}{s+1-j} = \frac{1}{s+2} + \frac{\frac{1}{\sqrt{2}}e^{j45°}}{s+1+j} + \frac{\frac{1}{\sqrt{2}}e^{-j45°}}{s+1-j}$$

所以, $f(t) = e^{-2t}\varepsilon(t) + \sqrt{2}\,e^{-t}\cos(t-45°)\varepsilon(t) = [e^{-2t} + \sqrt{2}\,e^{-t}\cos(t-45°)]\varepsilon(t)$

8.5.3　Laplace 变换法求解微分方程

Laplace 变换法是分析 LTI 连续时间系统的重要手段。Laplace 变换将时域中的常系数线性微分方法,变换为复频域中的线性代数方程,且系统的起始条件同时体现在该代数方程中,因而大大简化了微分方程的求解。借助 MATLAB 符号数学工具箱实现 Laplace 正反变换的方法可以求解微分方程,即求得系统的完全响应。

例 8-23　描述某 LTI 连续系统的微分方程为

$$y''(t) + 3y'(t) + 2y(t) = 2f'(t) + 6f(t)$$

已知输入 $f(t)=\varepsilon(t)$,初始状态 $y(0_-)=2,y'(0_-)=1$。试求系统的零输入响应、零状态响应和完全响应。

解　对微分方程 Laplace 变换,可得

$$s^2Y(s) - sy(0_-) - y'(0_-) + 3sY(s) - 3y(0_-) + 2Y(s) = 2sF(s) + 6F(s)$$

即

$$(s^2 + 3s + 2)Y(s) - [sy(0_-) + y'(0_-) + 3y(0_-)] = 2(s+3)F(s)$$

代入起始条件并整理,得

$$Y(s) = \frac{2s+7}{s^2+3s+2} + \frac{2s+6}{s^2+3s+2}F(s)$$

上式中第一项为零输入响应 $y_x(t)$ 的拉氏变换,第二项为零状态响应 $y_f(t)$ 拉氏变换。可以利用 MATLAB 求其时域解,MATLAB 实现如下:

```
syms t s;
yxs=(2*s+7)/(s^2+3*s+2);
yx=ilaplace(yxs)
ft=sym('Heaviside(t)');
Fs=laplace(ft);
yfs=(2*s+6)*Fs/(s^2+3*s+2);
yf=ilaplace(yfs)
yt=simplify(yx+yf)
```

运行结果:

yx=−3*exp(−2*t)+5*exp(−t),即 $y_x(t) = 5e^{-t} - 3e^{-2t}, t \geqslant 0$

yf＝3＋exp(−2*t)−4*exp(−t)，即 $y_f(t) = (3 - 4e^{-t} + e^{-2t})\varepsilon(t)$

yt＝−2*exp(−2*t)＋exp(−t)＋3，即 $y(t) = 3 + e^{-t} - 2e^{-2t}, t > 0$

8.5.4　连续系统的信号流图方程和 MATLAB 求解

任意复杂线性系统都可以用信号流图来表示它的内外信号关系。根据其拓扑特性，梅森给出了求解的一般公式，但对复杂结构系统，其计算很冗繁且不实用。为此，可以把信号流图用矩阵描述，再利用 MATLAB 就可以方便地得出其系统的传递函数。

设信号流图中有 k_i 个输入节点，k 个中间和输出节点，它们分别代表输入信号 $u_i(i = 1, 2, \cdots, k_i)$ 和系统状态 $x_j(j = 1, 2, \cdots, k)$。信号流图代表它们之间的联结关系。用拉普拉斯算子表示后，任意状态 x_j 可以表为 x_i 和 x_j 的线性组合：

$$x_j = \sum_{k=1}^{k} q_{jk} x_k + \sum_{i=1}^{k_i} p_{ji} u_i$$

用矩阵表示，可写成：

$$X = QX + PU$$

其中，$X = [x_1; x_2; \cdots; x_k]$ 为 k 维状态列向量，$U = [u_1; u_2; \cdots; u_{ki}]$ 为 k_i 维输入列向量，Q 为 $k \times k$ 阶的传输矩阵，P 为 $k \times k_i$ 阶的输入矩阵，Q 和 P 的元素 q_{ij} 和 p_{ij} 是各环节的传递函数。上式可写为：

$$(I - Q)X = PU$$

由此得：

$$X = (I - Q)^{-1} PU$$

因此，系统的传递函数矩阵为 $H = (I - Q)^{-1} P$，这个简明的公式就等价于信号流图中的梅森公式。只要写出 P 和 Q，任何复杂系统的传递函数都可用这个简单的式子求出。若代入的是符号，得出的是用符号表示的公式；若代入的是数据模型，得出的是用数值表示的系统函数。这个公式既适用于连续线性系统，也适用于离散线性系统。其结果取决于元素 q_{ij} 和 p_{ij} 的表达式。

例 8-24　已知某连续系统的信号流图如图 8-29 所示，求以 u 为输入，x_8 为输出的系统函数 $H(s)$。

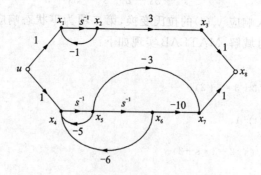

图 8-29　系统的信号流图

解　由图 8-29 列出方程为：

$x_1 = u - x_2$

$x_2 = s^{-1}x_1$

$x_3 = 3x_2$

$x_4 = u - 5x_5 - 6x_6$

$x_5 = s^{-1}x_4$

$x_6 = s^{-1}x_5$

$x_7 = -3x_5 - 10x_6$

$x_8 = x_3 + x_7$

用矩阵表示，可写成：

$$X = QX + PU$$

因 x_8 出现在右端，故 Q 为 8 行 7 列，应在最后补上一个全零列，即为

$$Q = \begin{bmatrix} 0 & -1 & 0 & 0 & 0 & 0 & 0 & 0 \\ s^{-1} & 0 & 0 & 0 & 0 & 0 & 0 & 0 \\ 0 & 3 & 0 & 0 & 0 & 0 & 0 & 0 \\ 0 & 0 & 0 & 0 & -5 & -6 & 0 & 0 \\ 0 & 0 & 0 & s^{-1} & 0 & 0 & 0 & 0 \\ 0 & 0 & 0 & 0 & s^{-1} & 0 & 0 & 0 \\ 0 & 0 & 0 & 0 & -3 & -10 & 0 & 0 \\ 0 & 0 & 1 & 0 & 0 & 0 & 1 & 0 \end{bmatrix}, P = \begin{bmatrix} 1 \\ 0 \\ 0 \\ 1 \\ 0 \\ 0 \\ 0 \\ 0 \end{bmatrix}$$

以 U 为输入，$X = [x_1; x_2; x_3; x_4; x_5; x_6; x_7; x_8]$ 为输出的系统函数为

$$H = (I - Q)^{-1}P$$

本例 MATLAB 实现如下（要运行本程序，MATLAB 必须装有 Symbolic 工具箱）：

```
syms s;                    %定义字符自变量
Q(2,1)=1/s;                %采用字符矩阵，第一条赋值语句右端必须是字符变量
Q(1,2)=-1;                 %列出连接矩阵
Q(3,2)=3;
Q(4,5)=-5;
Q(4,6)=-6;
Q(5,4)=1/s;
Q(6,5)=1/s;
Q(7,5)=-3;
Q(7,6)=-10;
Q(8,3)=1;
Q(8,7)=1;
Q(:,end+1)=zeros(max(size(Q)),1)    %加一个全零列，补成方阵
P=[1;0;0;1;0;0;0;0];
I=eye(size(Q));
W=(I-Q)\P        %求出完整的系统函数
W8=W(8)
pretty(W8)                 %给出便于阅读的形式
```

注：上述程序中，size() 函数用于计算矩阵的的行数和列数；eye() 函数用于产生单位

矩阵。

程序的运行结果：

W8=2*(s+4)/(s^3+6*s^2+11*s+6)

$$\frac{2s+8}{s^3+6s^2+11s+6}°$$

8.5.5　利用 MATLAB 分析系统函数的零极点分布

系统函数 H(s)通常是一个有理真分式，其分子分母均为多项式。MATLAB 中提供了一个计算分子和分母多项式根的函数 roots。例如多项式 $N(s) = s^4 + 3s^2 + 5s + 7$ 的根，可用如下语句求出：

N=[1,0,3,5,7];

r=roots(N)

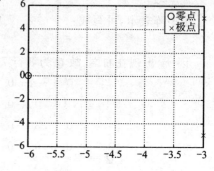

图 8-30　例 8-25 零极点分布图

例 8-25　已知系统函数为

$$H(s) = \frac{17s + 102}{s^2 + 6s + 34}$$

求系统的零极点并画出零极点分布图。

b=[17,102];
a=[1,6,34];
zs=roots(b) %求系统零点
ps=roots(a) %求系统极点
plot(real(zs),imag(zs),'o',real(ps),imag(ps),'rx','markersize',10);
grid on
legend('零点','极点');　　%设置图解注释

运行结果：

zs=-6
ps=-3.0000+5.0000i　　　-3.0000-5.0000i

零极点分布图如图 8-30 所示。

MATLAB 中还提供了一种更为简便的画出系统函数零极点图的 pzmap 函数，其调用格式为：

pzmap(b,a)

其中,b 和 a 为描述系统函数的两个行向量。

8.5.6　利用 MATLAB 分析系统的频率特性

MATLAB 提供了专门对连续系统频率响应 $H(j\omega)$ 进行分析的函数 freqs()。该函数可以求出系统频率响应的数值解，并可绘出系统的幅频及相频响应曲线。

freqs() 函数有如下几种调用格式：

◆h=freqs(b,a,w)　其中,b 和 a 为描述系统函数的两个行向量,w 为形如 w1:p:w2 冒号运算定义的的系统频率响应的频率范围,向量 h 则返回在向量 w 所定义的频率点上,系统频率响应的样值。

◆[h,w]＝freqs(b,a,n)　　将计算默认频率范围内 n 个频率点的系统频率响应的样值,并赋值返回变量 h,n 个频率点记录在 w 中。若 n 缺省,则计算 200 个频率点。

◆freqs(b,a)该格式并不返回系统频率响应的样值,而是以对数坐标的方式绘出系统的幅频响应和相频响应曲线。

例 8-26　利用 MATLAB 求解图 8-31 所示有源二阶电路的频率特性。

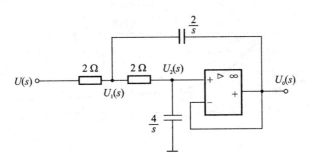

图 8-31　例 8-26 图

解　由分析可得

$$H(s) = \frac{U_O(s)}{U(s)} = \frac{2}{s^2 + 2s + 2}$$

由于 $H(s)$ 的分母为二次多项式,各项中的系数均为正实数,故系统是稳定的,得

$$H(\mathrm{j}\omega) = H(s)\Big|_{s=\mathrm{j}\omega} = \frac{2}{(\mathrm{j}\omega)^2 + 2\mathrm{j}\omega + 2}$$

则其 MATLAB 实现如下:

```
b＝[2];
a＝[1 2 2];
[h,w]＝freqs(b,a,100);
M＝abs(h);
A＝angle(h);
subplot(2,1,1)
plot(w,M)
grid
xlabel('角频率(w)')
ylabel('幅度')
title('幅频特性')
subplot(2,1,2)
plot(w,A＊180/pi)
grid
xlabel('角频率(w)')
ylabel('相位')
title('相频特性')
```

所求频率特性如图 8-32 所示。

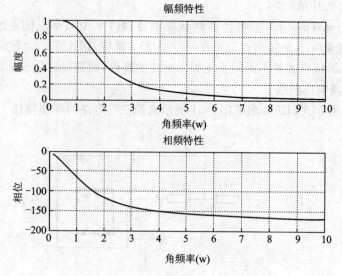

图 8-32 电路幅频特性及相频特性

8.6 离散系统时域响应的 MATLAB 实现

由于 MATLAB 中矩阵元素的个数有限,所以 MATLAB 只能表示一定时间范围内有限长度的序列;而对于无限序列,也只能在一定时间范围内表示出来。离散时间信号的波形绘制在 MATLAB 中一般采用 stem 函数,stem 函数的基本用法和 plot 函数一样。

8.6.1 常用离散信号的 MATLAB 表示

(1) 单位序列(单位脉冲序列)$\delta(k)$

MATLAB 函数可写为

```
k=[k1: k2];              % k1,k2 为时间序列的起始、终止时间序号
fk=[(k-k0)==0];          % k0 为 δ(k)在时间轴上的位移量
stem(k,fk)
```

程序中关系运算$(k-k0)==0$的结果是一个 $0-1$ 矩阵,即 $k=k0$ 时返回"真"值 1,$k \neq k0$ 时返回"非真"值 0。

例 8-27 画出 $\delta(k)$ 在 $-5 \leqslant k \leqslant 5$ 区间的波形。

解 MATLAB 命令如下:

```
k=[-5: 5]
fk=[(k)==0]
stem(k,fk)
title('单位序列')
```

执行结果如下,并得到如图 8-33 所示的波形:

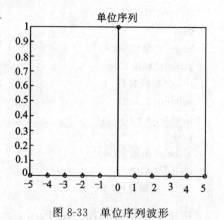

图 8-33 单位序列波形

```
k＝
      −5    −4    −3    −2    −1    0    1    2    3    4    5
fk＝
       0     0     0     0     0    1    0    0    0    0    0
```

（2）单位阶跃序列 ε(k)

MATLAB 函数可写为

```
k＝［k1: k2］          ％k1,k2 为时间序列的起始及终止时间序号
fk＝［(k−k0)＞＝0］   ％k0 为 ε(k)在时间轴上的位移量
stem(k,fk)
```

例 8-28　画出 ε(k)在−1≤k≤6 区间的波形。

解　MATLAB 命令如下：

```
k＝［−1: 6］
fk＝［(k)＞＝0］
stem(k,fk)
title('单位阶跃序列')
```

执行结果如下,并得到如图 8-34 所示的波形：

```
k＝−1   0    1    2    3    4    5    6
fk＝  0    1    1    1    1    1    1    1
```

（3）斜变序列

MATLAB 实现如下：

```
k＝［0: 6］
fk＝k
stem(k,fk)
title('斜变序列 ')
```

执行结果如图 8-35 所示。

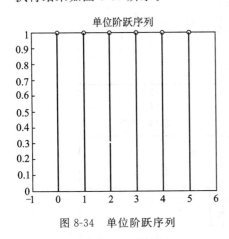

图 8-34　单位阶跃序列

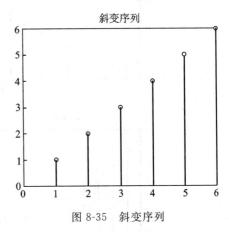

图 8-35　斜变序列

（4）单边指数序列

$$f(k) = a^k \varepsilon(k)$$

其中,a 为实数,k 的取值范围为 $k \geqslant 0$。可利用 MATLAB 中的数组幂运算 a.^k 实现。

例 8-29　试用 MATLAB 命令分别绘制单边指数序列 $f_1(k) = 1.2^k \varepsilon(k)$、$f_2(k) = (-1.2)^k \varepsilon(k)$、$f_3(k) = 0.8^k \varepsilon(k)$、$f_4(k) = (-0.8)^k \varepsilon(k)$ 的波形图。

解　本例 MATLAB 实现如下:

```
k=0:10;
f1=1.2.^k;
f2=(-1.2).^k;
f3=0.8.^k;
f4=(-0.8).^k;
subplot(2,2,1)
stem(k,f1)
xlabel('k')
title('f1(k)=1.2^{k}')
subplot(2,2,2)
stem(k,f2)
xlabel('k')
title('f2(k)=(-1.2)^{k}')
subplot(2,2,3)
stem(k,f3);
xlabel('k')
title('f3(k)=0.8^{k}')
subplot(2,2,4)
stem(k,f4);
xlabel('k')
title('f4(k)=(-0.8)^{k}')
```

运行结果如图 8-36 所示。从图中可知,若 $|a| > 1$,则 $f(k)$ 为一发散序列;若 $|a| < 1$,则 $f(k)$ 为一收敛序列;若 $a > 0$,则序列 $f(k)$ 均取正值;若 $a < 0$,则序列 $f(k)$ 在正负之间摆动。

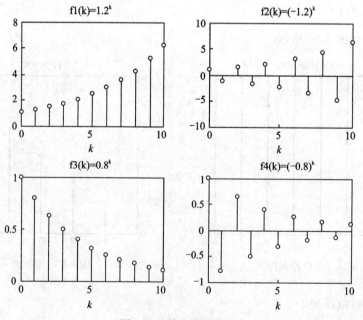

图 8-36　单边指数序列

（5）正弦序列

$$f(k) = A\sin(k\omega_0 + \phi)$$

其中，ω_0 为正弦序列的频率；A, ϕ 为正弦序列的振幅和初相。可以证明，只有当 $\dfrac{2\pi}{\omega_0}$ 为有理数时，正弦序列才具有周期性。可利用 MATLAB 中的 sin() 函数实现。

例 8-30 用 MATLAB 实现正弦序列 $f(k) = 10\sin\left(\dfrac{2\pi}{11}k - \dfrac{\pi}{3}\right)$。

解 本例 MATLAB 实现如下：

```
k1=-20;    %绘制序列的起始序号
k2=20;     %绘制序列的终止序号
k=k1:k2;
fk=10 * sin(2 * pi * k/11-pi/3);
stem(k,fk);
title('正弦序列');
```

执行结果如图 8-37 所示。

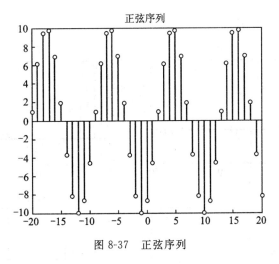

图 8-37　正弦序列

（6）复指数序列

$$f(k) = \mathrm{e}^{(\alpha + j\omega)k}$$

若 $\omega = 0$，则 $f(k)$ 是实指数序列；若 $\alpha = 0$，则 $f(k)$ 是虚指数序列。

由欧拉公式可知，复指数序列可进一表示为：

$$f(k) = \mathrm{e}^{(\alpha + j\omega)k} = \mathrm{e}^{\alpha k}\ \mathrm{e}^{j\omega k} = \mathrm{e}^{\alpha k}[\cos(\omega k) + j\sin(\omega k)]$$

所以，可得出如下结论：

① 当 $\alpha > 0$ 时，复指数序列 $f(k)$ 的实部和虚部分别是按指数规律增长的正弦振荡序列；

② 当 $\alpha < 0$ 时，复指数序列 $f(k)$ 的实部和虚部分别是按指数规律衰减的正弦振荡序列；

③ 当 $\alpha = 0$ 时，复指数序列 $f(k)$ 的实部和虚部分别是等幅的正弦振荡序列。

例 8-31　用 MATLAB 绘制复指数序列 $f(k)=e^{(-0.2+j0.5)k}$ 的实部、虚部、模及相角随时间变化的曲线,并观察其时域特性。

解　本例 MATLAB 实现如下:

```
k=0: 20;
fk=exp((-0.2+j*0.5)*k);          %复指数序列的产生
subplot(2,2,1)
stem(k,real(fk)); grid on
title('实部'); xlabel('k');
subplot(2,2,2)
stem(k,imag(fk)); grid on
title('虚部'); xlabel('k');
subplot(2,2,3)
stem(k,abs(fk)); grid on
title('模'); xlabel('k');
subplot(2,2,4)
stem(k,angle(fk)); grid on
title('相角'); xlabel('k');
```

执行结果如图 8-38 所示。

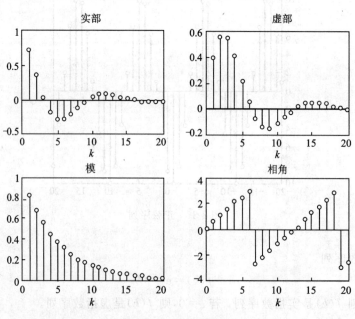

图 8-38　复指数序列

8.6.2　利用 MATLAB 进行离散系统单位序列响应的求解

离散时间 LTI 系统可用线性常系数差分方程来描述,即

$$\sum_{i=0}^{n}a_iy(k-i)=\sum_{j=0}^{m}b_jf(k-j)$$

其中,$f(k)$、$y(k)$ 分别表示系统的输入和输出,n 是差分方程的阶数。

在 MATLAB 中,求解离散系统的单位序列响应,可利用控制系统工具箱提供的 impz 函数,其调用格式为:

h=impz(b,a,k)

其中,b 和 a 是由描述系统的差分方程的系数决定的表示离散系统的两个行向量,k 表示输出序列的取值范围,h 就是系统的单位序列响应。

例 8-32　对于一阶系统

$$y(k)+3y(k-1)=f(k)$$
$$y(k)=0,k<0$$

求其单位序列响应 $h(k)$,并与理论值 $h(k)=(-3)^k \varepsilon(k)$ 比较。

解　本例 MATLAB 实现如下:

```
k=0: 10;
a=[1 3]; b=[1];
h=impz(b,a,k);
subplot(2,1,1)
stem(k,h)
title('单位序列响应的近似值')
hk=(-3).^k;
subplot(2,1,2)
stem(k,hk)
title('单位序列响应的理论值')
```

运行结果如图 8-39 所示。

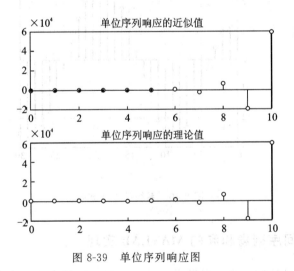

图 8-39　单位序列响应图

8.6.3　利用 MATLAB 求离散系统时域响应

在零初始状态下,MATLAB 工具箱提供了一个 filter 函数,计算由差分方程描述的系统响应,其调用格式如下:

（1）y=filter(b,a,f)计算系统在输入 f 作用下的零状态响应 y。

（2）y=filter(b,a,f,zi)计算系统在输入 f 和初始状态作用下的完全响应 y。zi 是系统的初始状态经过 filtic 函数转换而得到的初始条件。

其中,b 和 a 是由描述系统的差分方程的系数决定的表示离散系统的两个行向量,f 是包含输入序列非零样值点的行向量,上述命令将求出系统在与 f 的取样时间点相同的输出序列样值。

zi＝filtic(b,a,Y0),其中 Y0 为系统的初始状态,Y0＝[y(−1),y(−2),y(−3),…]。

例 8-33 已知描述离散系统的差分方程为:

$$y(k) - 0.5y(k-1) = f(k) + 0.5f(k-1)$$

试用 MATLAB 绘出当激励信号为 $f(k) = \cos\left(\dfrac{\pi}{10}k + \dfrac{\pi}{4}\right)\varepsilon(k)$ 时,该系统零状态响应。

解 本例 MATLAB 实现如下:

```
a＝[1  −0.5]; b＝[1 0.5];
k＝0: 30;
f＝cos(0.1 ∗ pi ∗ k＋pi/4);
y＝filter(b,a,f);
stem(k,y);
grid on;
xlabel('k'); title('zero state response computed by filter')
```

执行结果如图 8-40 所示。

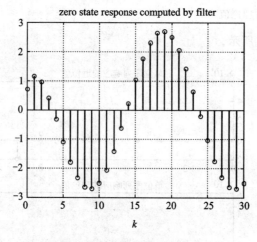

图 8-40 系统的零状态响应

8.6.4 离散时间序列卷积和的 MATLAB 实现

MATLAB 信号处理工具箱提供了 conv()函数可以用来快速求出两个离散序列的卷积和。conv()函数的调用格式为

$$y = \text{conv}(f1, f2)$$

式中 $f1$、$f2$ 为待卷积两序列的向量表示,y 是卷积结果。向量 y 的长度为向量 a、b 长度之和减 1,即 length(y)＝length(a)＋length(b)−1。

例 8-34 图 8-41 所示离散信号 $f_1(k)$ 和 $f_2(k)$,求 $y(k) = f_1(k) * f_2(k)$。

解 MATLAB 实现如下:

```
k1=-1:5;        %序列 f1(k)的对应序号向量
k2=-1:5;        %序列 f2(k)的对应序号向量
f1=[0 1 3 2 0 0 0];
f2=[0 4 3 2 1 0 0];
y=conv(f1,f2)
N=length(y);
subplot(2,2,1)
stem(k1,f1)
title('f1(k)')
subplot(2,2,2)
stem(k2,f2)
title('f2(k)')
subplot(2,2,3)
stem(0:N-1,y)
title('y(k)')
h=get(gca,'position')
h(3)=2*h(3)
set(gca,'position',h)        %将第三个子图的横坐标范围扩为原来的 2 倍
```

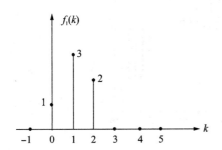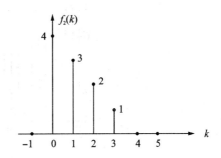

图 8-41　例 8-34 图

执行结果如图 8-42 所示。

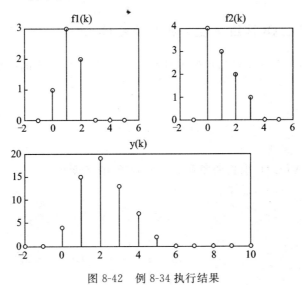

图 8-42　例 8-34 执行结果

离散系统的零状态响应也可用卷积和来求得。

例 8-35　用卷积和的方法求例 8-33 的零状态响应,并将结果与例 8-33 比较。

解　本例 MATLAB 实现如下：

```
a=[1  −0.5]; b=[1 0.5];
k=0: 30;
f=cos(0.1 * pi * k+pi/4);
h=impz(b,a,k);
y=conv(f,h);
stem(k,y(1: 31));
grid on
xlabel('k'); title('zero state response computed by conv');
```

将图 8-43 与图 8-40 相比可知,用两种方法求出的系统零状态响应结果相同。

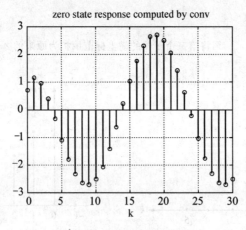

图 8-43　系统的零状态响应

8.7　利用 MATLAB 实现离散系统的 z 域分析

8.7.1　利用 MATLAB 计算 Z 变换和 Z 反变换

MATLAB 的符号数学工具箱提供了计算 Z 变换和 Z 反变换的函数 ztrans、iztrans,其调用格式为

$$F = ztrans(f)$$
$$f = iztrans(F)$$

可用符号运算来实现。

例 8-36　用 MATLAB 求斜变序列 $\cos(ak)\varepsilon(k)$ 的 Z 变换。

解　本例 MATLAB 实现如下：

```
f=sym('cos(a * k)');
F=ztrans(f)
```

运行结果为

```
F=(z−cos(a)) * z/(z^2−2 * z * cos(a)+1)
```

即 $F = \dfrac{z[z - \cos(a)]}{z^2 - 2z\cos(a) + 1}$。

例 8-37　用 MATLAB 求象函数

$$F(z) = \frac{z^3 + z^2}{(z-1)^3} \quad |z| > 1$$

的 Z 反变换。

解　本例 MATLAB 实现如下：

```
F=sym('(z^3+z^2)/(z-1)^3');
    f=iztrans(F)
```

运行结果：

```
f=2*n+n^2+1
```

即 $f = 2k + k^2 + 1 = (k+1)^2$。

8.7.2　部分分式展开的 MATLAB 实现

信号的 z 域表示式通常可用下面的有理分式表示

$$F(z) = \frac{b_0 + b_1 z^{-1} + b_2 z^{-2} + \cdots + b_m z^{-m}}{1 + a_1 z^{-1} + a_2 z^{-2} + \cdots + a_n z^{-n}}$$

为了能从信号的 z 域象函数方便地得到其时域原函数，可以将 $F(z)$ 展开成部分分式之和的形式，再对其取 Z 逆变换。MATLAB 的信号处理工具箱提供了一个对 $F(z)$ 进行部分分式展开的函数 residuez，其调用格式如下：

$$[\text{r,p,k}] = \text{residuez}(b, a)$$

其中，b、a 分别表示 $F(z)$ 的分子和分母多项式的系数向量；r 为部分分式的系数；p 为极点；k 为多项式的系数。若 $F(z)$ 为真分式，则 k 为零。

例 8-38　试用 MATLAB 计算

$$F(z) = \frac{1}{18 + 3z^{-1} - 4z^{-2} - z^{-3}}$$

的部分分式展开，并求出其 Z 反变换。

解　本例 MATLAB 实现如下：

```
b=[1];
a=[18 3  −4  −1];
[r,p,k]=residuez(b,a)
```

运行结果：

```
r=0.0200 0.0133 0.0222
p=0.5000  −0.3333  −0.3333
k=[]
```

由运行结果可知，$p_2 = p_3 = -0.3333$，表示系统有一个二重极点，所以 $F(z)$ 的部分分式展开为：

$$F(z) = \frac{0.02}{1 - 0.5z^{-1}} + \frac{0.0133}{1 + 0.3333z^{-1}} + \frac{0.0222}{1 + 0.3333z^{-2}}$$

所以,其 Z 反变换为

$$f(k) = [0.02 \times (0.5)^k + 0.0133 \times (-0.3333)^k + 0.0222 \times (k+1) \times (-0.3333)^k]\varepsilon(k)。$$

8.7.3　利用 MATLAB 分析离散系统的稳定性

因为离散系统稳定的充要条件为系统函数 $H(z)$ 的所有极点均位于 z 平面的单位圆内,所以只需观察系统函数 $H(z)$ 的极点分布,就可判断系统的稳定性。

具体步骤如下:

(1) 构造系统函数分子和分母多项式系数向量 b,a;

(2) 利用多项式求根函数 roots() 求出系统的零极点;

(3) 利用 zplane() 函数绘出系统零极点图,判断系统的稳定性。

注意,离散系统的系统函数有两种形式,一种是分子和分母多项式均按 z 的降幂次序排列,另一种是分子和分母多项式均按 z^{-1} 的升幂次序排列,这两种方式在构造多项式系数向量时略有不同。

若 $H(z)$ 是以 z 的降幂形式排列,则系数向量一定由多项式的最高幂次开始,一直到常数项,缺项要用 0 补齐。

若 H(z) 是以 z^{-1} 的升幂形式排列,则分子和分母多项式系数向量的维数一定要相同,不足的要用 0 补齐,否则 $z=0$ 的零点或极点就可能被漏掉。

系统函数的零点和极点可以用 MATLAB 的多项式求根函数 roots() 来实现,函数 roots() 调用格式为:

p=roots(A)

其中 A 为待求根的多项式的系统构成的行向量。

MATLAB 还提供了 zplane() 函数,该函数用 roots() 函数求出 b,a 系统的根,并画出零极点图。

例 8-39　已知因果系统的系统函数如下:

$$H(z) = \frac{z+1}{3z^5 - z^4 + 1}$$

试用 MATLAB 求出各系统的零极点,并画出零极点分布图,判断系统是否稳定。

解　MATLAB 实现程序和执行结果如下:

```
b=[1 1];
a=[3 -1 0 0 0 1];
q=roots(b)
p=roots(a)
zplane(b,a)
legend('零点','极点')
```

执行结果为:

```
q=-1
p=0.7255+0.4633i    0.7255-0.4633i    -0.1861+0.7541i    -0.1861-0.7541i    -0.7455
```

因此,零点为 $z=-1$,极点为 $p_1 = 0.7255 + j0.4633$,$p_2 = 0.7255 - j0.4633$,$p_3 = -0.1861 + j0.7541$,$p_4 = -0.1861 - j0.7541$,$p_5 = 0.7455$。

绘制的系统零极点图如图 8-44 所示,图中符号 o 表示零点,×表示极点,虚线画的是单位圆。由于该系统的所有极点均位于 Z 平面的单位圆内,故为稳定系统。

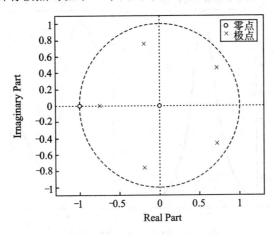

图 8-44　例 8-39 零极点分布图

8.7.4　利用 MATLAB 分析离散系统的频率特性

设某离散系统的系统函数为 $H(z)$,则该系统的频率响应为

$$H(e^{j\omega T}) = |H(e^{j\omega T})| e^{j\omega T} = |H(z)|_{z=e^{j\omega T}}$$

如果已知系统函数 $H(z)$,则可以利用 freqz 函数求出其频率响应。其调用格式为

(1) $[H,w]$＝freqz(b,a,N)

其中 b 和 a 分别是待分析的离散系统的系统函数分子、分母多项式的系数,N 为正整数,返回向量 H 则包含了离散系统频率响应 $H(e^{j\omega})$ 在 $0 \sim \pi$ 范围内 N 个频率等分点的值,向量 w 则包含 $0 \sim \pi$ 范围内的 N 个频率等分点。调用中若 N 默认,则系统默认为 N＝512。

(2) $[H,w]$＝freqz(b,a,N,'whole')

第(2)种方式与第(1)种方式的不同之处在于求解频率的由$[0,\pi]$扩展到了$[0,2\pi]$。

例 8-40　对如下离散系统

$$H(z) = \frac{z^2}{z^2 + 0.5}$$

试用 MATLAB 绘制其频率响应曲线。

解　利用 freqz 函数计算 $H(e^{j\omega})$,然后利用 abs 函数和 angle 函数分别求出幅频特性与相频特性曲线,最后利用 plot 命令绘出曲线。本例 MATLAB 实现如下:

```
b＝[1 0 0];
a＝[1 0 0.5];
[H,w]＝freqz(b,a,400);
subplot(1,2,1);
plot(w/pi,abs(H));
title('离散系统幅频特性曲线');
subplot(1,2,2);
plot(w/pi,angle(H));
title('离散系统相频特性曲线')
```

该程序绘出系统频率特性曲线如图 8-45 所示。

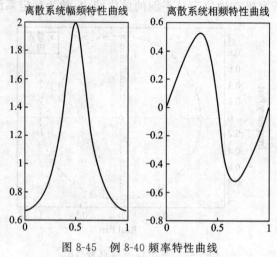

图 8-45　例 8-40 频率特性曲线

8.8　离散傅里叶变换的 MATLAB 实现

8.8.1　离散傅里叶变换 DFT

离散傅里叶级数的正反变换 DFS、IDFS 都是无限长的周期序列,不便于计算机运算。但离散傅里叶级数虽是周期序列,却只有 N 个独立的数值,所以它的许多特性可以通过有限长序列延拓得到。对于一个长度为 N 的有限长序列 $F(n)$,也限 $F(n)$ 只在 $n=0\sim(N-1)$ 个点上有非零值,其余皆为零,即

$$F(n) = \begin{cases} F(n), & 0 \leqslant n \leqslant N-1 \\ 0, & \text{其他} \end{cases}$$

把序列 $F(n)$ 以 N 为周期进行周期延拓得到周期序列 $F_p(n)$,则有

$$F(n) = \begin{cases} F_p(n), & 0 \leqslant n \leqslant N-1 \\ 0, & \text{其他} \end{cases}$$

这样就得到了任意有限长序列的变换对:

$$F(n) = \text{DFT}[f(k)] = \sum_{k=0}^{N-1} f(k) W_N^{kn} \qquad 0 \leqslant n \leqslant N-1$$

$$f(k) = \text{IDFT}[F(n)] = \frac{1}{N} \sum_{n=0}^{N-1} F(n) W_N^{-kn} \qquad 0 \leqslant k \leqslant N-1$$

其中,$W_N = e^{-j\frac{2\pi}{N}}$,$N$ 称为 DFT 变换区间长度。

例 8-41　利用 MATLAB 求矩形序列 $f(k) = G_4(k)$ 的 DFT,再由所得 $F(n)$ 经 IDFT 反求 $f(k)$,验证所求结果的正确性。

解　求解 $f(k) = G_4(k)$ 的 DFT 的 MATLAB 程序如下:

```
N=4;              % length of sequence
n=0: N-1;         % time sample
```

```
Fn=[1 1 1 1];    % generate sequence
k=0: N-1;    % frequency sample
WN=exp(-j*2*pi/N);
nk=n'*k;
WNnk=WN.^nk;
fk=Fn*WNnk        % compute DFT
subplot(2,1,1)
stem(n,Fn)
title('F(n)')
subplot(2,1,2)
stem(k,abs(fk))
title('f(k)')
```

矩形序列 $f(k)=G_4(k)$ 的 DFT 为：

fk=

　　　4.0000　　　　-0.0000　　　　-0.0000i　　　　0-0.0000i　　　　0.0000-0.0000i

矩形序列 $f(k)=G_4(k)$ 及其 DFT 的图形如图 8-46 所示。

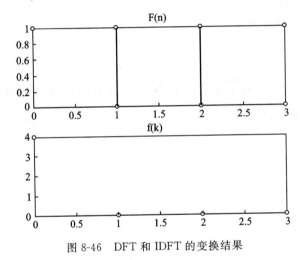

图 8-46　DFT 和 IDFT 的变换结果

求解 $F(n)$ 的 IDFT 的 MATLAB 程序如下：

```
N=4;
fk=[4 0 0 0];
n=0: N-1;
k=0: N-1;
WN=exp(-j*2*pi/N);
nk=n'*k;
WNnk=WN.^(-nk);
Fn=(fk*WNnk)/N %compute IDFT
subplot(2,1,2)
stem(k,abs(fk));
title('fk')
subplot(2,1,1)
stem(n,real(Fn));
title('Fn')
```

运算结果：

Fn=
    1   1   1   1

8.8.2 离散傅里叶变换的快速算法 FFT

MATLAB 内有两个非常高效的内部函数可用来计算 DFT 和 IDFT，即 FFT 和 IFFT 函数，它是 MATLAB 系统本身提供的，所以速度较快。

FFT 函数的常用格式为：

y=fft(x,n)

它用来计算 x 的 n 点 FFT。当 x 的长度小于 n 时，FFT 函数在 x 的尾部补零，以构成 n 点的数据；当 x 的长度大于 n 时，FFT 函数对序列 x 进行截尾。为了提高运算速度，n 通常取 2 的幂次方，n 可缺省。

IFFT 函数的常用格式为：

y=ifft(x,n)

例 8-42 若 $F(n) = \cos\left(\dfrac{n\pi}{6}\right)$ 是一个 $N=12$ 的有限序列，试利用 FFT 函数计算其 DFT，并画出结果图形。

```
N=12;
n=0: N-1;
k=0: N-1;
Fn=cos(pi * n/6)
fk=fft(Fn)
mfk=abs(fk);
subplot(2,1,1)
stem(n,Fn)
title('F(n)')
subplot(2,1,2)
stem(k,abs(fk))
title('f(k)')
```

计算结果：

```
Fn=
Columns 1 through 10
1.0000   0.8660   0.5000   0.0000   -0.5000   -0.8660   -1.0000   -0.8660   -0.5000
-0.0000
Columns 11 through 12
0.5000   0.8660
fk=
Columns 1 through 6
-0.0000   6.0000   -0.0000i   -0.0000+0.0000i   -0.0000-0.0000i   0.0000-0.0000i
0.0000+0.0000i
Columns 7 through 12
```

0.0000　0.0000−0.0000i　0.0000＋0.0000i　−0.0000＋0.0000i　−0.0000−0.0000i　6.0000＋0.0000i

所得图形如图 8-47 所示。

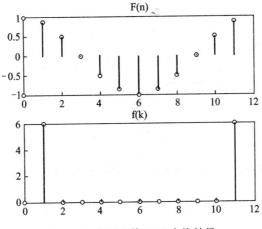

图 8-47　序列及其 FFT 变换结果

习题

8-1　利用 MATLAB 画出下列各信号的波形。

(1) $f_1(t) = (t-2)[\varepsilon(t-2) - \varepsilon(t-3)]$，取 $t = 0 \sim 4$

(2) $f_2(t) = \cos(100t) + \cos(3000t)$，取 $t = 0 \sim 0.2$

(3) $f_3(t) = 3 - e^{-t}$，取 $t = 0 \sim 5$

(4) $f_4(t) = e^{-t}\sin 2\pi t$，取 $t = 0 \sim 3$

8-2　设信号 $f(t) = \left(\dfrac{t}{4}+1\right)[\varepsilon(t+4) - \varepsilon(t)] + [\varepsilon(t) - \varepsilon(t-2)]$，用 MATLAB 绘出 $f(t+4)$、$f(-2t+3)$、$f\left(\dfrac{t}{3}-1\right)$、$-f(t)$、$f(t)\varepsilon(-t)$ 的时域波形。

8-3　已知 $f(t)$ 的波形如题图 8-1 所示，用 MATLAB 画出 $f(t)$ 的奇分量和偶分量。

8-4　已知某 LTI 系统的微分方程为 $y''(t) + 5y'(t) + 6y(t) = f(t)$。初始状态为 $y(0_-) = 1$，$y'(0_-) = 2$。求系统的零输入响应。

8-5　如题图 8-2 所示 RLC 电路。已知 $i_L(0_-) = 1\,\text{A}$，$u_C(0_-) = 10\text{V}$，求电流 $i_L(t)$ 的零输入响应。

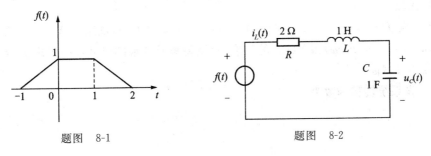

题图　8-1　　　　　　　　　　　题图　8-2

8-6　　求系统 $y''(t) + 6y'(t) + 8y(t) = 3f'(t) + 9f(t)$ 的冲激响应和阶跃响应。

8-7　　已知两连续时间信号如题图 8-3 所示,试用 MATLAB 求 $f(t) = f_1(t) * f_2(t)$ 的时域波形图。

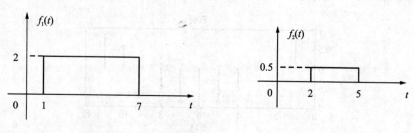

题图　8-3

8-8　　已知两连续时间信号如题图 8-4 所示,试用 MATLAB 求 $f(t) = f_1(t) * f_2(t)$ 的时域波形图。

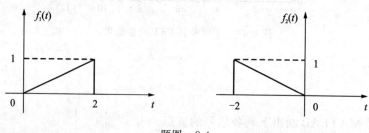

题图　8-4

8-9　　已知 $f_1(t) = e^{-t}\varepsilon(t)$,$f_2(t) = \varepsilon(t)$,试用 MATLAB 求 $f(t) = f_1(t) * f_2(t)$ 的时域波形图,并证明卷积满足如下结论:

(1) $f_1(t) * f_2(t) = f_2(t) * f_1(t)$

(2) $f_1(t) * [f_2(t) + f_3(t)] = f_1(t) * f_2(t) + f_1(t) * f_3(t)$

8-10　　已知某 LTI 系统的微分方程为

$$y''(t) + 2y'(t) + 32y(t) = f'(t) + 16f(t)$$

其中 $f(t) = e^{-2t}$。试利用 MATLAB 卷积积分法求出系统零状态响应 $y_f(t)$ 的波形图。

8-11　　试求下列函数的傅里叶幅度谱。

(1) 单边指数信号 $e^{-t}\varepsilon(t)$

(2) 门函数信号 $f(t) = \varepsilon(t + 0.4) - \varepsilon(t - 0.4)$

8-12　　设 $f(t) = \varepsilon(t + 1/2) - \varepsilon(t - 1/2)$,试用 MATLAB 绘出 $f(t/2)$ 和 $f(2t)$ 的频谱图,并加以比较。

8-13　　设 $f(t) = \varepsilon(t + 1) - \varepsilon(t - 1)$,$y(t) = f(t) * f(t)$,试用 MATLAB 给出 $f(t)$、$y(t)$、$F(j\omega)$、$F(j\omega) * F(j\omega)$ 及 $Y(j\omega)$ 的图形,验证傅里叶变换的时域卷积定理 $f_1(t) * f_2(t) \longleftrightarrow F_1(j\omega) \cdot F_2(j\omega)$。

8-14　　设系统转移函数为

$$H(j\omega) = \frac{1 - j\omega}{1 + j\omega}$$

试求单位阶跃响应及 $f(t) = \mathrm{e}^{-2t}\varepsilon(t)$ 时零状态响应。

8-15　设系统转移函数为

$$H(\mathrm{j}\omega) = \frac{\mathrm{j}4\omega}{(\mathrm{j}\omega)^2 + \mathrm{j}6\omega + 8}$$

试求在输入 $f(e) = \cos(3t)\varepsilon(t)$ 激励下系统的稳态响应。

8-16　信号 $f_1(t)$ 和 $f_2(t)$ 如题图 8-5 所示。

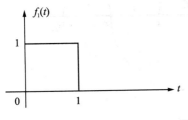 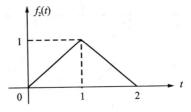

题图　8-5

(1) 取 $t = 0:0.001:2.5$,计算信号 $f(t) = f_1(t) + f_2(t)\cos(50t)$ 的值并画出波形。

(2) 一可实现的实际系统的系统函数为

$$H(\mathrm{j}\omega) = \frac{10^4}{(\mathrm{j}\omega)^4 + 26.131(\mathrm{j}\omega)^3 + 3.4142 \times 10^2 (\mathrm{j}\omega)^2 + 2.6131 \times 10^3 (\mathrm{j}\omega) + 10^4}$$

试用 lsim 函数求出信号 $f(t)$ 和 $f(t)\cos(50t)$ 通过该系统的响应 $y_1(t)$ 和 $y_2(t)$,并根据理论知识解释所得的结果。

8-17　已知一 RC 电路如题图 8-6 所示,系统的输入电压信号为 $f(t)$,输出信号为电阻两端的电压 $y(t)$。当 $RC = 0.04, f(t) = \cos 5t + \cos 100t, -\infty < t < \infty$ 时,试求该系统响应 $y(t)$。

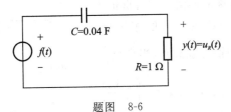

题图　8-6

8-18　用 laplace 函数求下列函数的拉氏变换。

(1) $\sin t \sin 2t\varepsilon(t)$

(2) $te^{-2t}\varepsilon(t)$

8-19　用 ilaplace 函数求下列函数的拉氏反变换。

(1) $\dfrac{s}{(s+1)(s+4)}$

(2) $\dfrac{s+2}{s^2+2s+5}$

8-20　利用 MATLAB 部分分式展开法求 $F(s) = \dfrac{s^3 + 5s^2 + 9s + 7}{s^2 + 3s + 2}$ 的 laplace 反变换。

8-21　设系统的信号流图如题图 8-7 所示,求以 u 为输入,x_8 为输出的系统函数。

$$\left(其中, G_1 = \frac{s}{s+1}, G_2 = \frac{3}{s+2}, G_3 = \frac{s+4}{s^2+5s+6}\right)$$

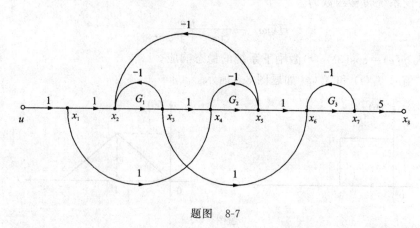

题图　8-7

8-22　设系统函数如下,试利用 MATLAB 绘出幅频响应曲线与相频响应曲线。

(1) $H(s) = \dfrac{1}{s}$

(2) $H(s) = \dfrac{s}{s^2 + 0.5s + 1}$

(3) $H(s) = \dfrac{s^2 + 1.02}{s^2 + 1.21}$

(4) $H(s) = \dfrac{3(s-1)(s-2)}{(s+1)(s+2)}$

8-23　全通网络是指其系统函数 $H(s)$ 的极点位于左半平面,零点位于右半平面,且零点与极点对 $j\omega$ 轴互为镜像对称的网络。它可保证不影响传输信号的幅频特性,只改变信号的相频特性。

题图 8-8 是用 RLC 构成的格形滤波器,当满足 $\dfrac{L}{C} = R^2$ 时即构成全通网络。其 $H(j\omega) = \dfrac{U_o(j\omega)}{U_i(j\omega)} = \dfrac{R - j\omega L}{R + j\omega L}$,设 $R = 10\ \Omega, L = 2$ H,试用 MATLAB 求该网络的幅频特性和相频特性。

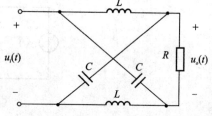

题图 8-8　用 RLC 构成的格形滤波器

8-24　利用 MATLAB 实现下列离散时间信号。

(1) $f(k) = 2\delta(k-1)$

(2) $f(k) = \varepsilon(k+2) - \varepsilon(k-5)$

(3) $f(k) = k\varepsilon(k)$

(4) $f(k) = 3(0.8)^k \cos(0.6\pi k)$

8-25　已知某系统差分方程为 $y(k) - 1.4y(k-1) + 0.48y(k-2) = 2f(k)$,求单位序列响应 $h(k)$,并与理论值 $h(k) = \left[8(0.8)^k - 6(0.6)^k\right]\varepsilon(k)$ 比较。

8-26　已知描述离散系统的差分方程为

$$y(k) - 0.25y(k-1) + 0.5y(k-2) = f(k) + f(k-1)$$

且知该系统输入序列为 $f(k) = \left(\dfrac{1}{2}\right)^k \varepsilon(k)$，试用 MATLAB 实现下列分析过程：

(1) 画出输入序列的时域波形；

(2) 求出系统零状态响应在 0～20 区间的样值；

(3) 画出系统的零状态响应波形图。

8-27　题图 8-9 所示离散信号 $f_1(k)$ 和 $f_2(k)$，试用 MATLAB 计算 $y(k) = f_1(k) * f_2(k)$，绘出它们的时域波形，并说明 $f_1(k)$ 和 $f_2(k)$ 的时域宽度与序列 $y(k)$ 的时域宽度的关系。

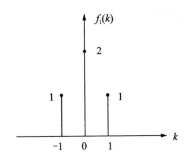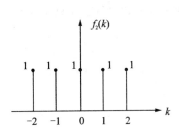

题图　8-9

8-28　已知系统的差分方程为

$$y(k) - 0.9y(k-1) = f(k)$$

分别用 filter 函数和卷积和的方法求系统的零状态响应。

8-29　利用 MATLAB 求下列序列的 Z 变换。

(1) $f(k) = 2^{-k}\varepsilon(k)$

(2) $f(k) = e^{j\frac{\pi}{2}k}\varepsilon(k)$

8-30　已知因果系统的系统函数如下：

(1) $H(z) = \dfrac{z^2 + 2z + 1}{z^4 + 6z^3 + 3z^2 + 4z + 5}$　　(2) $H(z) = \dfrac{0.2z + 0.1}{z^2 - 0.4z - 0.5}$

(3) $H(z) = \dfrac{1 + z^{-1}}{1 + 0.2z^{-1} - 0.24z^{-2}}$　　(4) $H(z) = \dfrac{-3z^{-1}}{2 - 5z^{-1} + 2z^{-2}}$

试用 MATLAB 求出各系统的零极点，并画出零极点分布图，判断系统是否稳定。

8-31　给出下列系统的幅频特性曲线和相频特性曲线，并由频率特性判断系统的类型

(1) $H(z) = \dfrac{1}{1 + z^{-1}}$

(2) $H(z) = \dfrac{z^2 - 0.96z + 0.9}{z^2 - 1.56z + 0.81}$

8-32　对于下列差分方程所表示的离散系统

$$y(k) + 0.2y(k-1) - 0.24\,y(k-2) = f(k) + f(k-1)$$

(1) 求系统函数 $H(z)$，画出系统的零极点分布图，判断系统是否稳定；

(2) 求系统的单位序列响应 $h(k)$，画出前 20 个样点；

(3) 求系统的频率响应,画出 $0 \sim 2\pi$ 之间的幅频特性和相频特性。

8-33　试用 FFT 函数计算 $F(n) = G_5(n)$ 的 DFT 并画出结果图形。

(1) 做 $F(n)$ 的 5 点 DFT;

(2) 做 $F(n)$ 的 10 点 DFT。

8-34　若 $F(n) = \sin\left(\dfrac{n\pi}{8}\right) + \sin\left(\dfrac{n\pi}{4}\right)$ 是一个 $N = 16$ 的有限序列,试利用 MATLAB 计算其 DFT,并画出结果图形。

8-35　已知序列 $F(n)$ 的 10 点 DFT 为

$$f(k) = \begin{cases} 3 & k = 0 \\ 1 & 1 \leqslant k \leqslant 9 \end{cases}$$

试利用 MATLAB 求序列 $F(n)$。

部分习题答案

第 1 章

1-3 $f_1(t)=2[\varepsilon(t)-\varepsilon(t-1)]+\delta(t-2)=2G_1(t-0.5)+\delta(t-2)$

      $f_2(t)=(1-t)\varepsilon(t)+(2t-3)\varepsilon(t-1)-(t-2)\varepsilon(t-2)$

      $f_3(t)=\sin[2\pi(t-1)]\varepsilon(t-1)$

      $f_4(t)=e^{-t}[\varepsilon(t+1)-\varepsilon(t-2)]$

1-4   (1) 是，0.4   (2) 是，2π (3) 不是

      (4) 是，$\dfrac{2\pi}{5}$ (5) 不是   (6) 不是

1-5   (1) $\delta(t)+\delta(t-\pi)$ (2) $(1-\cos t)\varepsilon(t)+(1+\cos t)\varepsilon(t-\pi)$

1-6   (1) $\text{sgn}(t)$

      (2) $e^{|t|}\text{sgn}(t)=-e^{-t}\varepsilon(-t)+e^{t}\varepsilon(t)$

      (3) $\cos|t|\text{sgn}(t)=-\cos t\varepsilon(-t)+\cos t\varepsilon(t)$

      (4) $e^{|t|}(\sin|t|+\cos|t|)\text{sgn}(t)=e^{-t}[\sin t-\cos t]\varepsilon(-t)+e^{t}[\sin t+\cos t]\varepsilon(t)$

      (5) $\cdots-\delta(t+3)+\delta(t+2)-\delta(t+1)+\delta(t)-\delta(t-1)+\delta(t-2)-\cdots$

1-7   (1) $\dfrac{\sqrt{2}}{2}$ (2) $\dfrac{1}{4}$ (3) $\varepsilon\left(\dfrac{t_0}{2}\right)$ (4) 6

1-11   (1) $f_{1R}(t)=\cos\omega t$，$f_{1I}(t)=\sin\omega t$， $|f_1(t)|=1$， $\psi_1=\omega t$

       (2) $f_{2R}(t)=-\omega\sin\omega t$，$f_{2I}(t)=\omega\cos\omega t$， $|f_2(t)|=\omega$， $\psi_2=\omega t+\dfrac{\pi}{2}$

1-12   (1) $\dfrac{2}{\pi}$ (2) $\dfrac{1}{2}$ (3) 0   (4) 1

1-13   (1) 1   (2) 0

1-15   (1)、(3) 线性、非时变、因果、稳定

       (2)、(4) 非线性、非时变、因果、稳定

       (5)、(6) 线性、非时变、非因果、稳定

第 2 章

2-1   (a) $3\dfrac{\mathrm{d}u_0(t)}{\mathrm{d}t}+625u_0(t)=375f(t)$， $3\dfrac{\mathrm{d}i_0(t)}{\mathrm{d}t}+625i_0(t)=7.5\times10^{-4}\dfrac{\mathrm{d}f(t)}{\mathrm{d}t}$

      (b) $\dfrac{\mathrm{d}^2u_0(t)}{\mathrm{d}t^2}+\dfrac{\mathrm{d}u_0(t)}{\mathrm{d}t}+u_0(t)=\dfrac{\mathrm{d}f(t)}{\mathrm{d}t}+f(t)$， $\dfrac{\mathrm{d}^2i_0(t)}{\mathrm{d}t^2}+\dfrac{\mathrm{d}i_0(t)}{\mathrm{d}t}+i_0=f(t)$

2-2   (a) $\dfrac{7.5\times10^{-4}p}{3p+625}$， $\dfrac{375}{3p+625}$ (b) $\dfrac{p^2+p}{p^2+p+1}$， $\dfrac{1}{p^2+p+1}$

2-3   (1) $\dfrac{\mathrm{d}y(t)}{\mathrm{d}t}+3y(t)=\dfrac{\mathrm{d}f(t)}{\mathrm{d}t}$ (2) $\dfrac{\mathrm{d}y(t)}{\mathrm{d}t}+3y(t)=\dfrac{\mathrm{d}f(t)}{\mathrm{d}t}+3f(t)$

      (3) $2\dfrac{\mathrm{d}y(t)}{\mathrm{d}t}+3y(t)=\dfrac{\mathrm{d}f(t)}{\mathrm{d}t}+3f(t)$ (4) $\dfrac{\mathrm{d}^2y(t)}{\mathrm{d}t^2}+3\dfrac{\mathrm{d}y(t)}{\mathrm{d}t}+2y(t)=\dfrac{\mathrm{d}^2f(t)}{\mathrm{d}t^2}+3\dfrac{\mathrm{d}f(t)}{\mathrm{d}t}$

2-4   (1) $3.5e^{-t}-1.5e^{-3t}$，$t\geqslant0$ (2) $0.5e^{-2t}\sin2t$，$t\geqslant0$ (3) $1-(2t+1)e^{-2t}$，$t\geqslant0$

2-5　(a) $2\ \mathrm{V}$, $\dfrac{5}{3}\ \mathrm{A}$　(b) $2\ \mathrm{V},0$

2-6　(a) $15\mathrm{e}^{-2t}-10\mathrm{e}^{-3t}\ \mathrm{V}$, $t\geqslant0$　(b) $4\mathrm{e}^{-t}\sin t\ \mathrm{A}$, $t\geqslant0$　(c) $4\mathrm{e}^{-4t}-\mathrm{e}^{-t}\ \mathrm{V}$, $t\geqslant0$

2-7　(1) $(\mathrm{e}^{-t}+\mathrm{e}^{-3t})\varepsilon(t)$　(2) $\left(-\dfrac{1}{8}+\dfrac{1}{8}\mathrm{e}^{-2t}\cos2t-0.875\mathrm{e}^{-2t}\sin2t\right)\varepsilon(t)$

　　(3) $\left(\dfrac{1}{4}+\dfrac{5}{2}t\mathrm{e}^{-2t}-\dfrac{1}{4}\mathrm{e}^{-2t}\right)\varepsilon(t)$

2-8　(a) $0.5\mathrm{e}^{-\frac{1}{8}t}\varepsilon(t)\ \mathrm{V}$　(b) $(2\mathrm{e}^{-t}-2\mathrm{e}^{-2t})\varepsilon(t)\ \mathrm{V}$　(c) $(2.4\mathrm{e}^{-6t}-0.4\mathrm{e}^{-t})\varepsilon(t)\ \mathrm{V}$

2-9　(a) $\dfrac{1}{2}\delta(t)-\dfrac{\sqrt{2}}{4}\sin\dfrac{t}{\sqrt{2}}\varepsilon(t)$,　$\dfrac{1}{2}\cos\dfrac{t}{\sqrt{2}}\varepsilon(t)$

　　(b) $\dfrac{1}{2}\delta(t)+\dfrac{1}{4}\mathrm{e}^{-\frac{1}{2}t}\varepsilon(t)$,　$\left(1-\dfrac{1}{2}\mathrm{e}^{-\frac{1}{2}t}\right)\varepsilon(t)$

　　(c) $(2\mathrm{e}^{-2t}-\mathrm{e}^{-t})\varepsilon(t)$,　$(\mathrm{e}^{-t}-\mathrm{e}^{-2t})\varepsilon(t)$

2-11　$\varepsilon(t)+\varepsilon(t-1)$

2-12　(1) $\dfrac{1}{2}(t+4)\varepsilon(t+4)-(t+2)\varepsilon(t+2)+t\varepsilon(t)-(t-2)\varepsilon(t-2)+\dfrac{1}{2}(t-4)\varepsilon(t-4)$

　　(2) $\dfrac{1}{2}t\varepsilon(t)-\dfrac{1}{2}(t-1)\varepsilon(t-1)-\dfrac{1}{2}(t-2)\varepsilon(t-2)+(t-3)\varepsilon(t-3)-\dfrac{1}{2}(t-4)\varepsilon(t-4)$

　　　$-\dfrac{1}{2}(t-5)\varepsilon(t-5)+\dfrac{1}{2}(t-6)\varepsilon(t-6)$

　　(3) $\dfrac{1}{2}(t+3)\varepsilon(t+3)-\dfrac{3}{2}(t+1)\varepsilon(t+1)+\dfrac{3}{2}(t-1)\varepsilon(t-1)-\dfrac{1}{2}(t-3)\varepsilon(t-3)$

2-13　(1) $(t-1)\varepsilon(t-1)$　(2) $(1-\mathrm{e}^{-t})\varepsilon(t)$　(3) $(\mathrm{e}^{-t}-\mathrm{e}^{-2t})\varepsilon(t)$

　　(4) $\dfrac{1}{2}(\mathrm{e}^{-t}-\cos t+\sin t)\varepsilon(t)$

　　(5) $\sin\pi(t-1)[\varepsilon(t-1)-\varepsilon(t-2)]+\sin\pi t[\varepsilon(t+2)-\varepsilon(t+1)]$

　　(6) $\sin\dfrac{\pi}{T}t\varepsilon\left(\sin\dfrac{\pi}{T}t\right)\varepsilon(t)$

2-14　(a) $[1-\mathrm{e}^{-(t-2)}]\varepsilon(t-2)-[1-\mathrm{e}^{-(t-4)}]\varepsilon(t-4)$　(b) 4

2-15　$\dfrac{1}{4}t^2[\varepsilon(t)-\varepsilon(t-2)]+\varepsilon(t-2)-\dfrac{1}{4}(t-2)^2[\varepsilon(t-2)-\varepsilon(t-4)]-\varepsilon(t-4)$

2-16　$h(t)=4(\mathrm{e}^{-t}-\mathrm{e}^{-2t})$

2-17　$y(t)=t\varepsilon(t)-2(t-3)\varepsilon(t-3)+(t-6)\varepsilon(t-6)$

2-18　(1) $4\mathrm{e}^{-t}-3\mathrm{e}^{-2t}$,　　$t\geqslant0$

　　(2) $\left(\dfrac{3}{2}-2\mathrm{e}^{-t}+\dfrac{1}{2}\mathrm{e}^{-2t}\right)\varepsilon(t)$,　$\left(\dfrac{3}{2}+2\mathrm{e}^{-t}-\dfrac{5}{2}\mathrm{e}^{-2t}\right)\varepsilon(t)$

　　(3) $(\mathrm{e}^{-t}-\mathrm{e}^{-2t})\varepsilon(t)$,　　$(5\mathrm{e}^{-t}-4\mathrm{e}^{-2t})\varepsilon(t)$

2-19　(a) $(2-t)\mathrm{e}^{-t}\varepsilon(t)$　　(b) $(\mathrm{e}^{-t}-\mathrm{e}^{-2t})\varepsilon(t)$

2-20　$u_{\mathrm{x}}(t)=\mathrm{e}^{-0.5t}+\mathrm{e}^{-2t}\ \mathrm{V}$,　　$t\geqslant0$

　　$u_{\mathrm{f}}(t)=2(1-\mathrm{e}^{-0.5t}-\mathrm{e}^{-2t})\varepsilon(t)$

　　$u(t)=1+(1-\mathrm{e}^{-0.5t}-\mathrm{e}^{-2t})\varepsilon(t)$

2-21　零状态响应为$\left(-\dfrac{1}{6}\mathrm{e}^{-4t}-\dfrac{1}{2}\mathrm{e}^{-2t}+\dfrac{2}{3}\mathrm{e}^{-t}\right)\varepsilon(t)$,零输入响应为$(4\mathrm{e}^{-t}-3\mathrm{e}^{-2t})$

强迫响应为 $-\dfrac{1}{6}e^{-4t}\varepsilon(t)$, 自由响应为 $\left(\dfrac{14}{3}e^{-t}-\dfrac{7}{2}e^{-2t}\right)\varepsilon(t)$

$y(t)$ 全为暂态, 不含稳态响应

*2-22 (1) $y(t)=\displaystyle\sum_{n=-\infty}^{\infty}h(t-3n)$

(2) $y(t)=\displaystyle\sum_{n=-\infty}^{\infty}h(t-2n)$

(3) $y(t)=\displaystyle\sum_{n=-\infty}^{\infty}h(t-1.5n)$

注意: 当 $T<2$ 时, 三角脉冲不再独立, 发生前叠。

第 3 章

3-3 (a) $f_1(t)=\dfrac{2U_m}{\pi}\left(\dfrac{1}{2}+\dfrac{1}{4}\sin t+\displaystyle\sum_{n=2,4,6,\cdots}^{\infty}\dfrac{1}{1-n^2}\cos nt\right)$

(b) $f_2(t)=\dfrac{E}{2}-\dfrac{4E}{\pi^2}\left(\cos\Omega t+\dfrac{1}{3^2}\cos 3\Omega t+\dfrac{1}{5^2}\cos 5\Omega t+\cdots\right)$

3-4 (a) $f_1(t)=\displaystyle\sum_{n=-\infty}^{\infty}\dfrac{1}{2}\text{Sa}\left(\dfrac{n\pi}{2}\right)e^{jn\frac{\pi}{2}t}$

(b) $f_2(t)=\dfrac{E}{2}+\displaystyle\sum_{n=-\infty(n\neq0)}^{\infty}\dfrac{-jE}{2n\pi}e^{jn\Omega t}$

3-5 $f_1(t)=\dfrac{1}{4}+\displaystyle\sum_{n=1}^{\infty}\dfrac{\cos n\pi-1}{(n\pi)^2}\cos n\Omega t-\displaystyle\sum_{n=1}^{\infty}\dfrac{\cos n\pi}{n\pi}\sin n\Omega t$

$f_2(t)=\dfrac{1}{4}+\displaystyle\sum_{n=1}^{\infty}\dfrac{1-\cos n\pi}{(n\pi)^2}\cos n\Omega t-\displaystyle\sum_{n=1}^{\infty}\dfrac{1}{n\pi}\sin n\Omega t$

$f_3(t)=\dfrac{1}{4}+\displaystyle\sum_{n=1}^{\infty}\dfrac{1-\cos n\pi}{(n\pi)^2}\cos n\Omega t+\displaystyle\sum_{n=1}^{\infty}\dfrac{1}{n\pi}\sin n\Omega t$

$f_4(t)=\dfrac{1}{2}+2\displaystyle\sum_{n=1}^{\infty}\dfrac{1-\cos n\pi}{(n\pi)^2}\cos n\Omega t$

3-6 $F_n=-\dfrac{1}{3}\text{Sa}\left(\dfrac{n\pi}{3}\right)e^{j\frac{n\pi}{3}}$, $B_w=2\pi$

3-7 (a) $F_n=\begin{cases}\dfrac{A}{\pi(1-n^2)}, & n=0,\pm2,\pm4,\cdots\\[2mm] 0, & n=\text{奇数,且}|n|\neq1\\[2mm] -\dfrac{1}{4}j\dfrac{A}{n}, & n=\pm1\end{cases}$

(b) $F_n=\begin{cases}\dfrac{2A}{n(1-n^2)}, & n=\text{偶数}\\[2mm] 0, & n=\text{奇数}\end{cases}$

(c) $F_n=\dfrac{A\tau}{T}\text{Sa}(n\pi f_0\tau)e^{-j2n\pi f_0 t_0}$, $f_0=1/T$

(d) $F_n=\begin{cases}\dfrac{4}{\pi^2 n^2}, & n=\text{奇数}\\[2mm] 0, & n=\text{偶数}\end{cases}$

3-9   (a) $F_1(j\omega)=\tau Sa\left(\dfrac{\omega\tau}{2}\right)e^{-j\frac{\omega\tau}{2}}$ (b) $F_2(j\omega)=\dfrac{E}{\omega^2 T}(1-j\omega T-e^{-j\omega T})$

(c) $F_3(j\omega)=\dfrac{E\pi\cos\omega}{\left(\dfrac{\pi}{2}\right)^2-\omega^2}$

(d) $F_4(j\omega)=j\dfrac{2E\Omega}{\Omega^2-\omega^2}\sin\dfrac{\omega T}{2}e^{-j\frac{\omega T}{2}}$

3-10   (1) $F_1(j\omega)=\pi\delta(\omega)-\dfrac{1}{j\omega}$ (2) $F_2(j\omega)=\dfrac{1}{1-j\omega}$

(3) $F_3(j\omega)=j\dfrac{1}{\omega}$ (4) $F_4(j\omega)=\pi\delta(\omega-2)+\dfrac{1}{j(\omega-2)}$

(5) $F_5(j\omega)=\pi\delta(\omega)+\dfrac{1}{j\omega}e^{-j3\omega}$ (6) $F_6(j\omega)=\dfrac{2(\omega^2+2)}{\omega^4+4}$

3-11   (1) $G_{4\pi}(\omega)e^{-j2\omega}$ (2) $2Sa(\omega)$

3-12   (1) $\dfrac{1}{2\pi}e^{j\omega_0 t}$ (2) $\dfrac{1}{j\pi}\sin\omega_0 t$

(3) $\dfrac{\omega_0}{\pi}Sa(\omega_0 t)$ (4) $\left(\dfrac{\omega_0}{\pi}\right)^2 Sa(\omega_0 t)$

3-13   (a) $\dfrac{j2}{\omega}[\cos(\omega\tau)-Sa(\omega\tau)]$ (b) $\dfrac{8E}{\omega^2(2T-\tau)}\sin\left(\dfrac{\omega T}{2}+\dfrac{\omega\tau}{4}\right)\sin\left(\dfrac{\omega T}{2}-\dfrac{\omega\tau}{4}\right)$

3-14   (1) $te^{-2t}\varepsilon(t)$ (2) $t\,\mathrm{sgn}(t)$

(3) $\dfrac{2\omega_0}{\pi}Sa(2\omega_0 t)$

3-15 $f(t)=e^{-t}\varepsilon(t)$

3-16 $F(j\omega)=\dfrac{\pi^2\sin\omega}{\omega(\pi^2-\omega^2)}$

3-17   (1) $F(j\omega)=\dfrac{\pi}{2}[\delta(\omega+\omega_0)+\delta(\omega-\omega_0)]+\dfrac{j\omega}{\omega_0^2-\omega^2}$

(2) $F(j\omega)=\dfrac{\pi}{2j}[\delta(\omega-\omega_0)-\delta(\omega+\omega_0)]+\dfrac{\omega_0}{\omega_0^2-\omega^2}$

3-18   (2) $F(j\omega)=E_1 E_2 \tau_1 \tau_2 Sa\left(\dfrac{\omega\tau_1}{2}\right)Sa\left(\dfrac{\omega\tau_2}{2}\right)$

3-19 $F(j\omega)=Sa\left(\dfrac{\omega}{2}\right)e^{-j0.5\omega}(2+e^{-j\omega})$

3-20   (1) $f(2t):\ f_N=\dfrac{16}{\pi}$ Hz, $T_N=\dfrac{\pi}{16}$s

$f\left(\dfrac{t}{2}\right):\ f_N=\dfrac{4}{\pi}$ Hz, $T_N=\dfrac{\pi}{4}$s

(2) $F_s(j\omega)=\dfrac{8}{\pi}\displaystyle\sum_{n=-\infty}^{\infty}F[j(\omega-16n)]$

3-21   (1) $T_N=\dfrac{\pi}{100},\ f_N=\dfrac{100}{\pi}$ (2) $T_N=\dfrac{\pi}{200},\ f_N=\dfrac{200}{\pi}$

(3) $T_N=\dfrac{\pi}{50},\ f_N=\dfrac{50}{\pi}$ (4) $T_N=\dfrac{\pi}{120},\ f_N=\dfrac{120}{\pi}$

(5) $T_N = \dfrac{\pi}{200}$, $f_N = \dfrac{200}{\pi}$ (6) $T_N = \dfrac{1}{600}$, $f_N = 600\,\text{Hz}$

3-24 $h_1(t) = \dfrac{1}{RC}\mathrm{e}^{-\frac{t}{RC}}\varepsilon(t)$, $h_2(t) = \dfrac{1}{R}\delta(t) - \dfrac{1}{R^2 C}\mathrm{e}^{-\frac{t}{RC}}\varepsilon(t)$

3-25 $H(\mathrm{j}\omega) = \dfrac{1}{(\mathrm{j}\omega)^2 LC + \mathrm{j}\omega\dfrac{L}{R} + 1}$

3-26 $h(t) = 0.5\mathrm{e}^{-2t}\varepsilon(t)$, $i(t) = \left[(-5.5\mathrm{e}^{-2t} + 5\mathrm{e}^{-t})\varepsilon(t) + 0.5\varepsilon(t)\right]$

3-27 (1) $(1 - 2\mathrm{e}^{-t})\varepsilon(t)$ (2) $(2\mathrm{e}^{-t} - 3\mathrm{e}^{-2t})\varepsilon(t)$

3-28 $y(t) = \dfrac{1}{2}(\sin t - \cos t) + \dfrac{1}{10}(\sin 3t - 3\cos 3t)$

3-29 $y(t) = \left[-\dfrac{1}{2}\mathrm{e}^{-t} + \left(9\mathrm{e}^{-2t} - \dfrac{13}{2}\mathrm{e}^{-3t}\right)\right]\varepsilon(t)$

3-30 $H(\mathrm{j}\omega) = \dfrac{\mathrm{j}\omega + 2}{(\mathrm{j}\omega)^2 + \mathrm{j}4\omega + 3}$ $h(t) = 0.5\mathrm{e}^{-t}\varepsilon(t) + 0.5\mathrm{e}^{-3t}\varepsilon(t)$

3-31 (a) $H(\mathrm{j}\omega) = \mathrm{e}^{-\mathrm{j}\omega}$, $h(t) = \delta(t - 1)$ (b) $H(\mathrm{j}\omega) = -1$, $h(t) = -\delta(t)$

(c) $H(\mathrm{j}\omega) = \mathrm{j}\omega$, $h(t) = \delta'(t)$ (d) $H(\mathrm{j}\omega) = \pi\delta(\omega) + \dfrac{1}{\mathrm{j}\omega}$, $h(t) = \varepsilon(t)$

3-32 $H(\mathrm{j}\omega) = \dfrac{\sin\dfrac{\omega\tau}{2}}{\dfrac{\omega\tau}{2}}\mathrm{e}^{-\mathrm{j}\frac{\omega\tau}{2}}$

3-33 $Y(\mathrm{j}\omega) = \mathrm{j}\dfrac{\pi}{2}\left[\delta(\omega + 5300) + \delta(\omega + 4700) + \delta(\omega - 4700) - \delta(\omega - 5300)\right]$
$+ \pi\left[\delta(\omega + 6000) + \delta(\omega + 4000) + \delta(\omega - 4000) + \delta(\omega - 6000)\right]$
$+ \dfrac{\pi}{2}\left[\delta(\omega + 7000) + \delta(\omega + 3000) + \delta(\omega - 3000) + \delta(\omega - 7000)\right]$

3-34 (1) $y(t) = \mathrm{Sa}(t)$ (2) $y(t) = \mathrm{Sa}(\pi t)$

3-35 (1) $F_\mathrm{s}(\mathrm{j}\omega) = \dfrac{1}{2}\displaystyle\sum_{n=-\infty}^{\infty} G_{\frac{\pi}{2}}(\omega - n\pi)\,|$

$Y(\mathrm{j}\omega) = \dfrac{1}{2}G_{\frac{\pi}{4}}(\omega)$

(2) $y(t) = \dfrac{1}{16}\mathrm{Sa}\left(\dfrac{\pi}{8}t\right)$

3-36 (1) $H(\mathrm{j}\omega) = \dfrac{1}{2 + \mathrm{j}\omega}$

(2) $y(t) = 0.89\cos(t - 26.6°) - 1.06\cos(2t - 75°)$

3-37 (a) $C_1 R_1 = C_2 R_2$ (b) $R_1 L_2 = R_2 L_1$

3-38 $Y(\mathrm{j}\omega) = \dfrac{\omega}{8\omega_0}\left[-\varepsilon(\omega + 2\omega_0) + 2\varepsilon(\omega) - \varepsilon(\omega - 2\omega_0)\right] = \begin{cases} \dfrac{|\omega|}{8\omega_0}, & |\omega| < 2\omega_0 \\ 0, & |\omega| > 2\omega_0 \end{cases}$

第 4 章

4-1 (1) $\dfrac{1}{s}\mathrm{e}^{-2s}$ (2) $\dfrac{1}{s-2} + \dfrac{1}{s+2}$ (3) $2\mathrm{e}^{-s} - \dfrac{3}{s+a}$ (4) $\dfrac{s\cos\theta - \omega\sin\theta}{s^2 + \omega^2}$

4-2　(1) $\dfrac{2}{s+5}$　　(2) $\dfrac{2}{s+5}\mathrm{e}^{-s}$　　(3) $\dfrac{2}{s+5}\mathrm{e}^{-(s+5)}$　　(4) $\dfrac{2\mathrm{e}^5}{s+5}$

4-3　(1) $\dfrac{2}{s^3}+\dfrac{2}{s^2}$　　(2) $\dfrac{1}{s^2(s+1)}$　　(3) $\dfrac{1}{s}+\dfrac{1}{(s+1)^2}-\dfrac{2}{s+1}$　　(4) $\dfrac{2}{(s+a)^3}$

　　　(5) $\dfrac{1}{s+1}-\dfrac{1}{s+1}\mathrm{e}^{-2(s+1)}$　　(6) $2.5\sqrt{2}\left[\dfrac{s+2}{(s+2)^2+\omega^2}-\dfrac{\omega}{(s+2)^2+\omega^2}\right]$

　　　(7) $\dfrac{1}{s+2}+\dfrac{\mathrm{e}^{-s}}{s+1}+\mathrm{e}^{-2s}$　　(8) $\dfrac{2s}{s^2+4}$　　　(9) $\dfrac{\mathrm{e}^{-s}}{s}$　　　(10) $2\mathrm{e}^{-2s}$

4-4　(a) $\dfrac{1}{s^2}-\dfrac{1}{s^2}\mathrm{e}^{-2s}-\dfrac{2}{s}\mathrm{e}^{-2s}$　　(b) $\dfrac{1}{s^2+1}(1+\mathrm{e}^{-\pi s})^2$

　　　(c) $\dfrac{1}{s}+\dfrac{1}{s}\mathrm{e}^{-2s}-\dfrac{2}{s}\mathrm{e}^{-3s}$　　(d) $\dfrac{1}{s^2}(1-\mathrm{e}^{-s})^2$

　　　(e) $2\mathrm{e}^{-s}+\dfrac{5(\mathrm{e}^{-2s}-\mathrm{e}^{-3s})}{s}$

4-5　(1) $f(0_+)=1$　　　　$f(\infty)=0$

　　　(2) $f(0_+)=1$　　　　$f(\infty)=0$

　　　(3) $f(0_+)=0$　　　　$f(\infty)=\dfrac{1}{2}$

　　　(4) $f(0_+)=-5$　　　$f(\infty)=0$

4-6　(1) $2\mathrm{e}^{-1.5t}\varepsilon(t)$　　　　　　　　　　(2) $\dfrac{4}{3}(1-\mathrm{e}^{-1.5t})\varepsilon(t)$

　　　(3) $(6\mathrm{e}^{-4t}-3\mathrm{e}^{-2t})\varepsilon(t)$

　　　(4) $(\mathrm{e}^{-t}-\mathrm{e}^{-2t})\varepsilon(t)+[\mathrm{e}^{-(t-1)}-\mathrm{e}^{-2(t-1)}]\varepsilon(t-1)+[\mathrm{e}^{-(t-2)}-\mathrm{e}^{-2(t-2)}]\varepsilon(t-2)$

　　　(5) $\delta(t)+\sin t\varepsilon(t)$　　　　　　　　(6) $[(4-t)\mathrm{e}^{-2t}+2\mathrm{e}^{-t}]\varepsilon(t)$

4-7　(1) $2.236\mathrm{e}^{-t}\cos(t+63.4°)\varepsilon(t)$　　　　(2) $\delta(t)+2.236\mathrm{e}^{-t}\cos(t-153.4°)\varepsilon(t)$

　　　(3) $[1.2\mathrm{e}^{-2t}+0.447\cos(t-116.6°)]\varepsilon(t)$　　(4) $(1+2t\mathrm{e}^{-t})\varepsilon(t)$

　　　(5) $(-0.25+0.5t+0.25\mathrm{e}^{-2t})\varepsilon(t)$　　　(6) $0.5t\sin t\varepsilon(t)$

4-8　(1) $\left[t-\dfrac{1}{2}(1-\mathrm{e}^{-2t})\right]\varepsilon(t)-\left[(t-1)-\dfrac{1}{2}(1-\mathrm{e}^{-2(t-1)})\right]\varepsilon(t-1)$

　　　(2) $(1+2t)\varepsilon(t)$

4-9　$(1-\mathrm{e}^{-2t}+2\mathrm{e}^{-3t})\varepsilon(t)$

4-10　$0.5(1+\mathrm{e}^{-2t})\varepsilon(t)$

4-11　$x(t)=-1+2.236\cos(t-63.4°)$,　　$t\geqslant0$

　　　　$y(t)=2+2.236\cos(t-153.4°)$,　　　$t\geqslant0$

4-12　(1) $[1-\mathrm{e}^{-2(t-2)}]\varepsilon(t-2)$

　　　(2) $2(\mathrm{e}^{-t}-\mathrm{e}^{-2t})\varepsilon(t)$

　　　(3) $\left[t-\dfrac{1}{2}(1-\mathrm{e}^{-2t})\right]\varepsilon(t)$

4-13　(1) $y_x(t)=\mathrm{e}^{-t}+3t\mathrm{e}^{-t}$,　　$t\geqslant0$　　　$y_f(t)=(2-2\mathrm{e}^{-t}+6t\mathrm{e}^{-t})\varepsilon(t)$

　　　(2) $y_x(t)=t\mathrm{e}^{-t}$,　　$t\geqslant0$　　　　　$y_f(t)=(14\mathrm{e}^{-t}-6t\mathrm{e}^{-t}-14\mathrm{e}^{-2t})\varepsilon(t)$

(3) $y(t) = (10 - 3t)e^{-t}\varepsilon(t)$

4-15　$0.577e^{-0.5t}\cos\left(\dfrac{\sqrt{3}}{2}t + 30°\right)V$

4-16　$-0.2e^{-2t}\varepsilon(t)A,\quad -2.4\delta(t) - 0.2e^{-2t}\varepsilon(t)V$

4-18　$(3te^{-2t} + 2e^{-2t})V,\quad t \geqslant 0$

4-19　$(80e^{-4t} - 30e^{-3t})\varepsilon(t)$

4-20　$\left[10(2 - e^{-t}) + \dfrac{1}{2}e^{-t}\sin 2t\right]\varepsilon(t)V$

4-21　$u_x(t) = (8t + 6)e^{-2t}V,\qquad t \geqslant 0$

　　　$u_f(t) = [3 - (6t + 3)e^{-2t}]\varepsilon(t)V$

4-22　$h(t) = \dfrac{1}{6}(3e^{-t} - e^{-\frac{1}{3}t})\varepsilon(t),\quad g(t) = \dfrac{1}{2}(e^{-\frac{1}{3}t} - e^{-t})\varepsilon(t)$

4-23　(a) $\dfrac{s+1}{s^2+s+1}$　　　(b) $\dfrac{2s^2+2s+1}{s^2+s+1}$

4-24　(1) $\dfrac{5}{s^2+s+5}$

　　　(2) $h(t) = \dfrac{10}{\sqrt{19}}e^{-0.5t}\sin\dfrac{\sqrt{19}}{2}t\varepsilon(t)$

4-25　(1) $\dfrac{k}{s^2+(3-k)s+1}$　　　　　(2) $\dfrac{4}{\sqrt{3}}e^{-\frac{1}{2}t}\sin\left(\dfrac{\sqrt{3}}{2}t\right)\varepsilon(t)$

4-26　(1) $(1 + e^{-t} - e^{-2t})\varepsilon(t)$　　　(2) $\left(\dfrac{1}{2} + t - e^{-t} + \dfrac{1}{2}e^{-2t}\right)\varepsilon(t)$

4-27　(1) $\varepsilon(t) - \varepsilon(t-2)$　　　(2) $\dfrac{1}{2}t^2\varepsilon(t) - \dfrac{1}{2}(t-2)^2\varepsilon(t-2)$

4-28　(a) -2　　　(b) $\dfrac{H_1 H_2 H_5 H_7}{1 - (H_2 H_3 H_4 + H_2 H_3 H_5 H_6)}$

　　　(c) $\dfrac{s^2}{s^3 + 6s^2 + 11s + 6}$　　　(d) $\dfrac{2s+3}{s^4 + 7s^3 + 16s^2 + 12s}$

4-29　(1) $\dfrac{2s}{5(s^2+1)}e^{-s}$

　　　(2) $-\dfrac{2}{5}\left[\dfrac{2}{5}\cos(t-1) + \dfrac{1}{5}\sin(t-1) - \dfrac{2}{5}e^{-2(t-1)}\right]\varepsilon(t-1)$

4-30　(1) $\dfrac{s+4}{s^2+5s+6}$

　　　(2)

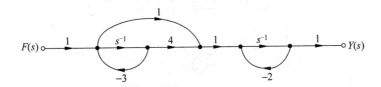

4-31　(a) $\dfrac{s}{s^2+s+1}$　　(b) $\dfrac{s^2}{s^2+s+1}$

4-33　(1) $\dfrac{1}{s^2+\sqrt{2}\,s+1}$

　　(2) $\dfrac{1}{\sqrt{1+\omega^4}}$, $\quad -\arctan\dfrac{\sqrt{2}\,\omega}{1-\omega^2}$,为低通滤波器

　　(3) 当 $\omega=0$ 时,$|H(\mathrm{j}\omega)|$ 出现最大值$|H(\mathrm{j}0)|=1$,$\omega_c=1$ rad/s

4-34　(1) $\dfrac{s-2}{s+2}$　　(2) $\dfrac{s-1}{(s+1)(s+2)}$

4-35　(1) $\dfrac{2}{s^2+s+1}$　　(2) $2.31\mathrm{e}^{-\frac{1}{2}t}\sin\dfrac{\sqrt{3}}{2}t$

4-36　(1) 不稳定,2 个　　(3)、(4)稳定,无

　　(6) 不稳定,2 个

4-38　(1) $\dfrac{Ks}{s^2+(4-K)s+4}$　　(2) $K<4$

　　(3) $4\cos 2t\varepsilon(t)$

4-40　(1) $\dfrac{10(s+1)}{s^3+s^2+10(K+1)s+10}$　　(2) $K>0$,系统稳定

　　(3) $K=0$,临界稳定,$p_1=\mathrm{j}\sqrt{10}$,$p_2=-\mathrm{j}\sqrt{10}$

4-41　(1) $\dfrac{2}{s^2+2s+2}$　　(2) 低通滤波器

　　(3) 当 $\omega=0$ 时,$|H(\mathrm{j}0)|=1$,$\omega_c=\sqrt{2}$ rad/s　(4) $10\cos(2t-53.13°)$V

4-45　(1) $\dfrac{K}{s^2+(3-K)s+1}$　　(2) $K<3$

　　(3) $K=3$,　$3\sin t\varepsilon(t)$V

4-46　(1) $\dfrac{s^2+4s+3}{s^2+2s+2-K}$　　(2) $K<2$

* 4-47　(1) $a=-4,b=-3,c=3$

　　(2) $y_f(t)=(1-2\mathrm{e}^{-t}+2\mathrm{e}^{-3t})\varepsilon(t)$

　　(3) $y_x(t)=\mathrm{e}^{-t}+\mathrm{e}^{-3t}$　$t\geqslant 0$

* 4-48

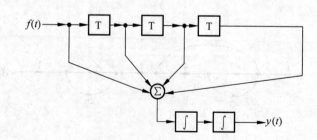

第5章

5-1

(1)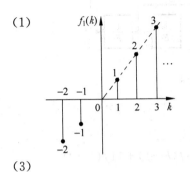

(2)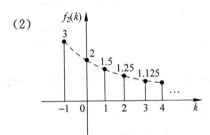

(3)

(4)

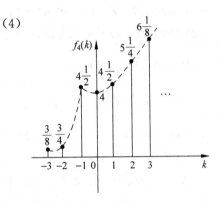

5-2　(a) $(k-1)[\varepsilon(k-1)-\varepsilon(k-5)]$

　　(b) $[\varepsilon(k-3)-\varepsilon(k-6)]\times 2$

　　(c) $(-1)^{k-1}\varepsilon(k-1)$

　　(d) $-\varepsilon(k)-2\varepsilon(k-3)-\varepsilon(k-6)$

5-3　(1) $N=14$　　(2)、(3)非周期序列

5-4　$b_0 y(k)+b_1 y(k-1)=a_0 f(k)+a_1 f(k-1)$

5-5　$y(k)-b_1 y(k-1)-b_2 y(k-2)=a_0 f(k)+a_1 f(k-1)$

5-6　$y(k)-(1+\alpha)y(k-1)=x(k)$

5-8　(1) $\dfrac{cE+d}{E^2-aE-b}$　　(2) $\dfrac{E-3}{E(E^2-2)}$　　(3) $\dfrac{5E^2}{E^2-E+2}$

　　(4) $H_1(E)=\dfrac{E+1}{E^2-2E+1}$,　$H_2(E)=\dfrac{2}{E^2-2E+1}$

5-9　(1)

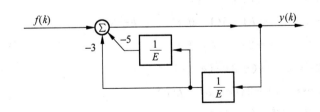

（2）

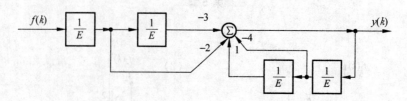

5-10　（1）$5(-1)^k-12(-2)^k$　　　（2）$-2(\sqrt{2})^k\cos\dfrac{3\pi}{4}k$

　　　　（3）$y_x(k)=-3k(-2)^k$

　　　　（4）$y(k)=-3k(-2)^k+[(-2)^k+k(-2)^k]\varepsilon(k)$

5-11　（1）$y(k)-7y(k-1)+10y(k-2)=14f(k)-85f(k-1)+11f(k-2)$

　　　　（2）$2[2^k+3(-5)^k+10]\varepsilon(k)-2[2^{k-10}+3(5)^{k-10}+10]\varepsilon(k-10)$

5-12　（1）$-\cos\dfrac{k\pi}{2}\varepsilon(k-1)$　　　（2）$\dfrac{6}{5}[(6)^{k+1}-1]\varepsilon(k)$

　　　　（3）$\delta(k)+\dfrac{1}{2}k(k+5)(-1)^k\varepsilon(k-1)$　　（4）$\displaystyle\sum_{i=0}^{m}b_i\delta(k-i)$

5-13　（1）$(k+1)\varepsilon(k)$　　　　　（2）$(2-0.5^k)\varepsilon(k)$

　　　　（3）$(3^{k+1}-2^{k+1})\varepsilon(k)$　　（4）$(k-1)\varepsilon(k-1)$

5-14　$h_1(k)=0.4\delta(k)+0.6\delta(k-1)$,　$h_2(k)=(3)^{k-2}\varepsilon(k-2)$

　　　$h(k)=-0.2\delta(k-2)+0.6(3)^{k-2}\varepsilon(k-2)$

5-15　（1）$\varepsilon(k+3)+2\varepsilon(k+2)+\varepsilon(k+1)-\varepsilon(k-2)-2\varepsilon(k-3)-\varepsilon(k-4)$

　　　　（2）$3\varepsilon(k+2)+2\varepsilon(k+1)+\varepsilon(k)-3\varepsilon(k-3)-2\varepsilon(k-4)-\varepsilon(k-5)$

　　　　（3）$\{0,\cdots,0,3,2,\underset{\underset{k=0}{\uparrow}}{-2},-2,2,2,1,0,\cdots\}$

5-16　（1）$(k+1)\varepsilon(k)-2(k-3)\varepsilon(k-4)+(k-7)\varepsilon(k-8)$

　　　　（2）$\varepsilon(k)-\varepsilon(k-3)$

　　　　（3）$\left[k\left(\dfrac{1}{2}\right)^{k-1}+\left(\dfrac{1}{4}\right)^k\right]\varepsilon(k)$　　　（4）$(k+1)\varepsilon(k)$

5-17　$y_f(k)=k0.5^{k-1}\varepsilon(k)$

5-18　（1）$h(k)=\dfrac{1}{2}[(\sqrt{2}+1)^{k-2}-(\sqrt{2}-1)^{k-2}]\varepsilon(k-1)+\delta(k-1)$

　　　　（2）$h(k)=4(k-1)(0.5)^k\varepsilon(k-1)$

5-19　$h(k)=5(1-0.8^{k+1})\varepsilon(k)-5(1-0.8^{k-2})\varepsilon(k-3)$

5-20　$y_x(k)=2(-1)^k-3(-2)^k$,　$k\geqslant0$

　　　$y_f(k)=(-2)^k\varepsilon(k)+k(-2)^k\varepsilon(k-1)$

5-21　（1）$y(k)+3y(k-1)+2y(k-2)=f(k)$

　　　　（2）$h(k)=[2(-2)^k-(-1)^k]\varepsilon(k)$

5-22　0.5

第6章

6-1　(1) $\dfrac{z}{z-\dfrac{1}{2}}$,　$|z|>\dfrac{1}{2}$　　　　　　(2) $\dfrac{1}{1-3z}$,　$|z|<\dfrac{1}{3}$

　　　(4) $1-\dfrac{1}{8}z^{-3}$,　$|z|>0$

6-2　(1) $\dfrac{z-z^{-7}}{z-1}$　　(2) $\dfrac{2z}{(z-1)^2}$　　(3) $\left(\dfrac{z}{z-1}\right)^2$　　(4) $\ln\dfrac{z-b}{z-a}$

6-3　$f(\infty)=b$

6-4　(1) $\delta(k)$　　　　　　　　　　(2) $\delta(k-1)$

　　　(3) $\delta(k)+2\delta(k+1)-2\delta(k-2)$　　　(4) $-a^k\varepsilon(-k-1)$

6-5　(1) $\{1,3,7,\cdots\}$　　　(2) $\left\{1,\dfrac{3}{2},\dfrac{9}{4},\cdots\right\}$

　　　(3) $\{0,1,2,\cdots\}$　　　　(4) $\{\cdots,2,1,0\}$

6-6　(1) $f(0)=1,f(\infty)$不存在　(2) $f(0)=1,f(\infty)=0$　(3) $f(0)=0,f(\infty)=2$

6-7　(2) $\left\{\cdots,8,5,\underset{\underset{k=-1}{\uparrow}}{2}\right\}$　　(4) $\left\{\cdots,\dfrac{1}{2^2},\dfrac{1}{2},1,\underset{\underset{k=0}{\uparrow}}{\dfrac{1}{3}},\dfrac{1}{3^2},\cdots\right\}$

6-8　(1) $f(k)=[5+5(-1)^k]\varepsilon(k)$

　　　(2) $f(k)=[1+(-1)^k-2(0.5)^k]\varepsilon(k)$

　　　(3) $f(k)=2\delta(k)-[(-1)^{k-1}-6(5)^{k-1}]\varepsilon(k-1)$

　　　(4) $f(k)=2\delta(k)+\delta(k-1)+4\cos\left(\dfrac{2\pi}{3}k-\dfrac{\pi}{3}\right)\varepsilon(k)$

　　　(5) $f(k)=-4\delta(k)+\left[\dfrac{20}{3}-(-2)^k+\dfrac{4}{3}\left(-\dfrac{1}{2}\right)^k\right]\varepsilon(k)$

　　　(6) $f(k)=\left[\dfrac{1}{2}\left(1+\dfrac{3}{5}\sqrt{5}\right)\left(\dfrac{1+\sqrt{5}}{2}\right)^k+\dfrac{1}{2}\left(1-\dfrac{3}{5}\sqrt{5}\right)\left(\dfrac{1-\sqrt{5}}{2}\right)^k\right]\varepsilon(k)$

6-9　(1) $\delta(k)-\cos\dfrac{\pi}{2}k\varepsilon(k)$

　　　(2) $2\sin\dfrac{\pi}{6}k\varepsilon(k)$

　　　(3) $\dfrac{1}{4}[(-1)^k+2k-1]\varepsilon(k)$

　　　(4) $\dfrac{2}{3}\delta(k)+0.5^k\varepsilon(-k-1)-3^{k-1}\varepsilon(-k-1)$

　　　(5) $\begin{cases}2^{k+1}-3^k, & k<0 \\ 2\delta(k)-(-1)^k, & k\geqslant 0\end{cases}$

6-10　(1) $f(k)=\left[8-(2k+6)\left(\dfrac{1}{2}\right)^k\right]\varepsilon(k)$

　　　(2) $f(k)=-\left[8-(2k+6)\left(\dfrac{1}{2}\right)^k\right]\varepsilon(-k-1)$

(3) $f(k) = -8\varepsilon(-k-1) - (2k+6)\left(\dfrac{1}{2}\right)^k\varepsilon(k)$

6-11　(1) $y(k) = a^{(k-2)}\varepsilon(k-2)$

　　　(2) $y(k) = \dfrac{1-a^{k+2}}{1-a}\varepsilon(k+1)$

　　　(3) $y(k) = \dfrac{b^{k+1}-a^{k+1}}{b-a}\varepsilon(k)$

6-13　(1) $1,\quad |z| \geqslant 0$　　　(2) $\dfrac{1}{1-100z},\quad |z| > 0.01$

　　　(3) $\dfrac{e^{-b}z\sin\omega_0}{z^2 - 2e^{-b}z\omega_3\cos\omega_0 + e^{-2b}},\quad |z| > e^{-6}$

6-14　(1) $[(0.5)^{k+1} - (2)^{k+1}],\quad k \geqslant 0$

　　　(2) $\dfrac{1}{3} + \dfrac{2}{3}\cos\left(\dfrac{2k\pi}{3}\right) + \dfrac{4\sqrt{3}}{3}\sin\left(\dfrac{2k\pi}{3}\right),\quad k \geqslant 0$

　　　(4) $\approx [9.26 + 0.66(-0.2)^k - 0.210.1)^k],\quad k \geqslant 0$

　　　(5) $\dfrac{k}{6} + \dfrac{5}{36} - \dfrac{5}{36}(-5)^k,\quad k \geqslant 0$

　　　(6) $\dfrac{1}{9}[3k - 4 + 13(-2)^k],\quad k \geqslant 0$

6-15　(1) $H(E) = \dfrac{E^2}{(E+0.5)(E-0.5)}$

　　　(2) $h(k) = 0.5[(0.5)^k + (-0.5)^k]\varepsilon(k)$

　　　(3) $y(k) - 0.25y(k-2) = f(k)$

相应的系统模拟框图如图 P6-1 所示。

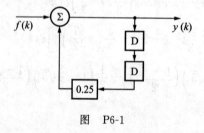

图　P6-1

6-16　(1) $y_x(k) = [(-1)^k - 3(-2)^k]\varepsilon(k)$

　　　　$y_f(k) = [-0.5(-1)^k + 2(-2)^k + 0.5]\varepsilon(k)$

　　　(2) $\dfrac{2+z^{-1}}{1+3z^{-1}+2z^{-2}}$

6-17　(2) $H(z) = \dfrac{z}{z^2 - z + 0.5}$　　　(3) $h(k) = 2(\sqrt{2})^{-k}\sin\dfrac{\pi}{4}k\varepsilon(k)$

6-18　(1) 稳定　(2) 不稳定(边界稳定)　(3) 不稳定　(4) 不稳定(边界稳定)　(5) 稳定　(6) 不稳定

6-19　$-2 < k < 4$

6-20　(1) $H(z) = \dfrac{z}{z+1},\quad h(k) = (-1)^k\varepsilon(k)$

(2) $y(k) = 5[1+(-1)^k]\varepsilon(k)$

6-23　(1) $y(k+2) - 1.5y(k+1) - y(k) = 2f(k) - 3.5f(k+1)$

　　　(2) $y_3(k) = [5(2)^k - 3(-0.5)^k - 1]\varepsilon(k)$

　　　(3) 系统不稳定

　　　(4) 直接模拟框图如图 P6-2 所示。

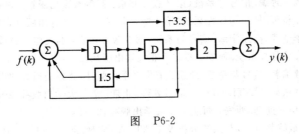

图　P6-2

6-24　(1) $y(k) - y(k-1) + \dfrac{1}{2}y(k-2) = f(k-1)$

　　　(2) $H(z) = \dfrac{z}{z^2 - z + \dfrac{1}{2}}$，　系统稳定

　　　(3) $h(k) = 2(\sqrt{2})^{-k} \cdot \sin\dfrac{\pi}{4}k\varepsilon(k), h(k)$ 如图 P6-3 所示。

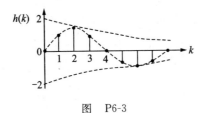

图　P6-3

　　　(4) $y_s(k) = 20\cos\left(\pi k + \dfrac{\pi}{2}\right)$

第 7 章

7-1　$Fp(n) = \begin{bmatrix} 4 & -j\sqrt{3} & 1 & 0 & 1 & j\sqrt{3} \end{bmatrix}^{-1}$

7-2　(1) $F(n) = 1$

　　　(2) $F(n) = W_N^{nk_0}$,　　$0 < n < N-1$

　　　(3) $F(n) = \dfrac{1-a^N}{1-aW_N^n}$　　$(a \neq 1)$

　　　当 $a=1$ 时，　$k \neq 0$ 为 0,　$k=0$ 时为 N

7-9　(1) $y(k) = f(k) * h(k)$

　　　　　　$= \{13 \quad 12 \quad 11 \quad 10 \quad 14\}$

　　　(2) $y(k) = f(k) * h(k)$

　　　　　　$= \{1, 3, 6, 10, 14, 9, 5\}$

参 考 文 献

[1] 潘双来,邢丽冬,龚余才编著.电路理论基础(第 2 版).北京:清华大学出版社,2007
[2] 邢丽冬,潘双来主编.信号与线性系统学习指导与习题精解.北京:清华大学出版社,2011
[3] 郑君里,应启珩,杨为理编.信号与系统(第 2 版).北京:高等教育出版社,2000
[4] 管致中,夏恭恪,孟桥编.信号与线性系统(第 4 版).北京:高等教育出版社,2004
[5] 陈生潭,郭宝龙,李学武,高建宁编.信号与系统(第 3 版).西安:西安电子科技大学出版社,2008
[6] 段哲民,范世贵编.信号与系统.西安:西北工业大学出版社,2001
[7] 陈后金,胡健,薛健编著.信号与系统.北京:清华大学出版社,北方交通大学出版社,2003
[8] 邹鲲,袁俊泉,龚享铱编.MATLAB 6.X 信号处理.北京:清华大学出版社,2002
[9] 俞卞章主编.数字信号处理.西安:西北工业大学出版社,2002
[10] 梁虹,梁洁,陈跃斌编著.信号与系统分析及 MATLAB 实现.北京:电子工业出版社,2002